한 권의 화학

화약부터 그래핀까지, 화학을 만든 250가지 이야기

초판 1쇄 2017년 12월 15일

지은이 데릭 B. 로
옮긴이 최가영
발행인 최홍석

발행처 (주)프리렉
출판신고 2000년 3월 7일 제 13-634호
주소 경기도 부천시 원미구 길주로 77번길 19 세진프라자 201호
전화 032-326-7282(代) **팩스** 032-326-5866
URL www.freelec.co.kr

편 집 하나래, 이강인
디자인 김혜정
표 지 이대범

ISBN 978-89-6540-204-6

한 권의 화학

화약부터 그래핀까지,
화학을 만든 250가지 이야기

데릭 B. 로 지음

최가영 옮김

프리렉

Originally published in the United States by Sterling Publishing Co., Inc.
under the title: THE CHEMISTRY BOOK: From Gunpowder to Graphene,
250 Milestones in the History of Chemistry

This Korean edition was published by Freelec in 2017 by arrangement with Sterling Publishing Co., Inc., 1166 Avenue of the Americas, New York, NY, USA 10036 through KCC (Korea Copyright Center Inc.), Seoul.

나의 아내 태내즈에게

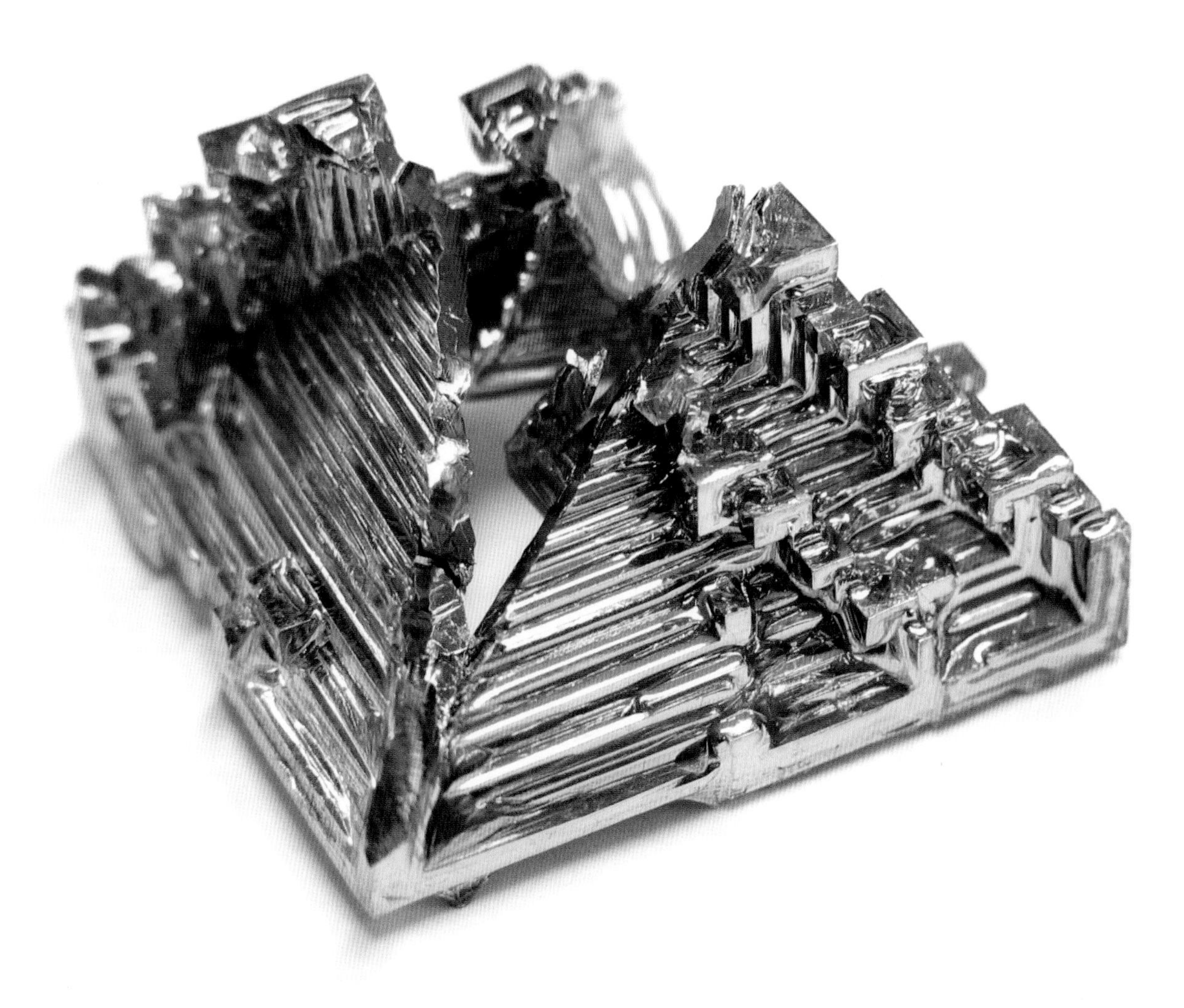

비스무트는 수은이나 납처럼 쉽게 녹았다가 식으면서 이런 특징적 "계단" 모양의 결정으로 굳는다. 무지개 색조는 결정 표면을 얇게 덮은 산화비스무트에서 나오는 것이다.

목차

서문

원자는 전자, 양성자, 중성자로 구성되어 있다. 이건 물리학이다. 원자들이 결합하면 분자가 된다. 이건 화학이다. 화학 교과서 앞 장을 펼치면 화학이 과학 발전에 얼마나 크게 공헌했는지 구구절절하게 적혀 있다. 학생들에게 '아, 내가 이 수업을 신청하길 잘했구나'하는 안도감을 주려는 과장된 찬사라는 느낌을 받을 수도 있다. 그런데 이게 괜한 공치사가 아니다. 화학은 서로 독자적인 영토를 주장하는 물리학과 생물학의 사이에 끼어서 건실하게 자기 영역을 구축했다. 이 책을 읽다 보면 그게 무슨 뜻인지 이해하게 될 것이다. 물리화학과 화학물리학 사이의 경계에는 서로 소통하는 일종의 통로 같은 것이 있다. 생물화학과 화학생물학도 마찬가지다. 당사자들은 맘에 안 들어 하겠지만 각 해당 학문 영역이 실제로 이 용어로 지칭된다.

화학의 역사는 인간이 문자 기록을 남기기 훨씬 전으로 거슬러 올라간다. 그래서 고대의 화학 실험이 언제 어디서 수행되었는지는 오직 고고학자만이 알아낼 수 있다. 물론 인류 최초의 실험은 흔적이 다 사라져 고고학으로도 추적할 수 없을 테지만 말이다. 우리의 먼 조상이 불에 호기심을 가지고, 바위의 색깔과 색소를 궁금해하고, 식물을 빻아 약으로 쓰던 시절, 그들은 이미 일종의 화학 실험을 하고 있었다. 그리고 오늘날 우리가 하는 일도 크게 다르지는 않다. 그런 의미에서 현대의 화학자는 청동기의 대장장이, 이집트의 사제, 중국의 현학, 페르시아의 연금술사를 계승한다. 우리는 그들이 잘못 알았던 것들을 트집 잡고 비평할 수 있다. 하지만 중요한 것은 그들이 했던 옳은 일들이다. 현대 과학의 밑거름이 된 것이 바로 그것이기 때문이다.

또 한 가지 기억해야 할 것은 과학 자체가 그리 오래된 학문이 아니라는 것이다. 이 책의 목차에 표시된 연대를 자세히 살펴보면, 처음에는 금속, 건축자재, 무기와 같은 실용적 발견이 오랜 세월에 걸쳐 몹시 더디게 일어났음을 알 수 있다. 값싼 금속을 금으로 변화시키거나 영생의 묘약을 만드는 것처럼 전혀 쓸데없어 보이는 것들에 집착한 연금술은 아무 성과 없이 수 세기 동안이나 명맥을 유지했다. 그러나 그 과정에서 연금술사들은 물질을 증류하고 정제하고 분류하는 방법을 깨달았다. 자신도 모르는 사이에 현대 화학의 기반을 다진 셈이다. 그나마 현대 과학이라 부를 만한 움직임은 연금술이 저물어가던 1600년대에 시작되었다. 발견에 기초한 발견을 중시한 이 신세대 자연과학자들은 더 체계적이고 재현성 있는 실험 방식을 정립했다. 그리하여 1700년대에는 과거의 모든 구태(舊態)가 깨끗하게 사라졌고 1800년대에는 과학이 더 빠른 속도로 발전하기 시작했다.

이 책을 반드시 목차 순으로 읽을 필요는 없다. 하지만 혹시라도 그럴 독자를 위해 큰 줄기만 짧게 짚어보려고 한다. 1700년대와 1800년대 초의 최고 인기 연구 주제는 기체였다. 기체를 이용해 실험하는 것이 원소들이 합쳐져 복잡한 물질이 되는 원리를 이해하기에 가장 좋은 방법이었기 때문이다. 그러다 전기가 도입되자, 새로운 방식으로 화학반응을 일으키는 것이 가능해졌다. 자연히 온갖 종류의 새로 발견된 원소들과 반응들을 이해하는 것이 초미의 관심사가 되었다. 한편 유기화학자들은 식물을 비롯한 각종 천연 원료에서 신물질을 추출하느라 분주했다. 그런 천연물들의 구조에 대한 이해는 화합물이 복잡한 삼차원 구조를 가진다는 깨달음으로 이어졌다.

19세기는 단순하지만 가장 기본적인 궁금증들의 답이 하나둘씩 나온 시대였다. 왜 어떤 화학물질은 색깔이 있고 어떤 화학물질은 투명할까? 어떤 원소는 뜨거운 용광로로만 녹일 수 있는 금속 형태로 존재하는데 또 어떤 원소는 심지어 공기보다도 가벼운 기체인 까닭은 무엇일까? 어떤 물질이 공기에 노출되면 발광하거나 불꽃을 일으키며 폭발하는 건 왜 그럴까? 모두 1800년대 전에는 당대의 어떤 이론으로도 해석할 수 없었던 현상들이다. 그러나 수많은 과학자들의 노력과 중대한 몇몇 기술의 진보 덕분에 불가능했던 일이 비로소 가능해졌다.

20세기 초에 들어서는, 많은 물질이 폴리머라는 사실이 명백해졌다. 단순한 분자들이 줄줄이 사탕처럼 엄청나게 길게 이어진 복합분자를 **폴리머**라 한다. 생체물질 중 다수가 이미 폴리머이지만 인위적으로 폴리머 반응을 통해 고무나 옥수수전분으로 폴리에틸렌을 만들 수도 있다. 한편, 이 시대에 집중 발견된 유기금속 화합물은 유기화학과 무기화학을 결합시키는 결정적인 역할을 했다. 이런 고무적 분위기에서 분석화학은 아무도 상상하지 못했던 미지의 영역으로 과학을 이끌었다. 개별 분자의 분자량을 알아낼 수 있는 질량 분광분석과 같은 유용한 신기술들이 대거 개발된 덕분이다.

그러다 제2차 세계대전이 발발했다. 전쟁은 모든 기술 영역에 엄청난 파급력을 미쳤다. 복엽기(날개가 두 층으로 된 소형 비행기-옮긴이)로 시작된 전쟁은 제트 엔진에 미사일까지 장착한 전투기로 막을 내렸고, 그 사이에 화학 분야에도 적지 않은 변화가 있었다. 아이러니하게도 전쟁 덕분에 크게 발전한 세 가지로 석유화학, 방사성동위원소, 항생제를 꼽을 수 있지만 그 밖의 대부분의 과학 분야가 종전 후 몰라보게 달라져 있었다. 그러다 1950년대 말에 이르러 생물의 모든 것을 결정하는 DNA와 단백질이 주목받게 되었고 1960년대에 이 핵심 생체분자들의 서열이 처음으로 해독되었다. 크로마토그래피와 핵자기공명(NMR)이라는 신무기를 장착한 분석화학은 과학계 전반의 변화를 주도적으로 이끌었고 항생제와 스테로이드 등 천연물질과 거기서 구조만 조금 바꾼 합성물질을 연구하는 의약화학이 크게 성장했다.

1970년대와 1980년대에는 분자생물학이 탄생했다. 분자생물학은 생물학자들로 하여금 화학자의 사고방식을 갖게 했다. 크로마토그래피와 질량 분광분석이 합체해 그 무엇보다도 강력한 분석기술로 거듭났고 컴퓨터 혁명은 엑스레이 결정학 계산을 하루에도 몇 건씩 해치우는 것을 연구실의 일상으로 만들어놓았다.

가장 최근 20년은 나노기술이 꽃을 피운 시대다. 이제 화학자들은 분자를 직접 설계하고 도구나 틀로 활용하기도 한다. 전에는 상상도 못 했던 일이다. 어쩌면 당연하게, 나노기술은 화학생물학의 동반 성장을 이끌었다. 이제는 화학 기법을 이용해 단백질을 비롯한 여러 생체분자들을 탐지하고 규명하고 원하는 대로 수정할 수 있게 되었다. 이 신생 과학 분야에는 새로운 유기화학 반응, 더 나은 분석장비, 고성능 컴퓨터가 모두 녹아들어 있다. 하지만 여기서 끝이 아니다. 현재 우리가 누리는 모든 과학의 이기(利器)는 또 다른 밑거름이 될 것이다. 그래서 머지 않아 공기 중의 이산화탄소를 이용해 환경을 오염시키지 않고도 쓸모 있는 다른 화합물이나 대체연료를 만들고, 더 효과적인 의약품을 개발하고, 더 튼튼하고 더 가벼운 신소재를 합성하는 미래를 선사할 것이다.

오늘날과 같은 기술적 풍요의 시대에는 주어진 것을 당연하게 여기기가 쉽다. 하지만 기억해야 한다. 우리에겐 일상적인 것들이 우리 조상에게는 기적 혹은 마법이었음을. 화학의 역사는 인간이 실체적 세상의 사용 지침서를 집필해가는 오랜 과정의 회고록과 다름없다. 인내와 용기가 매 순간마다 필요했고 인간이 가진 모든 지성을 총동원해야 했으며 때로는 미치광이 취급도 감수해야 했다. 그렇게 여기까지 왔다. 우리를 여기까지 이끌어준 과거와 현재의 모든 공로자들이 존경이 담긴 박수를 받아 마땅하리라.

화학의 이야기는 아직 현재 진행형이다. 본업이 과학자인 필자는 퇴근 후와 주말을 활용해 이 책을 집필했다. 낮에는 직장인 연구실에서 이 책의 후속편에 실릴 얘깃거리들을 만드는 데 열중했다. 세상의 다른 모든 화학자들과 마찬가지로 말이다. 필자가 하는 일이 무엇인지, 화학계에 최근에 어떤 일이 있었는지 궁금한 독자들은 내 블로그(blogs.sciencemag.org/pipeline/)를 방문하길 권한다. 언제든 환영이다.

연대 표기

날짜는 대개 발견 시점을 뜻하지만 일부는 발견이나 아이디어가 학계에서 널리 인정된 연도를 표기했다. 예를 들어, 벤젠은 이미 1865년 이전 수십 년 동안 사용되고 있었던 물질이다. 하지만 1865년에야 정확한 구조가 최초로 밝혀졌고 이를 계기로 이후 다른 많은 물질들의 화학구조 발견을 견인했다. 한편 정확한 기원을 모르고 오랜 세월에 걸쳐 서서히 보급된 발견도 적지 않다. 거미 명주가 처음으로 화학분석된 해는 1907년이다. 그러나 그 이후 100여 년에 걸쳐 수많은 연구가 이어졌음에도 우리는 아직 거미 명주의 실체를 완전히 파악하지 못했다. 또 어떤 주제는 노벨상을 받거나 기타 혁신적 발전이 있었던 때 등 기념비적 전환점이 된 해를 표기했다. 가령 공기에서(소량이지만) 이산화탄소를 추출하는 화학반응은 1800년대부터 알려져 있었다. 그러다 이 지식을 실용화한 기술이 1970년에 아폴로 13호의 우주비행사들을 구해냈다. 시야를 더 넓혀 대기 중 이산화탄소의 양은 지난 25년 동안 끊이지 않은 열띤 토론의 주제이지만, 온실효과의 메커니즘이 밝혀진 것은 1896년으로 거슬러 올라간다. 그 밖에도 많은 주제가 인류 역사에 실제로 등장한 시점이 이 책에서 표기한 날짜보다 앞서거나 뒤짐을 밝혀둔다.

기원전 50만 년경

결정

다양한 화합물이 특정 조건에서 결정으로 변한다. 이때는 온도가 관건이다. 평소에는 액체 혹은 기체인 많은 물질이 충분히 차게 식으면 결정화된다. 일반적으로 결정이 잘 형성되려면 물질의 순도가 높고 충분히 농축되어야 한다. 또, 적당히 규칙적인 분사구조를 가지고 있어서 일정한 패턴이 반복되도록 스스로 배열할 수 있어야 한다. 파라핀이나 지방산처럼 길고 불규칙한 사슬들로 이루어진 물질은 냉각되었을 때 결정이 되지 못하고 찐득한 덩어리로 변하는 것이 바로 이 때문이다.

결정화 반응은 용액의 냉각 속도와 교반 방법의 영향도 받는다. 결정화가 가장 잘 된 예는 멕시코에서 채굴 작업 중에 발견된 동굴 두 곳에서 확인할 수 있다. 1910년, 해수면 아래 400피트 정도(약 120미터)에서 칼의 동굴이라는 뜻의 쿠에바 데 라스 에스파다스(Cueva de las Espadas)가 발견되었다. 이곳에 있는 석고(황산칼슘) 결정은 길이가 무려 1미터였다. 1000피트(약 300미터) 깊이에서 쿠에바 데 로스 크리스탈레스(Cueva de los Cristales), 즉 수정 동굴이 발견된 것은 그로부터 시간이 한참 더 지난 2000년의 일이다. 이곳의 결정 중 가장 큰 것은 높이가 12미터에 무게가 55톤이나 된다. 이처럼 결정이 건물 기둥처럼 거대하게 발달하게 된 배경은 지질연대에 기반한 가설로 가장 잘 이해할 수 있다. 멕시코 북중부 치와와 사막의 나이카 단층에 동굴이 형성되었고 이곳에 지하수가 차올랐다. 지하수는 마그마 덕분에 수십만 년 동안 따뜻한 온도를 유지했고 온수에 잘 녹는 황산칼슘이 포화상태까지 녹아들 수 있었다. 이후 50만 년 이상에 걸쳐 지하수가 천천히 식어갔다. 거대한 결정이 자라나기에 완벽한 조건이었던 것이다. 현재까지 이보다 더 큰 결정은 다른 어디에서도 발견되지 않고 있다.

석고 자체는 조건에 따라 여러 가지 형태로 결정화되는 흔한 광물이다. 석고는 회반죽의 주성분이지만 멕시코 수정 동굴에 숨겨져 있던 것만큼 장대한 규모의 석고 매장층은 세상에 또 없다. 소석고(plaster of paris)라는 이름은 프랑스 파리의 몽마르트르에서 발견된 고대 석고 광산에서 유래했다.

함께 읽어보기 엑스레이 결정학(1912년), 준결정(1984년), 배위구조체(1997년), 재결정화와 다형체(1998년)

한 동굴 탐험가가 멕시코 수정 동굴에 존재하는 지구 최대의 결정들 사이를 누비고 있다. 마치 공상과학영화의 한 장면처럼 보인다.

청동

청동은 기원이 알려진 최초의 금속이다. 출발점은 기원전 3300년경의 메소포타미아였다. 그 전에도 구리를 비롯한 여러 금속이 사용되고 있었지만 소량의 주석을 구리에 첨가하는 기술은 세상을 완전히 바꾸어놓았다. 청동은 경도, 내구성, 부식 저항성 면에서 진일보한 문명의 작품이었다. 하지만 대개 주석 광산과 구리 광산이 서로 멀리 떨어져 있는 탓에 두 지역은 맞교환을 통해서만 서로에게 부족한 광물을 얻을 수 있었다. 영국 남서부 콘월 지역에서 나는 주석이 수천 킬로미터 떨어져 있는 지중해 동부 유적지들에서 발견되는 걸 보면 기원전 2000년경부터 이곳에 주석의 수요가 많았던 듯하다.

구체적인 인물사는 알 수 없지만 고대 화학자들과 금속공학자들이 구할 수 있는 온갖 것으로 실험을 했음은 분명하다. 그들은 납, 수은, 니켈, 안티몬, 심지어 은처럼 값비싼 귀금속 등 다양한 금속을 섞어 청동 합금을 만들어냈다. 당시에는 결과물을 정제해 원료를 다시 분리할 기술이 아직 없었으니 그렇게 과감하게 실행한 이들은 엄청난 강심장의 소유자들이었을 것이다.

금속공학 분야에서 인류의 실험정신은 이렇게 싹을 틔웠고 아직 시들 기미를 보이지 않는다. 청동은 그로부터 꾸준히 개량을 거듭해왔다. 그리스인들은 납 함량을 높여 청동을 다루기 쉽게 만들었고 아연을 추가해 다양한 금관악기를 제작했다. 현대의 청동은 흔히 알루미늄이나 규소를 함유하는데, 두 성분은 비교적 최근에 발견된 광물이다. 수천 년 전에 유행했던 진짜 옛날식 청동을 보고 싶다면 드럼 세트를 가까이서 관찰해보라. 청동은 수백 년 전부터 종과 심벌의 원료로 인기가 높다. 주석 함량을 높이면 음색이 낮아지는데, 수은이나 은이 악기의 음색에 어떤 영향을 주는지는 기록으로 남아 있지 않다.

함께 읽어보기 철 제련(기원전 1300년경), 데 레 메탈리카(1556년)

이 옛 중국식 청동종은 여러 음을 내도록 형태 등을 달리하여 제작된 세트의 일부였을지도 모른다. 이렇게 특정 수준의 내성을 갖는 청동을 주조하는 작업은 고난도 기술을 요한다.

기원전 2800년경

비누

비누를 만든다고 하면 왠지 심심풀이용 취미 활동 정도로 들리기 쉽다. 하지만 비누 만들기는 역사에 기록된 최초의 화학공업이다. 기원전 2800년의 것으로 추정되는 수메르 점토판을 보면 비누 같은 물건에 관한 언급이 있다. 그로부터 300년 뒤에는 모직물을 비누로 세탁했다는 기록도 있다. 그뿐만 아니다. 기원전 2200년의 수메르 점토판에는 오늘날에도 활용 가능한 비누 제조법이 새겨져 있다. 물과 알칼리성 잿물 그리고 기름을 이용하는 것이다.

이집트식, 로마식, 중국식 등 여러 가지 레시피가 기록으로 남아 있지만 그 뒤에 숨은 화학적 원리는 모두 똑같다. 출처가 식물이든 동물이든 비누 제작에 사용되는 오일과 지방은 모두 중성지방이다. 글리세린이라고도 하는 글리세롤 분자에 긴 지방산 사슬 세 개가 에스테르 결합으로 붙어 있는 것을 중성지방이라고 한다. 중성지방의 에스테르기는 강한 알칼리 수용액에서 가수분해되어 깨질 수 있다. 산업혁명 이전 시대에는 알칼리성 물질을 얻는 가장 좋은 방법이 나뭇재를 물에 거르는 것이었다. 이 잿물에는 탄산칼륨이 들어 있다. 소석회(즉, 수산화칼슘)에 이 잿물을 부으면 더 강한 알칼리 물질인 가성소다가 만들어진다. 가성소다는 비누의 훌륭한 원료이다.

중성지방이 알칼리 용액에서 가수분해되면 글리세롤 분자와 글리세롤에 붙어 있던 지방산의 칼륨염이 떨어져 나온다. 이 분자들은 물에서 애매한 성질을 보인다. 산이나 염 형태의 말단 구조는 물에 매우 잘 녹는 반면 다른 쪽의 긴 탄소 사슬은 그렇지 않다. 대신에 탄소 사슬은 다른 친유성 물질을 붙잡는다. 이때 뒤에서 극성인 염 구조가 물 쪽으로 끌어당기는 까닭에 수메르 강가에서 비누로 빨래를 하면 모직물에 전 기름때를 효과적으로 뺄 수 있었던 것이다.

이렇듯 물과 기름 모두에 녹는 마법 같은 성질은 만물이 '수용성'과 '지용성'으로 양분되는 세상에서 특히 유용하다. 20세기에는 살아 있는 모든 생물의 세포막에도 비슷한 분자가(콜레스테롤과 함께) 존재한다는 사실이 밝혀졌다. 이 분자들은 생체 내에서 이중막을 형성한다. 극성인 친수성 말단은 물이 대부분인 세포 안팎의 액체를 향해 있는 반면 비극성인 기다란 사슬은 안쪽에서 서로를 마주 보며 튼튼한 장벽을 형성한다. 세포 내용물이 밖으로 새어나가거나 유해한 물질이 세포 안으로 스며들어오지 못하는 것이 다 이 이중막 덕분이다.

함께 읽어보기 콜레스테롤(1815년), pH와 지시약(1909년), 이소아밀아세테이트와 에스테르(1962년)

표면에 밝은 파란색과 노란색이 뒤얽힌 것처럼 보이는 것은 비눗방울의 두께가 가시광선 파장보다 짧은 200~300 나노미터에 불과하기 때문이다. 1나노미터는 1미터의 10억 분의 1이다.

철 제련

철기 시대는 청동기 시대에 종지부를 찍었다. 그렇다면 철이 청동보다 월등히 낫다는 뜻일까? 아니다. 품질이 그다지 좋지 않은 청동조차도 철보다 훨씬 더 단단하고 부식에 강했다. 그렇다면 무엇이 철기 시대를 불러온 걸까? 기원전 1300년경에 지중해와 근동 지역에서 대규모 사회 변화와 인구 이동이 일어났다. 이때 금속 무역이 큰 타격을 입었다. 그런데 청동 제조는 무역에 크게 의존하는 산업이었다. 철광석은 공급이 훨씬 용이했지만 더 높은 온도에서만 녹았고 화로 온도를 이렇게 높이려면 공기를 인위적으로 불어넣어주어야 했다. 그런 까닭에 제철업은 종종 계절을 탔다. 우기처럼 바람이 많이 부는 시기에 화로를 가동하는 것이 유리했기 때문이다. 기원전 1300년 이전에도 철제 물건이 존재했지만 흔하지는 않았고 지구에서 생성된 것이 아니라 니켈과 철이 섞인 운석을 녹여 만든 것이어서 엄청나게 비쌌다.

철이 산소와 만나면 반응을 일으켜 녹(산화철)이 만들어진다. 철광석을 제련하는 것은 한마디로 이 과정을 거꾸로 하는 것이다. 초창기에는 점토나 돌로 만들어 공기통로를 낸 화로를 사용했는데 이를 연철로라고 불렀다. 목탄과 철광석을 이 안에 넣어 가열하면 밑으로 찐득한 철 덩어리(즉, 괴철)가 흘러나왔다. 철 제련은 고된 작업이었다. 괴철을 더 가열해 불순물을 증발시켜야만 쓸 만해졌기 때문이다. 그럼에도 제련 기술은 빠르게 보급되었고 인도나 사하라 이남 아프리카 등 어떤 곳에서는 독자적으로 발달한 흔적도 보인다. 바람에 의존하던 원시적 제련로는 현대식 용광로로 진화했다. 현대식 용광로는 위쪽에서 끊임없이 유입되는 철광석을 초고온의 일산화탄소 기체와 접촉시켜 산소를 제거하는 방식이었다. 이 기술이 처음 출현한 곳은 기원전 100~200년의 중국으로 추정된다.

철은 어떤 광물과 섞이느냐에 따라 성질이 극적으로 달라진다. 제련 과정에서 적정량의 목탄 탄소가 들어가면 여러 모로 쓰임새가 좋은 강철이 된다. 하지만 이런 미세 조정은 숙련된 장인만이 할 수 있다. 탄소가 너무 적으면 물러터진 연철이 되고 또 탄소가 너무 많으면 쉽게 부러져서 아무것도 만들 수 없다. 요즘은 일일이 열거하기도 힘든 다양한 종류의 철 합금과 강철이 생산된다.

함께 읽어보기 청동(기원전 3300년경), 바이킹 강철(800년경), 데 레 메탈리카(1556년), 알루미늄(1886년), 스테인리스강(1912년)

현대식 용광로는 우리 선조들이 꿈꾸었던 대량의 주철을 한 번에 만들 수 있다. 하지만 철 제련이 원료도 노동력도 엄청나게 필요한 매우 고된 일임은 예나 지금이나 마찬가지다.

기원전 1200년경

정제

이름이 알려진 인류 최초의 화학자는 누구였을까? 점토판 기록에 의하면 기원전 1200년경 바빌로니아에 왕궁 감독관이자 향수 제조자였던 타푸티(Tapputi)라는 인물이 있었다고 한다. 점토판에 새겨진 설형문자들은 타푸티가 놀약이나 발삼과 같이 향이 나는 다양한 원료를 걸러 불순물을 제거한 뒤에 가열해 증기를 모았다고 진술한다. 이 점토판은 오늘날도 매일 여기저기서 활용되는 증류와 여과가 언급된 최초의 역사 기록이기도 하다.

향의 과학은 우리가 짐작하는 것 이상으로 많은 화학적 발견을 이끌어냈다. 인류 문명은 좋은 냄새에 이끌려 발전해왔고 자연의 천연물들 안에서는 수많은 화학반응이 쉴 새 없이 일어난다. 화학을 이용해 의약품을 만드는 방법을 누군가 알아내기 한참 전에도 고대 화학자들은 양질의 향수를 제조하고 있었다. 향수를 약과 동일시하던 시절이었다. 그러면서 꽃, 나무껍질, 씨앗 등에서 에센스를 추출해 농축하는 다양한 기술이 생겨났다. 어떤 추출물은 열에 강해서 증류를 통해 농축할 수 있었지만 또 어떤 추출물은 저온 정제만 가능했다. 이런 성질 차이 때문에 향이 나는 식물을 오일이나 알코올 용액에 담그는 등 다양한 용매와 분리법이 시도되었다.

짐작건대 타푸티는 현대식 **회전증발기**의 원리와 가치를 일찌감치 파악했던 것 같다. 역사가 기억하는 그녀는 점토판 한 장에 적혀 있는 내용이 전부이지만 그것만으로도 우리에게는 충분하다.

키프로스에서는 청동기의 향수 제조소가 온전한 형태로 발굴되었다. 이 유적을 보면 그 옛날에도 향수 제조가 얼마나 고부가가치 산업이었는지 알 수 있다. 1882년에 세상을 뒤흔든 푸제르 로얄(Fougère Royale)을 시작으로 요즘에는 대부분의 향수 제품이 합성향으로 만들어지며 비싼 천연 추출물은 최고급 제품에만 들어간다.

함께 읽어보기 천연물(서기 60년경), 분별증류(1280년경), 분별 깔때기(1854년), 푸제르 로얄(1881년), 크로마토그래피(1901년), 띠 정제법(1952년), 회전증발기(1950년), 이소아밀아세테이트와 에스테르(1962년)

타푸티 시대에서 더 거슬러 올라가는 이집트 제4왕조 시대(기원전 2500년경)의 이 무덤에는 바빌로니아에서 애용된 제조법으로 백합향 향수를 만드는 모습이 장식되어 있다.

기원전 550년경

금 정련

크로이소스(Croesus, 기원전 595~547년경)

금속을 향한 인류의 애정은 수천 년 동안 응용화학 발전의 강력한 동력이 되어 왔다. 무기와 연장을 만들려면 청동과 강철이 있어야 했고 그 원료인 주석과 구리와 철을 사려면 금이 필요했다. 금은 그 찬란한 색감과 부식에 강하다는 장점 그리고 유연해서 어떤 모양으로도 성형할 수 있다는 성질 때문에 선사시대부터 높은 평가를 받았다. 하지만 흔하지는 않아서, 기원전 3000년부터 지금까지 갑카스 지역(오늘날의 조지아)에서 채굴된 금을 모두 합해도 어중간한 창고방 하나에 다 들어갈 정도다. 고대 문명은 모래를 물에 씻어 사금을 채취했다. 선발주자는 눈부신 고분 장식이 증명하듯 이집트였고, 뒤이어 로마에는 어엿한 산업이라고 불러도 좋을 규모로 금을 비롯한 금속 채굴이 성행했다.

역사를 통틀어 금의 발견은 언제나 커다란 사회적 지각변동을 몰고 왔다. 기원전 550년경, 리디아(오늘날의 터키)에서 일렉트럼(electrum)이라는 천연 금은 합금에서 순수한 금을 뽑아내는 새로운 정련 기술이 발명되면서 크로이소스 왕은 든든한 재력을 등에 업고 승승장구하기 시작했다. 금 제련은 곧 리디아의 국가 주력사업으로 자리 잡았다. 고고학자들은 옛날 리디아의 수도 사르디스였던 곳에서 거대한 금 정련소의 흔적을 발견했다. 옛날에 트몰러스 산에서 금모래가 흘러내려와 팩톨러스 강가에 퇴적했는데, 마침 리디아의 화학자들은 용융된 납과 소금을 이용해 주화 주조용 금과 은을 정제하는 기술을 실용화해냈다. 그렇게 해서 크로이소스 치하 리디아는 부국이 되었다. 지금도 쓰이는 '크로이소스만큼 부유한'이라는 표현이 여기서 유래한 것이다.

화덕 조각, 도가니 틈에 껴 있던 금속 파편, 현장의 바닥 먼지 등 발굴된 유적을 분석하여 당시 리디아의 화학기술이 어느 정도 수준이었는지 파악하는 연구가 현재 진행되고 있다. 아쉽게도 구체적인 공정은 기록으로 남아있지 않다. 최고 국가기밀이었을 테니 그럴 만도 하다. 하지만 동전을 분석해보면 리디아인들은 기술이 개발된 후에 기존의 일렉트럼 주화에 순수한 은을 첨가해 금 함량을 낮출 줄 알았던 것으로 추측된다. 동전의 액면가와 인장은 그대로 두고 원가를 떨어뜨린 것이다. 엄청난 수익이 제 발로 굴러들어 왔음은 당연하다.

함께 읽어보기 청동(기원전 3300년경), 철 제련(기원전 1300년경), 연금술(900년경), 왕수(1280년경), 데 레 메탈리카(1556년), 전기도금(1805년), 시안화물을 이용한 금 추출(1887년)

리디아와 그리스 영토에서 발견된 일렉트럼 주화에 왕, 영웅, 신화 속 인물, 동물들이 각인되어 있다. 은 함량에 따라 색깔 차이가 조금씩 난다.

기원전 450년경

4대 원소

엠페도클레스(Empedocles, 기원전 490~430년경), **플라톤**(Plato, 기원전 428~347년경), **아리스토텔레스**(Aristotle, 기원전 384~322년), **아부 무사 자비르 이븐 하이얀**(Abū Mūsā Jābir ibn Hayyān, 721~815년경)

2000년 동안 인류는 세상이 흙, 공기, 불, 물 이렇게 네 가지 기본 원소로만 구성되어 있으며 세상 만물은 네 원소의 구성비를 달리 한 것일 뿐이라고 믿었다. 그리스의 철학자 엠페도클레스와 그가 기원전 5세기 중반에 지은 시 〈자연에 대하여〉 때문이다. 화학사에서 4대 원소설은 왜 중요할까? 솔직히, 기본 물질이라는 게 존재한다는 엠페도클레스의 생각은 옳았고(그는 이런 물질을 뿌리라고 불렀다) 당대의 다른 철학 가설들에 비해 선구적이기도 했다. 그의 논리는 이랬다. 이 세상은 여러 형태로 형상화하는 단 하나의 물질로만 이루어져 있지 않다. 그렇다고 기본 물질의 수가 무한한 것도 아니다. 4대 원소설의 핵심은 세상에는 유한한 수의 기본 물질이 존재하고 이런 물질들이 섞여 더 복잡한 물질이 된다는 것이었다. 그런 맥락에서 현대의 **주기율표**는 4대 원소설보다 복잡할 뿐 요지는 같다고 볼 수 있다.

원소라는 단어를 처음 도입한 사람은 플라톤이었다. 플라톤과 그의 특출한 제자 아리스토텔레스는 물질의 성질을 원소들의 합으로 설명할 수 있다고 주장하면서 원소마다 두 가지 감각을 부여했다. 공기는 뜨거우면서 축축하고 흙은 차가우면서 건조하다는 식이다. 더불어 두 사람은 네 원소보다 우월한 다섯 번째 원소를 추가하고 에테르라고 이름 붙였다. 훗날 다양한 자연현상을 설명하기 위해 후대 철학자들이 기본 원소를 계속 추가하면서 원소 분류는 점점 복잡해져 갔다. 1000여 년 뒤 그 정점을 이룬 것이 바로 **연금술**이며, 페르시아의 대학자 아부 무사 자비르 이븐 하이얀(일명 지베르)은 자세한 내용을 책으로 남기기도 했다.

4대 원소설은 환원주의의 좋은 예이다. 맨 밑바탕에 깔린 절대 진실을 찾고자 큰 것을 더 작은 단위로 쪼개나가는 것이다. "자, 이건 이제 됐고. 그럼 이건 또 뭐로 되어 있지?"라고 끊임없이 자문하는 식이다. 환원주의는 만능이 아니다. 오히려 가장 중요한 진실은 뒤로 물러나 더 큰 그림을 봐야만 드러나는 때가 많다. 생물의 세포가 그 안에 들어 있는 화학물질들의 총합 그 이상인 것처럼 말이다. 그럼에도 환원주의가 화학을 비롯해 다양한 과학 분야의 발전에 오랫동안 기여해 온 것은 틀림없는 사실이다.

함께 읽어보기 철학자의 돌(800년경), 회의적 화학자(1661년), 주기율표(1869년)

2000년 동안 세상을 구성하는 요소는 흙, 공기, 불, 물뿐이었다.

원자론

데모크리토스(Democritus, 기원전 460~370년경)

고대 그리스 얘기를 듣다 보면 어느 순간 그때와 지금 사이의 시간 공백이 훤히 비치는 종잇장처럼 거의 없는 것처럼 느껴질 때가 있다. 팔을 뻗으면 이론 주창자의 손을 맞잡고 악수라도 나눌 수 있을 것처럼 말이다. 영국의 수학자 G. H. 하디(G. H. Hardy)는 이 감정을 "그리스 수학자들은 타 대학에 소속된 동료들"이라고 표현했다.

추정컨대 원자론을 주창한 사람은 5세기의 그리스 철학자 레우키포스(Leucippus)다. 그는 환원주의적 접근을 갈 수 있는 데까지 끌고 내려가 만물이 더 이상 쪼갤 수 없는 매우 작은 입자들로 이루어져 있다는 주장을 펼쳤다. 그의 애제자 데모크리토스는 이 가설을 더 발전시켰다. 그는 세상에 수많은 종류의 원자가 존재하며 육안으로 보이지 않는 원자들의 본질이 물질의 물리적 성질을 좌우한다고 제시했다. 어떤 원자는 미끌미끌해서 휙휙 스쳐 지나가는 반면, 또 어떤 원자들은 서로를 세게 붙잡아 물질을 단단하고 농밀하게 만든다는 것이다. 원자가 왜 이렇게 행동하는지 데모크리토스의 설명은 허술했지만 그는 요지를 정확하게 간파하고 있었다. 따라서 원자론은 그리스 철학이 이룬 최대의 업적 중 하나로 인정받기에 충분하다.

원자론은 극단적 유물론자들에게도 의미가 있었다. 가설을 펼칠 때 목적이나 이상을 들먹이지 않아도 되었던 것이다. 원자론에 입각하면 뭐든 기계론적으로만 해석해도 괜찮았다. 어떤 현상이 목격되는 것은 그저 이 현상을 일으키는 어떤 '물질'이 앞서 존재했기 때문이었다. 예를 들어보자. 바위가 단단한 것은 그저 분석 가능한 어떤 물리적 특질 때문이다. 바위가 단단해지지 않으면 안 될 모종의 대의가 있기 때문이 아니라는 말이다. 현대 과학적 사고방식의 틀을 여기서 분명하게 찾아볼 수 있다.

함께 읽어보기 회의적 화학자(1661년), 돌턴의 원자론(1808년), 맥스웰-볼츠만 분포(1877년)

네덜란드 화가 헨드릭 테르 브루헌(Hendrick ter Brugghen, 1588~1629년)의 1628년 작품. 데모크리토스가 네덜란드인처럼 보인다.

기원전 210년경

수은

시황제(始皇帝, 기원전 260~210년)

수은은 까마득한 옛날부터 특별하고 귀한 물질로 여겨졌다. 자연에서 순수한 금속 형태로 발견되는 덕분에 정련이 필요 없을 뿐만 아니라 상온에서 액체로도 존재하는 유일한 금속이기 때문이다. 이런 이유로 수은의 마법은 수천 년이나 지속되었다. 문제는 끔찍하게 무겁고 광택이 흐르는 이 금속이 인체에 유독하다는 것이다. 흥미롭게도 순수한 수은 금속은 합성 수은만큼 해롭지 않다. 합성 수은은 체내에 더 잘 흡수되면서 영구적인 손상을 일으킨다. 따라서 수은 연기를 마시는 것은 절대로 좋은 생각이 아니다. 수은은 단백질이나 생체분자의 구조에서 황이 포함된 부분과 반응하는데 한 번 결합하면 절대로 떨어지지 않는다.

시황제는 중국 최초의 황제로 유명하다. 그는 열광적인 수은 애호가이기도 했다. 1974년에 시황제의 무덤을 발굴하면서 그 안에서 수천 명의 실물 크기 병마용이 함께 발견되었을 때 세상은 크게 놀랐다. 기원전 109년에 한나라의 관리 사마천이 집필한 역사서 ≪사기≫에는 시황제의 무덤 안에 당시의 풍광과 왕궁을 크기만 축소해 화려하게 재현했다는 기록이 있다. 그런데 유려하게 뒤얽힌 수십 개의 강줄기에 실제로 수은이 흘렀다고 한다. 강가의 토양 표본에 수은 수치가 엄청나게 높다는 분석 결과가 사마천의 기술이 과장이 아니었음을 증명한다.

황제는 불멸의 몸이 되고자 스스로를 수은에 중독시켰을 가능성이 크다. 수은이 약으로 사용된 역사는 수백 년이나 된다. 대개는 효과가 별로 없었지만 가끔 매독 환자가 완치되기도 했다. 현대에는 수은이 온도계와 전자시계, 형광등 등에 사용된다. 하지만 수은은 산업사회가 낳은 끔찍한 환경오염의 주범이었다. 먹이사슬 층층이 축적되는 수은은 몇몇 어종을 식용 불가능한 생선으로 만들고 있다.

함께 읽어보기 철학자의 돌(800년경), 독물학(1538년), 은박 거울(1856년), 살바르산(1909년), 보란과 진공배관기술(1912년), 탈륨 중독(1952년)

시황제의 무덤에서 발견된 병마용. 아직 발굴되지 않은 구역에 발굴조사단이 접근을 꺼릴 정도로 수은이 아직도 다량 남아 있을지 모른다.

천연물

페다니우스 디오스코리데스(Pedanius Dioscorides, 서기 40~90년경)

1세기 그리스의 의사였던 디오스코리데스는 약용식물에 관심이 많았다. 그는 군의관이었기 때문에 로마군을 따라 세계 여기저기를 여행했고 지역의 표본과 민간지식을 원하는 만큼 수집할 수 있었다. 그가 이 모든 정보를 집대성해 여러 권으로 엮은 저서 ≪약용물질학(De materia medica)≫(서기 60년경)은 당대에 가장 완성도 높은 종합 지침서로 여겨진다. 알찬 내용과 약간의 행운이 더해져 이 책은 향후 로마제국의 흥망성쇠와 이슬람 세계의 등장, 르네상스의 시작을 모두 지켜보고도 남는 세월인 1500년 동안이나 널리 읽히고 활용되었다.

많은 의약품이 식물에 기원을 둔다. 자연에는 유익하든 유해하든 생물학적 활성이 있는 물질들이 가득하다. 이를 총칭해 천연물이라고 부른다. 각종 동식물과 박테리아, 곰팡이 등이 대사에너지 일부를 할애해 이런 물질을 합성하는 데 쓴다. 어떤 물질은 자기 자신의 몸을 돌보는 데 사용하지만 나머지는 신호를 보내거나 적을 공격하는 등 외부로 표출하기 위해 만든다. 어느 쪽이든 이런 천연물들은 더 높은 효능을 갖도록 진화를 거듭했고 지금 우리 인류는 그 덕을 톡톡히 보고 있다.

천연물 안의 어떤 성분이 어떤 약효를 내는지 알아내고 분리하는 연구는 수 세기에 걸쳐 화학과 의학을 크게 발전시켰다. 오늘날에도 천연물 화학은 여전히 성장하는 분야이며 특히 요즘에는 해양미생물이나 희귀식물 등에서 특별한 분자들을 추출한다. 이런 물질을 정제하고 분석하는 것은 기술적으로 쉽지 않은 일이어서 **핵자기공명(NMR)**과 **전자분무를 이용한 LC/MS**의 도움이 반드시 필요하다. 한편 실험실에서 이 물질을 합성해내려는 노력은 유기화학의 발전을 견인했다.

함께 읽어보기 독물학(1538년), 퀴닌(1631년), 모르핀(1804년), 카페인(1819년), 인디고 블루 합성(1878년), 푸제르 로얄(1881년), 비대칭 유도(1894년), 아스피린(1897년), 스테로이드 화학(1942년), LSD(1943년), 스트렙토마이신(1943년), 페니실린(1945년), 코르티손(1950년), 루시페린(1957년), NMR(1961년), 라파마이신(1972년), 비천연물(1982년), 전자분무 LC/MS(1984년), 탁솔(1989년), 팔리톡신(1994년), 시킴산 품귀 현상(2005년)

영국 화가 어니스트 보드(Ernest Board, 1877~1934년)가 남긴 〈맨드레이크를 그리고 있는 디오스코리데스〉(1909년).
유익하거나 유해한 다양한 천연물 성분이 이 식물종에서 발견되었다.

126년

로만 콘크리트

플리니우스(Pliny the Elder, 23~79년)

콘크리트는 어디에나 있다. 콘크리트가 없었다면 현대 건축도 없었을 것이다. 콘크리트의 화학은 생각보다 훨씬 복잡하지만 기본적으로 산소 원자와 강한 결합 네트워크를 형성하는 두 원소, 즉 알루미늄과 규소가 가장 중요하다. 지구의 지각에 풍부한 두 원소는 다양한 광물과 도자기의 기본 구성요소이기도 하다. 콘크리트가 제대로 만들어지려면 칼슘 이온도 필요하다. 물과 반응해 전체적인 결합력을 높이기 때문이다. 콘크리트의 정식 명칭은 칼슘 알루미노규산염 수화물이다. 하지만 이 기술용어는 콘크리트의 화학조성을 정확하게 알려주긴 하지만 아무리 되뇌어도 입에 착착 감기지 않는다.

로마는 당시 최고 품질의 콘크리트를 보유한 나라였다. 로만 콘크리트의 흔적은 오늘날에도 찾아볼 수 있다. 126년경에 완공된 판테온의 돔 천장은 비강화 콘크리트로 만들어진 건축구조물 중 세계 최대 규모를 뽐낸다. 사실 로마는 국력과 오랜 역사에 비하면 과학이 몹시 빈약한 문명이었다. 고대 로마는 수학, 눈앞의 현실과 아무 상관없는 실험, 추상적 이론을 좋아하지 않았고 아무도 기초과학 연구를 시도하지 않았다. 대신 실용적인 토목공학과 공병학에는 지원을 아끼지 않았다. 그런 면에서 로마에서 용도 별로 다양한 조성의 콘크리트가 개발된 것은 자연스러운 결과다. 로만 콘크리트는 방수성과 품질이 뛰어났다. 자연철학자 플리니우스의 기록에 의하면 로만 콘크리트 회반죽의 핵심 재료는 베수비우스 화산 지역에서 채집한 화산재 퇴적물, 즉 포졸란(pozzolan)이었다. 아마도 플리니우스에게는 이 지역이 너무나 친숙할 것이다. 폼페이를 멸망시킨 서기 79년의 대폭발로 그 자신도 목숨을 잃었으니 말이다.

최근, 분석화학자들은 로마의 해양 콘크리트 제조법을 알아내는 데 성공했다. 이 기법은 19세기 영국에서 개발된 현대의 포틀랜드 시멘트보다 들어가는 에너지가 더 적다. 게다가 처음에 석회반죽을 굽는 데 필요한 연료의 양, 최종 단계에서 콘크리트를 양생하는 데 걸리는 시간, 염수를 견디는 내구성 면에서도 로마의 제조법이 여러 가지로 월등하다고 한다. 거의 2000년의 세월이 흐른 지금, 로만 콘크리트는 부활을 꿈꾸고 있다.

함께 읽어보기 자기(200년경)

2000년 전에 지어진 판테온에는 현존하는 세계 최대의 비강화 콘크리트 돔이 남아 있다. 이것은 로마의 공학기술 수준을 보여주는 생생한 증거다.

자기

페렌프리트 발터 폰 취른하우스(Ehrenfried Walther von Tschirnhaus, 1651~1708년), **요한 프리드리히 뵈트거**(Johann Friedrich Böttger, 1682~1719년)

최초의 자기는 지금으로부터 2000년 전에 중국에서 만들어졌지만 역사기록에 진정한 의미의 자기가 출현한 것은 한나라 후기에 들어서였다. 약 220년에 한나라가 망하고 수 왕조와 당 왕조가 이어지는 동안(581~907년)에는 자기가 더 큰 규모로 생산되었다. 견고하고 아름다운 도자기는 고급 수출품이 되었고 이슬람 국가들을 시작으로 1300년 뒤에는 유럽에까지 진출했다. 놀라운 사실은 이 기간을 통틀어 도자기를 만들 수 있는 나라는 오직 중국밖에 없었다는 것이다.

도자기는 중국이 충분히 긍지를 가질 만한 유서 깊은 예술품이다. 추정으로는 가장 오래된 유물은 연대가 2만 년까지도 거슬러 올라간다고 한다. 아마도 처음에는 자기가 우연히 발견되었다가 장인들의 손에 의해 사고팔 만한 물건으로 조금씩 발전했을 것이다. 자기의 성분 조성은 종류마다 다르지만, 기본적으로 좋은 고령토가 반드시 있어야 한다. 고령토라는 이름은 중국의 지역명 가오링(高嶺)에서 유래했다. 그 밖에 필요한 재료는 젖빛 유리, 장석이나 설화 석고, 석영, 뼛가루다. 자기의 품질을 좌우하는 두 가지 핵심 요소를 꼽으라면 반죽에 넣는 물의 양과 발화점을 들 수 있다. 고품질의 자기가 나오려면 물의 양이 좁은 허용범위를 벗어나서는 안 되고 발화점이 1200℃ 이상으로 높아야 한다. 그래야만 마지막 단계에서 가는 침 형태의 알루미노 규산염 물석 광물이 고루 섞여 표면에 말끔한 유리막이 생긴다.

중국의 기술을 재현하려는 시도가 서양에서도 끊임없이 이어지는 가운데 현재 독일에 속하는 작센 지역에서 처음으로 성공을 거두었다. 자칭 연금술사인 요한 프리드리히 뵈트거는 1704년에 작센의 선제후이자 폴란드의 왕이었던 아우구스트 2세의 눈에 띄어 강제로 드레스덴에 감금되어 금을 만들어내라는 압박을 받고 있었다. 그를 감독하던 독일의 물리학자이자 의사이자 철학자인 페렌프리트 발터 폰 취른하우스는 아우구스트 왕의 명령으로 뵈트거와 함께 자기 연구에 착수했다. 두 사람은 1708년에 고령토와 설화석고 표본을 이용해 그럴싸한 성과물을 내놓는다. 그러다 같은 해에 폰 취른하우스가 갑자기 세상을 떠났고 자유의 몸이 된 뵈트거는 1710년에 마이센에 새로 연 자기 공장의 책임자로 임명되었다. 그로부터 2년 뒤에 한 예수회 사제가 직접 목격한 중국식 자기 제조법을 공개하면서 자기 산업은 유럽 전역에 빠르게 퍼져나갔다.

함께 읽어보기 로만 콘크리트(126년경)

관음보살을 형상화한 8세기 중국의 자기 장식품. 스웨덴 할윌 박물관이 소장하고 있다.

672년경

그리스의 불

테오파네스(Theophanes the Confessor, 752~818년경)

슬픈 얘기지만 화학은 전쟁을 부추겼다. 비잔틴 제국은 서로마가 멸망한 후에도 수백 년 동안 명맥을 유지했지만 그럴 수 있었던 것은 이웃 국가들과 사이가 좋았기 때문이 아니었다. 오히려 비잔틴은 이슬람 영역을 확장하려는 아랍 국가들로부터 무시무시한 위협을 받았다. 그러나 비잔틴은 가만있지 않았다. 그들은 비밀병기를 개발했다. 바로 그리스의 불이었다.

그리스의 불은 테오파네스가 쓴 ≪연대기(Chronographia)≫(814년경)에서 처음 언급된다. 이 기록에 의하면 약 672년에 현재 레바논 발백 지역에 해당하는 헬리오폴리스에서 어느 건축가가 이 비장의 무기를 발명했다고 한다. 그리스의 불이 전투에서 활용된 방식을 두고는 여러 가지 설이 있다. 가장 큰 신뢰를 받는 설명은 대포가 화염발사기처럼 불을 내뿜었다는 것이다. 하지만 무엇으로 불을 냈는지는 여전히 의견이 분분하다. 너무 철저하게 국방기밀로 보호된 탓에 결국 그대로 모두에게 잊히고 만 것이다. 어쩌면 애초에 글자로 남기는 것이 금지되어 입에서 입으로만 전해졌는지도 모른다. 다만 석유를 기본 재료로 쓴 것은 거의 확실하다. 아마도 흑해 근처의 삼출지에서 원유를 퍼왔을 것이다. 또, 송진이 함께 사용된 것으로 짐작되며 황도 유력한 재료 후보로 꼽힌다. 하지만 그밖에는 전문가들 사이에서도 의견 합치를 보지 못하고 있다.

강력한 폭발력을 지닌 불길은 엄청난 양의 연기와 함께 뿜어 나와 수면 위에 있는 모든 것을 재로 만들었다. 그리스의 불은 해상에서도 웬만해서는 꺼지지 않았다. 따라서 목조선을 타고 적진에 침투했다가 그리스의 불을 맞닥뜨리는 상황은 어느 누구도 맞고 싶지 않았을 것이다. 비잔틴은 특수 군함과 전개 임무에만 주력하는 숙련된 해병들을 보유하고 있었다. 500년 내내 전쟁이든 내전이든 수많은 전투에서 연승 행진을 이어간 것이 바로 이 특별한 해군력 덕분이었다. 하지만 무슨 이유에서였는지 그 이후 그리스의 불은 역사에서 서서히 자취를 감췄다.

함께 읽어보기 화약(850년경), 니트로글리세린(1847년), 화학전(1915년), 신경가스(1936년), 바리 공습(1943년)

유일하게 남아 있는 비잔틴 시대의 사료인 시칠리아의 12세기 ≪마드리드 연대기(Skylitzes Matritensis)≫ 필사본. 그리스의 불이 묘사되어 있다.

καὶ τὸ μὲν ναυτικὸν εὐθὺ τῆς πόλεως ταχέως ἀπάγεται· καὶ περὶ χωρίον προσορμίζεται τὸ Βυρί-
διον· ἐκ πεντήκοντα καὶ τριακοσίων συνιστάμενον πλοίων πολεμικῶν τε καὶ σιταγωγῶν· οἱ
δὲ τοῦ βασιλικοῦ στόλου κατάρχοντες· τὴν τούτων ἐπιδημίαν ἀκηκοότες ἐξελάσαντες· νυκτὸς ἐπιπίπτουσι ναυ-
λοχοῦσι τοῖς ἐναντίοις· καὶ τούτους αἰφνιδίως καταπλήξαντες· πολλὰς μὲν αὐτάνδρους ἔσχον
τῶν νηῶν· ἐνέπρησαν δὲ καὶ τὰς σκάφας σὺν τῷ πολλῷ πυρί·

στόλος Ῥωμαίων πυρπολῶν τὸν τῶν ἐναντίων στόλον·

Ὀλίγων παντελῶς ἔξω γενομένων τοῦ πάθους· καὶ πρὸς τὸν κόλπον τῶν Βλαχερνῶν καταραίοντες

800년경

철학자의 돌

아부 무사 자비르 이븐 하이얀

800년경까지 과학은 거의 이슬람과 중국이라는 쌍두마차의 주도로 발전했다. 지금의 이라크 지역에 살고 있던 아부 무사 자비르 이븐 하이얀(일명 지베르)은 당시에 유행하던 의학, **연금술**, 점성술, 숫자점에 능통한 인물이었다. 사실 이 학문들은 영역의 경계가 뚜렷하지도 않았다. 많은 사람이 그의 글을 읽고 그를 따랐다. 그중에 몇몇은 본인의 작품을 이븐 하이얀이 쓴 거라며 속여 퍼뜨리기도 했다. 곧 세상에는 엉터리 연금술 서적이 난무하게 되었다. 이런 책들은 죄다 말이 배배 꼰 암호처럼 되어 있어서 해독이 불가능한 탓에 별 쓸모가 없었다. '지베르처럼'이라는 뜻으로 횡설수설(지버리시, gibberish)이라는 영어 단어가 여기서 유래한 것이다. 예를 들어, 연금술로 살아 있는 전갈을 만드는 레시피가 있다고 치자. 적힌 것과 다른 진짜 뜻이 있는 건 알겠는데 아무리 생각해도 그게 뭔지는 도통 짐작할 수 없는 것이다.

이븐 하이얀의 이름을 걸고 출판된 더 수준 높은 서적들을 보면 사실 그는 치밀한 실험주의자였음을 알 수 있다. 때때로 그는 경쟁력을 갖추려면 연구실에서 직접 실험을 해 스스로 얻어야 한다고 독자들에게 경고하기도 했다. 현대의 과학자 대부분이 이 말에 동감할 것이다. 그는 금속은 비금속 물질과 근본적으로 다르며 금속의 주성분이 **수은**과 다양한 형태의 황이라고 믿었다. 또, 혼합비를 알아내기만 하면 금속의 종류를 바꿀 수 있다고도 생각했다. 훗날 철학자의 돌로 불리는 어떤 만능시약 혹은 묘약이 그 비밀을 푸는 열쇠라고 확신한 그는 앞으로 수백 년 동안 번영할 연금술학의 토대를 당대에 닦아두고자 이 묘약에 매달렸다. 저자가 지베르로 되어 있는 한 13세기 라틴어 서적을 보면 이런 맥락의 이론이 상당히 구체화되어 있다. 진짜 글쓴이가 누구든 그는 400년이 지났음에도 이븐 하이얀의 명성이 이름을 빌려 쓰고 싶을 만큼 여전히 드높다고 여겼던 것 같다.

함께 읽어보기 수은(기원전 210년경), 연금술(900년경)

16세기의 연금술 서적에 철학자의 돌 제조법이 다양한 암시, 수수께끼, 암호문을 통해 언급되어 있다. 난해한 건 둘째 치고 제대로 해석하더라도 이 재료와 방법으로 실제 실험이 가능할지는 의문이다.

Est lapis Occultus Secreto fonte Sepultus.
You must make water of the Earth and earth of the Ayre and Ayre of the fier and fier of the Earth.
ANIMA
SPIRITUS
CORPUS
White
Black
The blacke Sea: The blacke Lune: The blacke Sol.
Heare is the laste of the white Stoane: And the beginninge of the read Stoane:
Unda lauat: Pyr pur gat: Spiritus uiuificat
stat
Terra
The mouth of the Collericke beware and thereof bewise:

800년경

바이킹 강철

바이킹의 검은 9세기의 안목 있는 고객이라면 엄지를 척 들었을 최고 명품이었다. 산업혁명이 일어나기 전 유럽에 이보다 좋은 강철은 어디에도 없었다. 아마도 바이킹은 동양과의 교역을 통해 우수한 철기기술을 접했을 것이다. 계절풍을 십분 활용해 제작된 인도와 스리랑카의 강철이 교역 품목에 포함되어 있었기 때문이다. 인도의 강철은 탄소 함량이 높고 불순물이 훨씬 적었다. 따라서 이 합금을 사용하면 튼튼하면서 날카롭고 유연한 칼날을 만들 수 있었다. 그런 칼날은 적군의 몸이나 방패에 박혀도 쉽게 빠진다는 장점이 있었다.

진품 바이킹 검은 모두 칼날 밑동에 울프베르흐트(Ulfberht)라는 단어가 새겨졌다. 울프베르흐트는 공방이나 상품명 혹은 바이킹 장인의 이름일 것으로 짐작된다. 발견된 것 중 가장 오래된 바이킹 검의 칼날은 탄소 연대가 800년 무렵으로 추정되었다. 바이킹 검은 그즈음에 약 200년 동안 다량 제작되다가 서기 1000년 이후에는 더 이상 만들어지지 않은 것으로 보인다. 기록을 남기지 않아 역사에서 사라진 다른 여러 기술과 마찬가지로 정확한 바이킹 검 제조법도 현재는 남아 있지 않다. 전문가들이 자료를 토대로 추측해 실험을 통해 비슷한 합금을 만드는 데만 성공했을 뿐이다. 이런 금속 제품들은 예나 지금이나 제조기법을 엄격하게 따르고 품질을 철저하게 관리하는 게 핵심이다. 금속은 고온에서 벼리는 동안 다양한 결정 구조를 갖게 되는데 모든 변수를 매번 일정하게 통제하는 것은 보통 어려운 일이 아니다.

울프베르흐트 검은 희귀한 명검이었다. 그런 까닭에 많은 공방들이 저질 재료로 검을 만든 뒤에 울프베르흐트를 모방해 철자만 미묘하게 다를 뿐 거의 똑같은 이름을 새겨 넣어 팔곤 했다. 원조의 명성에 묻어가려는 가짜들이 판을 친 것이다. 모조품이 성행했다는 사실은 진품의 가치를 보여주는 반증이기도 하다.

함께 읽어보기 철 제련(기원전 1300년경)

헤데비에서 발견된 바이킹 검. 독일과 덴마크의 접경 지역에 자리한 헤데비는 당시 교역의 요지였다.

850년경

화약

화약은 무기공학자가 아니라 연금술사들이 한 금속을 다른 금속으로 바꾸거나 불로장생 약을 연구하는 과정에서 우연히 발견되었을 것으로 추정된다. 1044년에 발간된 중국의 병법서를 보면 수십 가지 화약 제조법이 나온다. 따라서 중국의 화약 연구는 송나라 때 가장 활발했던 것 같다. 하지만 화약이 처음 언급된 기록은 9세기 중반의 도교 경전이다. 이 고서에는 화약이 위험할 정도로 인화성이 높은 물질로 묘사되어 있다. **연금술**에서는 약방의 감초처럼 황의 비중이 매우 컸다. 게다가 당시에는 어느 연구실이든 연료로 쓰려고 목탄을 항상 구비해두고 있었다. 또, 산화제인 질산칼륨은 초석(硝石)이나 동굴 안에서 박쥐 배설물이 쌓인 곳 주변의 수정 형태로 쉽게 구할 수 있었다. 이 세 재료를 섞어 처음 불을 붙여본 사람이 누구였든 그는 이게 엄청난 물건임을 곧바로 깨달았을 것이다. 이 가루가 수명 연장이라는 애초 연구 목적에는 조금도 보탬이 되지 않았지만 말이다.

놀라운 신무기에 관한 소식은 중국 전역을 휩쓸고 국경을 넘어 13세기 몽골 침략의 바람을 타고 인도를 거쳐 유럽에까지 전해졌다. 중국은 질산칼륨 함량을 조금씩 높여서 폭발력을 향상시켰다. 어느 것이든 이 시대의 중국 병법서 하나를 골라 펼치면 포탄, 폭발하는 화살, 각양각색의 폭탄 디자인 등에 관한 언급을 쉽게 찾아볼 수 있다. 시리아의 화학자 하산 알라마(Hasan al-Rammah)는 ≪병기와 기마전투에 관하여≫(1280년경)에서 107가지 폭발물 제조법을 상세히 설명했다. 여기서 그가 '중국의 눈'이라고 부른 물질이 바로 질산칼륨이다. 유럽 군대는 화약을 재빨리 받아들였다. 영국 학자 월터 드 마일미트(Walter de Milemete)가 1326년에 남긴 논문 삽화를 보면 거대한 화살을 장전해 발사하는 대포가 유럽에서 사용된 것으로 여겨진다. 이 구식 대포는 철 냄비라는 뜻의 프랑스어 '포드페르(pot-de-fer)'라 불렸다. 그 이후 화약무기는 어떤 형태로든 인류와 늘 함께였다.

함께 읽어보기 그리스의 불(672년경), 연금술(900년경), 니트로글리세린(1847년), 펩콘 폭발사고(1988년)

1274년에 몽골이 일본을 쳤을 때 전장에서 화약이 든 포탄이 터지고 있다. 이 두루마리 역사화는 전투가 있은 지 20여 년 후에 의뢰를 받아 제작되었다.

肥後国竹崎五郎兵衛季長
生年二十九

900년경

연금술

아부 바크르 무함마드 이븐 자카리야 알라지(Abu Bakr Muhammad ibn Zakariya' al-Razi, 865~925년)

페르시아의 대학자 알라지는 역사상 가장 유명한 연금술사 중 한 사람이다. 그가 남긴 저술들을 보면 그의 생각과 현대 화학 사이에 접점이 얼마나 많은지 잘 알 수 있다. 그는 한 금속을 다른 금속으로 혹은 금속을 금속이 아닌 것으로 만들 방법을 알아내고자 연구에 매진했다. 그가 금을 만들어냈다고 주장한 적은 한 번도 없지만 그는 금속을 금처럼 보이게 만드는 방법을 알았다. 그는 물질들을 독설, 소금, 돌, 영혼 등으로 분류하는 규칙도 개발했다. 그리고는 얼마나 잘 녹고 얼마나 불이 잘 붙는지 등 각 분류의 성질 해설을 덧붙였다. 그는 기존의 단순한 **4대 원소설**을 부정하고 더 복잡한 자신의 이론을 지지했다. 그런 걸 보면 결과의 옳고 그름을 떠나서 유사점과 차이점을 간파하는 것이 화학의 요체임이 분명하다.

알라지는 물리적 세계를 물리적 메커니즘이 아니라 기호와 암호가 가득한 마법 주문으로만 설명하는 방식을 거부한 것으로도 유명하다. 그가 화학사에 가장 크게 기여한 점은 그의 저서 ≪비밀의 책≫에서 확인할 수 있듯 진짜 재료로 하는 진정한 실험의 기초를 정립한 것이다. 이 책에서 그는 도가니, 집게, 풀무, 플라스크, 깔때기, 막자사발, 중탕기 등 자신이 사용한 실험기구를 하나하나 자세히 설명해놓았다. 덕분에 당대의 수많은 동료들과 후학들은 체계적인 실험장비의 개념을 익힐 수 있었다. 현대 과학자들로 하여금 1000여 년 전 실험실의 모습을 엿보게 한 것도 바로 이 책이다.

후대에 알라지의 물질분류 체계는 누군가에게는 적극 수용되고 또 어떤 이들에게는 차갑게 거부당했다. 그럼에도 수백 년 동안 연금술의 표준 실험 지침서 역할을 한 저술을 딱 하나 꼽으라면 그것은 단연코 알라지의 ≪비밀의 책≫일 것이다.

함께 읽어보기 금 정련(기원전 550년경), 4대 원소(기원전 450년경), 철학자의 돌(800년경), 화약(850년경), 회의적 화학자(1661년)

배경의 건물과 광산에서 불길이 치솟는 동안 여신이 연금술사에게 위험을 경고하고 있다.

1280년경

왕수

스미스슨 테넌트(Smithson Tennant, 1761~1815년), **조르주 샤를 드 헤베시**(George Charles de Hevesy, 1885~1966년), **막스 폰 라우에**(Max von Laue, 1879~1960년), **제임스 프랑크**(James Franck, 1882~1964년)

현대 화학에서 중세 시대의 용어가 그대로 사용되는 예는 흔치 않다. 그런 면에서 왕수(王水), 라틴어로 아쿠아 레기아(aqua regia)는 특별한 액체다. 금도 녹이는 이 부식성 용액은 가짜 지베르라고만 알려져 있고 실명은 알 수 없는 유럽의 한 연금술사가 13세기 후반에 물질 변화에 관한 주제를 논하면서 처음 언급했다(그가 프란체스코회 소속인 타란토의 바오로라는 소문도 있다).

시약상에 왕수를 주문해 받는 것은 불가능하다. 가만히 두면 분해되는 까닭에 바로바로 조제해야 하기 때문이다. 전통 레시피는 질산 농축액 1에 염산 농축액 3을 섞는 것이다. 두 강산이 만나면 엄청난 유독물질이 된다. 부주의하게 **배기 후드**가 없는 곳에서 만들었다가는 그나마 독성이 덜하지만 용액에 다량 녹아 있는 염소 기체가 내는 냄새 때문에 왕수의 존재를 금방 알 수 있다. 왕수를 만나면 금은 맥없이 녹아내리고 백금도 더 느리긴 하지만 녹긴 녹는다. 한편 왕수에 끄떡없는 금속도 있다. 흔히 한 광석 안에 백금과 함께 존재하는 이리듐과 오스뮴은 영국 화학자 스미스슨 테넌트가 1803년에 처음 발견했다. 백금이 흔적도 없이 녹은 왕수를 따라냈더니 검은 찌꺼기가 플라스크 바닥에 남아 있었던 것이다.

왕수는 고급 금 정련 과정에서 여전히 사용되지만 가장 큰 활약을 한 것은 제2차 세계대전 때였다. 1940년에 독일이 덴마크를 침공했을 때, 코펜하겐 닐 보어 연구소에서 일하던 헝가리 방사화학자 조르주 샤를 드 헤베시는 동료 물리학자 막스 폰 라우에와 제임스 프랑크의 노벨상 금메달을 왕수에 녹여버렸다. 나치가 약탈해가지 못하도록 하기 위해서였다. 종전 후 그가 연구소로 돌아올 때까지 이 산성 용액은 창고에 안전하게 보관되어 있었다. 드 헤베시는 환원반응을 통해 금을 다시 침전시킨 뒤에 금가루를 스톡홀름으로 보냈다. 그렇게 해서 부활한 금메달은 원래 주인에게로 되돌아갈 수 있었다.

함께 읽어보기 금 정련(기원전 550년경), 산과 염기(1923년), 방사성추적자(1923년), 배기 후드(1934년)

금이 왕수에 용해되는 모습. 화학자로서도 실제로 목격할 기회가 드문 광경이다.

1280년경

분별증류

타데오 알데로티(Taddeo Alderotti, 1210~1295년경)

처음에는 증류의 목적이 고체에서 액체를 뽑아내는 것이었다. 하지만 곧 물질의 끓는점이 서로 다르다는 성질을 이용해 액체끼리 분리하는 데에도 증류가 활용되기 시작했다. 이를 위해서는 혼합액을 천천히 가열하면서 증기를 긴 증류관에 통과시켜야 한다. 휘발성이 큰 물질부터 차례대로 분리되어 올라오기 때문이다. 하지만 불을 너무 세게 하면 증기 안에서 끓는점이 낮은 분자와 높은 분자가 섞여버려 모든 과정을 처음부터 다시 시작해야 한다. 끓는점이 비슷한 액체들일수록 작업자에게 더 큰 인내심을 요구한다.

13세기 피렌체의 연금술사였던 타데오 알데로티는 ≪의학적 조언(Consilia medicinalia)≫(1280년경) 마지막 단원에서 분별증류를 상세히 설명하고 있다. 해박한 의학지식으로 명성을 떨쳤던 그는 길이 90센티미터짜리 기구로 증류해 순도 90퍼센트의 의료용 알코올을 만들어냈다. 그는 다양한 증류 방식을 연구했고 실험을 통해 증류로 정제 가능한 물질이 무엇인지 알아냈다.

시간이 흐르면서 증류의 배경이론이 더 자세히 규명됨에 따라 알코올 생산 기술도 발맞추어 발전해나갔다. 이른바 증류헤드라는 부품의 과학적 디자인이 그 증거다. 그뿐만 아니라 분별증류관은 증기가 접촉할 표면적이 넓어져 응축하기 쉬워졌기 때문에 물질분리의 효율이 크게 향상되었다. 증류는 산업 현장이나 실험실에서 여전히 널리 활용된다. 증류는 물이나 용매와 같은 액체를 정제하고 정유공장에서 기름을 분리하는 기초 기술이면서 양조업에서는 높은 도수의 술을 만드는 핵심 기술이기도 하다. 시간이 흘러도 변하지 않는 게 있는 것이다.

함께 읽어보기 정제(기원전 1200년경), 열분해(1891년), 액체 공기(1895년), 중수소(1931년), 회전증발기(1950년)

1512년에 독일의 외과의사이자 연금술사 히에로니무스 브룬츠비히(Hieronymous Brunschwig)가 화려하지만 별로 효율적이지는 않아 보이는 분별증류기로 주정을 만드는 모습. 가운데에 '냉수관'이라고 적힌 기둥에서 증기가 응결된다.

disti
rium
Aqua
llatio
ad
vite
Ein tore vol kalt wasser
Recepta
culum
Recepta
culum
Alem
bicum
Alembi
cum

1538년

독물학

파라셀수스(Paracelsus, 1493~1541년)

스위스의 자연철학자 파라셀수스는 의학, 금속공학, 점성술을 비롯해 시장에서 팔릴 만한 모든 것에 평생 몸을 담은 인물이었다. 그는 연금술이 쇠락해가지만 대체할 신학문은 아직 등장하지 않은 불안한 시대를 살았다. 흔한 금속으로 금과 은을 만든다는 오래 됐지만 불가능한 염원은 지지 세력을 잃고 막다른 골목을 목전에 두고 있었다. 마치 예언가처럼 파라셀수스는 말했다. "많은 이가 연금술이 금과 은을 만드는 학문이라고 말한다. 하지만 내 목표는 그게 아니다. 나는 연금술의 가치와 잠재력이 의학과 맞닿아 있다는 점을 높이 사는 것이다."

전해지는 바로 파라셀수스는 어울리기 편한 사람은 아니었다고 한다. 연륜이 주는 관대함 따위는 그에게 없었다. 어쩌면 그래서 그렇게 48년 평생 여러 목적지를 향해 쉬지 않고 달려올 수 있었는지도 모른다. 그래도 그에게 도움이 되었던 성격이 하나는 있다. 그는 통설이 그러하니까 진실이라는 논리를 단호하게 거부한 것으로 유명하다. 그는 자신이 그런 사고방식을 얼마나 경멸하는지 세상에 보이기 위해 고대 의학서들을 모아 사람들 앞에서 불태워버렸다.

파라셀수스는 외부의 나쁜 물질 때문에 병이 생긴다고 생각했다. 그는 광부들에게 흔했던 다양한 질병을 예리한 시각으로 관찰하고 연구했다. 천천히 진행되는 폐병은(당대의 통설처럼 산에 사는 악령이 저주를 해서가 아니라) 유독한 증기를 마셔서 생긴다는 것도 그런 접근을 통해 얻은 가설이었다. "용량이 독을 만든다." 파라셀수스가 1538년에 쓴 논문 〈7대 방어법(Septem defensiones)〉에 나오는 이 말은 지금도 종종 회자된다. 풀이하자면 용량이 높으면 모든 게 해롭다는 뜻이다. 물론 아무리 소량이라도 늘 유독한 물질도 있지만 말이다.

함께 읽어보기 수은(기원전 210년경), 천연물(서기 60년경), 디에틸에테르(1540년), 황화수소(1700년), 시안화수소(1752년), 패리스 그린(1814년), 베릴륨(1828년), 아스피린(1897년), 살바르산(1909년), 보란과 진공배관기술(1912년), 라디토르(1918년), 테트라에틸납(1921년), 신경가스(1936년), DDT(1939년), 바리 공습(1943년), 엽산 길항제(1947년), 탈륨 중독(1952년), 탈리도마이드(1960년), 시스플라틴(1965년), 납 오염(1965년), 글리포세이트(1970년), MPTP(1982년), 보팔 사고(1984년), 탁솔(1989년), 팔리톡신(1994년)

48세의 파라셀수스. 15세기 판화를 토대로 어림짐작해 수채화로 옮긴 것이다.

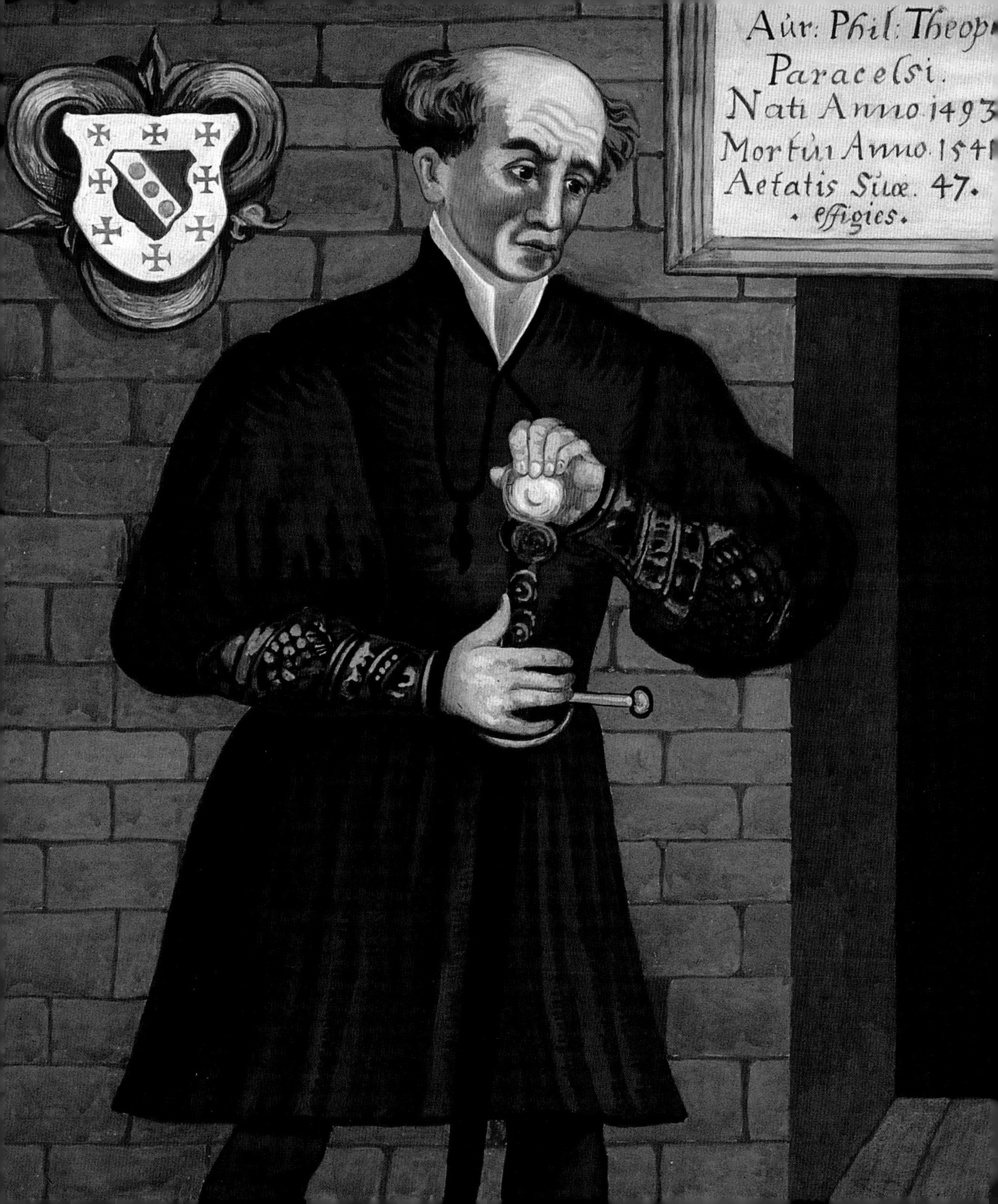
Aur: Phil: Theop
Paracelsi.
Nati Anno 1493
Mortui Anno 1541
Aetatis Suæ. 47.
• effigies •

1540년

디에틸에테르

파라셀수스, 발레리우스 코르두스(Valerius Cordus, 1515~1544년)**, 크로퍼드 W. 롱**(Crawford W. Long, 1815~1878년)

유기화학에서는 화합물을 원자가 배열한 모습에 따라 여러 계열로 나눈다. 산소, 황, 질소, 그리고 그 밖에 탄소가 아닌 무거운 원자들은 화합물의 작용기를 결정한다. 따라서 작용기를 보면 그 물질이 어떤 성질을 가질지 거의 정확하게 유추할 수 있다. 이런 물질 계열 중에서 가장 단순하고 기본적인 것 중 하나가 에테르다. 에테르 분자는 탄소와 탄소가 평범한 단일결합으로 연결된 사슬 한가운데에 산소 원자 하나를 쏙 끼워 넣은 구조로 되어 있다. 독일의 물리학자이자 식물학자 발레리우스 코르두스는 1540년에 에틸알코올에 **황산**을 첨가해 가열하면 디에틸에테르가 만들어진다는 사실을 발견했다. 이 조제법은 그 이후 단 한 번도 재현되지 않았고 증거 자료도 전무하지만 당시 화학 수준으로도 어떻게든 디에틸에테르를 합성하는 것은 충분히 가능한 일이다. 그때 정확히 어떤 반응이 어떻게 일어난 건지는 300년 정도 미래의 과학기술로나 분석 가능한 일이라 아무도 설명하지 못했다. 하지만 이 '달콤한 황산 오일'이 완전히 새로운 화합물임은 틀림없었다.

오늘날에는 그냥 에테르라는 이름으로 더 친숙한 디에틸에테르는 끓는점이 낮고 가볍지만 고약한 냄새가 코를 찌르는 액체다. 끓는점이 낮기 때문에 실온에서도 다량의 증기가 발생하므로 디에틸에테르를 화기나 불꽃 혹은 고온의 물체 근처에 두면 큰 불이 나기 십상이다. 디에틸에테르는 인화성이 강하다. 또, 디에틸에테르의 증기는 공기보다는 무겁기 때문에 바닥에 가라앉아서 쉽사리 예측할 수 없는 궤적을 그리며 흐른다.

파라셀수스는 논문 〈자연계의 물질(De naturalibus rebus)〉(1540년경)에서 닭이 다량의 에테르 증기에 노출되면 의식을 잃고 기절한다고 적고 있다. 머지않아 사람에게도 같은 효과가 있음이 밝혀졌다. 1840년대에 이르면 디에틸에테르가 의대생들 사이에서 '웃음가스 파티'의 필수 준비물로 유행하기도 했다. 1842년에는 미국 외과의사 크로퍼드 W. 롱이 환자의 목에서 종양 덩어리를 통증 없이 제거하는 데 이 가스를 최초로 사용했고 그 이후 디에틸에테르는 외과수술 마취제로 애용되었다. 독성과 인화성이 덜한 성분으로 곧 대체되긴 했지만 말이다.

함께 읽어보기 독물학(1538년), 황산(1746년), 작용기(1832년)

18세기 영국의 정기간행물 〈유니버셜 매거진(Universal Magazine)〉에 수록된 판화. 한 화학자가 에테르를 제조하고 있다. 불 근처에서 디에틸에테르를 만들거나 사용하는 것은 극도로 위험한 일이니 추천하지 않는다.

f
h
k
g
l
m
d
o
n
z
x
w
y

1556년

데 레 메탈리카

게오르기우스 아그리콜라(Georgius Agricola, 1494~1555년)

독일 화학자 게오르기우스 아그리콜라의 진짜 이름은 게오르그 바우어였다. 하지만 당대의 다른 자연철학자들이 다들 그랬듯 그도 라틴어로 된 필명을 사용했고 글도 라틴어로 썼다. 약관의 나이에 츠비카우 대학의 그리스어과 학과장으로 임명된 그는 물리학, 화학, 의학에도 식견이 깊었다. 1527년부터는 독일의 주요 광산촌들에서 의학계의 요직을 차지했는데, 그가 가장 열의를 보인 분야가 광물과 지질학이었으니 어찌 보면 당연한 결과였다.

'금속에 관하여'라는 뜻의 ≪데 레 메탈리카(De re metallica)≫는 1550년에 완성되어 1556년에 출간되었다. 이 책은 아그리콜라가 평생 쌓은 광물학 지식을 집대성한 결정체였고 현대 지질학과 화학의 탄탄한 주춧돌이 되었다. 그는 이 책에서 광석을 분석하는 방법, 금속을 제련하고 정련하는 방법, 광업에 필요한 기타 시약들을 제조하는 방법 등을 설명하는 데 상당한 분량을 할애하고 있다. 하지만 책이 라틴어로 쓰였기 때문에 그는 기술용어를 설명할 적당한 단어가 없어서 특히 이 단원에서 애를 먹었다.

이 책에 상세히 묘사된 설비 그림이나 광물과 액체금속 취급 방법을 찬찬히 살펴보면 **연금술**의 시대가 서서히 저물어가고 있었음을 느낄 수 있다. 아그리콜라는 책에서 **철학자의 돌**이나 그와 비슷한 주제 따위는 하나도 다루지 않았다. 희귀금속 매장지를 찾는 방법 중 하나로 긴 막대를 양손에 하나씩 들고 돌아다니는 다우징(dowsing)을 언급하긴 했지만 단지 그릇된 방법임을 분명히 하기 위해서였다. 대신에 그는 화로에 넣기 전에 분쇄한 광물 조각들을 세척하는 가장 효과적인 방법을 상세히 설명하거나 더 성능 좋은 화로를 만드는 방법을 묘사한 목판화를 첨부했다. 현대화학에서는 이미 기본 용어인 형석, 현무암, 비스무트와 같은 단어들도 자주 사용했다.

아그리콜라는 들어가는 글에서 이 책의 진의를 이런 말로 드러내고 있다. "내 두 눈으로 직접 확인하거나 어디서 읽은 적이 있거나 믿을 만한 사람에게 전해들은 사실만 이 책에 실었다." '과학적 방법'이라는 표현이 당시에는 없었지만 16세기 중반까지 그가 세상을 바라본 방식은 분명 과학의 그것이었다.

함께 읽어보기 청동(기원전 3300년경), 철 제련(기원전 1300년경), 금 정련(기원전 550년경), 수은(기원전 210년경), 철학자의 돌(800년경), 바이킹 강철(800년경), 연금술(900년경), 티타늄(1791년), 이테르비(1792년), 베릴륨(1828년)

유리세공 현장. ≪데 레 메탈리카≫에 수록된 이 삽화는 초창기 실험실의 모습을 현존하는 사료 중 가장 정교하게 묘사했다는 평을 받는다.

A
B
C
A
B
C
B
C
A
E
A
A
D

1605년

학문의 발전

프랜시스 베이컨(Francis Bacon, 1561~1626년)

철학, 정치, 과학, 법학 등 모든 분야에서 특출했고 실증주의의 아버지라는 별명까지 얻은 영국의 대학자 프랜시스 베이컨이 만약 현대에 살았다면 고리타분한 괴짜 취급을 받았을 것이다. 하지만 그가 과학부터 문학, 역사, 종교에 이르기까지 모든 분야를 총망라한 학문의 기틀을 세워주지 않았다면 오늘날의 우리는 없었을지도 모른다. 베이컨은 1605년에 잉글랜드 왕 제임스 1세에게 보내는 (엄청나게 긴) 서간문 형식으로 ≪학문과 종교와 문명의 발전(Of the Proficience and Advancement of Learning, Divine and Human)≫을 썼다. 당시에는 세상을 신의 영역, 자연의 영역, 사람의 영역으로 구분하는 게 보통이었다. 하지만 그는 모든 분야를 정교하게 엮음으로써 과학이 다른 학문 분야와 어떻게 연결되어 있는지 그리고 나아가 과학이란 무엇인가까지 심도 있게 피력했다. 그는 이 책에서 과학의 이상을 어떻게 실현해야 하는지, 어떤 부분에서 현실이 이상에서 괴리되는지 등을 자세히 다뤘다. 특히 후자는 그가 사상을 발전시켜 1620년에 발표한 저서 ≪새로운 과학기법(Novum organum scientiarum)≫의 주제이기도 했다.

그가 남긴 여러 저술들을 관통하는 주제가 하나 있다. 과학적 발견은 인류에게 득이 되므로 시간과 노력을 쏟기에 충분히 가치 있는 대상이라는 것이다. 고대 철학들은 신의 뜻을 이해하기 위한 영적인 의무나 신을 위한 지식을 수집하는 것만을 강조해 왔다. 하지만 베이컨은 '발명의 결과물(a progeny of inventions)', 즉 과학으로 하여금 '인간의 욕구와 불행을 굴복시킬(subdue our needs and miseries)' 것을 요구했다. 그의 유토피아적인 소설 ≪뉴 아틀란티스(The New Atlantis)≫(1627년)에서 베이컨은 과학이 '모든 것을 가능하게 하는 학문'이라고 주장했다. 이 사상은 17세기에 서구문명의 발전을 견인했다. 1660년에 설립된 왕립학회는 이 사상을 종종 '베이컨주의적 이상'이라고 불렀다(이 조직이 공식적으로 왕립단체가 된 것은 찰스 2세가 인가를 내린 1662년이다).

우리는 이런 사고방식이 당연한 세상에 살고 있다. 우리에게는 과학이 세상과 함께 진보하는 게 당연해 보인다. 하지만 기억하기 바란다. 인류 역사에서 훨씬 더 오랜 기간 동안 과학은 한 발자국도 움직이지 않았다는 사실을. 과학이 기운찬 행진을 시작한 것은 프랜시스 베이컨과 같은 위인이 신호를 준 뒤부터다.

함께 읽어보기 회의적 화학자(1661년)

역사상 최고의 과학사상가인 프랜시스 베이컨

1607년

요크셔 명반

토머스 채로너(Thomas Chaloner, 1559~1615년), **루이 르샤틀리에**(Louis Le Chatelier, 1815~1873년)

명반(여러 종류의 황산알루미늄염을 총칭하는 이름)은 로마 시대부터 공업과 의학 분야에서 다양하게 활용되어 왔다. 명반은 물을 깨끗하게 만들고, 혈액을 응고시키고, 산세척을 하고, 땀 발생을 억제하고, 방염 효과를 냈다. 섬유공업에서도 명반은 없어서는 안 될 원료였다. 명반을 넣지 않으면 염료가 섬유조직에 붙어 있지 못하고 줄줄 흘러내려버렸다. 당시 섬나라 영국은 교황의 지배권 아래 있던 이탈리아 지역에서 명반을 거의 전량 수입해 쓰고 있었다. 하지만 헨리 8세가 캐서린 왕비와 이혼하려고 교황 클레멘스 7세를 등지고 국교를 세우겠다고 선언하는 바람에 1533년에 공급선이 뚝 끊기고 말았다.

이에 영국은 자급자족할 방도를 궁리하기 시작했다. 그렇게 몇 차례 실패를 거듭한 끝에 1600년경에 영국 박물학자 토머스 채로너 경이 요크셔에서 명반을 만드는 데 성공한다. 1607년에는 회사가 생겨나 영국 땅 안에서 명반을 대량생산하기 시작했다. 명반 제조는 무기화학 영역 안에서도 고된 작업만 모아놓은 산업이었다. 일단은 규산알루미늄이 풍부한 회색 셰일을 광산에서 채굴해야 한다. 이 원석을 장작더미에 올리고 불을 붙여 여러 달 동안 그을린다(천천히 태울수록 수율이 좋았다). 그러면 셰일의 황화철 성분이 황산철로 산화된다. 황산철은 알루미늄이 들어 있는 광물을 푸석푸석한 분홍색 광물로 변화시킨다. 이제 분홍색을 띤 광석을 물구덩이에 담근다. 수용성 황산염 성분을 빼내기 위해서다. 그런 다음에는 황산염이 녹아 있는 물을 가열해 농축하고 칼륨 염기를 첨가한다. 그런데 이 부분이 그다지 깔끔한 공정은 아니었다. 해조를 태워 만든 재가 더 효과적이었지만 구하기 쉬운 사람 소변으로 대신하는 경우가 많았기 때문이다. 마지막으로는 온도를 낮춰서 황산알루미늄칼륨을 결정화한다. 복잡해 보이지만 이 전체 과정은 한마디로 용해도 차이를 이용해 다른 염 성분과 분리하는 것에 불과하다.

요크셔 해안에서 채굴 작업과 지역주민의 소변을 수거하는 활동은 19세기 중반까지 이어졌다. 그러다 1855년에 프랑스의 화학자 루이 르 샤틀리에가 더 쉬운 명반 합성법을 개발했고 오래지 않아 **퍼킨 연보라색**을 시작으로 아닐린(aniline) 기반 염료가 명반의 자리를 밀어냈다.

함께 읽어보기 패리스 그린(1814년), 퍼킨 연보라색(1856년), 인디고 블루 합성(1878년)

1650년에 노스요크셔의 레이븐스카 인근에 세워졌던 명반 제조 공장의 흔적. 이런 유적이 지금도 이 지방 곳곳에서 발견되고 있다. 근세 산업발달의 태동을 잘 보여주는 역사적 증거다.

1631년

퀴닌

파울 라베(Paul Rabe, 1869~1952년), **로버트 번스 우드워드**(Robert Burns Woodward, 1917~1979년), **윌리엄 폰 데거스 되링**(William von Eggers Doering, 1917~2011년), **길버트 스토크**(Gilbert Stork, 1921년~)

선교사들이 신세계에서 가져온 예수회 나무껍질이라는 비싸고 희귀한 약이 1631년에 로마에도 선을 보였다. 당시 로마는 말라리아를 일으키는 모기떼가 극성이었다. 해마다 셀 수 없이 많은 감염자가 생겨났지만 로마 사람들은 모기가 말라리아를 옮긴다는 사실을 전혀 몰랐다. 사실은 말라리아라는 병명도 당시 소문에 따라 '나쁜 증기(mal-aria)'에서 유래한 것이다.

이 약의 주성분 퀴닌은 남미에 서식하는 기나나무 껍질에서 추출한다. 퀴닌의 약효를 최초로 알아챈 페루와 볼리비아의 케추아 족은 나무껍질로 음료를 만들어 오한을 치료하는 데 사용했다(나중에 밝혀진 바로 이것은 퀴닌의 근육이완 효과 덕분이다). 말라리아 환자는 온몸이 덜덜 떨리는 오한과 발열이 반복되는 증세를 보인다. 케추아 족이 말라리아를 이 나무껍질 우린 물로 치료하려고 한 것은 당연했다. 그런데, 메커니즘은 달랐지만, 이번에도 나무껍질이 효과가 있었다. 퀴닌이 말라리아 기생충을 직접 죽인 것이다. 하지만 퀴닌의 작용 메커니즘 연구는 현재진행형이기 때문에 다른 메커니즘으로 살균효과를 내는 것일 수도 있다.

1620년과 1630년 사이에 스페인의 예수회 선교사들이 케추아의 민간처방을 유럽에 소개한 뒤 300년 동안이나 퀴닌은 말라리아의 유일한 치료제였다. 퀴닌의 발견은 인류 역사에 큰 영향을 주었고 유럽의 제국주의가 이전에는 관심도 없던 신세계에 무섭게 진출하게 만드는 계기가 되었다. 이와 동시에 퀴닌을 분리하고, 정제하고, 합성하려는 노력이 수 세기 동안 이어지면서 유기화학의 발전도 이끌었다. 1944년에 미국의 화학자 로버트 번스 우드워드와 윌리엄 폰 데거스 되링은 세계 최초로 퀴닌 분자 전체를 완벽하게 합성하는 데 성공을 거뒀다. 그보다 앞서 1918년에 독일의 화학자 파울 라베가 부분 합성까지 진척시켰기에 가능한 일이었다. 2001년에는 길버트 스토크가 새로운 합성경로를 발견하고 라베의 이론이 틀렸기 때문에 1944년의 성공은 무효라면서 논쟁을 일으켰다. 하지만 그로부터 7년 뒤, 두 제조법 모두 옳은 것으로 최종 결판났다.

함께 읽어보기 천연물(서기 60년경), 카페인(1819년), 형광(1852년), 퍼킨 연보라색(1856년)

1800년대 초에 런던의 한 약국에서 팔던 퀴닌 물약. 퀴닌은 매우 비싸고 귀한 약이었기 때문에 약국 진열장에서 항상 명당자리를 차지했다.

LIQ:QUIN

1661년

회의적 화학자

로버트 보일(Robert Boyle, 1627~1691년), **로버트 훅**(Robert Hooke, 1635~1703년)

형제자매 중 열넷째 아이로 태어난 로버트 보일은 1644년에 아일랜드의 귀족인 아버지 리처드 보일로부터 넉넉한 영토와 재산을 물려받았다. 덕분에 그는 밥벌이 걱정 없이 평생을 연구만 하면서 살 수 있었다. 이 열네 살 소년의 가장 큰 관심사는 갈릴레오의 고향이었던 이탈리아의 피렌체에 가보는 것이었다. 당시 영국에는 수많은 자연철학자들과 과학자 꿈나무들이 활발히 활동하고 있었다. 보일 역시 자칭 "보이지 않는 대학"이라는 런던의 한 과학 모임에 가입했다. 1654년에 옥스퍼드로 이사한 그는 영국의 다빈치로 추앙받던 로버트 훅과 함께 직접 고안한 공기펌프를 이용해 여러 가지 실험을 했다. 그 결과물이 바로 보일의 법칙이다. 이 법칙은 기체의 압력과 부피가 서로 반비례한다고 설명한다.

보일은 화학과 물리학 분야에서 맹활약했다. 소리, 빛, 기체와 액체, 결정, 전기, 연소 등 연구해야 할 게 너무나 많았다. 손이 턱없이 부족해진 보이지 않는 대학은 1660년에 왕립학회라는 이름을 달고 본격적인 활동을 시작했다. 이듬해, 보일은 ≪회의적 화학자≫를 펴낸다. 이 책에서 그는 기존의 **4대 원소**설을 거부하고 세상에는 맨눈으로 보이지 않는 수많은 원소가 있다고 주장했다. 그는 모든 물질이 이런 원소들의 원자로 구성되어 있으며 여러 가지 물리화학적 현상이 원자의 운동과 반응 때문에 일어난다고 생각했다. 이것은 정곡을 찌르는 혜안이었기에 그는 종종 현대화학의 아버지라고 불린다.

그는 파라셀수스와 같은 연금술사들이 죄다 엉터리라고 여겼으면서도 연금술로 금속을 바꿀 수 있다는 주장에는 동의했다. 이렇게 약간 빗나간 면도 있긴 했지만 그의 과학적 촉수는 매우 예리했다. 하늘을 나는 기계, 다이빙 장비, 진통제, 더 밝은 조명, 생명공학, 장기이식 등 언젠가 실현되기를 바라는 마음에 그가 작성한 24가지 미래 발명 목록이 그 증거다. 그의 바람이 거의 다 현실화된 요즘 세상의 모습을 그가 직접 볼 수 있다면 얼마나 좋을까.

함께 읽어보기 4대 원소(기원전 450년경), 원자론(기원전 400년경), 연금술(900년경), 학문의 발전(1605년), 질량 보존의 법칙(1789년), 돌턴의 원자론(1808년), 이상기체 법칙(1834년)

연구서적을 들고 있는 로버트 보일의 초상화

1667년

플로지스톤

로버트 보일, 요한 요하임 베허(Johann Joachim Becher, 1635~1682년)

오늘날에는 생경한 개념이지만 한때 사람들은 불의 정수가 존재한다고 추측하고 이것을 플로지스톤이라고 불렀다. 어떤 물질이 쉽게 타는 것은 플로지스톤이 많이 들어 있기 때문이고 플로지스톤이 물질 밖으로 나오는 현상이 불꽃이라는 것이다. 이 개념을 처음 세상에 내놓은 사람은 독일의 모험가 요한 요하임 베허다. 그가 이 아이디어를 ≪지하의 물질(Physica subterranea)≫에서 언급한 1667년 이래로 1700년대 초반까지 플로지스톤의 존재를 믿은 사람이 적지 않았다.

1600년대에는 어떤 물질이 불에 타고 나면 무게가 크게 줄어든다는 사실이 널리 알려져 있었다. 베허는 이를 플로지스톤이 빠져나가기 때문이라고 추측했다. 처음에는 오래 탈수록 물질이 더 많은 플로지스톤을 잃는다. 그런데 공기는 일정량의 플로지스톤만 흡수할 수 있다. 따라서 불 주변 공간을 폐쇄하면 과잉 플로지스톤이 쌓이므로 더 이상의 플로지스톤 유실을 막을 수 있다는 것이 그의 논리였다. 또한, 베허는 이렇게 '플로지스톤화'한 공기는 생명 유지에 도움이 안 되므로 동물은 폐에 들어찬 플로지스톤을 뱉어내야 하는데 공기가 이미 플로지스톤으로 포화된 곳에서는 이것이 불가능해서 질식하고 만다고도 설명했다.

베허의 플로지스톤 가설은 당시에는 완전히 미스터리였던 연소의 배경을 설명하려는 성실한 시도였다는 점에서 의미가 있다. 이 가설은 겉으로 보이는 현상을 당대 어느 이론보다도 잘 설명했다. 또한, 연소를 호흡과 연계시킨 것도 기발한 발상이었다. 베허의 가설은 결점이 거의 없어 보였다. 문제는 몇 안 되는 결점이 시간이 흘러도 해결되지 않았다는 것이다. 가장 큰 모순은 어떤 금속은 불에 타고 나면 중량이 오히려 증가한다는 것이었다. 화학자 로버트 보일이 특히 이 점에 집착했다. 이 모순을 두고 격렬한 주장과 반론이 오고갔지만 결국 학계의 분위기는 절대적으로 불리하게 흘러갔다. 베허의 가설을 지지하는 일부 학자들이 플로지스톤이 음의 중량값을 가진다고 제시했지만 이것은 상황을 정리하는 게 아니라 더 복잡하게만 만들었다. 마침내 1774년경에 산소 원자가 발견되어 불과 연소의 원리가 완전히 밝혀지면서 플로지스톤은 최후의 일격을 당했다. 물질이 불에 타는 것은 플로지스톤을 잃는 게 아니라 산소를 얻는 반응이었다.

함께 읽어보기 이산화탄소(1754년), 산소(1774년)

플로지스톤이–만약 그런 물질이 존재한다면 말이다– 방출되는 모습. 가설 자체는 상당히 논리적이었지만 반박하는 증거가 너무 많은 탓에 학계에서 사장되었다.

1669년

인

헤니히 브란트(Hennig Brand, 1630~1692년경)

인은 원소 목록에서 특별한 지위를 갖는다. 인류 과학사를 통틀어 최초로 발견된 원소이기 때문이다. 독일의 연금술사 헤니히 브란트는 1669년에 뒤늦게 **철학자의 돌**을 만들려고 시도했다. 그가 사용한 방법은 특이하게도 자신의 소변을 증류해 농축하는 것이었다. 그렇게 만든 결정을 다시 고온으로 가열하고 이때 나오는 증기를 물에 통과시켜 식혔더니 어둠 속에서 인광을 발하는 흰색 고체가 생성되었다. 아마도 브란트는 이게 진짜 철학자의 돌이라고 생각했을 것이다. 하지만 그가 실제로 발견한 것은 그리스어로 '빛을 머금은 물질'이라는 뜻의 화이트 포스포러스, 즉 황린(黃燐)이었다.

다른 여러 원소가 그렇듯, 인은 여러 가지 동소체가 순수한 고체 상태로 존재할 수 있다. 황린은 꽤 유독성이 있고 인 동소체들 중에서 반응성이 가장 크다. 브란트는 다행히도 물속에서 인을 분리했지만 만약 물 밖에서 했다면 인이 자연발화해 온 집안을 잿더미로 만들었을 것이다. 황린은 인 원자 네 개가 한 묶음으로 여러 묶음이 결합한 분자구조를 갖는데, 원자들이 이렇게 똘똘 뭉쳐 있기 때문에 상대적으로 잘 기화된다. 반면에 적린(赤燐)은 인 원자들이 보다 성기게 얽혀 결합해 있어서 딱딱한 덩어리가 아니라 가루로 존재하고 황린보다 흔하다. 적린을 고온으로 가열하면 원자들이 더 질서 정연하게 배열한 자린(紫燐)이 되고, 황린에 높은 압력을 가하면 인 원자 여섯 개로 된 고리가 층층이 쌓인 구조의 흑린(黑燐)이 생성된다. 흑린의 층 하나의 구조는 2013년에 규명되었는데, **그래핀**과 구조적으로 동급으로 여겨진다.

인이 들어가는 화합물의 다양한 종류만큼 인의 화학이 복잡한 것은 당연한지도 모른다. 특히, 완전히 산화된 인산염은 생화학에서 중추적인 임무를 맡고 있다. DNA와 아데노신 삼인산염(adenosine triphosphate)의 분자구조에 이 인산염이 들어가기 때문이다. 아데노신 삼인산염, 줄여서 ATP는 살아 있는 모든 세포에 공통적으로 필요한 화학에너지 물질이다. 또한, 인산염은 **아미노산** 곁사슬에 붙거나 떨어짐으로써 단백질의 구조와 기능을 조절하는 일도 한다.

함께 읽어보기 철학자의 돌(800년경), 아미노산(1806년), 인산비료(1842년), 세포 호흡(1937년), 그래핀(2004년)

헤니히 브란트가 인을 발견한 순간을 묘사한 19세기 에칭화. 브란트가 만들어낸 인의 양은 실험실 전체를 환히 밝힐 만큼 충분히 많지는 않았지만 그래도 그에게 잊지 못할 순간이었음은 분명하다.

1700년

황화수소

베르나르디노 라마치니(Bernardino Ramazzini, 1633~1714년), **칼 빌헬름 셸레**(Carl Wilhelm Scheele, 1742~1786년)

황화수소(H_2S)는 달걀 썩은내로 악명 높은데, 다량을 마시면 죽을 수도 있다. 사람의 코는 혐오스러운 냄새는 농도가 아무리 낮아도 귀신같이 감지해낸다. 우리에게는 다행인 일이다. 황화수소는 똑같이 독가스이지만 냄새가 덜 강한 **시안화수소**보다도 훨씬 유독하기 때문이다. 황화수소는 다른 독가스들과 비슷하게 폐 점막을 파괴한다.

황화수소가 하나의 기체라는 사실을 처음 알아낸 사람은 이탈리아의 물리학자 베르나르디노 라마치니였다. 1700년에 초판된 라마치니의 ≪노동자의 질병(De morbis artificum diatriba)≫은 의학사의 걸작으로 꼽히지만 화학에 관한 내용도 많이 들어 있다. 라마치니는 오물통을 청소하는 사람들이 눈과 폐의 통증을 자주 호소하고 그들의 주머니에 들어 있던 동전이 검게 변한다는 사실을 알아챘다. 그래서 그는 이 모두가 어떤 유독가스 때문이라는 가설을 세웠다. 유기물질이 부패하면서 만들어진 이 가스를 작업자들이 들이마신 것이다. 몇몇 온천과 화산지대에서도 같은 종류의 가스가 발견되었는데 마찬가지로 은과 같은 금속이 가스에 닿으면 변색되었다. 1777년에 스웨덴 화학자 칼 빌헬름 셸레는 색깔이 금과 비슷한 황철광에 **황산**을 부어 순수한 황화수소를 합성하는 데 성공했다. 그는 구린내가 진동하는 이 기체를 쉬에펠루푸트(Schwefelluft), 즉 '황 공기'라고 불렀다. 짐작건대 한참을 이 기체와 씨름한 그의 몸에서도 비슷한 악취가 났을 것이다.

재미있는 사실은 황화수소는 구조가 물(H_2O) 분자와 비슷하다는 것이다. 황은 **주기율표**상으로 같은 족 안에서 산소 다음으로 무거운 원소지만 황화수소는 물의 끓는점보다 150℃ 이상 낮은 영하 60℃에서 기화한다. 이것은 같은 **수소결합**이라도 물 분자의 산소와 수소가 만드는 결합(O-H)이 황과 수소 사이의 결합(S-H)보다 훨씬 세다는 점을 잘 보여주는 특징이다. 이렇게 견고한 결합은 물을 비슷하게 생긴 다른 어느 소분자보다도 훨씬 더 안정적이고 웬만해서는 증발하지 않는 물질로 만들어준다.

함께 읽어보기 독물학(1538년), 황산(1746년), 시안화수소(1752년), 주기율표(1869년), 클라우스법(1883년), 수소결합(1920년), 접촉개질법(1949년)

2014년에 아이슬란드의 홀루레인 화산이 폭발하는 모습. 적외선 영상에 후보정으로 색을 입혔다. 이산화탄소, 이산화황, 그리고 황화수소가 섞인 고약한 냄새의 유독가스가 피어오르고 있다.

1706년경

프러시안 블루

게오르그 에른스트 슈탈(Georg Ernst Stahl, 1660~1734년), **카스파르 노이만**(Caspar Neumann, 1683~1737년)

알고 있는지 모르겠지만 1700년 이전의 유럽 회화작품들에는 파란색이 별로 없다. 파란색은 등장인물 중에서 신분이 가장 높은 사람을 강조하는 데에만 사용되곤 했다. 유화에 적합한 내구성 좋은 군청색 색소를 아프가니스탄의 값비싼 청금석으로만 만들 수 있었기 때문이었다. 청자에 쓰는 화감청(코발트 유리가루)이라는 파란색 색소도 있었지만 이것은 기름이 닿으면 변색된다는 문제가 있었다. 따라서 로마제국이 멸망했을 때 '이집트 블루' 제조법도 함께 사라진 이래로 바래지 않는 파란색을 낼 수 있는 유일한 재료는 전 세계에서 청금석뿐이었다.

그러다 우연한 계기로 상황이 반전된다. 자세한 사연은 말하는 사람마다 다르지만, 일단은 독일의 염료제작자 요한 야코프 디스바흐(Johann Jacob Diesbach)가 모든 일의 시작이었다. 그는 1706년경에 딱정벌레를 으깨어 얻은 코치닐로 빨간색 색소를 만들려고 했다. 그런데 결과물은 놀랍게도 빨간색이 아니라 파란색이었던 것이다. 나중에 밝혀진 바로는 당시 재료들이 오염되었었다고 한다. 그로부터 2년 뒤, 합성 파란색 페인트가 프러시안 블루, 베를린 블루 혹은 그와 비슷한 제품명을 달고 시장에 나왔다. 1724년에는 독일계 폴란드인 화학자 카스파르 노이만이 레시피를 런던 왕립학회에 누출했고 왕립학회는 이것을 논문으로 출판했다. 논문에 의하면 이 선연한 파란색을 만드는 주재료는 코치닐과 명반, 황산철, 그리고 동물 기름에 오염된 탄산칼륨이었다.

하지만 프러시안 블루의 분자구조를 역추적해 합성법을 개발하려는 생각은 당시 아무도 하지 않았다. 순수한 프러시안 블루 분자는 산화된 2가 양이온 상태의 철 원자 세 개가 각각 시안기 여섯 개에 둘러싸여 있고 그 주위를 다시 3가 철 양이온 네 개가 에워싼 구조로 되어 있다. 옛날 제조법으로 만든 도료에는 불순물이 많아서 구조 분석이 어려웠다. 그래서 1970년대에 들어서야 분자구조를 완벽하게 밝힐 수 있었다. 프러시안 블루 연구는 250년에 걸쳐 무기화학의 발전에 힘을 보탰다. 염료로서의 중요성은 사라진지 오래였지만 말이다. 프러시안 블루는 청산(즉, **시안화수소**)이라는 명칭의 어원이 되기도 했다. 또, 특별한 성질(시안기가 안으로 오므라들어 배열하는 것) 덕분에 급성 금속중독의 해독제로도 사용되는데, 프러시안 블루의 철 원자가 탈륨이나 기타 유독성 금속 이온과 자리를 바꾸어 안전하게 체외로 배출시킨다.

함께 읽어보기 시안화수소(1752년), 티타늄(1791년), 배위화합물(1893년), 탈륨 중독(1952년)

일본 화가 호쿠사이(北斎)가 남긴 목판화 〈가나가와의 파도〉(1830년경 작품). 한동안 유럽 수집가들은 이런 동양 작품들에 현지의 신비한 파란색 도료가 쓰였을 거라고 믿었지만 파란색의 정체는 유럽에서 수입한 프러시안 블루였다는 게 나중에 밝혀졌다.

冨嶽三十六景
神奈川沖浪裏

1746년

황산

존 로벅(John Roebuck, 1718~1794년), **페레그린 필립스**(Peregrine Phillips, 1800~1888년)

황산은 최고의 만능 일꾼이다. 황산은 다양한 산업 공정에서 사용되는 핵심원료로서 수 세기 동안 인간의 풍요로운 삶을 지탱해 왔다. 황산은 땅에서 자연스럽게 샘솟는 물질이 아니고 필요에 의해 대량생산하는 것이다. 황산을 제조하는 기술은 여러 가지지만 마지막 단계는 모두 똑같다. 삼산화황을 물에 녹이는 것이다. 그런데 이 단계까지 오기가 여간 어려운 게 아니다. 그냥 황을 태우기만 하는 것인데 말이다.

초창기에는 황산을 담아둘 수 있는 용기를 만드는 것부터가 골칫거리였다. 500년 동안은 유리병에 물을 붓고 물속에서 황을 태우는 방법이 사용되었는데 한 번에 만들 수 있는 황산의 양이 제한적이었다. 당시 유리는 약해서 대형 유리용기를 만드는 것이 쉽지 않고 부식성 산을 많이 담아두기에 부적합했던 탓이다. 그러다 1746년에 영국의 기업가 존 로벅이 개량된 황산 제조공정을 개발해냈다. 그는 납이 황산에 강하다는 사실을 깨닫고 납으로 대형 들통을 제작했다. 이 용기로 작업하면 유리병을 쓸 때보다 열 배 많은 황산을 만들 수 있었다. 그러나 활활 타는 황을 넣었다 뺐다를 여러 번 반복해야 하고 황산 용액을 가열해 농축해야 한다는 면에서 번거롭기는 마찬가지였다. 공정이 힘들고 위험천만했지만 황산 수요가 워낙에 많았던지라 로벅의 방식을 채택한 공장들이 세계 곳곳에서 문을 열었다.

납 용기를 사용하는 제조기술은 100년 정도 더 사용되었다. 그러다 1831년에 영국의 식초 상인 페레그린 필립스가 이산화황 기체를 뜨겁게 달군 금속 촉매에 통과시키면 삼산화황이 손쉽게 만들어진다는 사실을 알아냈다. 이른바 접촉법이라는 이 공정은 황산 수요가 그 어느 때보다도 큰 오늘날에도 사용된다. 황산이 없으면 비료도 만들 수 없고 화학공업의 거의 모든 단계가 멈춰버릴 것이다.

함께 읽어보기 시안화수소(1752년), 클라우스법(1883년), 산과 염기(1923년)

다양한 비료 제품에 황산염(황산의 염)이 들어 있다. 하지만 황산 자체를 정원에 뿌리는 것은 절대로 추천하지 않는다.

1752년

시안화수소

피에르 마케르(Pierre Macquer, 1718~1784년), **칼 빌헬름 셸레, 클로드-루이 베르톨레**(Claude-Louis Berthollet, 1748~1822년), **조제프-루이 게이 뤼삭**(Joseph-Louis Gay-Lussac, 1778~1850년)

18세기 화학계에서 최고 인기 연구주제는 바로 **프러시안 블루**였다. 정확한 조성이 여전히 베일에 싸여 있었기 때문이다. 그러다 1752년에 프랑스 화학자 피에르 마케르가 프러시안 블루 분자를 철염과 휘발성 기체로 쪼갤 수 있다는 사실을 발견했다. 이 과정을 거꾸로 하면 다시 온전한 도료 분자를 만드는 것도 가능할 터였다. 여기서 문제는 휘발성 기체의 정체를 모른다는 것이었다. 그 비밀을 푼 것은 스웨덴 화학자 칼 빌헬름 셸레였다. 애초에 이 목적으로 실험을 한 것은 아니었지만 프러시안 블루와 황산을 반응시켰더니 "강하지만 그렇게 고약하지는 않은 냄새가 나는" 기이한 기체가 발생했다. 요즘 같으면 바로 건물 밖으로 대피하거나 창문 밖으로 고개만이라도 내밀고 피할 일이었지만 그는 한 술 더 떠 기체의 맛까지 봤다. 약간 단 맛이 나고 혀가 얼얼한 느낌이 든다고 셸레가 기록한 이 기체는 바로 그 유명한 유독가스 시안화수소였다. 이런 일이 있었는데도 그가 살아남은 것은 정말 하늘이 도왔다고밖에 말할 수 없을 것이다.

프러시안 블루 분자의 시안기 부분은 철 원자에 딱 붙어서 안으로 복잡하게 말린 특이한 형태를 이룬다. 따라서 만약 시안기가 적혈구의 헤모글로빈 분자에 들어 있는 철 원자를 만나도 똑같이 배열하려고 할 것으로 충분히 추측할 수 있다. 이렇게 시안기가 헤모글로빈의 철을 포위하면 적혈구는 산소 운반 능력을 잃는다. 이런 위험성에도 불구하고 시안화수소가 화학의 발전을 도운 면이 없지 않다. 시안화수소는 약산이어서 물에 녹으면 H^+ 양이온과 CN^- 음이온을 일부만 유리한다. 시안화수소 용액이 산성을 띠는 것은 이 수소 이온 때문이다. 그런데 옛날에는 모든 산은 분자에 산소를 가지고 있어야만 한다는 게 정설이었다. 황산이나 질산처럼 말이다. 그러다 1787년에 산소를 품고 있지 않은 청산의 존재가 프랑스의 화학자 클로드-루이 베르톨레에 의해 증명되었다. 뒤이어 1815년에는 조제프-루이 게이 뤼삭이 시안화수소의 분자식을 정확하게 알아내는 데 성공했다. 바로 HCN이다. 시안(cyan)이 그리스어로 청록색을 의미하기 때문에 시안 이온이 별개의 분자라는 사실이 알려지면서부터는 시안이 청산 음이온과 동의어로 사용되었다.

함께 읽어보기 독물학(1538년), 프러시안 블루(1706년경), 황산(1746년), 시안화물을 이용한 금 추출(1887년), 배위화합물(1893년), pH와 지시약(1909년), 산과 염기(1923년), 분자병(1949년), 밀러-유리 실험(1952년)

1892년에 스톡홀름에 세워진 셸레의 동상. 공원을 화학자들의 동상으로 꾸미는 전통을 되살릴 필요가 있을 것 같다.

1754년

이산화탄소

얀 밥티스타 판 헬몬트(Jan Baptist van Helmont, 1580~1644년), **조셉 블랙**(Joseph Black, 1728~1799년), **헨리 캐번디시**(Henry Cavendish, 1731~1810년), **조셉 프리스틀리**(Joseph Priestley, 1733~1804년), **험프리 데이비**(Humphry Davy, 1778~1829년), **마이클 패러데이**(Michael Faraday, 1791~1867년)

온실효과의 주범인 이산화탄소는 오래전부터 화학계에서 이름이 알려진 원소이다. 이산화탄소는 벨기에 화학자 얀 밥티스타 판 헬몬트가 1625년에 숯을 태우다가 발견했다. 이상하게 잿더미의 무게가 불을 붙이기 전 숯의 무게보다 가벼웠다. 연기가 빠져나가지 않도록 꽁꽁 막은 밀폐 공간 안에서 태우고 무게를 쟀는데도 말이다. 그래서 그는 부족한 무게의 주인공이 눈에 보이지 않는 물질로 변했을 거라고 추측하고 이 물질을 나무 기체라는 뜻의 가스 실베스터(gas sylvestre)라 이름 붙였다.

그로부터 약 100년 뒤 1754년에는 스코틀랜드의 물리학자이자 화학자 조셉 블랙이 석회암, 즉 탄산칼슘을 가열하면 기체가 발생한다는 것을 발견했다. 그런데 이 기체는 공기보다 무거워서 마치 몹시 가벼운 액체처럼 '따라낼' 수 있었다. 게다가 이 기체로 가득한 상자에 촛불을 넣으면 바로 꺼지고 동물은 거의 즉사해버렸다. 하지만 무엇보다도 신기한 점은 이 기체를 석회수, 즉 수산화칼슘 용액에 통과시키면 탄산칼슘이 다시 만들어진다는 것이었다(액체를 다른 곳에 옮겨 부으면 바닥에 하얀 가루가 남았다). 헬몬트가 칭한 보이지 않는 기체를 블랙이 눈에 보이게 만든 셈이었다. 실제로 블랙은 이 방법을 활용해 동물이 내쉬는 공기에 이 기체가 들어있음을 증명하기도 했다. 그로부터 얼마 뒤, 영국의 정치이론가이자 화학자인 조셉 프리스틀리는 한 주점에서 맥주 증류통에 물을 붓고 여기에 이산화탄소 기체를 주입한 뒤에 고루 섞이도록 잘 저어주었다. 그러자 기포가 상쾌하게 보글거리면서 올라오는 음료가 만들어졌다. 탄산수의 탄생이었다.

이산화탄소의 매력은 여기서 그치지 않는다. 이 기체는 온도가 낮을 때 더 신기한 묘기를 보여준다. 일반적인 실내 환경에서 압력은 그대로 두고 온도만 낮추면 이산화탄소는 액체 단계를 건너뛰고 영하 78.5℃ 지점부터 흰색 고체로 변한다. 바로 드라이아이스다. 이 이산화탄소 고체는 주변 온도가 높아지면 이번에도 중간 액체 단계 없이 기체로 다시 변하는데 이런 상변화를 승화라고 부른다. 1820년대에 영국의 험프리 데이비와 마이클 패러데이는 압력을 크게 높임으로써 이산화탄소 액체를 만드는 방법을 궁리했다. 온도와 압력을 모두 높였더니 이산화탄소 기체는 액체도 기체도 아닌 상태인 **초임계유체**가 되었다.

함께 읽어보기 플로지스톤(1667년), 산소(1774년), 초임계유체(1822년), 온실효과(1896년), 치마제 발효(1897년), 탄산탈수효소(1932년), 세포 호흡(1937년), 광합성(1947년), 이산화탄소 흡수장치(1970년), 인공 광합성(2030년)

이산화탄소 고체, 즉 드라이아이스를 물속에 넣으면 물 때문에 따뜻해져 수면을 짙은 안개로 덮으며 승화한다.

1758년

카데의 발연액

루이 클로드 카데 드 가시쿠르(Louis Claude Cadet de Gassicourt, 1731~1799년), **로베르트 분젠**(Robert Bunsen, 1811~1899년)

가끔 두 학문의 경계에서 재미있는 발견이 이루어질 때가 있다. 유기금속이 좋은 예다. 탄소 원자를 기본 골격으로 갖는 물질을 연구하는 분야를 유기화학이라 부르고 그 밖의 물질을 연구하는 분야를 무기화학이라 부른다. 그리고 유기화학과 무기화학의 접점에 유기금속 화합물이 있다. 이 특별한 화학물질 부류는 쓰임새가 참 많다. 정유(精油), 플라스틱 생산, 다양한 오염방지장치, 의약품 합성 등 유기금속 화합물을 시약이나 촉매로 쓰지 않고는 돌아가지 않는 분야가 한둘이 아니다. 당연히, 유기금속화학은 오늘날 연구 열기가 가장 뜨거운 화학 분야다.

그런데 시작은 그렇게 수월하지 않았다. 세계 최초로 발견된 유기금속 화합물이 알고 보니 아무 짝에도 쓸 데가 없었기 때문이다. 1758년에 프랑스의 화학자 루이 클로드 카데 드 가시쿠르는 삼산화비소를 이용해 새로운 액체를 만들었다. 악취가 고약한 이 액체는 훗날 카데의 발연액으로 유명해진 그것이다. 카데의 발연액의 주성분은 사메틸이비소와 그 산화물이다. 하지만 메틸기 네 개와 비소 두 개라는 조성이 밝혀지기 전에는 각각 카코딜(cacodyl)과 카코딜 산화물이라 불렸다. 끔찍한 냄새라는 뜻의 그리스어 '카코데스(kakodes)'를 딴 이름이었다. 대체로 비소 화합물들은 마늘향과 비슷하지만 식욕을 뚝 떨어뜨리는 고약한 냄새를 풍긴다. 게다가 인체에 해롭기까지 하다.

카코딜은 악취가 나고 유독한 주제에 쓸모는 하나도 없었다. 팔라듐, 리튬, 마그네슘과 같은 금속은 현대화학에서 약방의 감초처럼 맹활약하는 데 비해 비소 화합물은 계속 찬밥 신세를 면하지 못했다. 카코딜을 구원한 것은 독일의 화학자 로베르트 분젠(분젠 버너를 발명했다)이다. 그는 상호치환 가능한 화학작용기, 즉 '라디칼(radical)'의 개념을 고안했는데 카코딜 분자의 메틸기를 다른 물질로 옮겨 이 가설을 검증할 수 있다고 생각한 것이다. 분젠 자신도 엄청난 악취와 증기에 노출되면 혀가 검게 변하는 부작용에 괴로움을 숨기지는 못했지만 분젠의 연구는 카코딜의 명예를 조금이나마 회복시켜주었다는 데 큰 의미가 있다. 한편, 크림 전쟁 때는 카코딜이 화학무기 후보로 거론되었다가 비윤리적이라는 이유로 영국군 사령관의 승인을 받지 못한 일도 있었다. 살아 있는 화학자들 중에서 카코딜을 직접 본 이는 손에 꼽을 정도인데, 아마도 관심 있는 사람도 별로 없을 것이다.

함께 읽어보기 그리냐르 반응(1900년), 살바르산(1909년), 화학전(1915년), 페로센(1951년), 금속 촉매 커플링(2010년)

1800년대에 의료용으로 생산된 비소액 약병. 유리병의 목이 길고 몸통에 가로홈이 파여 있는 것이 유독물질이 들어 있다는 표시다.

LIQ.
ARSENICAL.
POISON

1766년

수소

헨리 캐번디시, 앙투안 라부아지에(Antoine Lavoisier, 1743~1794년)

수소는 세상에서 가장 단순한 원소다. 또한, 우주에서 가장 흔한 원소이기도 하다. 하지만 수소가 하나의 원소로 인정을 받은 것은 비교적 최근의 일이다. 지구 대기에는 홀로 존재하는 수소 원자가 거의 없다. 여러 가지 이유가 있지만 무엇보다도 워낙 가벼운 수소가 우주 공간으로 빠져나가는 것을 지구의 중력으로도 막을 수 없기 때문이다. 지표에서는 대부분의 수소가 이미 산화된 상태여서 물이라는 투명한 액체의 분자 속에 존재한다.

이런 수소를 발견한 사람은 영국의 화학자 헨리 캐번디시다. 그는 당대의 다른 동료 연구자들과 다를 바 없이 기체의 동태를 연구함으로써 수많은 기초화학 법칙을 발견해냈다. 당시 로버트 보일을 비롯한 화학자들은 여러 가지 금속이 강산을 만나면 기체가 발생한다는 사실을 알고 있었다. 하지만 순수한 원소로서의 수소를 인식한 것은 캐번디시가 최초였다. 그는 수소의 성질을 잘 정리해 1766년에 〈인위적인 공기에 관하여〉라는 논문 한 편을 펴냈다. 논문에서 그는 수소가 몹시 가볍고 잘 탄다고 기술하고 있다. 하지만 그가 '인화성 공기'라고 부르고 조셉 프리스틀리는 '탈(脫)-플로지스톤화한 공기'라고 부른 기체(즉, 산소)를 이용한 1783년의 실험에서는 수소가 화학사에 한 획을 그을 만큼 놀라운 결과물을 보여주었다. 잘 타는 두 기체가 만났을 때 불길이 더 치솟는 게 아니라 물이 만들어진 것이다. 물이 하나의 기본 원소가 아니며 산소와 수소가 만나 만들어지는 분자라는 확실한 증거였다. 같은 해에 프랑스의 화학자 앙투안 라부아지에는 캐번디시의 실험을 재현하는 데 성공하고 이 원소에 수소라는 이름을 붙였다. 그리스어로 '물을 만드는 물질'이라는 뜻이었다.

극도로 소심한 성격 탓에 현대 화학자들로부터 아스퍼거 증후군 환자였다는 의심을 받고 있는 그였지만, 캐번디시는 열과 연소에 관한 중요한 연구 결과를 꾸준히 발표해나갔다. 라부아지에가 화학반응의 성질과 산소의 중요성을 집대성할 수 있었던 것도 동료 캐번디시의 성실함 덕분이었다. 현대화학의 진정한 밑거름이 된 것은 특별한 게 아니라 세상에 널린 물질인 공기와 물처럼 가장 기본적인 연구소재들이다.

함께 읽어보기 산소(1774년), 아보가드로의 가설(1811년), 수소첨가반응(1897년), 중수소(1931년), 가장 뜨거운 불꽃(1956년), 수소 보관(2025년)

프랑스 공학자 자크 샤를(Jacques Charles)과 마리-노엘 로베르(Marie-Noël Robert)가 1783년에 수소 기체를 불어넣은 최초의 유인 비행선을 타고 파리의 상공을 날고 있다. 그로부터 거의 150년 뒤, 힌덴브루크에서 있었던 폭발사고로 비행선의 시대가 급하게 막을 내렸다.

1774년

산소

헨리 캐번디시, 조셉 프리스틀리, 앙투안 라부아지에

산소의 역사나 화학적 성질은 설명하기가 좀 구구절절하고 복잡하다. 그런데 아주 단순하지만 매우 중요한 사실 하나가 산소의 발견 덕분에 만천하에 드러났다. 바로, 공기는 하나의 물질이 아니라 여러 성분으로 이루어진 혼합물이라는 것이다. 당시에는 **이산화탄소, 수소, 황화수소, 시안화수소** 등의 몇몇 기체가 밝혀져 있었다. 하지만 이 기체들이 우리가 마시는 공기와 어떻게 연관되어 있는지는 아직 아무도 몰랐다. 일단은 공기에 황화수소의 양이 그리 많지 않다는 점만 분명했다. 고약한 냄새 때문에 눈치 채지 못할 리가 없기 때문이었다.

공식적으로 산소의 발견자는 영국의 조셉 프리스틀리다. 공기와 기체의 구분이 모호하던 시절, 그는 여러 가지 기체로 실험을 하다가 중요한 현상 하나를 목격했다. 당시에는 '고정된 공기(fixed air)'라고 불린 이산화탄소가 동물에게는 치명적인데 식물은 죽이지 않았던 것이다. 심지어 녹색식물은 밀폐용기 안에 가득한 이산화탄소를 정화시키기까지 했다. 동물이 날숨으로 이산화탄소를 배출한다는 과학적 사실을 토대로 프리스틀리는 식물이 공기 중의 이산화탄소를 제거하고 그만큼 다른 무언가를 채워 넣는다는 가설을 세웠다. 그리고 그는 1774년에 새로운 실험을 실시했다. 이 실험에서 그는 돋보기로 햇빛을 모아 산화수은(HgO)을 가열했다. 그러자 물질이 분해되면서 어떤 기체가 나오기 시작했는데 그는 이 기체가 식물이 발산하는 바로 그것이라고 생각했다. 이 기체에 노출된 실험용 쥐는 질식사하지 않고 계속 살아 있었고 촛불은 더 환하고 크게 타올랐다. 직접 기체를 마셔본 프리스틀리는 머리가 맑아지는 기분을 느꼈다고 한다.

그는 이 새로운 기체가 플로지스톤을 잃은 상태라고 추측했다(그리고 잃어버린 플로지스톤이 바로 수소일지도 모른다고 생각했다). 그러나 앙투안 라부아지에가 1777년에 〈플로지스톤에 관한 고찰〉이라는 논문을 통해 더 정확한 연소 이론을 내놓았다. 이듬해에 이 기체에 산소라는 이름을 지어준 것도 라부아지에였다. 프리스틀리가 발견하고 라부아지에가 이름 지은 산소는 물질을 태우고, 연소시키면서 금속이나 기타 물질들과 결합하고, 동물로 하여금 살아 숨 쉬게 하는 기체였다. 여기에 플로지스톤 따위는 없었다.

함께 읽어보기 플로지스톤(1667년), 황화수소(1700년), 시안화수소(1752년), 이산화탄소(1754년), 수소(1766년), 아보가드로의 가설(1811년), 오존(1840년), 칸니차로와 카를스루에 학회(1860년), 액체 공기(1895년), 스테인리스강(1912년), 슈퍼옥사이드(1934년), 세포 호흡(1937년), 광합성(1947년), 분자병(1949년), 가장 뜨거운 불꽃(1956년)

지구의 모든 녹색식물은 묵묵히 성실하게 공기 중의 탄소를 흡수하고 산소를 뱉어낸다.

1789년

질량 보존의 법칙

조제프-루이 라그랑주(Joseph-Louis Lagrange, 1736~1813년), **앙투안 라부아지에**

프랑스의 화학자 앙투안 라부아지에는 화학을 과학의 한 분야로 승격시킨 일등공신이다. 그가 발견한 기체들은 그 안에 엄청난 양의 현대화학 지식을 담고 있었다. 당대의 빈약한 화학이론만으로는 어느 하나 제대로 설명할 수 없는 진짜 과학 말이다. **플로지스톤**이 대표적인 예다. 라부아지에는 **산소**를 발견함으로써 플로지스톤 이론이 허상임을 증명해냈다. 하지만 이것은 앞으로 이어질 수많은 발전의 예고편에 불과했다.

라부아지에는 그의 말마따나 "화학 발전에 걸림돌이 되는 모든 것을 없애고" 싶어 했다. 화합물의 이름은 그런 걸림돌 중 하나였다. 영국 화학자 로버트 보일이 한 세기 전에 추측했듯 화합물이 정말로 원소들의 조합으로 이루어져 있다면 이름에도 그런 사실이 체계적으로 반영되어 있어야 하지 않을까? 그렇게 생각한 라부아지에는 오늘날에도 통용되는 화학물질 명명법을 직접 개발해냈다. 가령 철이 산소와 결합해 만들어지는 분자는 산화철이라 부르는 식이다. 라부아지에가 만든 이 명명법은 1789년에 출간된 ≪기초화학 총론≫에 자세히 개괄되어 있다. 최초의 현대화학 교재로 인정받는 이 책에 그는 그때까지 발견된 모든 원소들의 목록과 규명된 분자들의 원자 구성, 그리고 화학반응이 일어나거나 산과 염기가 만나 염이 만들어질 때 온도가 미치는 영향 등 많은 내용을 담았다. 그중에서도 백미는 질량보존의 법칙이다. 다들 감은 잡았지만 누구도 제대로 정의할 노력은 하지 않았던 이 규칙의 요지는 한마디로 질량의 총합은 화학반응이 일어나기 전과 후가 같다는 것이다.

불행히도 라부아지에는 사회적 평판 때문에 공포정치 시절에 일어난 프랑스 혁명의 표적이 되었다. 부패한 프랑스 구체제를 대신해 국민의 혈세를 수탈한 징세대행업체 페름 제네랄(Ferme générale)에 재산을 투자했던 것이다. 그는 스물일곱 명의 공동피고인과 함께 반역죄 판결을 받고 1794년 5월 8일에 참수되었다. 바로 다음날, 이탈리아 태생의 수학자이자 천문학자 조제프-루이 라그랑주는 라부아지에를 그리며 이런 말을 남겼다. "머리를 베어버리는 것은 한순간이지만 그와 같은 머리가 다시 태어나려면 100년도 더 걸릴 것이다."

함께 읽어보기 회의적 화학자(1661년), 플로지스톤(1667년), 산소(1774년), 돌턴의 원자론(1808년), 화학기호법(1813년)

영국 화가 어니스트 보드가 그린 유화. 라부아지에가 기체에 관한 실험 결과를 아내에게 설명하고 있다. 라부아지에의 아내는 남편에게 최고의 연구 조수였다.

1791년

티타늄

마르틴 하인리히 클라프로트(Martin Heinrich Klaproth, 1743~1817년), **윌리엄 그리거**(William Gregor, 1761~1817년)

과학에 일생을 바친 영국의 사제 윌리엄 그리거는 1791년 초에 콘월에 있는 자신의 교구에서 광물 표본을 채취해 분석하고 있었다. 그런데 여기서 전에 본 적 없는 금속 산화물이 검출되었다. 그는 표본이 발견된 마을의 이름을 따 이 물질에 마나카나이트(manaccanite)라는 이름을 붙였다. 그런데 간발의 차로 같은 해에 약간 늦게 독일에서 마르틴 하인리히 클라프로트도 이 금속을 발견했다. 그는 금홍석이라고 알려져 있었던 이 광물에 티타늄이라는 이름을 붙였다. 두 사람이 찾아낸 금속은 같은 것이었지만 결과적으로 그리거는 발견자로서, 클라프로트는 명명자로서 공을 나눠 가졌다.

티타늄은 단단하고 가벼우면서 내열성이 좋기로 유명하다. 그래서 항공우주산업에서 활용도가 높다. 하지만 그만큼 고가이기 때문에 냉전 시대에 최신식 전투기나 러시아 잠수함 선체를 건조할 때처럼 '돈이 문제가 아닌' 부문에서만 대량 소비되었다. 소량으로는 고성능 장비의 핵심부품이나 최고급 골프채에 사용되기도 한다.

보통은 티타늄 자체보다는 산화티타늄 형태로 이 금속을 접할 일이 훨씬 많다. 이산화티타늄 분말(TiO_2)은 눈이 부실 정도로 환한 흰색을 띠는 데다가 시간이 지나도 바래거나 분해되지 않는다. 페인트 개발자들이 완벽한 흰색이라고 표현할 정도다. 이렇게 눈부신 흰색의 이산화티타늄은 흰색 도료, 플라스틱, 판지, 로션, 심지어 치약에도 들어 있다. 2002년에 한 아마추어 천문학자가 이상한 물체가 지구궤도를 따라 돌고 있는 것을 우연히 발견했다. 물체의 적외선 스펙트럼을 조사해보니 예상과 달리 소행성 조각이 아니었다. 그것은 오래전에 아폴로 12호에서 떨어져 나온 이산화티타늄 페인트였다.

티타늄은 볼 때마다 새로운 면을 발견할 수 있는 양파 같은 매력이 있다. 이산화티타늄은 적어도 여덟 가지 이상의 다형체로 존재하는데, 그중 몇 가지 결정형이 **광화학** 반응에서 촉매 역할을 하는 것으로 1967년에 밝혀졌다. 이 성질 때문에 이산화티타늄 페인트는 대기오염물질을 분해시킬 수 있을 것으로 기대된다. 그 밖에도 폐수 정화, 태양전지 등의 친환경 과학기술 분야에서 이산화티타늄 연구가 활발히 진행되고 있다. 해마다 400만 톤 이상의 티타늄이 채굴되지만 아직도 밝혀지지 않은 비밀이 많다.

함께 읽어보기 데 레 메탈리카(1556년), 프러시안 블루(1706년경), 광화학(1834년), 인공 광합성(2030년)

건축학자 프랭크 게리(Frank Gehry)는 외장을 얇은 티타늄 시트판넬로 덮어 건축물을 짓는 것으로 유명하다. 사진은 스페인 빌바오에 있는 구겐하임 미술관

1792년

이테르비

요한 가돌린(Johan Gadolin, 1760~1852년)

원소의 이름은 여기저기서 따와서 붙여진다. 어떤 어원은 고대로 거슬러 올라가고 어떤 어원은 특별한 성질이나 유명한 과학자에서 오기도 한다. 또 어떤 원소는 발견된 장소의 이름을 갖게 된다. 이 마지막 부류에 속하는 것 중에 이트륨, 에르븀, 테르븀, 이테르븀이 있다. 재미있는 점은 네 원소 모두 스웨덴의 작은 동네 이테르비에서 이름을 따왔다는 것이다. 다른 이유로는 별로 들을 일이 없을 것 같은 마을 이름이다. 핀란드 화학자 요한 가돌린은 1792년부터 여러 가지 원소를 꾸준히 발견해냈다. 스톡홀름 인근의 한 채석장 감독관으로부터 검고 무거운 돌멩이 하나를 건네받은 뒤부터다. 가돌린은 이 돌멩이를 분석했고 주성분이 당시에는 알려지지 않은 새로운 원소임을 깨달았다. 그리고는 새로 발견한 금속에 그곳 지명을 따 이테르비아(ytterbia)라고 이름 붙였다. 이 이름은 훗날 이테리아(yttria)로 짧아져 산화물이 산화이테륨으로 불리게 된다.

화학적 성질이 비슷한 금속 원소 열일곱 개를 묶어 희토류로 분류하는데, 이테르비 채석장에서 발견된 금속들이 모두 이 희토류에 속한다. 아이러니하게도 몇몇 희토류 원소는 명칭과 달리 구리만큼이나 흔하다. 하지만 희토류를 희토류라고 부르는 것은 분포가 한곳에 집중되지 않고 소량씩 여기저기에 퍼져 있기 때문이다. 게다가 양이 웬만큼 되더라도 십중팔구는 다른 성분들이 섞여 있어 순도가 높지 않다. 원석에서 희토류 원소만 뽑아내는 것은 간단한 일이 아니었다. 그래서 19세기를 통틀어 화학자들은 잡탕 표본에서 새로운 원소 하나를 분리하는 일에만 온통 매달렸다. 일례로, 1841년에 발견된 디디뮴은 사실 하나의 원소가 아니라 두 원소(프라세오디뮴과 네오디뮴)가 섞인 것이라는 사실이 수십 년 뒤에 밝혀졌다. 전혀 예상하지 못했던 결과였다.

20세기 후반으로 오면 전자산업이 발전하면서 희토류 원소의 몸값이 천정부지로 치솟았다. 초강력 자석과 오색선연한 평면 디스플레이, 다양한 파장의 발광다이오드(light-emitting diode, LED) 등을 생산하는 데 반드시 필요하기 때문이다. 최근에는 중국이 최대의 희토류 생산국으로 부상했지만 지칠 줄 모르고 계속 증가하는 수요를 맞추기 위해 다른 나라에서도 새로운 매장지와 더 나은 분리기술을 열심히 개발하고 있다.

함께 읽어보기 데 레 메탈리카(1556년)

희토류 금속으로 만들어진 초전도 자석판 위에 초가 둥둥 떠 있다. 희토류 금속은 스웨덴 이테르비에서 최초로 발견되었다. 이 새로운 원소가 현대에 이렇게 중요해질 줄은 당시 아무도 몰랐을 것이다.

1804년

모르핀

프리드리히 빌헬름 아담 제르튀르너(Friedrich Wilhelm Adam Sertürner, 1783~1841년)

동양 양귀비 수액을 말려 만드는 아편은 선사시대부터 약으로 쓰였다. 아시아와 유럽의 모든 문명이 아편을 애용했고 거의 모든 고의서에 아편이 심심찮게 언급된다. 아편이 사랑을 받은 데는 이유가 있었다. 아편에 들어 있는 모르핀(중량으로 따지면 많게는 14퍼센트까지 차지한다)이 그 무엇과도 견줄 수 없는 최고의 진통제였던 것이다.

1804년경에는 수습 약사였던 프리드리히 빌헬름 아담 제르튀르너가 아편에서 순수한 모르핀 성분만 추출하는 데 성공했다. 손이 많이 가고 오래 걸리는 지루한 작업 끝에 얻은 성과였다. 그는 이 물질에 그리스 신화에 나오는 꿈의 신 모르페우스의 이름을 붙였다. 그리고는 곧바로 이 물질을 이용한 새로운 실험에 착수했다. 가장 먼저 한 일은 동물에게 투여해보는 것이었다. 그런 다음 본인을 포함해 동네에서 모집한 몇몇 자원자에게 모르핀을 사용하게 했다. 그의 연구 기록에 의하면, 실험 참가자들이 짧지 않은 기간 동안 적지 않은 용량에 여러 차례 노출되었던 모양이다. 그래서 모두 한동안 정상적인 일상생활이 불가능할 정도였다고 한다.

제르튀르너의 연구는 아편의 긴 화학사를 열었을 뿐만 아니라 더 넓게는 알칼로이드(alkaloid)를 부각하는 역할을 했다. 알칼로이드는 식물이 만드는 질소 성분의 천연물질들을 총칭한 분류인데 하나같이 엄청나게 복잡한 화학구조를 갖는다. 게다가 생리학적 효능도 지니고 있다. 과학자들은 알칼로이드를 연구함으로써 다양한 생화학 반응과 이런 반응에서 알칼로이드와 함께 활약하는 단백질들을 밝혀낼 수 있었다. 마찬가지로 알칼로이드의 일종인 모르핀의 경우는 뇌와 척추에 존재하는 뮤-아편 수용체에 단단하게 결합한다. 이는 인체가 모르핀처럼 이 수용체에 결합하는 비슷한 물질을 스스로 만든다는 뜻이다. 오랜 연구 끝에 몇 가지 신경전달물질 펩타이드(즉, 엔도르핀과 엔케팔린)가 실제로 그런 역할을 하는 것으로 밝혀졌다. 그런데 특이하게, 몇몇 동물종은 몸 안에서 모르핀 자체를 만든다고 한다. 이 최신 뉴스에서 영감을 얻은 과학자들은 실험실에서 인체세포를 배양한 뒤에 그 안에서 만들어진 모르핀을 검출하는 실험을 진행했다. 그 결과, 산소 **방사성추적자**가 모르핀 분자 안에서 확인되었다. 그러므로 인체세포도 마찬가지로 모르핀 합성 능력을 갖추고 있을지도 모른다.

함께 읽어보기 천연물(서기 60년경), 카페인(1819년), 방사성추적자(1923년), LSD(1943년)

상급 신들의 전령인 이리스가 꿈의 신 모르페우스를 깨우려고 하고 있다. 피에르-나르시스 게렝(Pierre-Narcisse Guérin)의 1811년 작품

1805년

전기도금

알렉산드로 볼타(Alessandro Volta, 1745~1827년), **루이지 브루냐텔리**(Luigi Brugnatelli, 1761~1818년)

전기는 1700년대 후반부터 1800년대 초반까지 기술발전의 첨병 역할을 했다. 물리학자 알렉산드로 볼타의 친구였던 이탈리아 대학교수 루이지 브루냐텔리는 여러 가지 화학용액으로 볼타 전지의 성능을 연구하고 있었다. 그러던 1805년, 그는 전지의 양극을 금염이 녹아 있는 용액에 담그면 음극쪽의 얇은 금속판이 금으로 코팅되는 현상을 발견했다(곤충이나 꽃잎처럼 금속이 아닌 물질이라도 겉에 금속막을 얇게 입히면 전기가 통하는 물질로 변신시킬 수 있다는 사실을 알아낸 것도 브루냐텔리였다).

브루냐텔리가 발견한 이 **전해환원** 현상은 산화환원 반응의 훌륭한 응용사례다. 그런 면에서 **철 제련**도 원리는 같다. 철 제련 과정에서는 산화반응과 환원반응이 모두 일어난다. 철을 불에 달구는 동안 탄소가(산소와 결합해) 산화되면 일산화탄소(CO)로 변한다. 이 기체는 철광석에서 산소만 뽑아내 산화철을 순수한 철 원자로 환원시킨다. 비슷하게, 전기도금 과정에서는 전지 음극에서 전자들이 금속판 주위에 모여든 금 양이온을 금 원자로 환원시킨다. 이 반응이 음극판이 금으로 얇게 덮이는 현상으로 보이는 것이다.

여기까지 듣고 누군가는 이걸 이용해 부자가 되었겠다는 생각을 할지도 모르겠다. 그러나 그렇지 않다. 브루냐텔리는 연구 보고서를 나폴레옹이 이끌던 프랑스 정부에 제출했다. 하지만 정부는 이 아이디어를 달가워하지 않았고 브루냐텔리는 나폴레옹이 유럽을 제패한 세월 내내 아무것도 할 수 없었다. 전기도금 기술은 거의 25년 동안 무관심 속에 방치되어 먼지만 쌓여갔다. 다행히도 1840년대에 이르면 결국 금도금과 은도금이 상용화된다. 전압과 전류를 얼마로 설정할지, 어떤 금속염을 사용할지, 도금할 재료로 가장 좋은 물질은 무엇인지 등 조정해야 할 변수가 여럿 있었지만 말이다. 이 발전은 어느 정도는 시안화물 용액에는 금속이 잘 녹는다는 사실이 발견된 덕이다. 요즘에는 금은뿐만 아니라 여러 가지 금속이 대규모 전기도금에 활용된다. 이제는 전기화학이 독립적인 과학 분야로 자리 잡은 것이다.

함께 읽어보기 철 제련(기원전 1300년경), 금 정련(기원전 550년경), 전해환원(1807년), 알루미늄(1886년), 시안화물을 이용한 금 추출(1887년), 클로르-알칼리법(1892년)

아연판과 구리판을 번갈아 가며 쌓아 올려 만든 볼타전지의 초기 형태. 세계 최초의 전기도금 실험과 다양한 초기 전기화학 실험들에서 이런 종류의 전지가 사용되었다.

1806년

아미노산

니콜라-루이 보클랭(Nicolas-Louis Vauquelin, 1763~1829년), **피에르-장 로비케**(Pierre-Jean Robiquet, 1780~1840년), **프란츠 호프마이스터**(Franz Hofmeister, 1850~1922년), **에밀 헤르만 피셔**(Emil Hermann Fischer, 1852~1919년)

현대인에게 아미노산은 친숙한 단어다. 아미노산 하면 보통 식품영양이나 보디빌딩을 떠올린다. 하지만 정확한 답은 바로 단백질이다. 모든 아미노산은 가운데에 탄소 원자가 하나 있고 여기에 아민(NH_2)기 하나와 카르복실(CO_2H)기 하나가 달린 기본 골격을 갖는다. 가장 단순한 구조의 아미노산은 바로 글리신이다. 또, 중앙 탄소에 메틸기가 달려 있으면 알라닌이라 부르고 이 메틸기에 벤젠 고리가 더 붙어 있으면 페닐알라닌이라 부른다. 이렇게 기본 골격에 어떤 곁사슬이 붙어 있는지에 따라 아미노산의 종류가 세분된다.

1806년에 아미노산을 세계 최초로 분리해낸 사람은 프랑스 약사였던 니콜라-루이 보클랭과 그의 제자 피에르-장 로비케였다. 그들은 아스파라거스로 실험을 했기 때문에 이 아미노산을 아스파라진이라 이름 붙였다. 그로부터 거의 백 년 뒤에는 독일 화학자 프란츠 호프마이스터와 에밀 헤르만 피셔가 단백질이 아미노산들의 묶음이라는 사실을 알아냈다. 수많은 아미노산이 길게 연결된 뒤에 새끼줄 같은 **알파헬릭스(alpha-helix)** 혹은 병풍 같은 **베타시트(beta-sheet)**라는 구조로 접힌 것이 바로 단백질이다. 단백질 합성은 아직도 노벨상 수상자를 배출할 정도로 연구 가치가 있다.

두 아미노산이 만나 물 분자를 하나 잃는 축합반응을 거치면 디펩타이드가 만들어진다. 이 펩타이드 결합은 센 외력으로 잡아 뜯거나 효소의 도움을 받아야만 깨뜨릴 수 있다. 음식을 먹으면 소화기관은 단백질을 분해하기 시작한다. 이때 여러 소화효소가 단백질 주위에 각자 자리를 잡고 단백질을 조각낸다. 살아 있는 세포에는 이와 비슷하게 다양한 생리화학 반응을 매개하는 효소가 수천 가지나 존재한다. 인간의 DNA에는 스무 가지 아미노산을 만드는 암호만 들어 있지만 그것만으로도 우리에게는 충분하다. 짧은 편에 속하는 아미노산 열 개짜리 펩타이드 사슬도 10조 가지 이상의 조합을 가질 수 있기 때문이다.

함께 읽어보기 폴리머와 중합반응(1839년), 거미 명주(1907년), 마이야르 반응(1912년), 탄산탈수효소(1932년), 분자병(1949년), 생어 서열분석법(1951년), 알파헬릭스와 베타시트(1951년), 밀러-유리 실험(1952년), 전기영동(1955년), 녹색형광단백질(1962년), 메리필드 합성(1963년), 단백질 결정학(1965년), 머치슨 운석(1969년), 글리포세이트(1970년), 효소 입체화학(1975년), 효소공학(2010년)

아스파라거스는 아스파라진이 풍부한 채소지만 다른 곳에서도 이 아미노산을 얻을 수 있다. 보클랭과 로비케는 감자나 감초에서도 같은 발견을 할 수 있었다. 만약 그랬다면 아스파라진은 지금과 다른 이름을 갖게 되었을 것이다.

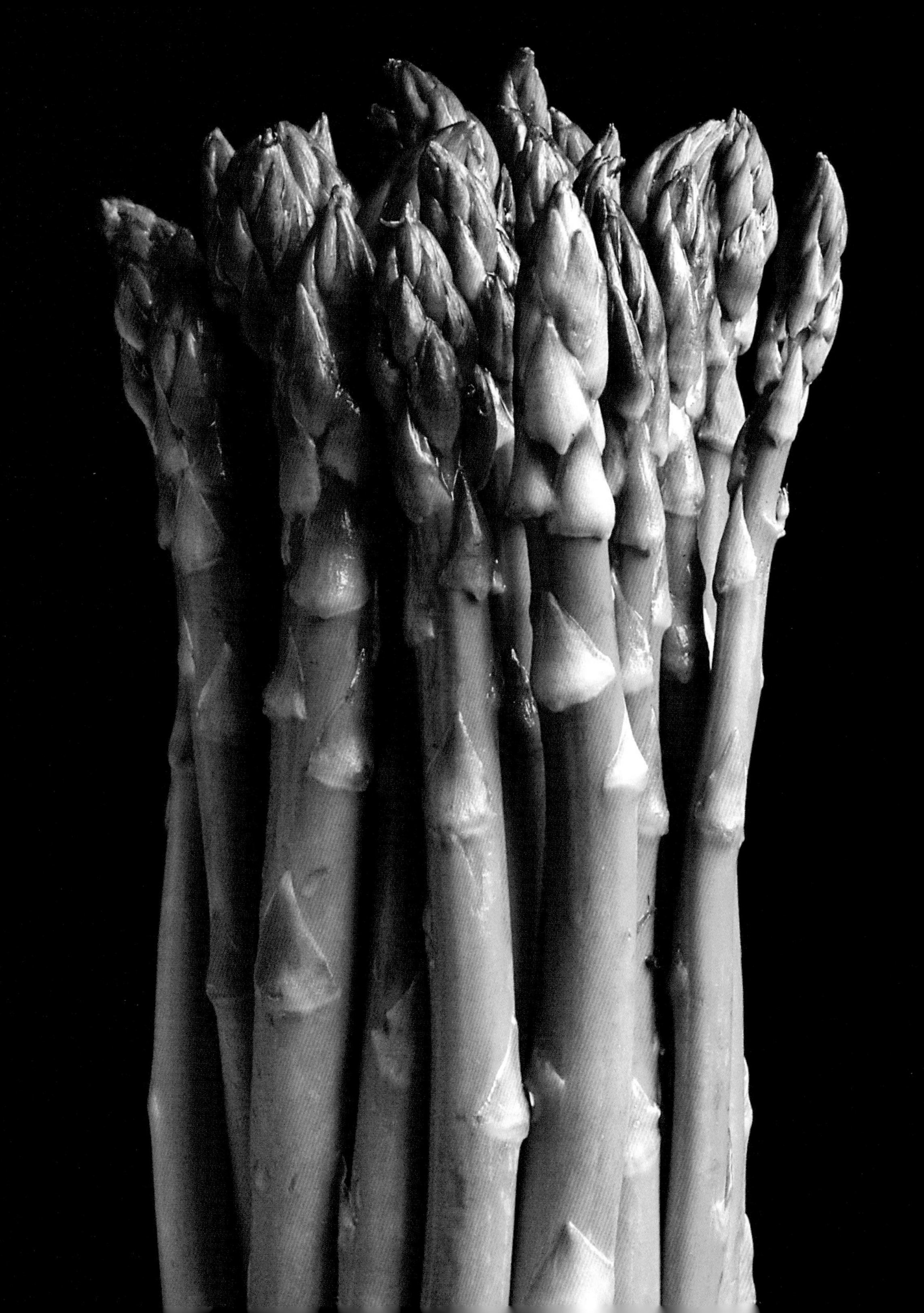

1807년

전해환원

험프리 데이비

영국의 화학자이자 발명가 험프리 데이비는 화학의 개척시대에 살았다. 그가 전기와 기체로 한 과감한 실험이 그를 죽음의 문턱까지 끌고 간 적이 한두 번이 아니었다. 연구를 위해 그는 일산화탄소 수치가 위험 수준으로 높은 기체를 직접 들이마신 적도 있었다. 또 한 번은 흔히 웃음 가스로 알려진 아산화질소를 정상 용량보다 많이 마시면 어떻게 되는지 알아보려고 스스로를 내던지기도 했다. 그때의 경험을 그는 이렇게 회상했다. "세상과의 모든 연결고리가 끊긴 것 같았다. 선명한 영상들이 잇따라 머릿속을 스쳐 지나갔고 단어들이 제멋대로 연결되어 새로운 말을 만들어냈다. 나는 새로운 규칙이 지배하는 완전히 딴 세상에 가 있었다. 그 와중에 나는 생각했다. 내가 놀라운 것을 발견해냈다고." 그가 이렇게 말할 수 있었던 것은 진짜 무언가를 발견했을 때 기분이 어떤지 아주 잘 알기 때문이었으리라.

1800년대 초에 데이비는 전기 분야에서 새로운 발견들을 열정적으로 이뤄냈다. 이를 토대로 그는 전지가 전류를 발생시키는 것은 화학반응 때문이라는 사실을 깨닫는다. 1807년에는 전류가 칼륨염과 나트륨염에 어떤 영향을 주는지 알아보고자 반대로 실험을 하는 과정에서 각각 순수한 금속으로서 두 원소를 세계 최초로 분리해냈다. 그는 염에 전류를 통과시키는 방법으로 마그네슘, 칼슘, 스트론튬, 바륨을 줄줄이 분리했다. 오늘날 전해환원이라 부르는 기술이었다.

데이비는 전기화학의 토대를 닦고 산을 비롯한 여러 가지 화학물질의 이론 정립에 큰 공을 세웠다. 광부들을 위한 안전등도 그의 작품이었다. 이 발명품은 램프에 쇠망을 덮어서 불꽃에서 나오는 열을 발산시킨 것인데, 그러면 광산에서 나오는 인화성 기체에 불이 붙지 않게 할 수 있었다. 일산화탄소에 중독되었다가 의식을 회복했을 때 데이비는 조수에게 이렇게 말했다고 한다. "난 죽을 수 없어." 실제로 그는 어떤 의미에서 지금까지 살아 있다. 그가 과학계에 미친 영향이 엄청난 까닭에 달에는 그의 이름을 붙인 크레이터가 존재하고, 고향의 한 선술집은 그의 이름을 간판에 새겼고, 왕립학회는 해마다 화학 분야에서 뛰어난 발견을 한 연구자에게 영예로운 데이비 메달을 수여하고 있다.

함께 읽어보기 전기도금(1805년), 전해환원(1807년), 베릴륨(1828년), 산화상태(1860년), 알루미늄(1886년), 클로르-알칼리법(1892년), 수소 보관(2025년), 인공 광합성(2030년)

하나의 원소로서 나트륨은 은색이 도는 무른 금속이다. 하지만 데이비가 알아내기 전에는 아무도 그 사실을 몰랐다. 나트륨에 물이 닿으면 바로 불타버리곤 했기 때문이다(나트륨이 탈 때는 밝은 노란색 불꽃이 인다. 불꽃 분광분석 참고).

1808년

돌턴의 원자론

존 돌턴(John Dalton, 1766~1844년)

19세기의 손꼽히는 대학자 중 한 명인 존 돌턴은 무엇보다도 **원자론**의 창시자로 후세에 기억된다. 퀘이커 교도라 옥스퍼드나 케임브리지에 갈 수 없었던 그는 오로지 독학으로 대학자의 반열에 올랐다. 화학 외에 그는 색맹을 최초로 정의하고 규명해낸 것으로도 유명하다(본인도 색맹이었다). 그는 수많은 실험을 해서 온갖 종류의 기체를 분리하고 각각의 물리적 성질을 조사했다. 그리고는 기체들이 근본적으로는 비슷하지만 기본입자(즉, 원자)의 중량에 따라 미묘한 차이가 벌어진다는 사실을 알아냈다.

1808년 저서 ≪화학철학의 새로운 체계≫에 돌턴의 이 아이디어가 잘 구체화되어 있다. 그가 설명하는 기체와 액체의 동태는 데모크리토스의 원자론이 틀리지 않았음과 기체가 개별적인 입자들로 이루어져 있다고 본 보일과 라부아지에가 옳았음을 증명하는 것이었다. 그렇기에 압력과 온도가 변하면 기체의 운동도 변하는 것이었다. 돌턴은 나아가 모든 물질이 원자라는 기본입자로 구성되어 있다고 생각했다. 각 원소는 서로 다른 원자 중량과 서로 다른 성질을 갖는다. 또, 원자들은 정수비로 결합해 새로운 화합물을 형성한다. 원자는 창조되지도 파괴되지도 어떤 식으로든 분해되지도 않는다. 이것이 돌턴 원자론의 요지였다. 그는 그때까지 밝혀진 원소 여섯 개를 원자의 중량에 따라 나열한 표를 만들었다. 첫 번째 자리에 수소를 놓고 거기서부터 차례대로 하나씩 배열하는 식이었다.

돌이켜보면 돌턴의 촉이 얼마나 예리했는지 입이 다물어지지 않을 정도다. 그가 화학계에 미친 영향은 끝을 가늠할 수도 없다. 결점이 하나 있다면 그가 자연을 너무 이성적인 세계로 가정했다는 것이다. 더한 착각을 한 화학자들도 많긴 하지만 말이다. 가장 단순한 조합이 가장 일어나기가 쉽다고 여긴 돌턴이 물의 분자식을 HO로 그리고 암모니아의 분자식을 NH로 추측했던 것도 그런 맥락이다(사실 물 분자에는 수소 원자가 두 개 있고 암모니아 분자에는 세 개 있다). 어쨌든 원자들이 정수비로 조합한다는 그의 논리는 순식간에 화학계 전체를 환하게 비췄고 돌턴의 원자론은 그때부터 지금까지 내내 기초화학의 뼈대 역할을 하고 있다.

함께 읽어보기 원자론(기원전 400년경), 회의적 화학자(1661년), 질량 보존의 법칙(1789년), 아보가드로의 가설(1811년), 칸니차로와 카를스루에 학회(1860년)

생각에 잠겨 있는 존 돌턴. 1823년 판화 작품

1811년

아보가드로의 가설

존 돌턴, 조제프-루이 게이뤼삭, 아메데오 아보가드로(Amedeo Avogadro, 1776~1856년)

1811년 이탈리아의 과학자 아메데오 아보가드로가 분자량에 관한 가설 하나를 발표했다. 하지만 그에게 주목한 사람은 별로 없었다. 그는 종류가 다른 기체들을 정확히 같은 부피씩 덜어내 무게를 비교하면 각 기체 분자 하나씩의 질량비를 알아낼 수 있다고 제안했다. 이것은 부피가 같다면 기체의 종류가 달라도 그 안에 같은 수의 분자가 들어 있다는 뜻이었다. 이런 결론은 아보가드로가 존 돌턴과 조제프-루이 게이뤼삭의 이론을 심층 검토한 뒤에 내린 것이었다. 게이뤼삭은 앞서 1805년에 기체 시약끼리 반응시키면 시약과 반응산물의 부피가 항상 정수비를 이룬다는 사실을 발견했다. 두 부피의 수소와 한 부피의 산소가 만나 물이 만들어진다는 규칙이 이때 최초로 관찰되었다. 그런데 돌턴은 게이뤼삭의 연구가 자신의 가설과 분명히 같은 맥락선상에 있음에도 이 연구 결과를 인정하려 하지 않았다. 대신 원자와 분자에 관해 난무하는 이론들을 모으고 걸러내 총정리한 사람이 바로 아보가드로였다.

세상의 기체들은 같은 원자 두 개가 묶여 있는 경우가 흔했다. 수소 기체는 H_2, 산소 기체는 O_2, 질소 기체는 N_2로 존재하는 식이었다. 하지만 1800년대에 이런 식으로 생각한 사람은 한 명도 없었다. 당시에는 일정한 온도와 압력에서 수소 기체에 산소를 공급해 산화시키면 넣어 준 산소 부피의 두 배에 해당하는 물 증기가 만들어진다는 사실만 알려져 있었다(게이뤼삭 등이 실험을 통해 확인한 사실이다). 당대 정설을 옹호하는 화학자들에게 이것은 큰 골칫거리였다. 그런데 이때 아보가드로는 산소가 처음에 O_2 분자 형태로 있다가 중간에 쪼개져 물 분자 두 개에 하나씩 들어간다고 보면 모든 얘기가 들어맞는다고 과감하게 제안했다. 그러나 이처럼 타당한 논리에도 학계는 화학결합이 양전하와 음전하가 서로를 끌어당겨야만 일어난다는 선입견에 묶여 등을 돌려버렸다. 똑같은 두 원자가 꼭 붙어 다닐 이유가 도대체 뭐란 말인가? 이 수수께끼는 수십 년 뒤 이탈리아 화학자 스타니슬라오 칸니차로(Stanislao Cannizzaro)의 손에 풀린다.

함께 읽어보기 수소(1766년), 산소(1774년), 돌턴의 원자론(1808년), 화학기호법(1813년), 이상기체 법칙(1834년), 칸니차로와 카를스루에 학회(1860년), 몰 농도(1894년)

긴 성냥으로 수소 비눗방울에 불을 붙이는 모습. 이렇게 하면 수소가 공기 중의 산소와 만나 발열반응을 일으킨다.

1813년

화학기호법

존 돌턴, 욘스 야콥 베르셀리우스(Jöns Jacob Berzelius, 1779~1848년)

스웨덴의 화학자 욘스 야콥 베르셀리우스는 1802년에 의사로서 사회생활을 시작했다. 하지만 그가 화학 발전에 기여한 역할은 그를 어엿한 화학자라고 말해도 무방할 정도로 크다. 1818년까지 그는 명문 의과대학 카롤린스카 연구소(Karolinska Institutet, 노벨 생리학상이나 의학상이 해마다 이곳에서 수여된다)에서 교수로 재직했고 스웨덴 왕립 과학 아카데미의 사무차관을 겸직했다. 그 와중에 높은 평을 받은 화학 교과서를 편찬하기도 했다. 그는 규소, 셀레늄, 토륨, 세륨의 발견자이기도 했으며 화학을 탄소 화합물의 영역(유기화학)과 나머지 화합물들의 영역(무기화학)으로 이분하는 과학적 혜안을 갖고 있었다. 단백질, 중합체(polymer), 이성질체(isomer), 동소체(allotrope) 등의 용어를 만든 것도 그였다. 이 용어들은 지금도 널리 사용된다.

그중에서도 언급하지 않을 수 없는 베르셀리우스의 업적은 원자량과 분자량을 기호화했다는 것이다. 그는 원자량이 단순히 수소의 배수인 것만은 아니지만 분자량은 각 구성 원소의 원자량을 정수비로 더한 것이라고 생각했다. 이것은 당시에는 혁신적이었던 **돌턴의 원자론**이 그린 큰 퍼즐에 딱 들어맞는 중심 조각이었다. 이에 베르셀리우스는 1813년에 원소에 숫자를 붙여 쓰는 방식으로 화학식을 적어두기 시작했다. 그는 모든 원소를 알파벳 한두 개로 간단하게 표시하고 각 원소기호 오른쪽에 위첨자로 분자 안에 들어 있는 그 원소의 개수를 적었다. 오늘날 아래 첨자로 내려쓰는 것과는 사뭇 다른 방식이다. 그렇게 해서 식용소금(즉, 염화나트륨)의 화학식은 NaCl이 되었고 베이킹소다(즉, 탄산수소나트륨)의 화학식은 $NaHCO^3$가 되었다. 이 화학식을 보면 소금 분자 하나는 나트륨 한 개와 염소 한 개로 이루어져 있고 베이킹소다 분자 하나는 나트륨 한 개, 탄소 한 개, 산소 세 개로 되어 있음을 바로 알 수 있다. 한편 베이킹소다와 비슷하지만 조금 다른 탄산나트륨(Na_2CO_3)은 화학식으로 구조까지 유추할 수 있다. CO_3는 항상 한 몸으로 뭉쳐있고 그 주위를 나트륨, 칼륨, 수소 등이 끊임없이 들고 나는 것이다. 곧 학계는 일정한 방식으로 조합된 원자들이 또 일정한 조성으로 더 큰 화합물을 이룬다는 개념을 받아들였다. 이 개념의 주해 격인 베르셀리우스의 화학기호법은 실용성 면에서 그 무엇에도 비교할 수 없이 매우 뛰어나다.

함께 읽어보기 질량 보존의 법칙(1789년), 돌턴의 원자론(1808년), 아보가드로의 가설(1811년)

화학기호법의 원리를 알기만 하면 어떤 코드를 보고 그 물질에 관한 정보를 바로 알 수 있다. 사진은 부식성 산 세 가지의 화학식이다.

HNO3
NITRIC ACID
H2SO4
SULFURIC
ACID
HCl
HYDROCHLORIC
ACID

1814년

패리스 그린

화학의 역사는 몇 가지 테마로 나뉜다. 가장 흥미로운 것은 더 튼튼하고 더 좋은 재료, 생명을 구하는 신약, 목숨을 앗아가는 무기와 폭발물이다. 그리고 또 다른 테마는 색소와 염료다. 페인트를 만들거나 옷감에 물을 들일 때 쓰는 그것 말이다. 이 테마에서는 많은 대성공 사례와 몇 안 되는 대실패 사례가 전해진다. 패리스 그린은 둘 다에 속하는 경우다. 패리스 그린은 금방 빠지는 셸레의 녹색을 대신할 염료로 1814년에 개발되었다. 이 결정분말은 옷감 염색, 벽지, 양초 등 다양한 분야에서 사용되었고 19세기에는 소비영역이 식품 산업에까지 확장되었다. 패리스 그린은 색이 더 선명하고 저렴했다. 하지만 비소를 함유한다는 문제가 있었다. 실제로 화려한 무늬로 이름 높았던 윌리엄 모리스(William Morris) 벽지에서는 비소가 다량 검출되었고 심지어 모리스 본인은 세계 최대의 비소 채굴기업 중 하나의 이사회 소속이기도 했다. 비소로 케이크에 색을 입히고 집안 벽 전체에 비소를 바른다니 생각만 해도 끔찍한 일이다. 그런데 전문가들은 이 녹색 벽지의 최악이 과연 비소 자체인지 아니면 다른 무엇인지 아직도 확신하지 못한다. 시간이 지나면서 비늘처럼 떨어져 나오는 색소가루도 충분히 유해했지만 습기와 곰팡이가 일으키는 효소반응도 비소 증기를 실내에 퍼트리는 주범이었기 때문이다. 비소의 효과는 아주 천천히 나타난다. 그래서 비소는 어떤 형태든 다 안전하지 않다는 사실을 아는 사람은 당시 아무도 없었다. 몇몇 형태의 비소 분자가 유독하다는 것은 이미 알려져 있었지만 말이다. 다행히 패리스 그린을 대체할 덜 유해한 색소가 곧 발명되었고 패리스 그린은 살충제와 쥐약의 성분으로서만 시장에서 명맥을 유지하게 되었다.

나폴레옹의 머리카락에서 고농도의 비소가 검출되었다는 사실은 유명하다. 몇몇 전문가는 그가 헬레나 섬에서 유배생활을 할 때 감방 벽에 발라져 있던 녹색 벽지가 그의 운명을 재촉한 것이 아닐까 의심한다. 패리스 그린의 여운은 한참 동안 세계 곳곳에 남아 있었다. 일례로 20세기에 스코틀랜드에서는 녹색으로 물들인 사탕이 도통 팔리지 않았다. 어른들이 녹색이라면 일단 의심부터 했기 때문이다. 그쯤 되면 더 이상 조심할 필요가 없는 시대였지만 사람들의 반응은 충분히 이해가 된다.

함께 읽어보기 독물학(1538년), 요크셔 명반(1607년), 퍼킨 연보라색(1856년), 인디고 블루 합성(1878년), 살바르산(1909년), DDT(1939년), 탈륨 중독(1952년)

19세기에 실내 인테리어용으로 인기 높았던 윌리엄 모리스 벽지. 집안을 아름답게 꾸미려다 명을 단축할 줄 그 누가 짐작이나 했을까.

1815년

콜레스테롤

프랑수아 풀레티에 드 라 살(François Poulletier de la Salle, 1719~1788년), **미셸-외젠 슈브뢸**(Michel-Eugène Chevreul, 1786~1889년), **오토 파울 헤르만 딜스**(Otto Paul Hermann Diels, 1876~1954년), **아돌프 오토 라인홀트 빈다우스**(Adolf Otto Reinhold Windaus, 1876~1959년), **하인리히 오토 빌란트**(Heinrich Otto Wieland, 1877~1957년)

순수한 콜레스테롤을 분리하기는 비교적 쉬워서 그 역사는 꽤 오래되었다. 1769년에 프랑스의 화학자 프랑수아 풀레티에 드 라 살이 사람의 담석 시료를 분석하다가 뭔가 매끈한 물질을 발견했다. 1815년에는 프랑스의 미셸-외젠 슈브뢸이 똑같은 물질이 여러 동물성 지방에도 존재한다는 사실을 알아냈다. 슈브뢸은 이 물질에 담즙을 뜻하는 그리스어 콜레(chole)와 고체를 뜻하는 스테로스(steros)를 합해 콜레스테린(cholesterine)이라는 이름을 붙였다. 콜레스테롤은 스테로이드 호르몬 합성 반응의 시작물질이면서 담즙의 주성분이기도 하다(담즙은 우리 몸이 지방과 지용성 비타민을 흡수하게 도와준다). 하지만 콜레스테롤은 핵심적으로 모든 동물세포의 건축자재 역할을 한다. 콜레스테롤이 들어가면 세포막을 이루는 지질층이 유연해지고 마치 **액정**처럼 매끈하게 배열한다. 그 덕분에 세포 표면의 단백질들이 세포막에 폭 안겨 자리를 잡는다. 양방향으로 오고 가는 신호전달 분자들에 효과적으로 반응할 수 있게 말이다. 심장질환에 나쁘다는 단점도 있긴 하지만, 콜레스테롤은 사람이 살아가는 데 없어서는 안 되는 중요한 물질이다.

그런데 분석기술의 한계로 콜레스테롤의 구조가 완전히 밝혀지기까지는 한참이 걸렸다. 그래서 1932년에야 독일 화학자 아돌프 빈다우스가 모든 스테로이드에 공통적인 콜레스테롤 기본구조를 제안했다. 원소 여섯 개로 이루어진 고리 세 개와 원소 다섯 개로 이루어진 고리 하나가 그것이다. 콜레스테롤을 연구한 화학자는 많지만, **스테로이드 화학**의 기반을 닦는 데 가장 큰 기여를 한 두 사람은 바로 빈다우스와 하인리히 빌란트다. 당시 화학자들은 미지의 물질이 어떤 반응을 일으키는지 관찰해 반응산물의 구조를 유추하고 다른 반응경로로 똑같은 반응산물을 재합성하는 방식으로 가설을 검증했다. 그들이 가진 것은 배경지식과 논리적 사고 그리고 감이 전부였다. 요즘 관점에서 보면 이런 식으로 화학구조를 알아내는 것은 무모한 도전이다. 다행히 우리는 그렇게까지 무리할 필요가 없다. **NMR**과 **질량 분광분석**이라는 든든한 지원군이 있으니 말이다.

함께 읽어보기 비누(기원전 2800년경), 액정(1888년), 질량 분광분석(1913년), 계면화학(1917년), 스테로이드 화학(1942년), 코르티손(1950년), 피임정(1951년), NMR(1961년), 효소 입체화학(1975년), 동위원소 분포(2006년)

순수한 콜레스테롤 결정막에 빛을 비추면 편광현상이 일어난다.

1819년

카페인

피에르-조지프 펠레티에(Pierre-Joseph Pelletier, 1788~1842년), **프리들리프 페르디난트 룽게**(Friedlieb Ferdinand Runge, 1795~1867년)

세계에서 가장 널리 사용되는 각성제는 무엇일까? 정답은 카페인이다. 커피와 차를 비롯해 다양한 식물추출물에 각성 효과가 있는 성분이 들어 있다는 것은 수백 년 동안 알려진 사실이었지만 독일의 화학자 프리들리프 룽게가 '카페바저(Kaffeebase, 커피 중심성분이라는 뜻)'라는 물질을 분리해낸 것은 1819년에 들어서였다. 조금 늦었지만 비슷한 시기에 가까운 프랑스에서도 같은 물질을 독자적으로 검출했다. 사실 프랑스 연구팀은 커피원두에서 **퀴닌**을 찾던 중이었지만 다행인지 불행인지 다른 물질이 걸린 경우였다(그래도 카페인이라는 이름은 프랑스에서 기원했다). 그로부터 몇 년 뒤에는 비슷한 물질인 테인(theine)이 차의 주성분이라는 연구 결과가 발표되었다. 그런데 알고 보니 둘은 같은 물질이었다. 한편 다양한 식물이 카페인을 만든다는 사실도 점점 확실해졌다.

그런데 식물은 왜 귀중한 에너지를 카페인을 만드는 데 소비할까? 첫째는 카페인에 약한 살충 효과가 있기 때문이다. 또, 카페인은 특정 종류의 씨앗이 근처에서 발아하지 못하게 막는다. 그뿐만 아니라 연구에 의하면 카페인이 꿀벌처럼 꽃가루를 옮겨주는 곤충들을 유인한다고 한다.

생화학적으로 설명하면 커피숍을 찾는 사람들은 아데노신 수용체 길항제를 마시러 오는 것이다. 길항제란 세포 표면에 있는 수용체 단백질에서 세포 안으로 신호가 내려가지 못하게 막는 물질을 말한다. 반대되는 물질도 있다. 수용체에 결합해 신호를 더 일으키는 것이다. 그런 물질을 효능제라고 한다. DNA를 구성하는 네 가지 염기를 알파벳 대문자 A, C, G, T로 표기한다. 여기서 A는 아데닌을 의미하는데 아데닌 분자구조의 일부분을 바로 아데노신이라고 부른다. 아데노신은 뇌의 신경계를 억제하는 기능을 한다. 따라서 카페인으로 수용체를 막아버리면 아데노신에 의한 신경계 억제가 일어나지 않는다. 그래서 아데노신 수용체가 너무 많이 무력화되면 신경과민, 불규칙한 심장박동, 수면장애 등의 증세가 나타날 수 있다. 다행인 것은 치사량이 매우 높아서 어느 누구도 카페인 과다복용으로 죽을 일은 없다는 것이다. 치사 수준으로 카페인을 섭취하려면 커피 일흔다섯 잔 이상을 한 번에 들이켜야 한다.

함께 읽어보기 천연물(서기 60년경), 퀴닌(1631년), 모르핀(1804년), LSD(1943년)

세계에서 가장 큰 사랑을 받는 각성제 커피는 많은 현대인에게 생필품이 되어 버렸다.

1822년

초임계유체

샤를 카냐르 드 라 투르(Charles Cagniard de la Tour, 1777~1859년)

프랑스 물리학자 샤를 카냐르 드 라 투르는 액체를 끓는점 이상으로 가열하되 졸아들지 않게 하면 어떤 일이 벌어질지 궁금했다. 그래서 그는 양 끝을 꼼꼼하게 막은 대포 포신을 사용해 실험을 시작했다. 압력을 높이는 부가 효과까지 있었으니 결과적으로 이것은 영리한 조치였다. 안이 들여다보이지 않았으므로 그는 부싯돌 하나를 함께 넣었다. 그러면 부싯돌이 포신을 건드릴 때마다 소리로 상황 변화를 가늠할 수 있을 터였다(절대로 이 실험을 집안에서 하지는 말기 바란다. 막 쓰고 버려도 되는 대포를 개인적으로 소장하고 있는 게 아니라면 말이다).

실험 결과는 놀라웠다. 특정 온도를 넘어가자 포신에 들어 있는 물질은 더 이상 액체가 아니었다. 적어도 귀에 들리는 바로는 그랬다. 물이 찰랑거리는 소리가 더 이상 들리지 않았고 부싯돌이 구르는 소리가 조금 전과 달랐던 것이다. 그런데 포신 안에는 증기가 확산될 공간이 별로 없었다. 게다가 이렇게 변하는 온도가 액체의 종류마다 다르고 예측 불가능한 것처럼 보였다. 이런 상태의 액체를 오늘날에는 초임계유체라고 부른다. 그리고 어떤 액체가 초임계유체가 되어 찰랑거림을 멈추는 온도와 압력은 임계점이라 한다. 기본적으로 한정된 공간에서 액체를 가열하면 액체상의 밀도는 낮아지고 그 대신 기체상의 밀도가 점점 높아진다. 수증기가 증가하면서 사방으로 누르기 때문이다. 그러다 임계점에 이르면 액체상과 기체상의 밀도가 같아져 두 상이 하나로 합쳐진다. 액체도 기체도 아닌 완전히 새로운 성질의 물질이 되는 것이다. 예를 들어, 초임계 상태의 물은 보통 물보다 더 산성을 띠고 극성이 확 떨어져 용매로 사용하기 좋아진다.

이산화탄소(CO_2) 역시 초임계 상태가 되기 쉬운 물질이다. 초임계 상태의 이산화탄소는 많은 물질을 녹일 수 있고 다른 용매와도 잘 섞이기 때문에 크로마토그래피에서 널리 활용된다. 또, 다른 초임계유체들과 마찬가지로 빨리 확산하고 다른 매질을 빨리 통과한다. 그런 까닭에 재료과학 같은 공학 분야뿐만 아니라 드라이클리닝이나 커피원두에서 카페인을 추출하는 작업 등에서도 이산화탄소가 유용하게 쓰인다.

함께 읽어보기 이산화탄소(1754년), 카페인(1819년), 이성질체 분리를 위한 키랄 크로마토그래피(1960년)

심해 갯지렁이들이 태평양 북동부의 수심 210미터 이상 해저에 있는 열수공을 덮고 있다. 이런 심해열수공 중 일부는 너무 뜨거워서 압력이 충분할 때 초임계유체를 바로 바다로 분출한다.

1828년

베릴륨

니콜라-루이 보클랭, 앙투안 뷔시(Antoine Bussy, 1794~1882년), **프리드리히 뵐러**(Friedrich Wöhler, 1800~1882년)

베릴륨은 이상한 원소다. 원자번호 4를 달고 주기율표 맨 윗줄에 자리 잡고 있지만 화학자가 아닌 보통 사람들에게는 베릴륨이라는 이름이 생소할 것이다. 베릴륨은 분리하기 쉽지도 저렴하지도 않으면서 유독하기는 엄청 유독하다. 그러니 굳이 베릴륨으로 연구든 뭐든 하려 할 이유가 없다. 하지만 베릴륨은 고열에도 매우 안정하고 일반적인 엑스레이 파장을 전부 그대로 투과시켜버린다는 성질을 갖는다(그래서 엑스레이 장치의 창을 베릴륨으로 만든다). 또한, 베릴륨은 고에너지 중성자의 운동을 매우 효율적으로 늦춘다. 그래서 핵물리학에서는 오래전부터 베릴륨을 연구에 활용해 왔을 뿐만 아니라 다량의 중성자를 쏟아내는 핵융합발전소마다 베릴륨이 들어간 방사성 차폐벽이 세워진다. 한편 구리와 베릴륨을 섞은 합금은 강도와 내화성이 좋기로 유명하다. 그래서 수소탱크나 기타 폭발물이 많은 장소에서는 반드시 이 합금으로 만든 도구를 사용한다.

순수한 베릴륨을 분리하기까지의 과정은 만만치 않았다. 베릴륨은, 특히 온도가 높을수록, 산소와 쉽게 반응한다. 그런 까닭에 철공소 같은 곳에서 순수한 베릴륨을 다루어서는 안 된다. 그런 면에서는 베릴륨이 흔하지 않은 원소라는 게 다행이다. 베릴륨을 처음 발견한 것은 프랑스의 화학자 니콜라-루이 보클랭이었다. 그는 1798년에 미지의 물질을 발견하고 글루신이라는 이름을 붙였다. 녹주석(에메랄드 원석과 남옥 원석도 이 광물의 일종이다)에서 추출한 이 원소의 산화물 염에서 단맛이 났기 때문이다. 하지만 이것은 아직 순수한 원소 상태가 아니었다. 순도가 높아진 베릴륨은 1828년에 프리드리히 뵐러와 앙투안 뷔시가 각자 당시에 갓 발견된 칼륨 원소를 이용해 소량을 분리하는 데 성공했다. 그래도 완전히 순수한 베릴륨이 세상에 모습을 드러내려면 시간이 더 흘러야 했다. 그래서 공업용으로 쓸 만한 순도의 물질은 **띠 정제법** 덕분에 1950년대 후반에야 생산되기 시작했다.

베릴륨의 산업적 가치는 1930년대와 1940년대에 급부상한다. 베릴륨이 초창기 형광등의 주재료였기 때문이다. 하지만 작업자들이 현장에서 금속 분진을 흡입하는 탓에 다양한 병에 걸린다는 사실이 문제로 제기되자 곧 엄격한 규제 조치가 내려졌다. 그 이후로는 베릴륨이 엑스레이 장비와 고성능 합금 부문에서만 사용한다. 그래도 혹시 핵융합 에너지가 더 널리 보급된다면 베릴륨 원소를 접할 기회가 더 많아질지도 모르겠다.

함께 읽어보기 독물학(1538년), 데 레 메탈리카(1556년), 전해환원(1807년), 띠 정제법(1952년)

베릴륨은 다양한 보석 원석에서 검출된다. 사진은 네팔에서 채굴된 남옥 원석

1828년

뵐러의 요소 합성

욘스 야콥 베르셀리우스, 프리드리히 뵐러

우리는 일상생활에서 '생기론'이라는 단어를 거의 말하지 않지만 생기론적 사고는 우리의 삶 면면에 배어 있다. 생기론이란 모든 생물은 무생물에게는 없는 무언가를 가지고 있다는 철학이다. 이런 관점에서는 세상이 생명체의 구성요소들(장기, 세포, 혈액, 궁극적으로는 생체분자와 유기물)과 나머지(불변하는 물체, 광물, 죽은 물질, 무기물)로 양분된다. 하지만 화학이 발전할수록 생기론은 지지세력을 잃어갔다. 특히 생기론의 힘이 크게 꺾이기 시작한 것은 1828년에 독일 화학자 프리드리히 뵐러가 요소를 합성해내면서부터다. 요소는 단순한 형태의 생체분자 중 하나다. 그 전에는 요소가 살아 있는 사람이나 동물의 소변을 걸러서만 얻을 수 있다고 알려져 있었다. 그런데 뵐러는 시안산수은처럼 누가 봐도 명백하게 죽은 무기물들만 가지고 요소를 합성하는 데 성공했다. 이 발견 후, 그는 스웨덴의 화학자 욘스 야콥 베르셀리우스에게 편지를 보내 "콩팥 없이 요소를 만드는 방법을 알아냈다"고 알렸다.

사람들은 곧 이것이 엄청난 사건임을 알아챘다. 생체분자가 생체 없이도 만들어진다면 생명체의 특별함은 어디서 온단 말인가? 오늘날에도 많은 이가 오렌지에서 추출한 **비타민 C**는 실험실에서 합성한 것과 다르다고 생각한다. 그 이유를 혹자는 과일에서 함께 딸려 나올지도 모르는 미량의 유익성분으로 돌린다. 둘 다 순수한 비타민 C 분자라고 아무리 설득해도 사람들은 여전히 살아 있는 식물에서 추출한 물질을 더 뛰어나게 만드는 뭔가가 있다고 말한다. 하지만 그렇지 않다. 따라서 시료를 섞거나 라벨을 바꿔 달면 아무도 두 비타민 C를 구분하지 못한다. **동위원소 분포**를 분석한다면 모를까(천연비타민이라면 기꺼이 지갑을 여는 사람들도 그런 수고까지 하려 할 것 같지는 않다). 화합물은 화합물일 뿐이다. 그 안에 생명의 정수 따위는 존재하지 않는다.

함께 읽어보기 비대칭 유도(1894년), 비타민 C(1932년)

고농도 농축액을 증발시켜 만든 요소의 결정이 창문에 낀 서리처럼 보인다.

1832년

작용기

프리드리히 뵐러, 유스투스 폰 리비히(Justus von Liebig, 1803~1873년)

1832년, 유기화학에 관한 이해를 한 발자국 앞당긴 중요한 논문 한 편이 발표되었다. 프리드리히 뵐러와 유스투스 폰 리비히가 공동집필한 이 논문의 내용은 고편도 오일, 즉 오늘날의 벤즈알데히드(benzaldehyde)의 반응에 관한 것이었다. 벤즈알데히드는 여러 가지 화학반응을 일으킨다고 알려진 물질이다. 그렇게 만들어진 분자들의 분자식, 즉 탄소, 수소, 산소 등이 각각 몇 개씩 있는지를 알아내는 것은 당시에도 어려운 일이 아니었다. 하지만 화학식과 기본 분자구조가 어떻게 연관되어 있는지 혹은 벤즈알데히드 반응산물들이 서로 어떤 관계를 맺는지 정확히 아는 사람은 아직 아무도 없었다. 사실 그때는 유기화합물 분자의 기본 구조 자체도 파악되지 않았던 시절이었다.

그러다 뵐러와 폰 리비히가 일을 냈다. 이 일련의 반응들 안에서 출발물질인 벤즈알데히드부터 최종산물까지 내내 온전하게 보존되는 기본구조를 찾아낸 것이다. 바로 C_6H_7O로, 두 사람은 이 구조를 '벤조일 라디칼(benzoyl radical)'이라 불렀다. 라디칼이란 변함없이 보존되는 뿌리구조를 의미한다. 이 뿌리구조를 중심으로 다른 원자 혹은 원자단이 재배열한다. 산소 원자 하나가 붙으면 벤조산이 되고 염소 원자 하나가 붙으면 반응성이 높아져 다양한 파생분자들이 계속 만들어지는 식이다. 하지만 최종결과물이 무엇이든 모두 벤조일기를 가지고 있는 것은 공통적이다.

모든 유기화합물이 이런 식으로 반응한다는 원리는 많은 궁금증을 풀어주었다. 또, 이때부터 수십 년 동안 다양한 화합물의 구조가 규명되면서 조각 맞춤식 반응이 어떻게 일어나는지가 점차 확실해졌다. 한마디로, 반응을 주관하는 것은 분자 안의 '작용기(functional group)'들이며 작용기는 중심골격에 붙어 있다고 설명할 수 있다. 여기서 중심골격은 잘 변하지 않지만 분자 전체의 반응성을 어느 정도 높이거나 낮출 수는 있다.

"사람을 완전히 돌아버리게도 할 수 있는 게 유기화학이다. 나에게 유기화학은 신기한 동식물이 가득한 미지의 원시 우림과 같다. 매력적이지만 도망칠 곳도 없고 끝도 보이지 않아서 애초에 감히 발을 들일 엄두가 나지 않는 그런 곳 말이다." 작용기의 원리를 당연하게 받아들이며 유기화학을 배운 세대들은 아마도 뵐러의 이 말에 공감할 것이다.

함께 읽어보기 디에틸에테르(1540년), 은박 거울(1856년), 적외선 분광분석(1905년), 이소아밀아세테이트와 에스테르(1962년)

독일의 화가 빌헬름 트라우트숄트(Wilhelm Trautschold)가 그린 유스투스 폰 리비히의 초상화, 1846년경

1834년

이상기체 법칙

로버트 보일, 자크 샤를(Jacques Charles, 1746~1823년)**, 조제프-루이 게이뤼삭, 브누아 폴 에밀 클라페롱**(Benoît Paul Émile Clapeyron, 1799~1864년)

압력과 부피와 온도는 모두 서로 연결되어 기체의 운동에 영향을 준다. 부피를 줄이면 압력이 높아진다(이것을 보일의 법칙이라 한다). 한편 온도를 올리면 부피도 커진다(이것은 프랑스 물리학자 자크 샤를의 이름을 딴 샤를의 법칙이다). 그런데 만약 온도가 올라갈 때 부피가 커지지 않게 막으면 대신 압력이 높아진다(이것을 게이뤼삭의 법칙이라 한다). 1834년, 프랑스 물리학자 브누아 폴 에밀 클라페롱은 이 세 가지 상관관계를 하나의 상태공식으로 통합해 선보였다. 우리가 이상기체 법칙이라고 부르는 그것이다. 화학자라면 누구나 PV = nRT라는 이 공식을 시처럼 암송할 수 있다.

공식을 말로 푸는 것은 어렵지 않다. P는 압력, V는 부피, T는 온도를 뜻한다. n은 물질의 몰(mole) 단위 양이며 R은 이상기체 상수다. R값은 다른 항들의 값을 어느 단위로 표시하느냐에 따라 달라지지만, 어떤 단위로든 궁극적으로는 일정한 수의 기체 분자의 온도를 그 안에 들어 있는 에너지의 양으로 변환한 것을 의미한다. 냉장고, 공기압축기, 풍선, 일기예보 등 기체의 온도와 압력 변화에 의해 좌우되는 모든 것이 이 짧은 방정식 덕분에 세상에 나올 수 있었다.

흔히 이런 방정식이 등장하면 특정 질문이 뒤따르기 마련이다. 바로 "이 공식이 실제 기체에도 잘 들어맞는가?"라는 것이다. 한 종류 원자로만 된 기체의 경우는 이 공식이 거의 완벽하게 맞는다. 특히 고온저압에서 더욱 그러한데, 원자가 완벽한 소형 구체처럼 행동할 수 있는 환경이기 때문이다. 하지만 이상기체 법칙은 실제 기체 분자끼리의 인력이나 압축 한계를 고려하지 않는다. 이런 변수들을 보정하려면 더 정교한 상태 방정식이 추가로 필요하다. 어느 경우나 그렇듯 이상과의 괴리는 현실을 더 잘 이해하고자 하는 인간의 열의를 북돋운다. 화학뿐만 아니라 다른 모든 과학 분야도 마찬가지다. 새로운 이론은 옛날 이론보다 낫지만 여전히 빈틈이 있고 가끔 오답을 내놓는다. 이런 점을 보완해 다음 이론이 나올 것이고 여기서 또 새로 발견된 오류를 고쳐가는 식으로 과학은 발전한다.

함께 읽어보기 회의적 화학자(1661년), 아보가드로의 가설(1811년), 맥스웰-볼츠만 분포(1877년), 기체 확산(1940년), 메탄 수화물(1965년)

압력과 부피의 관계를 증명하는 실험. 진공펌프로 플라스크 안의 공기를 빼내면 압력이 줄어서 기포로 차 있는 마시멜로가 빵빵하게 부푸는 모습을 볼 수 있다.

EDWARDS
SPEEDIVALVE
1000 ml

1834년

광화학

테오도어 그로투스(Theodor Grotthuss, 1785~1822년), **존 드레이퍼**(John Draper, 1811~1882년), **헤르만 트롬스도르프**(Hermann Trommsdorff, 1811~1884년), **자코모 치아미치안**(Giacomo Ciamician, 1857~1922년)

어떤 화학반응은 반응물이 한곳에 모이자마자 시작된다. 하지만 또 어떤 경우는 많은 양의 에너지를 더해주어야만 반응이 일어난다. 이런 에너지의 형태로는 열이 가장 흔하지만 때때로 빛도 그런 역할을 할 수 있다. 우리가 주변에서 흔히 보는 햇빛에 색이 바래는 현상이 바로 이런 광화학 반응에 속한다.

독일 화학자 테오도어 그로투스와 영국 화학자 존 드레이퍼는 각각 1817년과 1842년에 어떤 화학물질이 빛을 흡수하면 광화학 반응이 일어난다는 사실을 따로따로 발견했다. 나아가, 이탈리아 화학자 자코모 치아미치안은 1900년에 과학적 설계하에 유기물질을 빛에 노출시키는 실험을 최초로 실시했다. 그의 연구는 광화학의 원리를 이해하는 데 소중한 밑거름이 되었다. 그런데 일찍이 1834년에 산토닌(santonin)이라는 식물추출물 결정이 햇볕 때문에 노랗게 변색되면서 팡 터지는 현상을 설명한 인물이 따로 있었다. 바로 스물세 살의 젊은 독일 약학자 헤르만 트롬스도르프다.

물질은 분자구조에 따라 서로 다른 파장의 빛을 흡수한다(빛과 반응하는 실체는 전자구름인데, 분자구조에 따라 이 전자구름의 배열이 달라지기 때문이다). 가시광선을 흡수하는 반응은 물질이 서로 다른 색깔을 띠는 현상으로 나타난다. 또, 자외선처럼 에너지를 많이 품고 있는 짧은 파장의 빛은 분자결합을 깨뜨리고 분자를 다음 반응이 일어나기 좋은 형태로 변형시킨다. 그 과정에서 구조가 재배열되거나 고리가 만들어지기도 하는데, 다른 종류의 화학 메커니즘으로는 쉽게 일어나지 않는 변화다. 광화학 반응 메커니즘이 2007년에야 완전히 밝혀진 산토닌 결정이 좋은 예다. 산토닌의 경우, 분자의 크기와 모양 변화가 너무 극적이어서 결정이 견뎌낼 수 없었던 탓에 순간적으로 바스러진 것이다.

광화학은 그저 과학시간의 눈요깃거리가 아니다. 광화학 반응을 통해 변형된 분자들은 체내에 화학신호를 보내 다양한 생리작용을 일으킨다. 우리의 망막이 빛에 민감하게 대응하고 일광욕을 하면 피부가 비타민 D를 만드는 것처럼 말이다. 살아 있는 모든 생명체는 에너지가 있는 곳이라면 어디서든 그 에너지를 써먹을 방도를 반드시 찾아내는 법이다.

함께 읽어보기 은판사진(1839년), 프리라디칼(1900년), 적외선 분광분석(1905년), DNA의 구조(1953년), 우드워드-호프만 법칙(1965년), CFC와 오존층(1974년), 톨린(1979년), 비천연물(1982년), 관류 화학(2006년)

치과에서 일어나는 광화학 반응. 자외선을 쬐면 중합반응이 일어나 충치를 파낸 자리에 채워 넣은 밀봉제가 단단하게 굳는다.

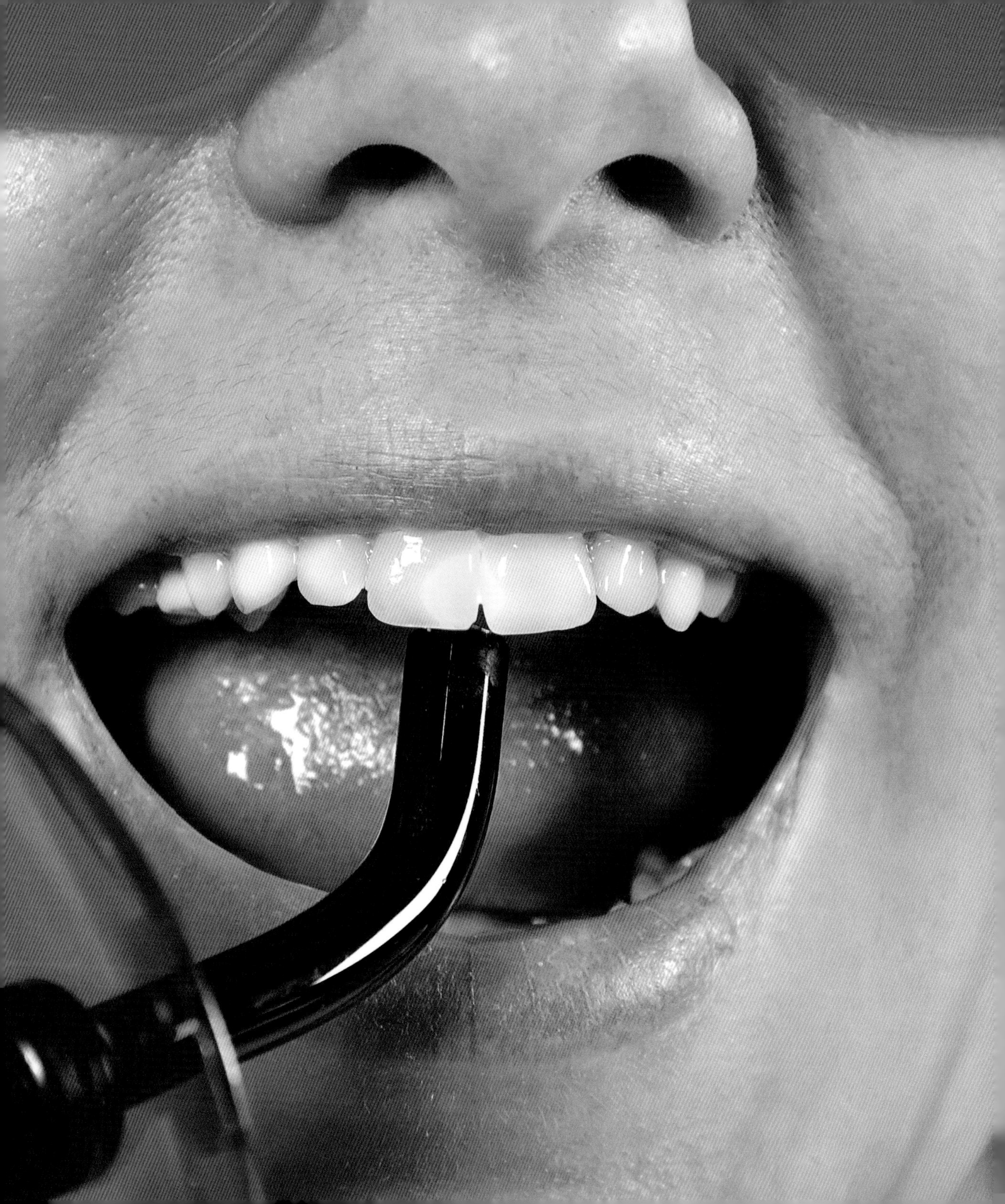

1839년

폴리머와 중합반응

에두아르트 시몬(Eduard Simon, 1789~1856년), **헤르만 슈타우딩거**(Hermann Staudinger, 1881~1965년)

작은 단위들을 연결해 큰 하나를 만드는 것은 활용 범위가 매우 넓다. 그런 반응을 중합반응, 또 그렇게 해서 만들어진 새로운 물질을 중합체, 즉 폴리머(polymer)라 한다. 폴리머는 모든 생물에게 중요하다. 알고 보면 단백질, 전분, DNA도 전부 폴리머이며 명주부터 조개껍질까지 모두 이런 식으로 만들어지는 까닭이다. 폴리머를 만드는 방법은 무궁무진하기 때문에 예상치 못한 결과물이 튀어나오는 일이 비일비재하다.

폴리스티렌이 바로 그런 경우다. 오늘날 세계에서(특히 투명하고 단단한 포장상자를 만들 때) 가장 널리 사용되는 플라스틱인 폴리스티렌은 1839년에 에두아르트 시몬이라는 독일 약학자가 베를린에서 발견했다. 시몬은 소합향나무 송진을 증류했는데 냄새가 강한 투명한 기름 같은 것이 분리되어 나왔다. 그런데 잠깐 그대로 놓아두었더니 신기하게도 액체가 젤리처럼 굳어 있는 것이 아닌가. 너무나 당연하게 시몬은 액체가 공기 중의 산소와 반응해 변했다고 생각했다. 하지만 몇 년 뒤에 산소가 없을 때도 같은 변화가 일어난다는 사실이 확인되었다. 그 비밀이 밝혀진 것은 수십 년이 더 흐른 뒤다.

처음에 시몬이 분리한 액체는 오늘날 우리가 스티렌이라고 부르는 단순한 분자다. 그런데 스티렌 분자에 존재하는 이중결합 구조는 쉽게 활성화되어 다음 반응을 일으키는 경향이 있다. 그렇게 해서 스티렌 분자들끼리 단일결합으로 줄줄이 연결되면서 하나의 거대분자를 이룬다. 이때 혼합 방식, 사용된 용매, 반응 온도를 조정하면 다양한 폴리머를 원하는 대로 만들 수 있다. 독일 화학자 헤르만 슈타우딩거는 1920년대에 중합반응에 관한 기본 이론을 정립하고 고무, 옥수수전분, 단백질과 같은 다양한 물질이 이런 작은 단위의 반복으로 생성된다고 제안했다. 그의 가설은 옳았다. 그리고 곧 모든 화학자가 각자의 연구를 위해 이 가설을 받아들이게 될 거라는 그의 예측도 정확하게 실현되었다. 지금 인류의 일상을 점령한 다양한 플라스틱과 현대문물들이 바로 그 증거다.

함께 읽어보기 아미노산(1806년), 고무(1839년), 베이클라이트(1907년), 폴리에틸렌(1933년), 나일론(1935년), 테플론(1938년), 시아노아크릴레이트(1942년), 치글러-나타 촉매작용(1963년), 메리필드 합성(1963년), 케블라(1964년), 고어텍스(1969년), 아세토니트릴(2009년)

세상에 나오자마자 유명해진 폴리스티렌은 에두아르트 시몬이 송진을 방치해둔 덕에 우연히 발견되었다. 이렇게 예측 불가능하다는 점이 화학의 매력 아닐까.

1839년

은판사진

조제프 니세포르 니엡스(Joseph Nicéphore Niépce, 1765~1833년), **루이-자크-망데 다게르**(Louis-Jacques-Mandé Daguerre, 1787~1851년)

광화학의 응용분야 중 가장 유명한 것은 아마 사진술일 것이다. 프랑스의 발명가 니세포르 니엡스는 암상자(빛과 렌즈와 거울로 영상을 투과하는 도구)를 이용해 화학물질로 영상을 기록하는 장치를 만들어냈다. 예전에는 화가의 눈과 손이 직접 수고해야만 가능한 일이었다. 그는 감광제로 역청(정유 과정에서 나오는 찐득한 물질)을 바른 금속판을 암상자에 끼우고 여러 시간 동안 햇빛에 노출시켜 반사된 이미지를 금속판에 새기는 데 성공했다. 니엡스는 이 기법을 헬리오그래피(heliography) 즉, 태양으로 그리는 그림이라고 불렀다. 간략한 원리는 이렇다. 금속판에서 빛이 닿아 밝아진 부분은(아마도 **프리라디칼**에 의한 중합반응 때문에) 딱딱하게 굳는다. 반면에 빛이 닿지 않은 부분은 역청이 아직 말랑말랑해서 용매로 금속판을 세척하면 씻겨 내려가 그 부분만 어둡게 남는다. 그렇게 해서 1826년에 세계 최초의 흑백사진이 탄생했다. 하지만 노출시간이 너무 많이 필요했기 때문에 실용성은 전혀 없었다.

그래도 프랑스의 화가이자 사진사였던 루이-자크-망데 다게르는 니엡스의 동업자로 그리고 니엡스 사후에는 후계자로 연구를 이어갔다. 그 과정에서 그는 은이 더 좋은 감광제라는 사실을 발견했다. 다게르는 수차례의 실패 끝에, 요오드화은을 입힌 금속판을 개발해냈다. 이것을 사용하면 단 몇 분의 노출 시간만으로도 사진 한 장을 뽑아낼 수 있었다. 금속판을 수은 증기를 쬐어 제작했기 때문에 은과 수은의 합금인 진회색 아말감으로 금속판에 그림을 새기는 효과가 났다. 단, 영상을 고정하려면 빛이 닿지 않은 요오드화은을 씻어내야 했다. 안 그러면 전체가 시꺼멓게 되기 때문이었다. 또한, 다게르는 마지막 단계에 은판을 금염에 노출시키면 사진에 미묘한 색을 입힐 수 있다는 사실도 알아냈다(그러면 사진이 더 오래 가기도 했다).

품질이 점차 개량되어 1839년에 확고히 자리 잡은 은판사진은 당시에는 혁명과도 같았다. 특히 초상화를 남기는 데 유용했다. 하지만 아직도 10~60초 사이의 노출 시간이 필요한 탓에 사진에는 온통 굳은 표정의 얼굴들뿐이었다. 게다가 시약이며 작업이며 전체 과정이 힘들고 비싼 데다가 몸에도 좋지 않았다. 하지만 세계 최초였고 세상을 바꾸었다는 데에 은판사진의 의의가 있다.

함께 읽어보기 수은(기원전 210년경), 광화학(1834년), 프리라디칼(1900년)

좌 1844년 은판사진으로 찍은 다게르의 모습 우 1855년경 미국 사우스캐롤라이나주 피닉스 자율소방대와 메카닉 자율소방대 대원들의 사진

1839년

고무

토머스 행콕(Thomas Hancock, 1786~1865년), **찰스 굿이어**(Charles Goodyear, 1800~1860년)

고무는 잘 알려진 천연 폴리머 가운데 하나다. 이 폴리머를 구성하는 기본 분자는 탄소 다섯 개짜리 이소프렌(isoprene)으로, 다양한 식물에서 흔하게 발견되는데 아마도 열 스트레스로부터 식물을 보호해주는 역할을 하는 것으로 여겨진다. 남미 고무나무 같은 식물에서 이소프렌 분자들이 폴리머를 구성하면 끈적끈적한 유액 형태로 분비된다.

이 유액을 가공한 것이 바로 천연고무다. 천연고무는 중남미에서 수백 년 동안 사용되어 왔지만 치명적인 단점이 있었다. 날이 더울 때는 참을 수 없이 끈적거리다가도 조금만 서늘해지면 딱딱하게 굳어 갈라지곤 했던 것이다. 많은 사람이 이 문제를 해결해 천연고무를 더 쓸모 있는 물건으로 만들 궁리를 했지만 별다른 성과 없이 세월만 무심하게 흘러갔다. 그러다 미국 화학자 찰스 굿이어가 마침내 돌파구를 찾아낸다. 우연히 얻어걸린 것인지 계획했던 것인지 확실하지는 않지만(아무 생각 없이 고무 덩어리를 난로에 던져 넣었다는 설도 있다) 굿이어는 천연고무에 황을 더하고 가열하면 고무가 더 쫀쫀하고 튼튼하면서도 끈적이지 않는 물성을 갖게 된다는 사실을 발견했다. 이런 성질의 고무는 산업 분야에서 엄청난 잠재력을 가졌다. 그는 참을성 많은 가족과 투자자들의 지원을 받아 몇 년 동안 보충 실험을 추가로 실시했다. 이를 토대로 그는 로마 불의 신 불칸(vulcan)의 이름을 따 '고무의 경화반응(vulcanization)'이라는 제목으로 1844년에 특허를 출원했다. 그리고 곧 공장을 세워 고무 제품들을 생산하기 시작했다. 그런 가운데 굿이어는 비슷한 시기에 실험에 성공해 자국에서 똑같은 특허를 보유하고 있었던 영국인 토머스 행콕과 유럽에서 치열한 특허 다툼을 이어가야 했다.

경화고무의 화학구조를 보면 황이 교차결합해 폴리머 사슬을 이루고 있다. 분자들이 서로 자리 잡는 방식을 바꿔줌으로써 물질의 성질을 변화시킨 것이다. 우연이었든 필연이었든 경화고무의 탄생이 근대산업 발전의 중요한 기폭제가 되었음은 분명하다. 타이어, 신발 밑창, 하키 퍽, 다양한 기계부품 등 오늘날에도 셀 수 없이 많은 제품이 고무로 만들어진다.

함께 읽어보기 폴리머와 중합반응(1839년), 클라우스법(1883년), 베이클라이트(1907년), 폴리에틸렌(1933년), 나일론(1935년), 테플론(1938년), 시아노아크릴레이트(1942년), 치글러-나타 촉매작용(1963년), 케블라(1964년), 고어텍스(1969년)

고무나무 유액을 원시적 방법으로 채취하고 있는 모습

1840년

오존

크리스티안 프리드리히 쇤바인(Christian Friedrich Schönbein, 1799~1868년), **자크-루이 소레**(Jacques-Louis Soret, 1827~1890년), **카를 디트리히 하리에스**(Carl Dietrich Harries, 1866~1923년), **루돌프 크리게**(Rudolf Criegee, 1902~1975년)

독일 화학자 크리스티안 프리드리히 쇤바인은 물 전기분해 실험(물에 전류를 흘려보내 물 분자를 분해하는 것)을 하던 중에 실험실에서 이상한 냄새가 난다는 사실을 알아챘다. 새로운 물질이 합성되었다는 증거였다. 1840년에 그는 냄새를 맡다는 뜻의 그리스어 '오제인(ozein)'을 따 이 신물질을 오존이라 이름 붙였다. 그로부터 20여 년 뒤, 스위스 화학자 자크-루이 소레는 오존 기체가 사실은 산소 원자들의 새로운 조합이라는 과감한 주장을 내놓았다. 그의 말이 사실이라면 오존은 순수한 원소 한 가지로만 구성된 분자의 다른 형태 즉, 동소체로서 최초 발견 사례가 되는 셈이었다. 일반적인 산소 기체의 분자식은 O_2다. 하지만 오존은 마찬가지로 기체이면서 O_3라는 조금 다른 모양새를 갖는다. 또, 오존을 냉각시키면 폭발성이 매우 높은 파란색 액체가 되고 온도를 계속 낮춰 가면 다시 진보라색 고체로 변한다. 오존 고체를 실제로 본 화학자는 얼마 되지 않는다고 한다.

하지만 오존 기체는 보통 사람들도 일상적으로 접하고 있다. 의식하든 의식하지 못하든 말이다. 번개가 치면 공기에서 희미하게 표백제 비슷한 냄새가 나지 않는가? 그것이 바로 오존이다. 오존은 폭풍우가 지나간 뒤나 높은 산에 올라갔을 때 공기가 청량하게 느껴지게 만들지만 사실은 몸에 몹시 해로운 물질이다. 그래도 오존은 필요하다. 대기 상층부에 깔린 오존층은 자외선을 흡수함으로써 동식물이 자외선에 직접 쏘여 상하지 않도록 보호해주는 방패 역할을 하기 때문이다.

실험실에서 오존을 발생시키는 가장 쉬운 방법은 역시 방전이다. 순수한 산소를 고전압 장치에 통과시키면 원하는 대로 오존 기체를 만들 수 있다. 사실 오존 기체는 쓸모가 많다. 구조상 탄소 원자 두 개 사이의 이중결합과 1,3-**쌍극자 고리화 첨가 반응**을 일으켜 산소 세 개가 연달아 이어진 오각형 고리 구조를 만들 수 있기 때문이다. 이런 유형의 분자는 아주 쉽게 폭발을 일으키지만 다행히도 분자구조가 곧장 재배열해 알데히드 분자 두 개로 쪼개진다. 이것은 알켄(alkene)에서 다양한 화학반응에 바로 투입할 수 있는 반응기 두 개를 얻는 가장 효율적인 방법 중 하나다. 독일 화학자 카를 디트리히가 20세기 초에 이 반응을 개발해 유명해졌는데, 1950년대에 동위원소 분석을 통해 메커니즘을 정확히 밝혀낸 것은 또 다른 독일 화학자 하리에스 루돌프 크리게였다.

함께 읽어보기 산소(1774년), 동위원소(1913년), 쌍극자 고리화 첨가 반응(1963년), B_{12} 합성(1973년), CFC와 오존층(1974년)

높은 산의 공기가 상쾌하게 느껴지는 것은 어쩌면 번개가 만들어낸 오존 때문일 수도 있다.

1842년

인산비료

유스투스 폰 리비히, 존 베넷 로스(John Bennet Lawes, 1814~1900년), **얼링 존슨**(Erling Johnson, 1893~1968년)

작황을 높이고자 농지의 상태를 관리하는 것은 농사의 기본 중에 기본이다. 인류는 땅에 거름을 치고 작물 일부를 남겨두고 심지어는 광물, 나무, 초목회까지 섞는다. 19세기에 독일 화학자 유스투스 폰 리비히 역시 비용은 절감하면서 작황률을 높일 방법을 찾으려고 연구에 매진하고 있었다. 말하자면 이때 식물영양학이 싹튼 것이다. 곧 그는 **인**과 질소(**하버-보슈법** 참고)가 농토에 매우 중요하다는 사실을 깨달았다. 그래서 1845년에 인산비료를 합성하려고 한 차례 시도했지만 안타깝게도 성공하지 못했다. 반면에 영국의 농학자 존 베넷 로스는 운이 좋았고 1842년에 인산염과 황산을 이용하는 기법으로 특허까지 따냈다. 당시 농토를 인으로 비옥하게 만드는 기본적인 방법은 바닷새 배설물을 채취해 쓰는 것이었다. 하지만 좋은 물건은 항상 너무 비쌌다.

그러다 1927년에 노르웨이 화학자 얼링 존슨이 인산염이 함유된 암석을 질산으로 처리해 질소와 인이 모두 들어 있는 비료를 합성하는 방법을 개발했다. 인산염 암석은 채석장이 태평양 원양에 있어서 가져오기가 불편했지만 좋은 품질의 비료를 만드는 것이 최우선 과제였기 때문에 사람들은 돌멩이를 실어 나르려고 망망대해를 왕복하는 수고를 마다하지 않았다. 사실은 꽤 쏠쏠한 장사이기도 했다. 그러나 시작이 화려할수록 종말은 처참한 법이다. 사방 천지가 새똥이었던 나우루 섬은 20세기 내내 일인당 소득 최상위권이라는 타이틀을 놓치지 않았지만 자원 고갈은 경제를 나락으로 떨어뜨렸다. 섬의 몰골은 마치 우주 어딘가의 황량한 외계행성처럼 흉측하게 변해버렸다. 현재도 여기저기에서 인산염 암석 채광이 이루어지긴 하지만 요즘에는 바로 비료 생산에 투입하는 대신에 일단 인산으로 정제한 뒤에 이것으로 인산암모늄 비료 농축액을 만든다(나머지는 세제나 탄산음료 제조에 사용된다).

불행히도 비료 생산에 적합한 인산염 암석은 우라늄과 같은 방사능 원소의 함량도 높다. 그래서 가공 과정에서 인산석고(황산칼슘과 인산이 섞인 것)라는 부산물이 일정량 이상 농축되면 그 원료는 더 이상 사용할 수 없게 된다. 클라우스법에서 황이 축적되는 것과 같은 현상인데, 이 문제를 해결할 방안은 아직 연구 중이다.

함께 읽어보기 인(1669년), 하버-보슈법(1909년), 클라우스법(1883년)

인산염을 모두 뽑아내고 초토화된 나우루 섬의 1990년 모습. 천연자원은 눈 씻고도 찾아볼 수 없다.

1847년

니트로글리세린

크리스티안 프리드리히 쇤바인, 테오필-쥘 펠루즈(Théophile-Jules Pelouze, 1807~1867년), **아스카니오 소브레로**(Ascanio Sobrero, 1812~1888년), **알프레드 노벨**(Alfred Nobel, 1833~1896년)

오랫동안 세상에서 가장 강력한 폭발무기는 **화약**이었다. 이탈리아 화학자 아스카니오 소브레로가 1847년에 니트로글리세린을 발견할 때까지는 말이다. 소브레로는 프랑스 화학자 테오필-쥘 펠루즈의 제자였다. 당시 펠루즈는 면에 질산 처리를 한 면화약으로 연구를 하고 있었다. 면화약은 앞서 1832년에 독일의 크리스티안 프리드리히 쇤바인에 의해 시끌벅적하게 발견되었다. **오존**의 발견자이기도 한 쇤바인에게는 질산이나 **황산**이 옷에 튀지 않도록 면으로 된 앞치마를 착용하는 습관이 있었다. 그런데 어느 날 앞치마를 벽난로 옆에 걸어놓고 말리던 중에 갑자기 불이 확 붙었던 것이다. 그렇지만 면화약은 아직 너무 위험하고 불안정해 화약을 대체하기에는 무리였다(실제로도 대규모 면화약 제조소에서 폭발 사고가 여러 차례 일어났다).

소브레로는 더 단순한 탄수화물인 탄소 세 개짜리 글리세린에 질산염을 결합시켜보기로 했다. 그렇게 해서 엄청난 폭발력을 지닌 니트로글리세린이 탄생했다. 하지만 니트로글리세린은 민감해서 다루기가 까다로웠다. 소브레로는 한동안 자신의 연구 결과를 비밀에 부쳤고 지인들에게도 입단속을 철저히 시켰다. 그런데 당시 스웨덴 화학자 알프레드 노벨이 같은 연구실에서 소브레로와 함께 수학하고 있었다. 대담한 성격의 그는 고향으로 돌아가 니트로글리세린을 안정화시킬 방법을 계속 궁리했다. 그 결과, 니트로글리세린을 흡수제에 적시면 된다는 것을 알아냈다. 다이너마이트가 완성된 것이다. 노벨은 억만장자가 되었고 훗날 자신의 이름을 딴 상까지 만든다. 자신의 발명품이 전쟁을 확대시키지 않기를 바라는 마음에서였지만 슬프게도 이것은 순진한 기대였다.

제2차 세계대전을 기점으로 TNT와 RDX 등 각종 니트로 성분 폭약들이 유행처럼 사용되기 시작했으니 말이다. 이 폭약들이 효과적인 이유는 두 가지다. 하나는 분자구조에 **산소**가 들어 있다는 것이고 나머지 하나는 매우 안정한 물질인 질소 기체로 최종 분해된다는 것이다. 이는 반응이 일어날 에너지학적 동기가 충분하다는 뜻이다. **테르밋**에서 산화알루미늄이 만들어지는 것처럼 말이다. 이처럼 순수한 질소를 뿜어내기 쉬운 물질은 특히 더 의심하고 더 조심해야 한다. 제 명대로 오래 살려면.

함께 읽어보기 그리스의 불(672년경), 화약(850년경), 산소(1774년), 오존(1840년), 기브스 자유에너지(1876년), 테르밋(1893년), 하버-보슈법(1909년), 펩콘 폭발사고(1988년), 관류 화학(2006년)

다이너마이트가 막 발명되었을 때는 광고까지 했다. 1895년경 뉴욕의 애트나(Aetna) 다이너마이트 컴퍼니에서 만든 전단

ÆTNA
DYNAMITE

EDWARD PENFIELD

1848년

키랄성

루이 파스퇴르(Louis Pasteur, 1822~1895년), **조제프-아실 르 벨**(Joseph-Achille Le Bel, 1847~1930년), **야코뷔스 헨드리쿠스 반트호프**(Jacobus Henricus van't Hoff, 1852~1911년)

1800년대 초 편광이 발견되자 편광의 성질을 이해하고자 화학자들은 다양한 물질들을 빛 아래서 이리저리 돌려보았다. 그런 물질 중 하나가 주석산이다. 주석산은 포도에 풍부해서 와인통 안에 **결정**이 맺히게 만든다. 프랑스의 화학자이자 미생물학자 루이 파스퇴르는 와인에서 분리한 주석산 입자가 마치 빛줄기를 비틀듯이 편광면을 회전시킨다는 사실을 발견했다. 그런데 공장에서 제조된 주석산 용액은 그런 성질을 보이지 않았다.

같은 물질인데 왜 두 시료가 다르게 행동할까? 파스퇴르는 혼란에 빠졌다. 다른 면에서는 두 시료의 차이가 전혀 없었기 때문이다. 그는 현미경으로 주석산염 결정을 더 자세히 들여다보았다. 그리고는 모든 방향에서 일정하게 보이는 공장 시료는 사실 두 종류의 결정이 섞인 것임을 알아냈다. 두 결정은 서로 거울에 비춰 보이는 구조를 갖고 있었다. 파스퇴르는 두 결정을 분리해 분석했다. 그런데 둘 중 하나는 와인통의 주석산과 똑같은 방향의 편광성을 나타내고 다른 하나는 정반대 방향의 편광성을 띠었다. 즉, 분리하기 전의 시료는 두 결정이 서로를 대등하게 상쇄시켰기 때문에 편광성이 발현되지 못한 것이었다.

1848년에 스물다섯 살 청년 파스퇴르는 주석산 분자 안에 '우향' 구조와 '좌향' 구조 두 가지 형태를 가능케 하는 어떤 특징이 있을 거라는 가설을 세웠다. 그리고 그런 성질은 편광성을 띠는 모든 물질에 공통될 것이 분명했다. 파스퇴르의 이 주장은 1870년대에 들어서야 네덜란드 화학자 야코뷔스 헨드리쿠스 반트호프와 프랑스 화학자 조제프-아실 르 벨에 의해 검증된다. 두 사람은 각자 이런 키랄성 물질이 존재할 수 있는 이유를 설명해냈다. 키랄(chiral)은 그리스어로 손을 의미한다.

키랄성은 모든 생명체에게 매우 중요하다. 단백질과 당은 키랄성 분자이며 수많은 의약품도 키랄성을 띠기 때문이다. 참고로, 파스퇴르가 찾아낸 주석산처럼 결정이 혼합된 물질은 원래 흔하지 않다. 당시 파스퇴르는 머리가 좋았을 뿐만 아니라 운도 따랐던 것이다. 갑자기 그의 명언 하나가 뇌리를 스친다. "행운은 준비된 자에게만 찾아온다."

함께 읽어보기 정사면체 탄소 원자(1874년), 피셔와 당(1884년), 액정(1888년), 배위화합물(1893년), 비대칭 유도(1894년), 탈리도마이드(1960년), 이성질체 분리를 위한 키랄 크로마토그래피(1960년), 머치슨 운석(1969년), B_{12} 합성(1973년), 효소 입체화학(1975년), 팔리톡신(1994년), 시킴산 품귀 현상(2005년), 효소공학(2010년)

편광 아래 빛나는 주석산 결정. 빛의 방향과 두께에 따라 색깔이 달라진다.

1852년

형광

조지 가브리엘 스토크스(George Gabriel Stokes, 1819~1903년)

형광이 처음 포착된 것은 일찍이 16세기의 일이었다. 외국산 목재의 추출물이 담긴 그릇에 빛을 쪼이고 특정 각도에서 보니 그릇 테두리가 파란색을 띤 것이다. 그로부터 수백 년 동안 비슷한 현상을 일으키는 다른 신기한 물질들도 속속 알려졌다. 형석이나 우라늄염으로 착색된 유리가 대표적인 예다. 1800년대에 자외선이 발견되면서부터는 이런 형광물질 다수가 자외선을 흡수하고 가시광선을 방출한다는 사실이 밝혀졌다.

이것을 알아낸 최초의 인물은 아일랜드의 물리학자 조지 가브리엘 스토크스 경이다. 그는 **퀴닌** 용액이 진한 파란색 형광을 발하는 것을 발견하고 이 빛을 형석(fluorspar)의 이름을 따 형광(fluorescence)이라 이름 붙였다. 형광의 메커니즘이 완전히 밝혀지기까지는 시간이 좀 더 걸렸다. 양자역학을 알아야만 이해할 수 있는 부분이 있었기 때문이다. 어떤 물질이 고에너지 복사선을 흡수하면 전자가 들뜬 상태로 올라갔다가 다시 바닥 상태로 돌아가는데 그러면서 빛의 형태로 에너지가 방출된다. 이때 방출되는 빛은 흡수광보다 파장이 더 긴 것이 보통이다. 따라서 흡수된 빛보다는 방출된 빛이 사람 눈에 더 잘 보인다.

오늘날 형광물질은 여기저기에 널려 있다. 그리고 그중 다수는 인간의 작품이다. 형광염료는 옷감이 더 선명해 보이게 만드는 마법을 부린다. 형광 하면 형광펜이나 주황색 구명조끼를 떠올리는 게 일반적이지만 형광은 생명의학 연구에서도 맹활약을 한다. 어떤 물질을 특정 파장으로 들뜨게 하면 또 다른 특정 파장의 빛을 방출하면서 빛나므로 배경에서 확연하게 두드러져 보이게 된다. 이 원리로 살아 있는 세포 안에 있는 물질을 또렷하게 관찰할 수 있다. 또, 형광 표식자는 수술로 제거할 암 조직을 미리 표시해두는 데 유용하다. 형광분자들은 다른 시각에서는 보이지 않았을 많은 양의 정보를 우리에게 알려준다.

함께 읽어보기 퀴닌(1631년), 루시페린(1957년), 녹색형광단백질(1962년), 트리아졸 클릭화학(2001년)

자외선을 쪼였을 때 형광을 발하는 광물들. 이런 광물 일부는 가시광선에서도 색깔을 띠지만 이렇게 선명하지는 않다.

1854년

분별 깔때기

어느 화학 실험실에나 한두 개쯤 꼭 있는 분별 깔때기는 모든 과학 분야에서 보편적인 원리로 작동한다. 기름과 물을 섞어본 사람이라면 누구나 모든 액체가 서로 잘 섞이는 것은 아니라는 사실을 알고 있을 것이다. 그런데 어떤 시료를 기름과 물 혼합액에 용해시키면 수용성 성분은 수층에 그리고 지용성 성분은 유층에 몰리게 된다. 따라서 이 성질을 이용하면 (물을 좋아하는) 친수성 물질과 (물을 싫어하는) 소수성 물질을 빠르고 쉽게 분리할 수 있다. 기본적으로는 **크로마토그래피**의 원리도 이와 같다.

처음에는 잘 흔든 뒤에 가만히 놔두면 잠깐 섞였던 두 가지 액체가 다시 분리되는 광경이 시선을 끈다. 하지만 분별 깔때기의 최대 매력은 아래층 액체만 따라내 분리할 수 있다는 점이다. 따라서 어떤 화학반응 산물이든 두 층으로 나눠 원하는 성분만 고순도로 추출하는 것이 가능하다. 이런 편이성 때문에 분별 깔때기는 수백 년 전부터 없어서는 안 될 실험도구로 자리했다.

현대식 분별 깔때기가 개발된 것은 1854년경이다. 하지만 19세기 초 양식의 디자인도 여전히 종종 발견된다. 엄밀히 따지면 연금술 시대에도 섞이지 않는 액체들을 분리할 용도로 가늘고 긴 깔때기 비슷한 것이 사용되긴 했다. 같은 용도로 쓰였을 것으로 추정되는 그보다 더 오래된 유물도 존재하고 말이다.

수용성 물질과 지용성 물질을 분리하는 것은 오래전부터 과학의 기본 중에 기본이었다. 물의 밀도가 대부분의 유기용매보다 크기 때문에 보통은 수층이 아래에 온다. 그런데 디클로로메탄과 같은 염소계 용매는 밀도가 물보다 높아서 수층이 위로 뜨게 된다. 그래서, 자주는 아니지만, 초보들은 원하는 물질이 들어 있는 용매층을 흘려버리는 실수를 저지르곤 한다.

함께 읽어보기 정제(기원전 1200년경), 에를렌마이어 플라스크(1861년), 속슬렛 추출기(1879년), 붕규산 유리(1893년), 크로마토그래피(1901년), 딘-스타크 장치(1920년), 배기 후드(1934년), 자기 교반막대(1944년), 글러브 박스(1945년), 회전증발기(1950년), 역상 크로마토그래피(1971년)

일렬로 늘어선 분별 깔때기들. 꽤 오랜 세월 동안 이 디자인에서 변화가 없었다. 옛날에는 유리 재질로 만들어져 일체형으로 삽입되었던 중간부품을 오늘날은 플라스틱이 대체한 것을 빼고는 말이다.

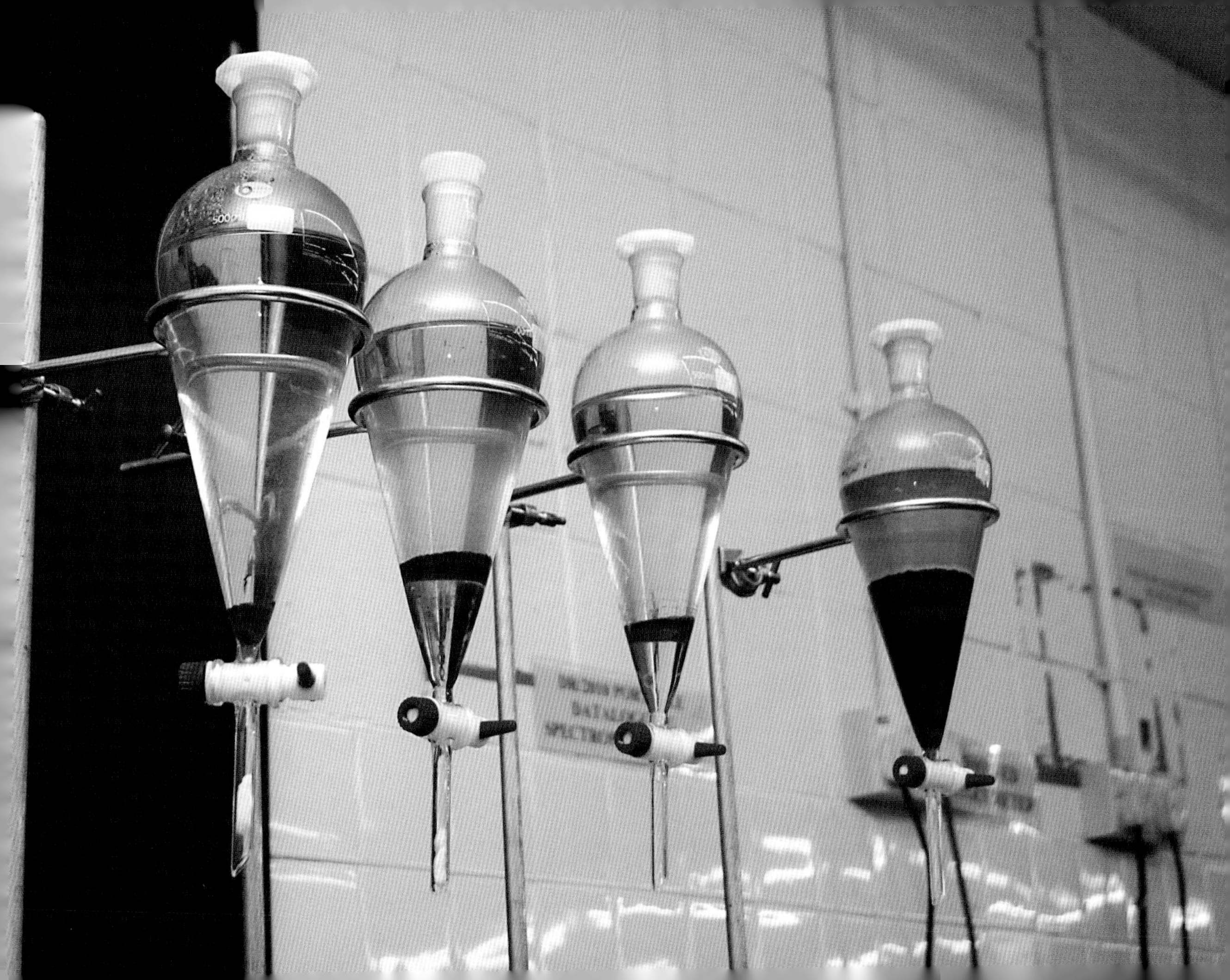

1856년

퍼킨 연보라색

윌리엄 헨리 퍼킨(William Henry Perkin, 1838~1907년)

딱 맞는 시대에 딱 맞는 장소에 있을 수 있다면 얼마나 좋을까. 그런 면에서 윌리엄 헨리 퍼킨은 행운의 사나이였다. 런던 왕립화학원에서 독일 출신 화학자 아우구스트 폰 호프만(August von Hofmann)이 저렴한 원료로 **퀴닌**을 합성해오라는 숙제를 내주었을 때 퍼킨은 아직 10대 소년에 불과했다. 두 사람은 깨닫지 못했겠지만 당시의 유기화학 수준을 고려할 때 이것은 말도 안 되게 무모한 시도였다. 퀴닌은 엄청나게 복합한 물질이다. 그래서 퀴닌의 분자구조가 밝혀진 것은 50년 뒤의 일이고 합성법을 알아내는 데까지는 그로부터 수십 년을 더 기다려야 했던 것이다.

다시 말해, 퍼킨이 쓰레기에서 초고가의 말라리아 치료제를 만들어내는 것은 하늘의 별 따기보다 어려운 일이었다. 그러나 그가 집에서 개인적으로 한 다른 실험들은 성과가 나쁘지 않았다. 1856년에 그는 콜타르의 성분인 아닐린에서 어여쁜 보라색을 뽑아냈다. 그가 보기에 이 물질은 도료와 색소로 쓰임새가 많을 것 같았다. 그래서 퍼킨은 겉으로는 전망이 암울한 퀴닌 합성 연구를 계속하는 동안 집에서는 가족과 친구의 도움을 받아 염료의 수율과 순도를 높이는 방법을 연구해 나갔다. 그는 이 세계 최초의 인공염료에 모베인(mauveine)이라는 이름을 붙였다. 퍼킨 연보라색이라고도 불리는 이 염료는 천연염료와 다르게 옷감을 비롯한 여러 가지 물건을 빠르게 착색시켰다. 퍼킨은 상업적 대성공을 예감했고 그의 감은 적중했다.

그는 발 빠르게 특허를 출원하고 지도교수의 반대를 무릅쓰고 직접 공장을 차렸다. 공장은 곧 유럽 전역에 최고 인기상품을 독점 공급하는 가족기업으로 급성장했다. 게다가 산업혁명이 일어나 섬유와 콜타르의 비중이 커지자 퍼킨은 유기화학 지식을 기반으로 두 영역을 연결해 떼돈을 벌었다. 그는 계속해서 새로운 염료들을 꾸준히 개발했고 오늘날에도 유효한 착색제 영역의 화학적 기틀을 마련했다. 한마디로 여러 가지 면에서 그는 현대적 화학공업의 선구자였다.

함께 읽어보기 요크셔 명반(1607년), 퀴닌(1631년), 패리스 그린(1814년), 인디고 블루 합성(1878년), 설파닐아마이드(1932년)

퍼킨의 1906년 초상화. 그를 유명인사로 만들어 준 연보라색 염료로 물들인 옷감을 양손에 들고 있다.

1856년

은박 거울

유스투스 폰 리비히, 베른하르트 톨렌스(Bernhard Tollens, 1841~1918년)

옛날에 거울을 제작하는 방법은 이랬다. 일단 유리에 은박지 한 장을 댄다. 그리고 은박지 쪽을 액체 **수은**에 담근다. 그러면 빛을 과하지도 부족하지도 않게 반사시키는 주석과 수은 합금이 만들어진다. 당시에는 마술과도 같았을 이 방법은 100년 가까이 사용되었다. 그런데 주석과 수은 합금은 시간이 지나면 부식되고 그러면서 수은을 방출시킨다는 단점이 있다. 그러므로 골동품 거울이 집에 있다면 조심할 필요가 있다. 한편, 구리와 주석 합금을 거울로 쓸 만한 반사율이 나올 때까지 연마하는 방법도 있었다.

그런데 독일의 화학자 유스투스 폰 리비히가 더 효율적인 방법을 개발한다. 그는 자신의 방법을 꾸준히 개량해 거울산업에서 수은을 퇴출시키는 데 일조했다. 리비히의 방법은 한마디로 산화환원 반응을 활용한 것이었다. 먼저 은과 아민 복합체에 설탕물을 섞은 다음에 유리의 표면에 붓는다. 그러면 은이 설탕 분자를 산화시켜 물에 녹는 산으로 만들고 대신 은은 전하를 띠지 않는 원자로 환원된다. 이때 유리가 얇은 은막으로 고루 덮이면서 선명한 거울이 완성된다.

이 방식으로 제작된 거울은 일상용품뿐만 아니라 반사망원경과 같은 첨단 과학장비에도 사용될 만큼 품질이 좋았다. 하지만 독일 화학자 베른하르트 톨렌스는 이 기법을 더 개량해 정성적 화학시험법으로 확립시켰다. 현대적 분석기기들이 발명되기 전에는 이런 시험법이 물질 분석의 대세였다. 여러 가지 시약으로 특징적 색깔을 내거나 특정 원소 혹은 작용기를 침전시켜 물질의 정체를 알아내는 것이다. 톨렌스의 시험법은 분자의 카보닐기(탄소 하나가 산소 하나와 이중결합을 이룬 것) 양쪽에 연결된 원소가 둘 다 탄소인지 아니면 둘 중 하나는 수소인지 확인할 때 유용했다. 전자라면 분자는 케톤이 되고 후자라면 알데히드가 된다. 알데히드는 은 함유 시약에 의해 산화되면서 시험관 내벽을 거울로 만들지만 케톤은 그렇지 않으므로 구분이 가능한 것이다.

지금은 구식이 된 톨렌스의 시험법에는 반드시 즉석에서 조제한 시약을 써야 한다는 단점이 있었다. 은과 아민 시약을 방치하면 화학반응이 계속 일어나 질화은이 만들어지기 때문이었다. 질화은은 실험실을 통째로 날려버릴 만큼 강력한 폭발물이다. 그래서 가끔 거울 공장에서 불의의 사고를 겪고 나서야 관계자들이 이 주의사항을 뼈에 새기곤 했다.

함께 읽어보기 수은(기원전 210년경), 작용기(1832년)

온수를 채운 비커에서 중탕하면 톨렌스 시약이 반응해 시험관 내벽을 은막으로 코팅한다. 깨끗한 실험도구와 작업자의 세심한 손길만 있다면 거의 완벽한 거울을 만들 수 있다.

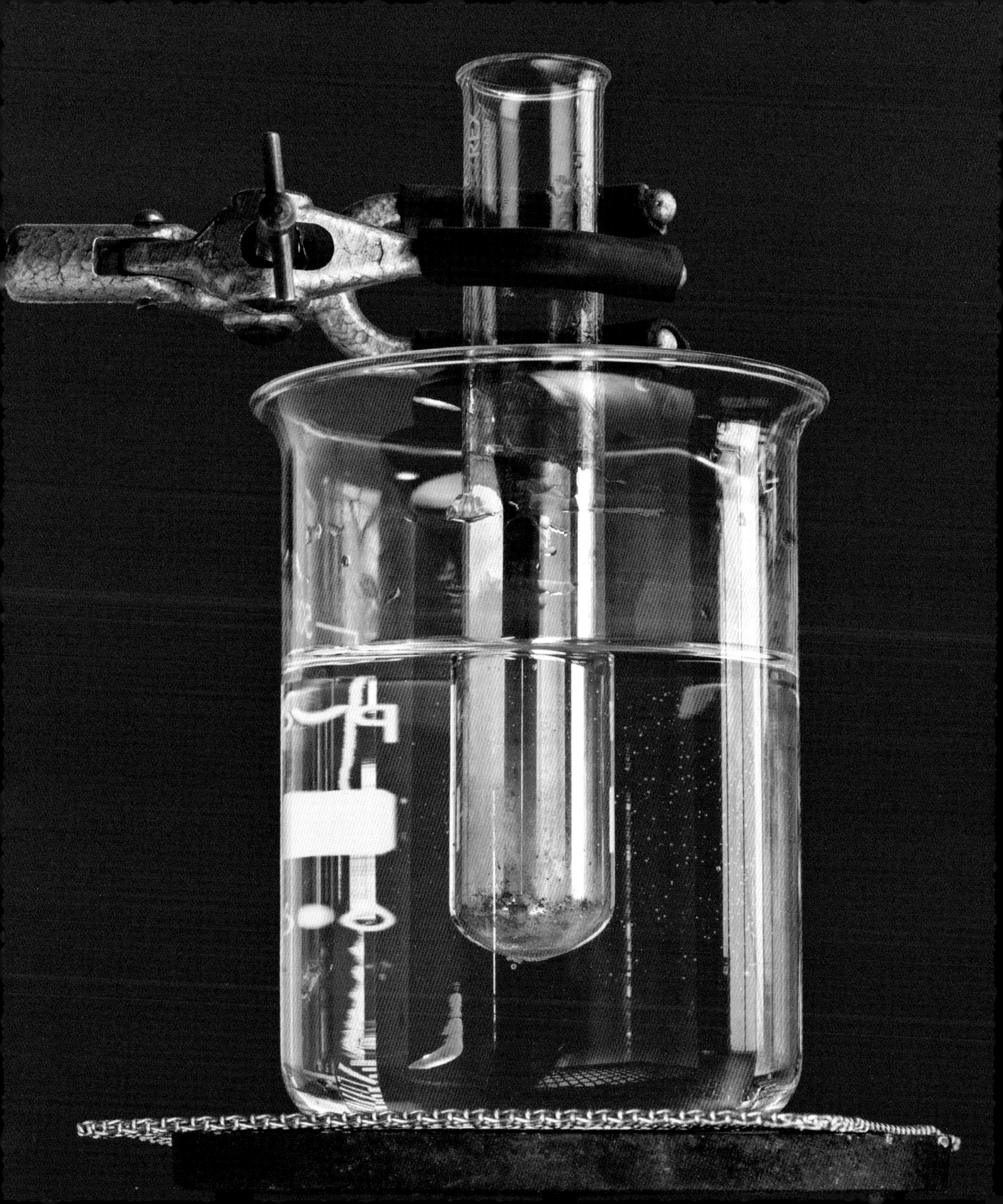

1859년

불꽃 분광분석

윌리엄 하이드 울러스턴(William Hyde Wollaston, 1766~1828년), **요제프 폰 프라운호퍼**(Joseph von Fraunhofer, 1787~1826년), **로베르트 분젠, 구스타프 키르히호프**(Gustav Kirchhoff, 1824~1887년), **앨런 월시**(Alan Walsh, 1916~1998년)

화학자가 아니라도 분젠 버너가 실험장비라는 사실을 아는 사람은 많다. 오늘날에는 별로 쓰일 일이 없지만 말이다. 그런데 독일 화학자 로베르트 분젠은 이것을 왜 발명했을까? 분젠은 오래된 불꽃 실험법을 개량할 필요성을 느꼈다. 불꽃 실험이란 원소를 불꽃에 갖다 대었을 때 고에너지 상태에서 전자가 여러 에너지 준위 사이를 왔다 갔다 하면서 발하는 빛의 스펙트럼을 분석하는 것이다. 가령 나트륨은 불꽃을 진노란색으로 물들이고 스트론튬은 빨간색으로, 구리는 청록색으로 변화시킨다. 하지만 색깔을 맨눈으로 확인하려면 불꽃의 온도가 매우 높고 처음에는 아무 색도 띠지 않아야 했다. 그래서 분젠은 공기와 기체를 더 효율적으로 섞을 방법을 찾았다.

때마침 구스타프 키르히호프가 프리즘으로 빛을 여러 가닥으로 나누는 신기술을 써보는 게 어떠냐고 제안했다. 예를 들어, 리튬이 닿은 불꽃은 빨간색으로 변하는데 스트론튬 불꽃의 빨간색과 육안으로 식별되지 않는다는 한계가 있었기 때문이다. 두 사람은 1859년에 세계 최초의 분광분석기를 만들었다. 이것은 앞으로 수많은 원소를 발견하고 구분하게 해 줄 막강한 도구였다. 분광분석기를 이용해 두 사람은 광천수 시료에서 전에 보지 못한 파란색 선을 관찰하고 새로운 원소 세슘을 발견했다. 빨간색을 발광하는 루비듐도 이 분광분석법으로 발견되었다.

분광분석법의 활약상은 이뿐만이 아니다. 영국 화학자 윌리엄 하이드 울러스턴과 그의 뒤를 이어 독일 물리학자 요제프 폰 프라운호퍼는 태양광의 프리즘 스팩트럼에 정체 모를 검은색 선이 있는 것을 알아챘다. 분젠과 키르히호프는 그런 선들이 발광 스펙트럼에서 일정한 위치에 자리한다는 사실을 알아냈다. 이는 태양에서 날아온 원소가 꼭 그 파장의 빛만 흡수해 그런 선을 만든다는 것을 의미했다. 즉, 실험실에 가만히 앉아서도 저 멀리 태양과 별들의 화학적 조성을 알아낼 길이 하루아침에 생긴 것이다. 영국 물리학자 앨런 월시 경 등이 발명한 현대적 원자 분광분석기는 같은 원리를 따라 원소들을 분석한다. 특히, 수질오염 원소들을 십억 분의 일(ppb, 용액 1리터당 용질의 마이크로그램 수) 농도까지 추적해낼 수 있다.

함께 읽어보기 헬륨(1868년), 네온(1898년), 중수소(1931년), 기체 크로마토그래피(1952년), 탈륨 중독(1952년)

밤하늘을 수놓는 불꽃놀이는 초대형 불꽃 실험과도 같다. 불꽃놀이를 할 때 빨간색은 스트론튬과 리튬으로, 노란색은 나트륨으로, 녹색은 바륨으로 낸다. 파란색은 조합하기 가장 어려운 색깔이다.

1860년

칸니차로와 카를스루에 학회

스타니슬라오 칸니차로(Stanislao Cannizzaro, 1826~1910년)

19세기 중반 즈음 학계는 원자량(과 분자량)이 매우 중요한 성질이라는 데에는 합의를 이뤘다. 문제는 정확한 원자량이 도대체 얼마냐는 것이었다. 원자 하나하나의 질량을 재는 것은 당연히 불가능한 일이었기에 원료물질과 반응산물의 무게를 이용해 추론하는 수밖에 없었다. 이때 분자식을 어떻게 적느냐를 두고 치열한 설전이 벌어졌다. 그런 가운데 원자학의 선구자인 영국 화학자 존 돌턴은 물 분자식이 HO라고 굳게 믿고 있었다.

그러던 1860년에 이 숙제를 풀기 위해 세계 최초의 국제 규모 화학학술모임인 카를스루에 학회가 처음으로 개최된다. 그런데 이 자리에서 이탈리아 화학자 스타니슬라오 칸니차로가 논문 한 편(사실 2년 전에 이미 출간된 것이지만 그때는 주목을 받지 못했다)을 발표하면서 엄청난 파장을 불러일으켰다. 〈화학철학의 역사 고찰〉이라는 제목의 이 논문의 요지는 아보가드로의 이론을 토대로 원자량을 추론해 낸 것이었다. 칸니차로도 돌턴처럼 수소에 원자량 1을 부여하는 것에서 출발했다. 하지만 그는 수소가 이원자 분자인 H_2 상태로 존재한다는 조제프-루이 게이뤼삭의 가설과 산소 역시 원자 두 개가 결합한 O_2 상태로 존재한다는 아보가드로의 연구를 지지했다. 아보가드로의 이론을 짧게 요약하면 같은 부피의 기체 안에는 같은 수의 분자가 들어 있으며 무게가 다른 것은 기체의 종류에 따라 기본 원자량이 다르기 때문이라는 것이다.

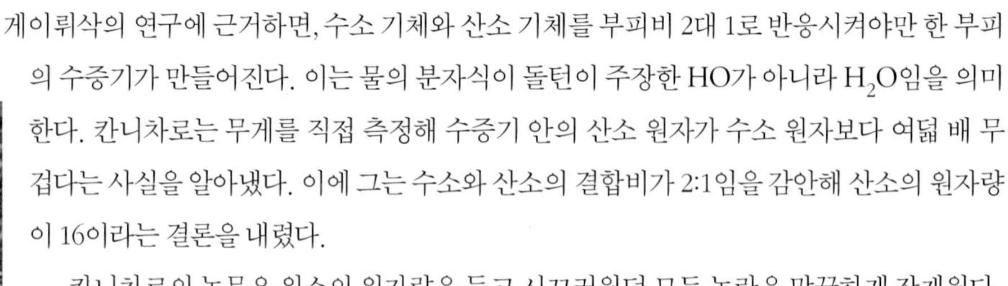

게이뤼삭의 연구에 근거하면, 수소 기체와 산소 기체를 부피비 2대 1로 반응시켜야만 한 부피의 수증기가 만들어진다. 이는 물의 분자식이 돌턴이 주장한 HO가 아니라 H_2O임을 의미한다. 칸니차로는 무게를 직접 측정해 수증기 안의 산소 원자가 수소 원자보다 여덟 배 무겁다는 사실을 알아냈다. 이에 그는 수소와 산소의 결합비가 2:1임을 감안해 산소의 원자량이 16이라는 결론을 내렸다.

칸니차로의 논문은 원소의 원자량을 두고 시끄러웠던 모든 논란을 말끔하게 잠재웠다. 이처럼 논리적이고 실용적이며 앞뒤가 딱 맞는 설명은 또 없었기에 절대로 틀릴 리가 없어 보였다. 그리고 실제로도 완벽하게 옳았다.

함께 읽어보기 산소(1774년), 돌턴의 원자론(1808년), 아보가드로의 가설(1811년), 몰 농도(1894년)

좌 **스타니슬라오 칸니차로** 우 **칸니차로가 화학식과 질량 논쟁에 마침표를 찍은 장소인 독일 카를스루에의 1900년경 풍광**

1860년

산화상태

요한 루돌프 글라우버(Johann Rudolf Glauber, 1604~1668년), **헨리 볼먼 콘디**(Henry Bollmann Condy, 1826~1907년)

화학에서는 원소의 산화상태를 따져야 할 때가 있다. 기본적으로 화합물에 묶이지 않은 순수한 원소는 0의 산화상태를 갖는다. 여기서 전자가 들어오거나 나가면 전자 하나 당 전하값 –1씩 가감되면서 산화상태가 각각 '감소했다' 혹은 '증가했다'고 말한다. 주기율표 왼쪽에 있는 원소들은 전자를 잃고 산화상태가 올라가기 쉬운 것들이다. 반면 오른쪽에 있는 원소들은 전자를 끌어당기는 경향이 크다. 바로 이 때문에 주기율표 왼쪽 끝에 자리한 나트륨은 항상 +1 산화상태로 존재하고 나트륨과 척을 지듯 오른쪽 끝에 자리한 염소는 항상 –1 산화상태로 존재하는 것이다. 두 이온이 만나 전하가 대등하게 상쇄된 분자가 바로 염화나트륨, 즉 소금이다.

원소로서(산화상태 0의) 나트륨은 물에 닿으면 불꽃을 일으키는 성질이 있는 무른 은색 금속이다. 반면에 염소 원소는 반응성 높고 유독한 녹색 기체의 형태를 갖는다. 두 원소 모두 처음의 산화상태에서 벗어나 빨리 이온으로 변하려고 한다. 나트륨 금속과 염소 기체를 한 데 섞으면 염화나트륨 염을 얻을 수 있지만 폭발의 잔해에서 순수한 소금염만 골라내는 것은 쉬운 일이 아니다.

산화상태가 지나치게 높은 금속은 다른 물질을 산화시키고 자신은 에너지가 낮은 산화상태로 내려가려는 경향이 있다. 이 반응은 색깔을 변화시키고, 박테리아를 죽이고, 묵은 때를 녹이는 등 기특한 일을 많이 한다. 1659년에 독일 화학자 요한 루돌프 글라우버는 산화상태가 무려 +7인 망간 금속 때문에 과망간산칼륨이 아름다운 보라색을 내는 현상을 최초로 보고했다. 하지만 과망간산칼륨은 1860년에 들어서야 소독제로 상용화되었다. 이 제품은 개발자인 영국 화학자 헨리 볼먼 콘디의 이름을 따 콘디 용액으로 불렸다(망간 이온의 산화상태가 떨어지면 용액이 갈색이나 분홍색으로 변한다).

주기율표 중간에 위치한 금속들, 이른바 전이원소들 대부분은 비슷하게 산화상태에 따라 색깔이 변한다. 크롬은 그중에 대표적인 일례일 뿐이다. 이 변화를 이용하면 화학반응 진행 상황을 파악할 수 있고 염에 무지개 빛깔을 입힐 수도 있다.

함께 읽어보기 전해환원(1807년), 알루미늄(1886년), 클로르-알칼리법(1892년), 벨루소프-자보틴스키 반응(1968년), 펩콘 폭발사고(1988년)

과망간산칼륨을 물에 녹이면 물이 선연한 보라색으로 물든다.

1861년

에를렌마이어 플라스크

리하르트 아우구스트 카를 에밀 에를렌마이어(Richard August Carl Emil Erlenmeyer, 1825~1909년)

화학을 하나의 이미지로 떠올려보라고 하면 대부분의 사람들은 에를렌마이어 플라스크를 제일 처음 생각할 것이다. 오래된 고서에서 삽화로나 구경했던 수많은 유리용기들과 다르게, 에를렌마이어 플라스크는 지금도 어느 화학 실험실에나 크기별로 구비되어 있기 때문이다. 독일의 화학자 에밀 에를렌마이어는 30대 청년이던 1861년에 〈화학과 약제학의 기술〉이라는 제목의 논문 한 편을 발표했다. 이 논문에는 그가 3년 전 하이델베르크에서 선보였던 플라스크에 관한 묘사가 실려 있었다. 에를렌마이어는 유리세공업자와 손잡고 이 플라스크를 대량생산해 팔았고 덕분에 그의 디자인이 점차 화학 실험 도구의 기본으로 자리하기 시작했다.

이 플라스크가 이렇게 널리 퍼진 이유는 무엇일까? 비결은 아래로 가면서 넓어지는 디자인에 있다. 내용물을 흘리지 않고도 골고루 섞기에 매우 편했던 것이다. 반응 확인을 색깔에 대부분 의존했던 시대에 이것은 엄청난 장점이었다. 가령 그냥 통짜 비커를 손에 들고 힘차게 휘젓는다고 상상해보라. 그러면 어질러진 바닥을 닦아야 하는 것은 기본이고 옷을 다 버리기 십상이다. 그런데 에를렌마이어 플라스크는 목이 좁아서 용매가 너무 빨리 증발하지 않고 자석교반기에 올려 고속으로 섞어도 내용물이 한 방울도 튀지 않는다.

사실 에를렌마이어는 탄소와 탄소 이중결합 구조와 삼중결합 구조를 제안한 최초의 인물이기도 하다. 하지만 오늘날 그의 이름은 유리병 디자인으로 가장 잘 기억된다. 실험실뿐만 아니라 맥주나 포도주를 만드는 양조장 같은 곳에서도 흔히 사용되는 에를렌마이어 플라스크는 이제 우리 생활 곳곳에서 일상용품으로 자리 잡았다(참고로 영국은 그냥 원뿔형 플라스크라고 부르는 쪽을 선호한다).

함께 읽어보기 분별 깔때기(1854년), pH와 지시약(1909년), 속슬렛 추출기(1879년), 붕규산 유리(1893년), 딘-스타크 장치(1920년), 배기 후드(1934년), 자기 교반막대(1944년), 글러브 박스(1945년), 회전증발기(1950년)

화학 실험의 상징인 에를렌마이어 플라스크

250
200
400
500ml
300
200
250
250ml
200
150
100

1861년

구조식

요제프 로슈미트(Josef Loschmidt, 1821~1895년)

화학자들이 분자의 구조를 그린 그림을 보통 사람이 보면 생소함을 넘어 때때로 흠칫하기까지 한다. 광고업 관계자들에게 화학은 (**에를렌마이어 플라스크**와 같은 히트상품이 아니고서야) 뜻도 모를 기호들을 이상하게 배열하는 것에 지나지 않는다.

하지만 분자구조를 구조식으로 그리는 것은 생각보다 어렵지 않다. 규칙은 이렇다. 각 선분은 결합을 의미한다. 원소기호가 따로 표시되어 있지 않은 꼭짓점은 탄소 원자를 의미한다. 또, 수소는 어디에나 존재하기 때문에 구조식에서 생략되어 있는 경우가 많다. 원자들 간의 결합은 단일결합일 수도 있고 이중 혹은 삼중결합일 수도 있다. 방향족 고리는 원처럼 그려 다르게 표시한다(**벤젠과 방향족 화합물** 참고). 이 표기법은 분자들의 기본 구조를 이미 파악하고 있어야만 나올 수 있다는 점을 생각하면 요제프 로슈미트의 추리력에 감탄할 수밖에 없다. 다양한 연구 주제에 관심이 많았던 오스트리아 화학자 로슈미트는 1861년 저서 ≪화학 연구(Chemische Studien)≫를 통해 체계적인 분자구조 표기법을 제안했다. 그는 각 원자를 크기가 서로 다른 원으로 표시하고 음영 농도를 달리해 원자들을 구분했다. 현대의 방식과는 사뭇 다르지만 화학자라면 잠깐만 들여다봐도 원리를 금방 파악할 수 있을 것이다. 틀린 부분도 있긴 했지만 벤젠(benzene)을 비롯한 여러 방향족 고리를 표현한 로슈미트의 방식은 현대의 구조식과 놀랄 만큼 닮아 있다. 특히 원자나 작용기가 다각형 꼭짓점에서 뻗어 나오는 것처럼 그린 것은 그의 책이 나온 때가 이런 원형 구조가 실증되기 4년 전임을 감안할 때 상당히 인상적이다.

분자구조식은 화학연구 측면에서 엄청난 이점이 있다. 간단한 구조식 안에 많은 양의 정보를 담고 있기 때문이다. 숙련된 화학자라면 구조식 하나만 보고도 분자가 어떻게 반응할 것이며, 어떤 물리적 성질을 가질지, 이 분자를 어떻게 합성할지 혹은 이 분자로 무엇을 만들지까지 알아낼 수 있다. 심지어는 어떤 냄새가 날지도 추측 가능하다고 한다. 현대를 사는 우리는 구조식의 개념을 당연하게 받아들인다. 하지만 그래서는 안 된다. 분자의 원자 조합은 19세기의 대부분 동안 베일에 가려 있던 쉽지 않은 수수께끼였다.

함께 읽어보기 벤젠과 방향족 화합물(1865년), 정사면체 탄소 원자(1874년)

유명한 몇몇 화학물질의 구조식. 로슈미트의 구조식과는 많이 다르다.

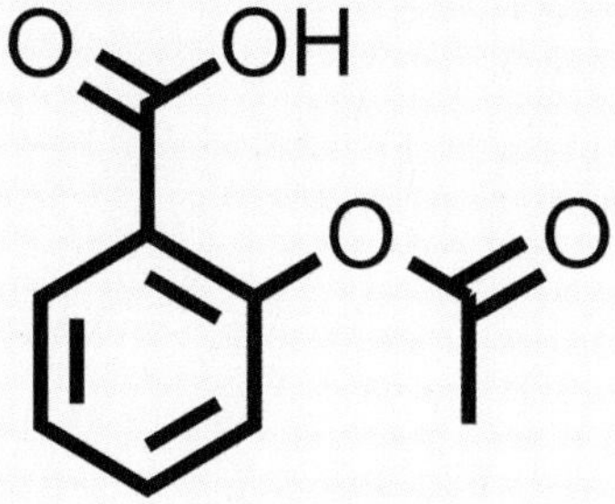

O OH
O O
Aspirin

H S H
Hydrogen sulfide

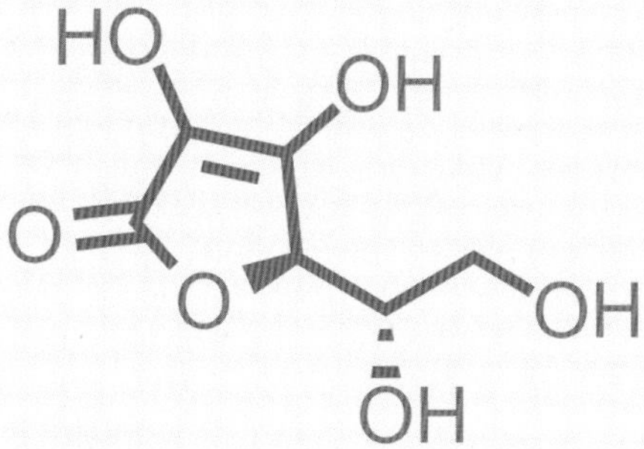

HO OH
O
O OH
OH
Vitamin C

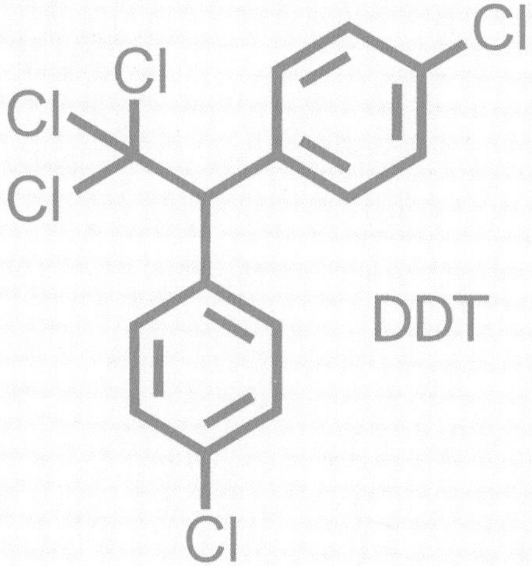

Cl
Cl Cl
Cl
DDT 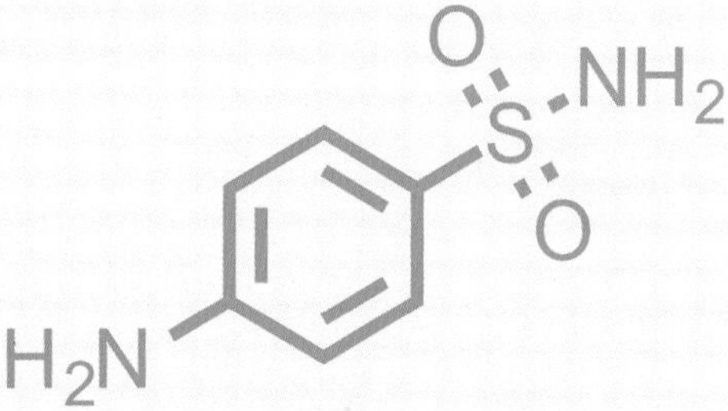
Cl

O NH$_2$
S
O
H$_2$N
Sulfanilamide

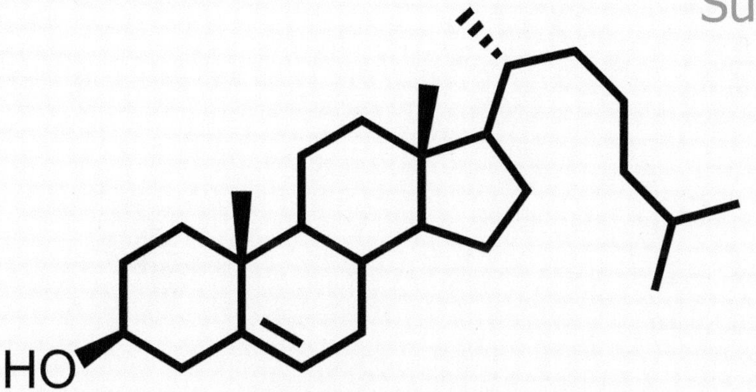

HO
Cholesterol

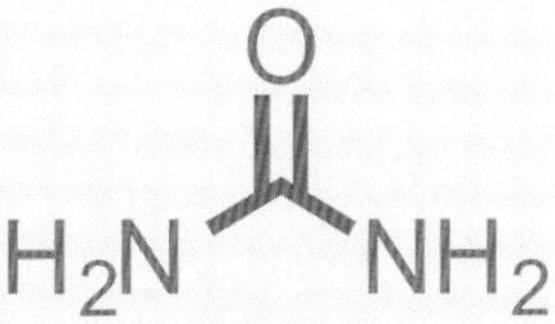

O
H$_2$N NH$_2$
Urea

1864년

솔베이법

니콜라 르블랑(Nicolas Leblanc, 1742~1806년), **에르네스트 솔베이**(Ernest Solvay, 1838~1922년)

소다회는 유리, 섬유, 종이, **비누** 등 각종 생필품의 핵심 원료였지만 18세기 프랑스에서는 식물성 소다회가 귀했다. 소다회 제조법을 개발하는 사람에게 상금을 준다는 공고가 날 정도였다. 그런 배경에서 1789년에 프랑스 화학자 니콜라 르블랑이 최초의 소다회 대량생산 기술을 개발해냈다. 염화나트륨, 즉 흔하디 흔한 소금을 이용하는 르블랑의 합성법은 **황산**과 엄청난 양의 열에너지를 투입해야 했던 탓에 쉽지 않았음에도 대성공을 거뒀다. 그렇게 르블랑법이 승승장구하던 중 1864년에 벨기에 화학자 에르네스트 솔베이가 솔베이법을 발명했다.

르블랑법과 마찬가지로 솔베이법도 염과 탄산칼슘을 이용한다. 염은 바닷물을 농축해 얻고 탄산칼슘은 석회암에서 추출할 수 있다. 중간 공정에 암모니아가 투입되는데, 이 암모니아를 최대한 많이 회수해 재활용하는 것이 기술 성패의 관건이다. 암모니아는 산업화 시대 초기에 아주 비싼 물질이었기 때문이다. 베이킹소다라고 더 잘 알려져 있는 탄산수소나트륨도 중간 단계에서 필요한데, 사용 목적은 탄산나트륨 최종산물을 만드는 것이다. 모든 반응이 끝났을 때 부산물로 나오는 염화칼슘은 도로 제설제로 활용할 수 있다. 종합적으로 솔베이법은 르블랑법에 비해 크게 개량된 기술이었다. 그래서 솔베이법이 거의 모든 산업 분야에서 르블랑법을 대체하게 되었고 솔베이는 벼락부자가 되었다.

그러나 북미에서 엄청난 규모의 천연 탄산나트륨 매장지가 발견되면서 솔베이법의 경제적 가치가 크게 떨어져버렸다. 그냥 땅만 파면 나오는 걸 힘들게 합성할 필요가 없어졌으니 경쟁 자체가 되지 않는 것이다. 부산물인 염화칼슘의 판매처를 찾는 어려움과 더불어 탄산나트륨을 저렴하게 공급하는 채굴업의 활성화 때문에 솔베이법은 점점 자취를 감추게 되었다. 그래도 150년 전 그대로의 솔베이법에 의존해 가동 중인 공장이 아직 수십 곳 남아있긴 하다.

함께 읽어보기 비누(기원전 2800년경), 황산(1746년), 클로르-알칼리법(1892년), 붕규산 유리(1893년), 이산화탄소 흡수장치(1970년)

프랑스 동발쉬르뫼르트의 한 제조소. 옛날 명성에는 크게 못 미치지만 솔베이법이 완전히 소멸되지는 않은 걸 보면 이 기술의 활용 가치가 아직 충분한 것 같다.

1865년

벤젠과 방향족 화합물

마이클 패러데이, 프리드리히 아우구스트 케쿨레(Friedrich August Kekulé, 1829~1896년)**, 캐슬린 론즈데일**(Kathleen Lonsdale, 1903~1971년)

벤젠은 1825년에 영국 화학자 마이클 패러데이에 의해 발견되었다. 분자식 C_6H_6로 표현되는 벤젠은 꽤 오랫동안 그저 그런 평범한 탄화수소(탄소와 수소로만 이루어져 있는 분자)로만 여겨졌었다. 하지만 사실 벤젠의 구조는 매우 특별하다. 이런 탄소와 수소 비가 나오려면 일단 원이어야 하고 탄소와 탄소 이중결합이 몇 개 있어야만 한다는 점에서다. 특이한 점은 또 있다. 디클로로벤젠(벤젠의 수소 두 개가 염소로 치환된 것)은 구조에 따라 총 세 가지로 세분되는데 녹는점이 각각 다르다. 이런 차이는 수소 두 개가 다른 원소로 치환된 모든 벤젠 유도체들에서 공통적으로 관찰된다. 이런 성질 차이는 왜 나는 걸까.

궁금증을 해결하고자 다양한 구조 모델이 제안되었지만, 독일 화학자 프리드리히 아우구스트 케쿨레가 1865년에 내놓은 설명이 가장 그럴 듯했다. 나중에 그가 낮잠을 자다가 떠오른 것이라고 고백했던 이 이론에 따르면, 벤젠은 이중결합과 단일결합이 번갈아가며 나오고 꼭짓점마다 수소가 하나씩 달려 있는 탄소 여섯 개짜리 육각형 구조의 분자이다. 탄소 여섯 개는 모두 성질이 똑같다. 이 벤젠 구조를 기본으로 하면 디클로로벤젠 세 가지의 구조도 쉽게 유추된다. 즉, 두 염소가 바로 이웃해 있는 것, 탄소 하나를 사이에 두고 떨어져 있는 것, 마지막으로 탄소 두 개 간격으로 떨어진 것이다.

그런데 여기서 끝이 아니다. 지금까지의 설명이 모두 사실이라면 인접한 두 치환기 사이의 연결이 이중결합인가 단일결합인가 하는 문제가 남아 있기 때문이다. 하지만 둘 중 어느 하나라고 단언할 만한 증거는 지금까지도 나오지 않고 있다(실제로 1928년에 아일랜드 결정학자 캐슬린 론즈데일이 벤젠 결정의 엑스레이 구조를 분석했을 때도 모든 탄소 간 결합의 길이가 단일결합보다는 짧고 이중결합보다는 길게 똑같다는 결론이 내려졌다). 벤젠의 이중결합은 다른 이중결합보다 반응성이 훨씬 떨어진다. 그래서 벤젠을 특별히 방향족으로 분류한다. 같은 성질을 보이는 분자들은 모두 특유의 냄새가 난다는 데서 붙인 이름이다. 방향족 화합물들은 이중결합이 한 다리씩 건너 나오는 폐쇄고리형 구조를 갖는다는 공통점도 지닌다. 방향족 고리 구조는 단백질부터 플라스틱, 의약품에 이르기까지 각종 주요 화합물들에 특이성을 부여한다.

함께 읽어보기 구조식(1861년), 프리델-크래프츠 반응(1877년), 레페 화학(1928년), 시그마 결합과 파이 결합(1931년), 버치 환원반응(1944년), 그래핀(2004년)

벤젠 구조 발견 100주년을 기념해 발행된 독일 우표. 케쿨레의 가설은 오랜 세월을 거쳐 검증되었다.

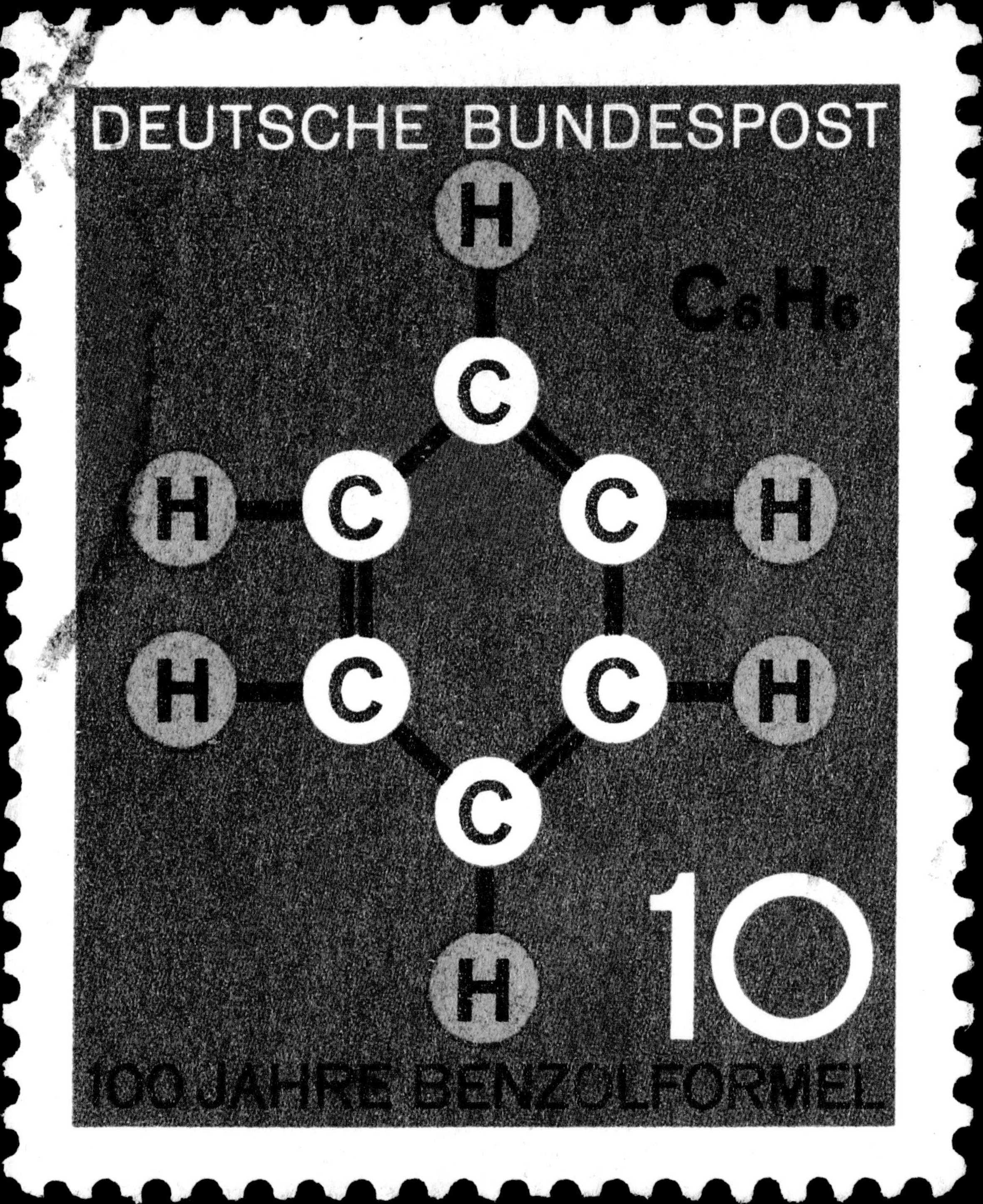

DEUTSCHE BUNDESPOST

C_6H_6

H
C
H C C H
H C C H
C
H

10

100 JAHRE BENZOLFORMEL

1868년

헬륨

루이지 팔미에리(Luigi Palmieri, 1807~1896년), **피에르 쥘 세자르 잔센**(Pierre Jules César Janssen, 1824~1907년), **조지프 노먼 로키어**(Joseph Norman Lockyer, 1836~1920년), **해밀턴 퍼킨스 캐디**(Hamilton Perkins Cady, 1874~1943년), **데이비드 포드 맥팔랜드**(David Ford McFarland, 1878~1955년)

독일 물리학자 구스타프 키르히호프와 독일 화학자 로베르트 분젠이 태양광을 분석한 분광분석 연구는 1868년에 뜻밖의 성과로 이어졌다. 천문학자인 프랑스의 피에르 쥘 세자르 잔센과 영국의 조지프 노먼 로키어가 비슷한 연구를 하다가 태양의 홍염에서 미지의 원소를 발견한 것이다. 두 사람은 각자 태양 표면에서 폭발하듯 분출하는 고온기체 덩어리를 분광분석법으로 관찰했는데 스펙트럼에 정체 모를 노란색 선이 하나 있었다. 로키어는 이 새로운 원소를 태양을 뜻하는 그리스어(헬리오스)를 차용해 헬륨이라 이름 붙였다. 헬륨은 지구에는 흔치 않은 원소였다. 1882년에 이탈리아 운석학자 루이지 팔미에리가 베수비오 화산 용암의 스펙트럼을 분석해 똑같은 노란색을 찾아낼 때까지는 말이다. 그 뒤에도 간간히 희귀한 지하광물에서 헬륨이 발견되었다.

헬륨이 생각보다 흔하다는 사실은 1903년에 미국 캔자스주의 어느 축제 현장에서 있었던 사고를 통해 널리 알려진다. 덱스터시는 대규모 천연가스 매장지가 발견되면서 동네 전체가 번영의 꿈에 부풀었다. 그래서 주민들은 시추공을 덮기 전에 구멍에서 피어오르는 연기에 불을 붙여 행사 분위기를 띄우려고 했다. 그런데 활활 타는 건초더미를 연기에 가져다 대자 불이 꺼져버리는 게 아닌가. 이 기이한 현상에 주목한 지질학자들은 가스 시료를 채집해 대학 연구실로 가져갔다. 그렇게 해서 캔자스 대학교의 화학자 해밀턴 퍼킨스 캐디와 데이비드 포드 맥팔랜드는 기체의 대부분은 질소이고 15퍼센트만 경제적 가치가 있는 메탄이라는 분석 결과를 내놨다. 그런데 시료의 2퍼센트를 예상 밖의 헬륨이 차지하고 있었다. 훗날 다른 천연가스 시료들에도 헬륨이 소량씩 들어 있다는 사실이 속속 밝혀졌으니, 사실은 지구에 적지 않은 양의 헬륨이 존재했던 것이다.

제1차 세계대전이 발발하면서는 폭발 우려 없이 관측기구를 띄울 기체로 헬륨이 새롭게 주목을 받았다. 곧 헬륨에 관한 연구가 활발해졌고 이는 수많은 기초물리학 발견의 기폭제가 되었다. 오늘날은 **크로마토그래피**에서 휘발성 물질을 기저 물질과 섞을 때나 **NMR**에서 거대한 자석을 냉각시켜 초전도 상태로 만들 때 비활성 기체인 헬륨이 애용된다.

함께 읽어보기 불꽃 분광분석(1859년), 기체 크로마토그래피(1952년), NMR(1961년)

1923년 미 해군 전함 셰넌도어 호를 시작으로 미군은 여러 해 동안 헬륨을 채운 비행선 실험을 실시했다. 하지만 악천후 때는 헬륨 비행선을 조종하기가 너무 힘들다는 단점만 명확해졌다.

U.S.NAVY

1869년

주기율표

로타어 마이어(Lothar Meyer, 1830~1895년), **드미트리 이바노비치 멘델레예프**(Dmitri Ivanovich Mendeleev, 1834~1907년), **존 알렉산더 레이나 뉴랜즈**(John Alexander Reina Newlands, 1837~1898년), **안토니우스 판덴브룩**(Antonius van den Broek, 1870~1926년), **헨리 귄 제프리스 모즐리**(Henry Gwyn Jeffreys Moseley, 1887~1915년)

주기율표는 명실상부한 화학의 꽃이다. 화학자들이 피땀으로 얻은 원자 구조, 반응성, 결합 등에 관한 모든 지식이 이 종이 한 장에 집약되어 있다. 세상을 이루는 근본인 원소들과 그런 원소들의 유기적 관계를 주기율표가 고스란히 보여준다고 말해도 좋겠다.

원소들을 원자량에 따라 배열하면 어떤 패턴을 찾을 수 있다고 생각한 최초의 인물은 독일 화학자 로타어 마이어와 영국 화학자 존 알렉산더 레이나 뉴랜즈다. 한편 러시아에서도 마이어와 뉴랜즈가 모르는 사이에 드미트리 이바노비치 멘델레예프가 비슷한 발상으로 연구를 진행하고 있었다. 멘델레예프는 1869년에 자신만의 규칙에 따라 원소의 원자량과 원소가 반응할 때 만드는 결합 개수 순서대로 원자들을 배열했다. 이때 그는 그때까지 알려져 있던 원소들만 나열한 게 아니라 튀는 부분은 과감하게 빈 칸으로 남겨두었다. 그 자리에 들어갈 원소가 아직 발견되지 않았을 뿐 이미 존재한다고 여긴 것이다. 훗날 실제로 그런 원소들이 속속 발견되면서(게다가 원소의 성질도 예측과 일치하면서) 멘델레예프의 논리가 옳았음이 거듭 증명된다.

현대의 주기율표는 원자번호, 즉 핵 안에 들어 있는 양성자의 수 순서에 따른다. 네덜란드 물리학자 안토니우스 판덴브룩과 영국 물리학자 헨리 귄 제프리스 모즐리의 제안에 따른 것이다. 주기율표를 세로 방향으로 보면 한 칸씩 오른쪽으로 갈수록 원자의 최외각 껍질(화학용어로 오비탈이라고 한다)에 있는 전자 수가 하나씩 늘어난다. 그렇게 족(group)을 구분한다. 가장 왼쪽에 있는 1족 원소들은 최외각 오비탈에 전자가 하나만 존재한다. 나트륨을 비롯한 알칼리족 금속들이 여기에 속한다. 또 오른쪽 맨 끝에는 오비탈이 다 채워진 비활성 기체들이 위치한다. 이렇게 한 가로열이 완성되면 새로운 가로열이 시작된다. 이것을 주기(period)라고 한다. 원소의 무게는 같은 족이라도 주기 번호가 높을수록 더 무거워진다. 무게가 무겁다는 것은 최외각 오비탈로 나갈 수 있는 전자의 수가 더 많다는 뜻이다. 따라서 주기율표는 아래로 내려가면서 확장되어 나간다.

함께 읽어보기 4대 원소(기원전 450년경), 네온(1898년), 실리콘(1900년), 테크네튬(1936년), 자연계의 마지막 원소(1939년), 초우라늄 원소(1951년)

현재 통용되는 주기율표. 화학의 모든 것이 여기서 출발한다.

PERIODIC TABLE OF THE ELEMENTS

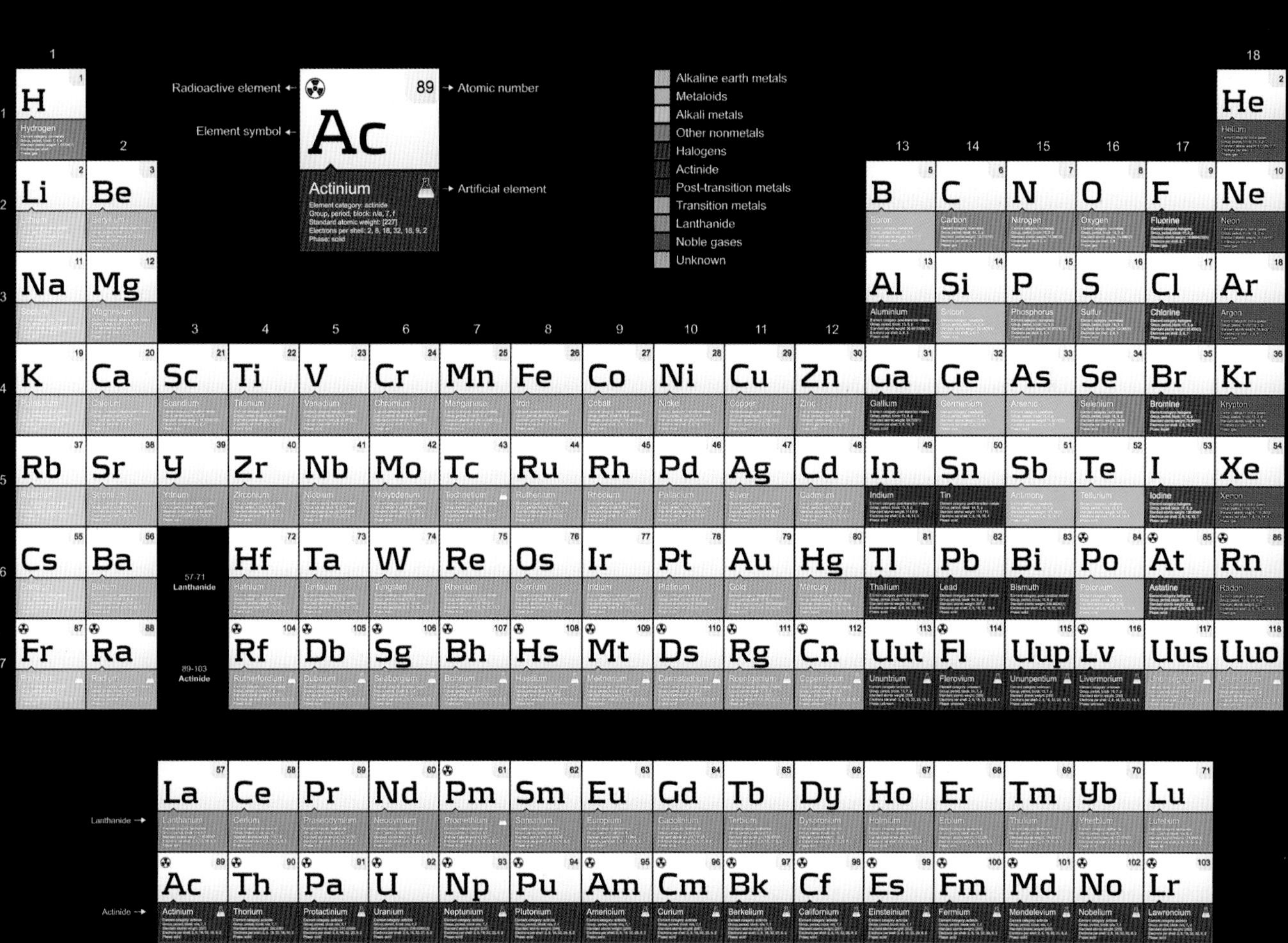

1874년

정사면체 탄소 원자

야코뷔스 헨드리쿠스 반트호프, 조제프-아실 르 벨

화합물이 원자결합의 배치에 따라 일정한 삼차원 구조를 갖는다는 것은 학계에서는 너무나 당연한 상식이다. 하지만 이런 성질을 아무도 모르던 시절도 있었다. 19세기 후반에 화학자들은 어떤 구조적 특징이 분자에 키랄성을 부여하는지 알아내는 데 골몰했다. 문제는 그들이 분자구조를 이차원 시각에서만 바라봤다는 것이었다.

그런 가운데 네덜란드 화학자 야코뷔스 헨드리쿠스 반트호프가 1874년에 탄소 단일결합들이 (피라미드 같은) 사면체라는 입체적 배열을 갖는다는 획기적인 내용의 논문을 발표한다. 마침 프랑스에서도 같은 해에 조제프-아실 르 벨이 똑같은 아이디어를 타당한 해설과 함께 제시했다. 삼차원 구조는 많은 것을 설명할 수 있었다. 우선은 **키랄성**의 근원이 완벽하게 풀이된다. 반트호프는 논문에서 루이 파르퇴르의 발견을 예로 들어 주석산의 구조가 왜 어렷인지를 이 원칙으로 설명하는데 상당한 지면을 할애했다. 그의 설명에 의하면 사면체에서 탄소가 이루는 네 꼭짓점에 서로 다른 종류의 작용기가 결합하기 때문에 서로 거울상인 두 가지 이성질체가 만들어진다고 한다. 이런 삼차원 구조 이론은 분자가 특징적 형태로 존재하며 그로 인해 고유의 물리화학적 성질을 갖게 된다는 논리로 연결될 수 있었다.

반트호프의 이론은 실제 관찰된 현상을 빈틈없이 완벽하게 설명했음에도 적지 않은 비난을 받았다. 그중 일부는 논문에 그림이 너무 많다는 실없는 이유에서였다. 하지만 오히려 반트호프는 나중에 개정 출간한 논문에 오려서 접으면 사면체 모형을 만들 수 있는 부록을 추가한다. 당대에 존경받는 화학자였던 헤르만 콜베(Hermann Kolbe)는 반트호프의 연구를 "가짜 과학자가 쓰레기 더미에서 건진 것처럼 사실적 내용은 하나도 없는 텅 빈 껍데기"라고 묘사했다. 그러나 반트호프는 보란 듯이 최초의 노벨 화학상 수상자라는 영예를 안았다.

함께 읽어보기 키랄성(1848년), 구조식(1861년), 피셔와 당(1884년), 비대칭 유도(1894년), 시그마 결합과 파이 결합(1931년), 화학결합의 성질(1939년), 입체배좌 분석(1950년), 이성질체 분리를 위한 키랄 크로마토그래피(1960년), 효소 입체화학(1975년)

탄소 네 개로 된 기본적인 사면체의 모형. 네 꼭짓점의 공을 각각 다른 색깔로 칠하면 어느 방향으로 돌려도 겹쳐지지 않는 거울상 분자 두 개가 어떻게 생기는지 알 수 있다. 이런 분자의 탄소를 키랄 탄소라고 한다.

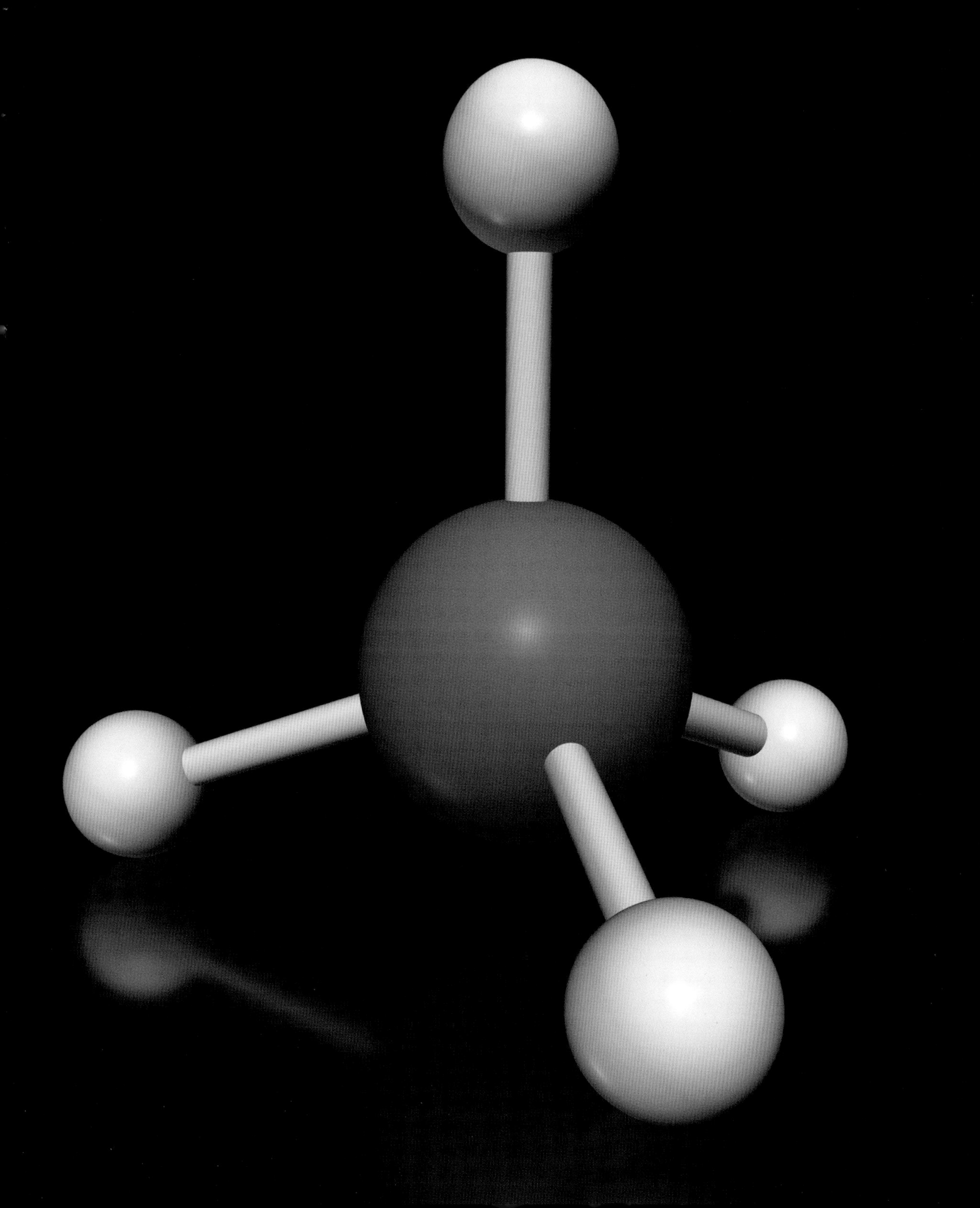

1876년

기브스 자유에너지

조사이어 윌러드 기브스(Josiah Willard Gibbs, 1839~1903년)

화학반응의 원리를 제대로 알려면 열역학을 배워야 한다. 모든 화학반응은 에너지의 변화가 기폭제가 되어 일어나기 때문이다. 그런 의미에서 미국의 과학자 조사이어 윌러드 기브스의 공이 크다. 그는 예리한 과학적 통찰력과 수학적 감각을 발휘해 열역학을 화학뿐만 아니라 물리학, 생물학 등 모든 과학 영역에서 보편적으로 통하는 실용적인 학문 도구로 변모시켰다.

기브스는 1876년에 화학계와 화학반응의 자유에너지에 관한 논문 한 편을 발표했다. 이 에너지는 오늘날 기브스 자유에너지라 불리며 줄여서 기호 G로 표시된다. 한 화학계의 상태가 (반응을 통해 화학적으로 혹은 융해나 기화를 통해 물리적으로) 변하면 G의 변화량(ΔG라 쓰고 델타 G라 읽는다)만큼의 일을 화학계와 주변 환경이 교환한다. 그 과정은 발열과 같은 현상으로 표출된다. 에너지를 스스로 발산하는 화학반응은 음의 ΔG값을 갖는다. 불이 완벽한 예시다. 이때 음의 ΔG값이 클수록 반응이 더 격렬하게 일어난다. **테르밋**이나 **니트로글리세린**이 그래서 위험한 것이다. 반면에 양의 ΔG값을 갖는 물질은 일을 하기 위해 외부에서 에너지를 공급받아야 한다. 식물이 햇빛을 받아 광합성을 하는 것처럼 말이다.

여기서 ΔG는 두 가지 개념으로 더 나뉜다. 바로 엔탈피와 엔트로피다. 엔탈피(약자 H로 표기한다)는 열과 에너지의 순수한 지표이고, 엔트로피(S로 표기한다)는 계의 무질서도 및 반응물의 자유도(즉, 물질이 자유롭게 움직이고 진동하는 정도)와 관련 있다. 이 두 개념을 놓치지 않으면 화학반응을 더 섬세하게 이해할 수 있다.

그런데 어떤 화학반응은 주변의 열을 빼앗지만 화학계의 온도도 낮아지는 방향으로 일어난다. 냉찜질팩처럼 말이다. 이런 반응이 가능한 것은 최종 상태의 엔트로피가 바람직하지 않은 엔탈피 변화를 상쇄할 정도로 처음 상태보다 엄청나게 높아서 (즉, ΔS가 ΔH보다 훨씬 커서) 전체적으로는 ΔG가 괜찮은 음의 값을 갖게 되기 때문이다. 만약 ΔH와 ΔS 모두 음수이면서 값이 크다면 폭발이 일어난다.

함께 읽어보기 니트로글리세린(1847년), 맥스웰-볼츠만 분포(1877년), 테르밋(1893년), 전이상태 이론(1935년), 가장 뜨거운 불꽃(1956년), 벨루소프-자보틴스키 반응(1968년), 컴퓨터 화학(1970년)

좌 1903년의 조사이어 기브스 우 테르밋 폭발은 ΔG값이 음으로 크기 때문에 일어나는 반응이다.

1877년

맥스웰-볼츠만 분포

제임스 클러크 맥스웰(James Clerk Maxwell, 1831~1879년), **루드비히 에두아르트 볼츠만**(Ludwig Eduard Boltzmann, 1844~1906년)

모든 화학 시료는 한마디로 수많은 분자의 모임이라고 정의할 수 있다. 시료 안의 모든 분자는 끊임없이 움직이지만 방향과 속도는 모두 제각각이다. 여기 질소 기체로 가득 채운 상자가 있다고 치자. 어떤 질소 분자들은 활기차게 온 공간을 헤집고 다닐 것이고 또 일부는 느릿느릿 어슬렁대기만 할 것이다. 나머지 분자들의 움직임은 둘 사이의 중간쯤 될 테다. 이렇듯 한 계에서 분자들이 서로 다른 에너지양을 갖는 것을 맥스웰-볼츠만 분포라고 한다.

스코틀랜드의 제임스 클러크 맥스웰과 오스트리아의 루드비히 에두아르트 볼츠만은 각자 1860년과 1868년에 기체 분자를 당구공에 비유해 아주 작은 당구공들이 사방팔방으로 날아다니는 상자 모델을 고안했다. 상자 안, 즉 분자들의 집단 전체의 온도가 높아지면 공들은 더 빨리 날아다니면서 상자벽이나 다른 분자들과 더 세게 충돌한다. 그러면 상자 안의 압력도 높아진다. 이 단순한 묘사에서 우리는 개별 입자의 동태와 입자 무리의 동태가 어떻게 다른지 감 잡을 수 있다. 온도, 압력 등 굵직한 변수들까지 고려해서 말이다. 이 모델은 화학반응 속도를 설명하는 데도 유용하다. 보통은 한 계에서 가장 활동적인 분자부터 반응에 참여하기 때문이다. 화학계의 역학을 이해하고 나아가 물리학과 수학의 미제 수수께끼들까지 해결하기 위해서는 입자들의 집합적 동태부터 이해하는 것이 무엇보다도 필수적이다.

현재 우리는 원자의 존재를 당연시한다. 하지만 원자론이 처음 등장했던 시절에는 원자가 추론을 이어가기에는 유용한 개념이지만 실존하는 것인지에는 의문을 품은 물리학자가 많았다. 그래서 볼츠만은 1877년에 연구를 완성하고서도 이론을 개진하는 데 어려움을 많이 겪었다. 쉽게 의기소침해지는 그의 성격 탓도 있었지만 말이다(실제로 그는 자살로 생을 마감했다). 그래도 오늘날 우리에게 볼츠만과 맥스웰은 (**기브스 자유에너지**를 찾아낸 조사이어 기브스와 더불어) 미립자로 가득한 세상을 수학적으로 접근할 결정적 기반을 닦아 준 영웅이다.

함께 읽어보기 원자론(기원전 400년경), 이상기체 법칙(1834년), 기브스 자유에너지(1876년), 기체 확산(1940년)

맥스웰과 볼츠만은 당구공에 빗대어 기체 분자들의 운동을 설명했다.

1877년

프리델-크래프츠 반응

샤를 프리델(Charles Friedel, 1832~1899년), **제임스 메이슨 크래프츠**(James Mason Crafts, 1839~1917년)

벤젠처럼 방향족 고리를 가진 물질이 관여하는 화학반응은 유기화학의 역사에서 중요한 발전을 종종 불러왔다. 프리델-크래프츠 반응도 그중 하나다. 이 반응은 방향족 화합물의 성질과 같은 유기합성 이론에 깊이를 더한 것은 물론이고 산업 분야에서도 널리 활용되고 있다. 원유 **접촉분해** 공정이 대표적인 예다.

프랑스의 샤를 프리델과 미국의 제임스 메이슨 크래프츠는 유기염소 화합물을 연구하고 있었다. 그러던 중 알루미늄 금속을 첨가하면 반응 양상이 극적으로 변한다는 사실을 발견했다. 처음에는 낌새가 미약하다가 점점 활기를 띠면서 격렬한 반응으로 돌변해 엄청난 양의 열이 발산되고 다양한 반응산물이 만들어진 것이다. 프리델과 크래프츠는 이 현상이 어떤 신물질이 처음에는 아주 천천히 만들어지다가 갈수록 반응이 빨라졌기 때문이라고 생각했다. 두 사람은 이 반응의 산물이 염화알루미늄임을 확인하고 나서 이번에는 처음부터 염화알루미늄을 첨가했다. 그러자 반응이 시작부터 활발하게 일어났다. 그들은 실험 결과를 정리해 1877년에 논문으로 발표했고 곧 이 반응은 프리델-크래프츠 반응이라 불리게 되었다.

한편 후속 연구를 통해 탄소 양이온이 반응 중간에 잠깐 만들어진다는 사실이 새롭게 증명된다. 탄소 양이온을 가장 쉽게 만드는 물질을 사용했을 때 전체적으로도 가장 활발한 반응이 일어났던 것이다. 탄소 양이온은 전자가 많은 쪽 위주로 방향족 고리를 공격해 고리의 원소를 치환시키는 경향이 있다(**벤젠과 방향족 화합물** 참고). 새 작용기가 붙는 위치는 대부분의 경우 예측 가능한데, 전자 밀도가 가장 높은 곳이 가장 유력한 지점이다(양전하는 음전하에 끌리기 마련이다).

이런 탄소 양이온을 만드는 화합물은 매우 많다. 이에 따라 여러 가지 방향족 화합물을 더 효율적으로 합성할 목적으로 다양한 응용 버전의 프리델-크래프츠 반응이 줄줄이 개발되었다. 프리델-크래프츠 반응은 오늘날에도 연구실이며 산업 현장을 막론하고 곳곳에서 널리 사용된다. 여전히 염화알루미늄이 가장 애용되는 재료지만 다른 루이스 산들도 꽤 쓸 만하다(**산과 염기** 참고).

함께 읽어보기 벤젠과 방향족 화합물(1865년), 산과 염기(1923년), 반응 메커니즘(1937년), 비고전적 이온 논쟁(1949년)

좌 **샤를 프리델** 우 **알루미늄이 염산과 반응해 염화알루미늄이 만들어진다.**

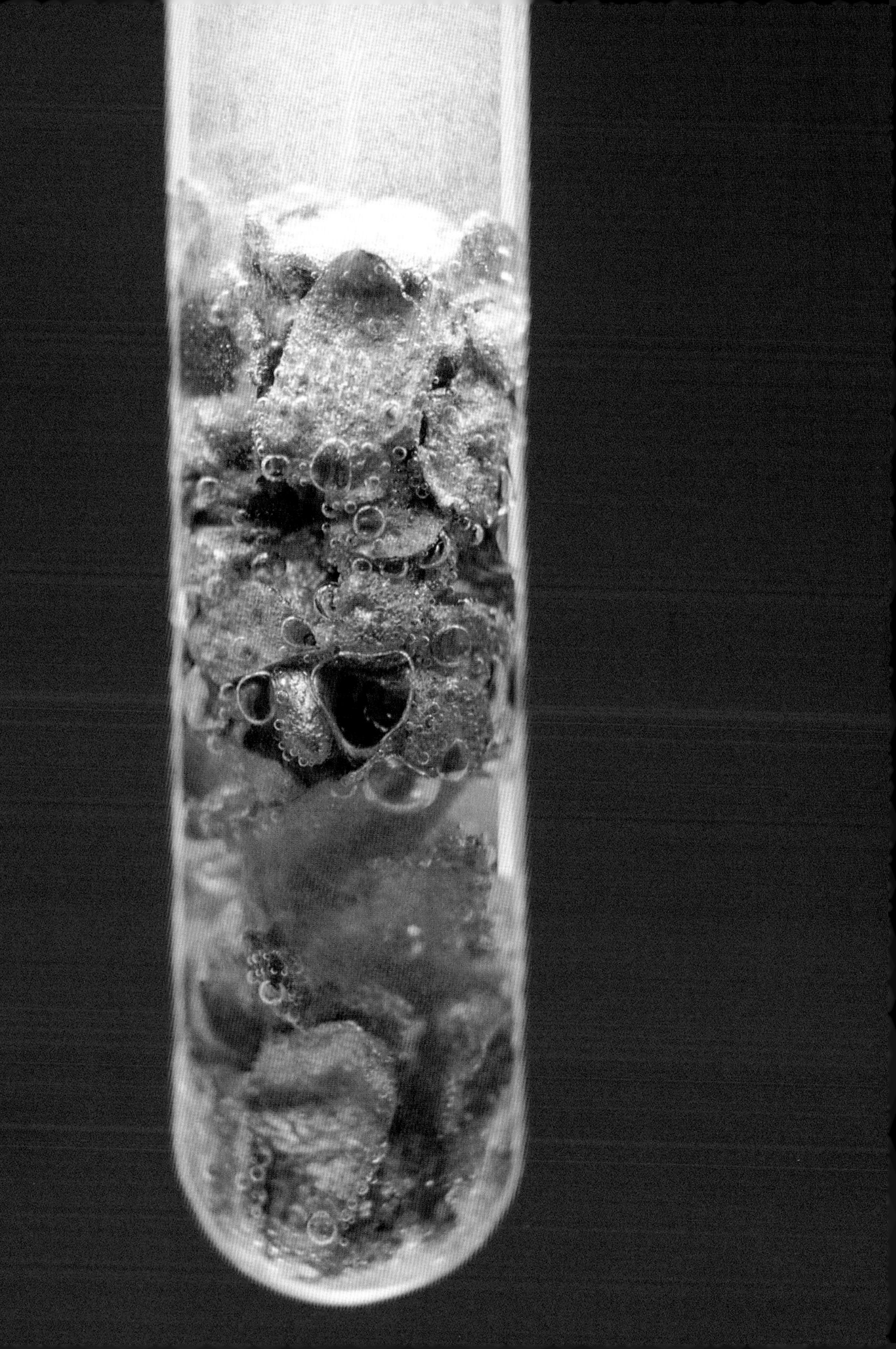

1878년

인디고 블루 합성

요한 프리드리히 빌헬름 아돌프 폰 베이어(Johann Friedrich Wilhelm Adolf von Baeyer, 1835~1917년)

아돌프 폰 베이어는 19세기에 가장 유명했던 유기화학자 중 한 사람이다. 그런 그의 다양한 업적 중에 인디고 블루 합성이 있다. 인디고 블루는 예나 지금이나 섬유산업에서 가치가 높은 염료다. 비교적 두꺼운 면직물의 일종인 데님의 색을 이것으로 내는데, 이 염료가 해마다 얼마나 많이 필요한지 대충 짐작이 갈 것이다. 옛날에는 발명가가 누군지도 모를 정도로 오래된 기술을 이용해 인도를 중심으로 열대식물 잎에서 인디고 블루를 추출했다. 그렇다고 식물이 파란색인 것은 아니다. 이 식물에 들어 있는 전구체 화학물질을 가수분해시켜 당 분자를 떼어내고 공기에 노출해 산화시키면 비로소 쪽빛 염료가 만들어졌다.

그러다 1878년에 폰 베이어가 인디고 블루 합성법을 처음 개발해낸다. 인돌(indole)을 연구하다가 얻은 성과였다. 화학적으로 설명하면 질소가 포함된 오각환인 피롤(pyrrole)이 벤젠에 붙어 있는 분자를 인돌이라고 한다. 이 인돌 핵은 다양한 천연물, 염료, 의약품에 흔하게 들어 있으며 1866년에 폰 베이어가 최초로 합성해냈다. 처음에 그는 인돌 유도체인 이사틴(isatin)을 인디고 합성의 출발물질로 사용했었다. 하지만 이사틴은 너무 비싸서 합성반응을 상업화하기가 어려웠다. 그래서 그는 대안으로 벤젠 유도체로 시작하는 다른 공정을 개발했다. 하지만 시장성이 없기는 마찬가지였다. 그래도 당시 전 세계적으로 공업화학의 선두에 있었던 독일 염료업계는 실현 가능한 기술을 찾기 위해 계속 노력했다. 그리고 마침내 1897년에 훨씬 저렴한 아닐린 기반의 경제적인 공정을 찾아냈다.

그리하여 인디고 나무 농장의 시대가 막을 내렸다. 하지만 그리 섭섭해할 일은 아니었다. 환경이 열악한 농장이 적지 않았고 특히 남북전쟁 전의 미국은 노예들이 노동에 동원되었기 때문이다. 그즈음 고무와 양털 등 각종 천연물 기반 산업이 합성화학의 위세에 억지로 밀려나면서 한동안 같은 패턴이 되풀이되었다.

함께 읽어보기 천연물(서기 60년경), 요크셔 명반(1607년), 패리스 그린(1814년), 퍼킨 연보라색(1856년), 설파닐아마이드(1932년)

청바지를 비롯해 다양한 의류에 색을 들이는 데 엄청난 양의 인디고 블루가 사용된다.

1879년

속슬렛 추출기

프란츠 리터 폰 속슬렛(Franz Ritter von Soxhlet, 1848~1926년)

온갖 불순물이 뒤섞인 고체 덩어리(페퍼민트 잎)에서 용해도가 낮은 물질(페퍼민트 오일)만 뽑아내려면 어떻게 해야 할까? 좀 더 전문적으로 묻자면, 무기염과 부산물이 한 데 섞인 것에서 어떻게 원하는 물질만 추출해낼까? 한 번 씻는 것만으로는 부족할 테고 그렇다고 또 세척을 너무 많이 하면 체력과 용매를 낭비하게 될 것이다. 그런데 만약 용매를 재활용할 수 있다면? 용매가 매번 새것처럼 재투입되고 추출된 물질만 뒤에 남는다면 얼마나 편할까. 그런 발상에서 나온 것이 바로 속슬렛 추출기다.

사실은 우유 저온살균의 최초 제안자이기도 했던 독일의 화학자 프란츠 리터 폰 속슬렛은 안타깝게도 별다른 업적을 남기지 못했다. 속슬렛 추출기를 빼고는 말이다. 속슬렛은 생애 대부분을 농화학에 바쳤다. 그가 추출기를 발명한 것도 실은 우유에서 지방을 추출하기 위해서였다. 그러나 그의 발명품은 활용 범위가 넓어서 각종 화학 실험실에서 유용하게 사용되고 있다. 작동 원리는 이렇다. 추출기 안에 들어 있는 골무처럼 생긴 다공성 압축여과지 위에 고체를 올려놓는다. 그런 다음 추출기를 용매 플라스크 위에 세워 끼운다. 이제 용매를 가열한다. 그러면 용매가 증기가 되어 올라갔다가 응축되면서 고체 시료 위에 내려앉는다(화학자들은 이것을 "역류시킨다"고 표현한다). 그런 식으로 어느 순간 여과지 칸이 용매로 가득 차게 된다. 꼭대기 칸의 돌돌 말려 올라간 유리관이 비로소 제 할 일을 하기 시작하는 것이 이때부터다. 용매가 이 유리관 꼭대기보다 높게 올라가면 환류냉각 효과로 다시 액체로 변해 여과지 칸으로 한 방울씩 똑똑 떨어진다. 증류로 다시 깨끗해진 용매가 저절로 재투입되어 반응이 쉼 없이 이어지는 것이다. 그러는 동안 추출물은 맨 아래 플라스크에 쌓이면서 점점 농축된다. 추출하고자 하는 물질이 보글보글 끓는 용매 안에서도 안정적이라면 며칠 동안 전원을 계속 켜 두고 다른 할 일을 해도 된다.

사실, 화학자들은 속슬렛 추출기를 가만히 구경하는 것을 즐거워한다고 한다. 처음 한 방울이 똑 떨어지기 전에 액체와 기체가 어디로 어떻게 이동할 것인지 상상하면서 말이다. 특히, 크기가 큰 추출기는 시각적 효과가 더 드라마틱하다. 누가 내 일을 대신해 주는 모습을 지켜보는 것처럼 신나는 게 또 어디 있을까.

함께 읽어보기 에를렌마이어 플라스크(1861년), 붕규산 유리(1893년), 딘-스타크 장치(1920년), 배기 후드(1934년), 자기 교반막대(1944년), 글러브 박스(1945년), 회전증발기(1950년)

현대식 속슬렛 추출기. 구경하는 재미가 쏠쏠하다.

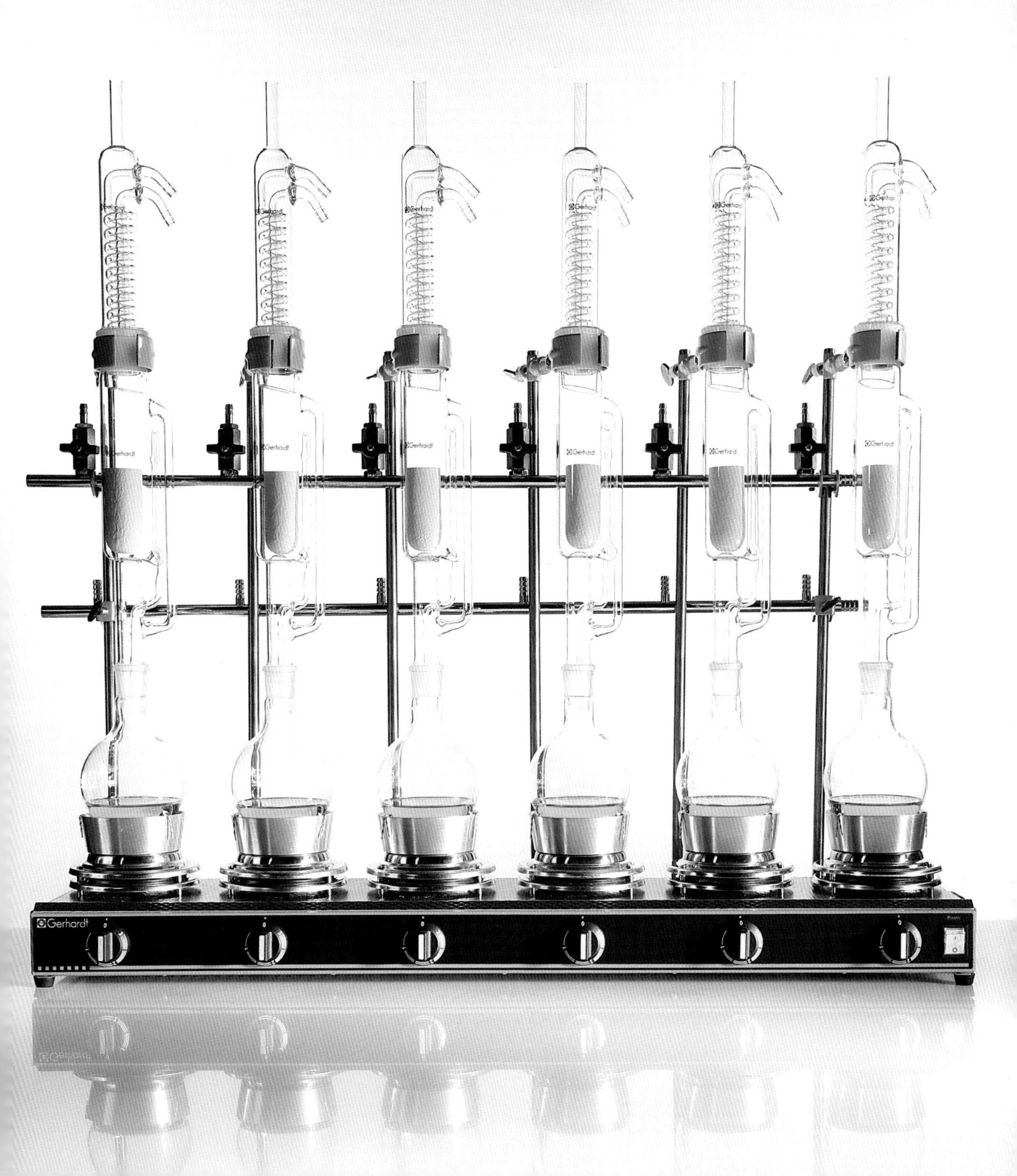
Gerhardt

1881년

푸제르 로얄

윌리엄 헨리 퍼킨

사람의 코는 수백 개의 후각 수용체 덕분에 냄새를 민감하게 감지한다. 따라서 우리는 분자구조가 아주 살짝만 바뀌어도 냄새가 확 달라지는 화학물질을 후각으로 구분할 수 있다. 수천 년 전부터 향수의 화학은 이런 사람의 후각을 자극하고 발달시켜왔다. 하지만 옛날에는 향수 기술이 자연의 향을 고농도로 농축하는 수준에 머물렀다. 당시는(그리고 지금도 어느 정도는) 향수의 원료를 식물에서 추출했다. 꽃이 가장 흔했지만 때때로 향이 있는 씨앗이나 나무껍질, 뿌리도 사용되었다. 사향과 용연향처럼 동물에서 얻는 향료는 특히 고급 원료였고 알코올과 물에 희석해 향수로 썼다. 그런 가운데 진액을 추출하고 보존하는 기술이 꾸준히 발달하면서 향수 장인들은 새로운 조합을 과감하게 시도하기도 했다.

그러던 1881년, 프랑스의 유서 깊은 향수가게 우비강(Houbigant)이 향수 역사의 한 획을 긋는 신제품을 내놓는다. 바로 푸제르 로얄이다(직역하면 '왕실의 고사리'라는 다소 투박한 뜻이다). 푸제르 로얄은 달콤한 향이 나는 합성 화학물질을 주원료로 한 최초의 향수였다. 이 합성원료 쿠마린은 원래 다양한 식물에서 발견되지만, 영국 화학자 윌리엄 헨리 퍼킨(**퍼킨 연보라색** 참고)이 1868년에 최초로 합성에 성공한 이래로 천연추출물보다는 합성한 단일성분을 더 쉽게 구할 수 있었다. 이 향수는 즉시 세간의 화제가 되었고 진품과 모조품 모두 날개 돋친 듯이 팔렸다. 쿠마린 다음으로 향수에 사용된 합성원료는 바닐린이다. 바닐린은 원래 천연 바닐라 추출물의 대용품으로 개발된 물질이다. 이런 식으로 곧 천연재료는 하나도 들어가지 않은 향수가 속속 나오게 되었다. 나아가 향수 디자이너들은 이제 꽃향기를 그대로 흉내 내는 것을 넘어 수많은 원료를 이리저리 조합해 독창적인 향을 신나게 만들어내기 시작했다.

요즘에는 대부분의 향수 제품이 합성성분으로 만들어진다. 몇 가지 합성원료만 있으면 천연향을 거의 똑같이 재현할 수 있고 원가도 훨씬 싸기 때문이다. 물론 조합하기가 몹시 복잡한 향도 있다. 또 어떤 향료는 합성하기가 여전히 어려워 천연 추출물을 그대로 쓴다. 그래서 그런 원료가 들어가는 제품은 가격도 덩달아 오른다.

함께 읽어보기 정제(기원전 1200년경), 천연물(서기 60년경), 퍼킨 연보라색(1856년), 마이야르 반응(1912년), 이소아밀아세테이트와 에스테르(1962년)

좌 **1884년 무렵에 생산된 푸제르 로얄. 합성성분으로 제조된 최초의 향수다** 우 **푸제르 로얄의 개발자 폴 파르케**(Paul Parquet)

1883년

클라우스법

카를 프리드리히 클라우스(Carl Friedrich Claus, 1827~1900년)

지하에서 올라오는 천연가스에는 온갖 물질이 뒤섞여 있다. 그중에서도 가장 큰 골칫거리는 **황화수소**다. 황화수소는 썩은 달걀 냄새가 고약하게 날 뿐만 아니라 유독하기 때문이다. 또한, 각종 황 성분 물질들이 섞여 있다는 점에서 원유에도 같은 문제가 있다. 황 함량이 높은 원유는 흔히 '사워(sour) 가스'라고 부른다. 이런 황 성분 불순물들은 화학공정을 통해 제거한다. 그 과정에서 황화수소가 부산물로 만들어지는데, 이를 제거하는 후속작업이 또 필요하다. 이 공정을 클라우스법이라고 한다. 독일계 영국인 화학자 카를 프리드리히 클라우스는 황화수소 처리 공정을 발명하고 1883년에 특허를 냈다. 처음에는 소다회 공장에서 나오는 폐기물인 황화칼슘에서 황만 분리하려고 개발한 기술이었지만 황이 들어 있는 모든 물질에 적용 가능했다. 그래서 클라우스법은 약간의 개량을 거쳐 1930년대 무렵부터 지금까지도 전 세계에서 널리 사용되고 있다.

이 공정에 더 이상 개선의 여지가 없는 것은 화학반응 단계들이 다 바로바로 연결되어 있기 때문이다. 가장 처음에 황화수소를 가열해 연소시킨다. 이때 이산화황이 만들어지는데, 이산화황은 아직 산화되지 않은 황화수소와 반응해 황 원소와 물이 된다. 효율을 극대화하기 위해 열과 촉매를 투입해 반응을 가속화하면 분리된 황이 뜨거운 기체 형태로 발산된다. 이 고열증기를 응축시켜 순수한 황 액체를 따로 준비한 용기에 모은다. 이때까지도 반응하지 않고 황 액체에 녹아있는 황화수소 기체는 보통 가스제거 처리로 빼낸 뒤에 클라우스 공정에 재투입한다. 황은 식으면 고체로 변하기 때문에, 덩어리가 알아서 쌓이게 놔두어 보관하기도 한다. 그래서 멀리서 보면 밝은 노란색 둔덕처럼 보인다. 그런 까닭에 클라우스 공정으로 정유 작업을 하는 석유 생산지에 이런 둔덕이 많이 있다. 클라우스법으로 생산된 황의 일부는 황산, **고무**, 비료 생산을 비롯해 다양한 화학반응의 원료로 사용된다. 그런데도 그냥 쌓아두고 방치하는 재고가 적지 않다. 세상이 고유황 원유에 계속 의존하는 한 황 장사가 돈벌이가 될 일은 없을 것이다.

함께 읽어보기 황화수소(1700년), 황산(1746년), 고무(1839년), 접촉개질법(1949년)

천연가스에서 추출된 후 어딘가 쓰이기를 기다리고 있는 황 더미

1883년

액체 질소

요한 고틀로브 라이덴프로스트(Johann Gottlob Leidenfrost, 1715~1794년), **지그문트 브루블레프스키**(Zygmunt Wróblewski, 1845~1888년), **카롤 올세프스키**(Karol Olszewski, 1846~1915년)

질소는 지구에서 양이 가장 많은 기체다. 질소가 기체로 존재하는 것은 단지 우리 행성이 비교적 따뜻하기 때문이다. 온도를 영하 196℃까지 낮추면 질소는 투명한 액체가 된다. 질소의 이런 상변화는 물리학자 지그문트 브루블레프스키와 동료 화학자 카롤 올세프스키가 1883년에 폴란드 크라쿠프에서 처음으로 실증해냈다. 하지만 냉각 작업이 쉽지 않고 다시 기체가 되면 순식간에 팽창하는 까닭에 한 번에 만들 수 있는 액체 질소의 양이 매우 적었다.

질소를 액체로 응축시키려면 복잡한 과정을 거쳐야 한다(**액체 공기** 참고). 그래서 1890년대에 들어서야 마침내 액체 질소의 대량생산이 가능해졌다. 흔한 산업원료로 보편화되기까지는 그로부터 수십 년이 더 걸렸고 말이다. 질소는 무독하고 무색무취에 폭발 염려도 없어서 초저온 조건이 필요한 모든 분야에서 사용된다. NMR 기기의 자석을 초천도 상태까지 냉각시키고, 진공펌프를 식히고, 의학연구용 생체조직 검체를 얼리는 것 모두 액체 질소가 하는 일이다. 액체 질소는 다양한 화학반응과 식품포장 분야에서도 없어서는 안 될 요소이며 최근에는 과학과 접목한 분자요리로까지 영역을 넓혔다.

때때로 액체 질소가 무섭게 부글거리기도 하지만 불안해할 필요는 없다. 어느 화학물질이나 온도가 충분히 따뜻해져서 끓기 시작하면 그러니까 말이다. 흔히 뭐든 액체 질소에 넣으면 순식간에 꽝꽝 언다고 기대하는데 이것은 사실이 아니다. 물체 표면에 증기막이 빠르게 형성되어 절연체 역할을 하기 때문이다. 이것을 라이덴프로스트 효과라고 한다. 이 현상을 1756년에 처음 발견한 독일의 의사 요한 고틀로브 라이덴프로스트의 이름을 딴 것이다. 사람들은 집에서 굽는 요리를 할 때 온도를 확인하려고 그릴에 물방울을 떨어뜨려 보곤 한다. 똑같은 원리로, 소량의 액체 질소는 피부에 닿았을 때 그냥 또르르 굴러 내린다. 물론 양이 많다면 통증과 함께 심한 동상을 입을 수 있으니 주의해야 한다. 교실에서 액체 질소는 학생들의 시선을 잡으려고 평범한 물건을 급속 냉동시켜 보이는 쇼에 사용된다. 바스러지는 장미와 바나나 망치가 그렇게 만들어진다.

함께 읽어보기 액체 공기(1895년), 네온(1898년), NMR(1961년)

최근, 액체 질소는 예술 요리를 하는 요리사들과 각 가정의 실험정신 충만한 요리광들의 큰 사랑을 받고 있다. 액체 질소는 어떤 음식이든 얼리는 비범한 능력으로 요리 창작에 기여한다.

1884년

피셔와 당

에밀 헤르만 피셔

생체분자의 대표 삼총사인 단백질, 탄수화물, 지질의 구조와 기능을 이해하는 것은 유기화학과 생화학의 근본이며 앞으로도 그럴 것이다. 그런 맥락에서 독일 화학자 에밀 헤르만 피셔를 짚고 넘어가지 않을 수 없다. 피셔는 단백질과 지질도 연구하긴 했지만 그의 이름은 당 연구와 관련해 더 많이 거론된다. 그는 1884년부터 당 화학에 두각을 드러내기 시작해 1902년에 이 연구로 노벨 화학상을 받았다.

피셔가 연구를 시작했을 때는 가장 단순한 탄수화물의 구조조차도 규명되지 않은 시절이었다. 그런 상황에서 그는 모든 당에 알데히드기가 있고 알데히드가 주변의 히드록실(OH)기와 반응해 상호변환 가능한 여러 가지 원 구조를 만든다는 사실을 증명해냈다. 가령, 포도당은 여러 가지 구조를 띨 수 있고 그에 따라 성질이 조금씩 달라진다. 당연히, 사람들은 이 소식을 접하고 혼란에 빠졌다. 이 다양한 당 종류들 간의 관계를 파악하기 위해서는 먼저 야코뷔스 헨드리쿠스 반트호프와 조제프-아실 르 벨이 10년 전에 제안했던 탄소 원자의 입체화학부터 이해해야 한다. 한 탄소 원자 주변의 삼차원 구조만 차이 나도 당의 종류가 달라지기 때문이다.

피셔는 모든 단순당들의 체계를 섬세하고 명료하게 정립했다. 이를 토대로 그는 한 당을 완전히 다른 당으로 합성하기도 하고 단순한 전구체로부터 복잡한 탄수화물을 화학적으로 조립하기도 했다. 인공감미료부터 DNA의 구조까지 당 화학을 기반으로 하는 어떤 분야든 거슬러 올라가면 반드시 피셔의 이름에 닿게 된다. 그가 이 놀라운 연구를 현대식 분석기기들 없이 해냈다는데 감탄이 나올 뿐이다. 피셔는 자신이 유도한 화학반응의 성패를 확인할 때 색깔과 녹는점 등 눈에 보이는 성질에만 의존해야 했다. 심지어는 직접 맛을 보기도 했다. 지금은 펄쩍 뛸 일이지만 당시에는 화합물을 맛보는 것이 화학자로서 당연한 행동이었다. 이런 관습은 그를 실험의 필수 시약(유독물질인 페닐히드라진)과 자신이 만든 화학물질들에 중독시켜 그의 수명을 단축했다. 현직 화학자라면 누구나 진지하게 새겨들을 일화다.

함께 읽어보기 키랄성(1848년), 정사면체 탄소 원자(1874년), 비대칭 유도(1894년), 마이야르 반응(1912년)

1904년에 찍은 에밀 헤르만 피셔의 사진. 그는 당 화학의 아버지이자 희생자였다.

1885년

르 샤틀리에의 법칙

앙리-루이 르샤틀리에(Henry-Louis Le Châtelier, 1850~1936년)

화학의 눈으로 보면 온 천지에 르 샤틀리에의 법칙이 작용하고 있다. 르 샤틀리에의 법칙이란 어떤 계에 변화가 일어나면 변화를 상쇄시키는 방향으로 평형이 이동하는 것을 말한다. 앙리-루이 르샤틀리에는 이 아이디어를 증명할 소재로 시멘트를 선택했다. 어차피 모든 분야에 적용될 이론이니 마음 가는 대로 재미있는 걸 고르라는 선배 화학자의 조언에 따른 결정이었다. 그렇게 해서 르샤틀리에의 시멘트 연구는 화학평형 법칙으로 이어졌고 1885년에 논문 한 편을 통해 세상에 공개되었다.

딘-스타크 장치는 이 법칙을 쉽게 설명해주는 좋은 예다. 미국 화학자 어니스트 딘(Ernest Dean)과 데이비드 스타크(David Stark)가 1920년에 고안한 이 장치에서는 두 반응물질이 응축되면서 1당량의 물이 만들어진다. 장치를 건드리지 않고 가만히 두면 반응을 통해 생성물질이 약간 만들어지지만 함께 나온 물이 생성물질에 다시 작용해 반응을 거꾸로 되돌린다. 전체적으로 따지면 반응물질도 생성물질도 총량에 변화가 없어지는 것이다. 그런 식으로 결국 생성물질이 만들어지는 속도와 생성물질이 반응물질로 되돌아가는 속도가 같아지면 계가 평형에 도달한다. 이때 딘-스타크 장치에서 반응의 부산물인 물을 샛길로 빼내면 평형상태가 깨져버린다. 그러면 반응물질이 모두 소진될 때까지 반응이 계속 일어난다.

이 성질을 활용하면 반응을 원하는 방향으로 유도할 수 있다. 평형에 이른 계의 한쪽에 출발물질을 더 투입하거나 반대쪽에서 생성물질을 빼내는 것처럼 말이다. 보통은 후자가 많이 사용된다. 원료 낭비를 최소화하기 위해서다. 혹은 휘발성이 더 높은 화학물질을 증류로 분리하거나 적절한 용매로 생성물질을 결정화할 수도 있다. 외력이 반응물질로 하여금 계의 역학에 관여하지 못하게 막고 있는 한은 불균형을 보상하는 쪽으로 평형이 계속 이동하게 된다. 르 샤틀리에의 법칙은 물질뿐만 아니라 온도와 압력 등 어떤 변수에도 통한다.

이런 보편적 이론은 과학계 전반에 널리 퍼져 흡수되기 마련이다. 생화학과 손을 잡은 르 샤틀리에의 법칙은 약물학과 의학으로 이어졌다. 심지어 경제학에서도 이 법칙으로 사회현상을 설명한다. 모든 계는 평형에 도달하려는 경향이 있으며 모든 생명은 수많은 평형 반응이 복잡다단하게 얽힌 거대한 조직이라는 것. 이것이 르 샤틀리에의 법칙이 우리에게 전하는 진짜 메시지가 아닐까.

함께 읽어보기 하버-보슈법(1909년), 딘-스타크 장치(1920년), 벨루소프-자보틴스키 반응(1968년)

온수 비커의 암갈색 이산화질소가 얼음 비커의 연노랑색 사산화이질소로 이동하면서 두 극단적 환경 사이에 평형이 일어난다.

1886년

불소 분리

조제프-루이 게이뤼삭, 앙드레-마리 앙페르(André-Marie Ampère, 1775~1836년), **험프리 데이비, 루이-자크 테나르**(Louis-Jacques Thénard, 1777~1857년), **페르디낭-프레데리크-앙리 무아상**(Ferdinand-Frédéric-Henri Moissan, 1852~1907년)

주기율표의 모든 원소가 각자 성격을 가지고 있다고 상상한다면 불소는 그중에서도 특히 유별난 녀석이다. 알려진 바로 불소는 음전하가 되려는 경향이 가장 강한 원소다. 그런 까닭에 산화제로서 탁월한 역량을 발휘해 전자를 내어주는 모든 물질과 격렬한 반응을 일으킨다. 초창기 화학자들은 불소를 분리하려다 제 몸이 상하고서야 이 성질을 뼈아프게 체득할 수 있었다.

1810년에 프랑스 물리학자 앙드레-마리 앙페르가 불산에 미지의 원소가 들어 있다고 제안하자 영국 화학자 험프리 데이비는 그 원소를 불소라 이름 붙였다. 그때부터 불소를 분리하려는 시도가 여기저기서 시작되었다. 문제는 불소 원소와 불화수소 기체 모두 지독하게 위험한 물질이라는 것이었다. 실제로 데이비는 1812년에 불소 중독으로 폐와 눈이 망가졌다. 하지만 불소는 연구 가치가 높은 원소였기에 데이비 이후로도 여러 과학자가 목숨을 걸면서까지 불소 분리에 뛰어들었다. 그러다 조제프-루이 게이뤼삭과 루이-자크 테나르, 녹스 형제는 불화수소 기체를 마셔 호흡기를 다쳤다. 몇 년 뒤에는 벨기에의 폴랭 루예트(Paulin Louyet)와 프랑스의 제롬 니클(Jerome Nicklés)이 연기 때문에 사망하는 일이 발생했다. 영국의 조지 고어(George Gore) 역시 폭발 사고로 거의 죽을 뻔했다.

그러던 1886년에 프랑스 화학자 페르디낭-프레데리크-앙리 무아상이 실험실을 날리거나 누군가를 죽이지도 않고 불소를 분리하는 데 마침내 성공한다. 그가 사용한 기법은(고어가 시도했던) 전기분해였는데, 백금과 이리듐으로 주조해 화학적으로는 매우 안정적이지만 엄청나게 고가인 플라스크를 (녹스 형제가 고안한) 형석 재질의 마개로 막고 온도를 영하 50℃로 낮춘 상태에서 반응을 일으켰다. 한편 무아상은 불소의 반응성을 알아보는 실험도 진행했다. 그 결과, 예상과 다르지 않게, 대부분의 실험재료가 불에 타거나 바로 폭발해버렸다.

불소의 독특한 성질은 의약품부터 주방용품까지 다양한 분야에서 빛을 발한다. 하지만 솔직히 원소 자체로 불소를 다룰 일은 거의 없다. 불소로 뭔가를 하려면 특별한 장비와 세심한 주의를 요하는 까닭에 진입 장벽이 높은 것이다.

함께 읽어보기 스테인리스강(1912년), 가장 뜨거운 불꽃(1956년), 비활성 기체 화합물(1962년), PET 영상검사(1976년)

무아상이 불소를 분리하는 모습. 폭발이나 불꽃, 무시무시한 부식력을 지닌 증기는 그림 어디에서도 보이지 않는다. 1891년 작품

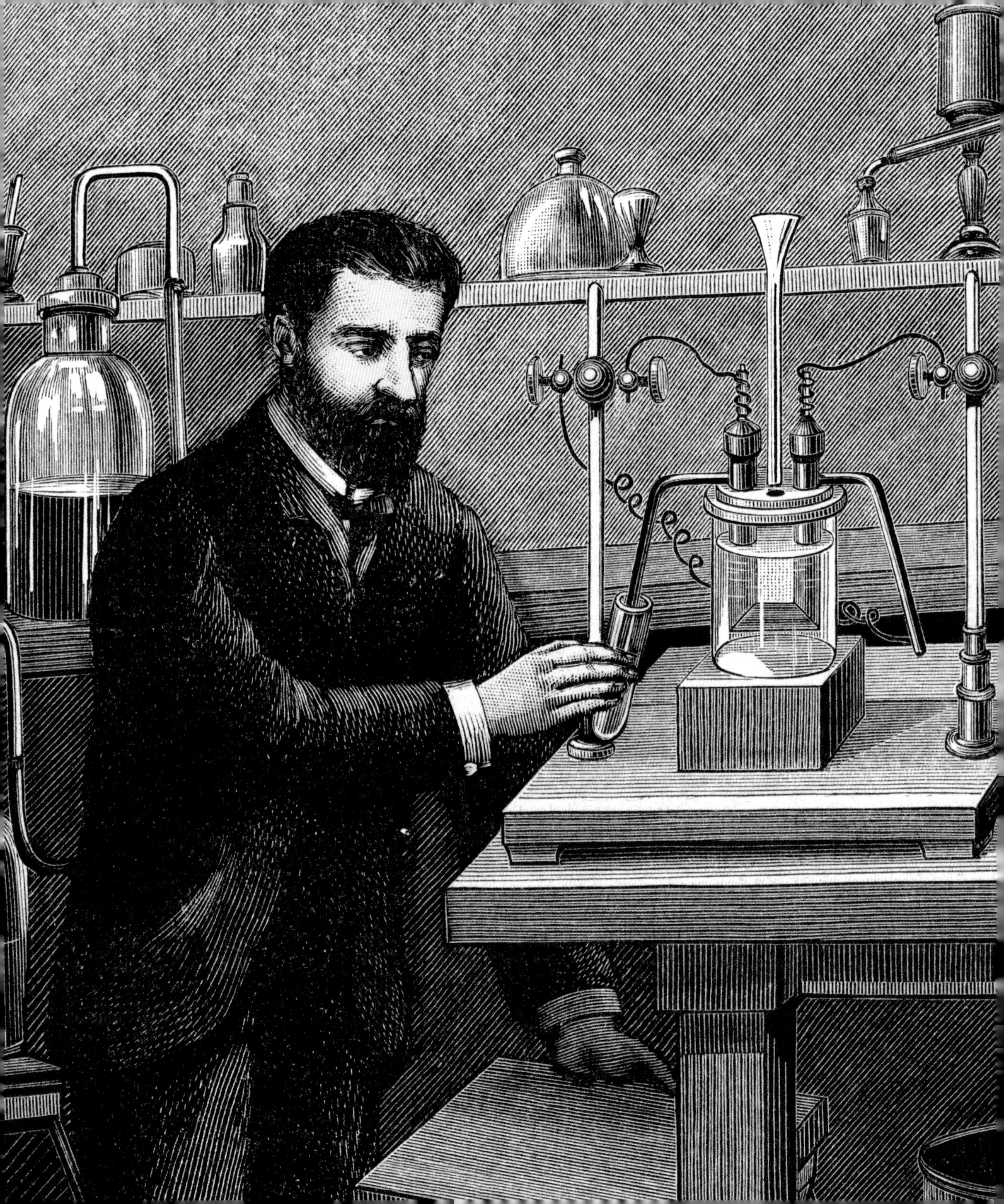

1886년

알루미늄

프랭크 패닝 주잇(Frank Fanning Jewett, 1844~1926년), **찰스 마틴 홀**(Charles Martin Hall, 1863~1914년), **폴-루이-투생 에루**(Paul-Louis-Toussaint Héroult, 1863~1914년)

오늘날 알루미늄은 우리 일상생활 곳곳에 존재한다. 하지만 한때는 알루미늄도 희귀한 금속이었다. 워싱턴 기념탑을 세울 때 갓돌을 특별히 알루미늄으로 만든 것도 그런 이유에서다. 당시에는 알루미늄 정련 공정이 어렵고 비쌌다. 하지만 알루미늄은 가볍고 튼튼한데다 부식에도 강해서 쓸모가 많은 금속이었기에 전 세계의 화학자들과 공학자들이 저렴한 정련 기술을 개발하는 데 매달렸다.

그러다 1886년에 미국 화학자 찰스 마틴 홀이 지도교수 프랭크 패닝 주잇의 도움을 받아 신기술 하나를 개발했다. 마침 같은 해에 프랑스에서도 폴-루이-투생 에루가 사실상 똑같은 아이디어를 들고 나왔다. 화학적으로는 금속을 정련한다는 것은 **산화상태**를 0으로 만든다는 뜻이다. 그리고 산화상태를 변화시키는 방법은 여러 가지가 있을 수 있다. 그중에서 기존의 방법은 (**전해환원**을 통해 저절로 만들어지는) 나트륨이나 칼륨이 결합한 알루미늄염을 이용하는 것이었다. 하지만 대세는 전기화학을 이용해 알루미늄염 혹은 가능하다면 알루미늄이 대부분 산화알루미늄 형태로 존재하는 광석 자체에서 알루미늄을 바로 분리하는 쪽으로 기울고 있었다. 그러나 반응 출발물질로 가장 촉망받던 염화알루미늄은 공기 중의 수분을 쏙쏙 흡수해 반응을 망쳐버렸다. 또, 쓸 만해 보이는 다른 알루미늄 화합물들은 녹는점이 너무 높아서 전기화학 반응에 적합한 액체 상태로 만들려면 엄청난 열을 가해야 했다.

홀과 에루가 개발한 신기술의 핵심은 빙정석이라는 광물(즉, 나트륨과 알루미늄에 불소가 결합한 화합물)에 고열을 가해 산화알루미늄으로 녹여내는 것이다. 이때 특이하게 빙정석의 밀도가 알루미늄보다 낮기 때문에 용융된 금속이 아래로 내려가 바닥에 쌓이게 된다. 그런데 워낙에 반응 온도가 높다보니 주의할 점이 있었다. 점토로 된 도가니가 뜨겁게 달궈지면 규산염이 흘러나오는데 이게 반응에 섞이면 모든 것을 오염시킬 수 있었기 때문이다. 하지만 이 문제가 해결되면서 홀-에루법도 마침내 완성되었다. 이 공정은 오늘날의 알루미늄 제련소에서도 그대로 사용된다. 전기를 엄청나게 잡아먹고 많은 양의 온실가스를 뿜어내긴 하지만 현재로서는 이것이 최선이다.

함께 읽어보기 철 제련(기원전 1300년경), 전기도금(1805년), 전해환원(1807년), 산화상태(1860년), 아세틸렌(1892년), 테르밋(1893년)

제2차 세계대전 때 B-17 폭격기의 알루미늄 골조를 작업자들이 조립하고 있다. 당시에는 이런 비행기 한 대 값이 어마어마하게 비쌌을 것이다.

1887년

시안화물을 이용한 금 추출

칼 빌헬름 셸레, 존 스튜어트 맥아더(John Stewart MacArthur, 1856~1920년)

가장 저렴하고 가장 효율적인 금 정련법은 사실 다량의 유독한 시안화물을 사용한다. 마치 신의 고약한 장난 같지 않은가? 스코틀랜드 화학자 존 스튜어트 맥아더는 1887년에 글래스고에서 저금 광석에서 금만 뽑아내는 새로운 금 정련 기술을 개발했다. 매우 안정적인 금도 시안화물 용액에는 녹는다는 선대 화학자 칼 빌헬름 셸레의 발견을 디딤돌 삼아 이룬 성과였다. 맥아더가 두 명의 동업자 로버트 포레스트(Robert Forrest)와 윌리엄 포레스트(William Forrest)와 함께 개발한 이 혁신적 신기술은 곧 세계 금광업을 점령했고 오늘날까지도 활발히 사용되고 있다.

하지만 이 기법은 매 단계마다 세심한 주의를 요한다. 갓 캐낸 금광석을 시안화물 수용액에 넣어 씻는 것이 가장 처음 하는 일인데, 이 세척액을 염기성 상태로 (즉, 높은 pH로) 유지해주는 것이 매우 중요하다. 안 그러면 유독한 **시안화수소** 기체가 나오기 때문이다. 이 위험은 용액에 기포를 공급해 **산소**가 늘 존재하는 조건을 조성하는 방법으로 통제한다. 그러면 여기서 금과 시안화물이 결합한 복합체가 만들어진다. 이제 이것을 활성탄에 흡착시켜 꺼낸 뒤에 최종적으로 금만 회수하면 된다.

그러나 아무리 모든 위험요소를 단단히 통제했더라도 마지막에 시안화물이 그득한 엄청난 양의 폐수가 반드시 남게 된다. 그대로 방류하면 지나가는 길목의 모든 동식물을 죽일 정도로 유독한 물질이다. 그래서 이 폐수를 여러 단계에 걸쳐 산화시켜 시안화물을 독성이 약한 시안산염으로 바꾼다. 이때 나오는 물은 남은 오염성분 제거를 위해 수조에 보관한다. 이런 다단계 처리에도 정화조에서 누수가 발생하면 대형 사고로 직결될 수 있고 실제로도 그런 선례가 있었다. 다행히 시안화물은 현장에서 신속하게 제거할 수 있다. 특히 농도가 그리 높지 않은 식품가공 과정에서는 미생물의 도움만 받아도 충분하다. 하지만 그렇지 않을 경우는 완전히 소멸될 때까지 현장에 상당한 상흔을 남긴다.

이런 문제들 때문에 시안화물을 이용한 금 정련 자체를 금지한 곳도 있다. 그러나 금 수요는 줄어들 기세를 보이지 않고 있어서 보석, 현물 자산으로서의 금괴, 전자부품 등 전 세계에서 소비되는 금의 대부분이 여전히 이 경로로 조달된다.

함께 읽어보기 금 정련(기원전 550년경), 시안화수소(1752년), 전기도금(1805년)

금 광산의 야경. 인간에게 금은 포기하기엔 너무 아까운 귀금속인 까닭에 온갖 종류의 유해한 화학반응을 다 동원해서라도 금 생산을 멈추지 않는다.

1888년

액정

오토 레만(Otto Lehmann, 1855~1922년), **프리드리히 라이니처**(Friedrich Reinitzer, 1857~1927년), **조르주 프리델**(Georges Friedel, 1865~1933년), **다니엘 포어랜더**(Daniel Vorländer, 1867~1941년), **조지 윌리엄 그레이**(George William Gray, 1926~2013년)

현대의 전광판은 모두 액정 기술을 기반으로 한다. 액정이 처음 세상에 등장한 것은 무려 1888년의 일이다. 당시 오스트리아 화학자 프리드리히 라이니처와 독일 물리학자 오토 레만은 서신과 시료를 주고받으면서 콜레스테롤 유도체 하나를 함께 연구하고 있었다. 이 물질은 참 요상했다. 녹는점이 두 곳이었기 때문이다. 고체를 가열하면 일단 뿌연 액체가 되었다가 온도를 더 높이면 다시 평범한 투명한 액체로 변했다. 이 모든 상 변화는 가역적이었고 중간 단계는 고체의 성질과 액체의 성질 모두를 가지고 있었다.

이것은 세계 최초로 발견된 '질서를 지키는 액체'였다. 분자의 모양 때문에 물질이 고체상에 이르지 않아도 분자들이 다닥다닥 뭉쳐 있을 수 있는 것이다. 프랑스 광물학자 조르주 프리델은 1922년에 이런 액정을 분자 배열구조에 따라 분류하는 체계를 만들었다. 오늘날에도 통용되는 이 규칙에 따르면 평평한 분자들이 종잇단처럼 차곡차곡 쌓여 있는 것을 스멕틱(smectic) 액정이라 하고, 긴 분자 가닥들이 말린 스파게티 면처럼 뒤얽혀있는 것을 네마틱(nematic) 액정이라 한다. 일찍이 독일 화학자 다니엘 포어랜더가 현재 알려져 있는 액정 유형의 대부분을 합성해내긴 했지만 한동안은 적절한 쓰임새를 찾지 못했다. 그러다 1962년에 미국 화학자 리처드 윌리엄스(Richard Williams)가 전기장에서 네마틱 액정이 꼬였다가 풀렸다가 하게 만드는 기술을 개발해냈다. 이런 분자는 지나가는 편광을 회전시키므로 전압을 변화시키면 빛의 양도 조절할 수 있었다. 액정 화면에 검은색 숫자나 글자가 순식간에 나타났다가 사라지는 게 이런 원리로 가능한 것이다.

스코틀랜드 화학자 조지 윌리엄 그레이가 1973년에 실온에서 작동하는 액정 혼합물을 발견했고 그 덕분에 액정 화면이 달린 전자계산기와 비싸지 않은 전자시계가 널리 보급되기 시작했다. 지금 이 순간에도 액정 디스플레이(LCD, liquid crystal display) 기술은 쉬지 않고 발전하고 있다. 처음에는 기이하게만 보였던 뿌연 액체가 이제는 어디서나 흔히 보이는 모든 평면 스크린 안에 존재하는 것이다.

함께 읽어보기 콜레스테롤(1815년), 키랄성(1848년), 계면화학(1917년), 케블라(1964년)

좌 1907년의 오토 레만 우 편광현상을 나타내는 액정필름. 각 구획마다 다른 분자의 방향이 빛의 회전에 영향을 주어 색깔과 검은 줄무늬를 변화시킨다.

1891년

열분해

블라디미르 슈코프(Vladimir Shukhov, 1853~1939년), **윌리엄 메리엄 버튼**(William Merriam Burton, 1865~1954년)

땅속에서 갓 퍼 올린 석유는 더럽다. 거무죽죽한 게 끈적끈적하고 퀴퀴한 냄새가 진동한다. 화학적으로도 석유는 너무 잡다한 물질이다. 각종 탄소화합물이 섞여 있어서 그대로는 딱히 쓸 데가 없는 것이다. 그래서 화학반응을 통해 석유에 들어 있는 덩치만 큰 탄화수소를 더 유용한 작은 분자들로 분해한다. 탄화수소 분해는 매우 중요한 공정이기 때문에 100년 넘게 연구되어 왔다.

이 분야의 주목할 만한 최초의 도약은 러시아 발명가 블라디미르 슈코프가 일궈냈다. 주 전공 분야는 공학과 건축이었지만 석유화학에도 일가견이 있었던 슈코프는 열분해 기술을 개발하고 1891년에 국내 특허를 출원한다. 핵심은 가압 상태에서 석유를 370℃까지 가열해 탄소와 탄소 사이의 결합을 끊었다가 다시 붙이는 것이었다. 이 반응은 **프리라디칼**을 통해 일어난다. 프리라디칼은 가혹 조건에서 탄소와 탄소의 결합이 끊어지면 나오는데, 다양한 결합의 길이와 생성된 라디칼들의 안정성을 미리 알면 일렬로 이어지거나 가지처럼 뻗어나가는 탄화수소가 각각 얼마나 만들어질 것인지를 대강이라도 예측할 수 있다.

휘발성이 큰 물질은 열분해 과정에서 증기로 분리되어 나온다. 지금은 덜하지만 한때는 이 성분 대부분이 가솔린 생산에 투입되었다. 또, 반응 조건을 잘 조절하면 가솔린과 연료유가 원하는 비율로 나오게 할 수 있다. 원유를 계속 투입해 반응이 끊이지 않게 함으로써 공정 효율을 더 높이는 것도 이론적으로는 가능하다. 그러나 현실에서는 반응 과정에서 고분자량 타르 찌꺼기가 생성되어 설비 곳곳에 엉겨 붙어버린다. 이 현상은 현재 화학업종 전반의 뿌리 깊은 고민거리다. 특히 고온에서 여러 가지 성분이 섞인 결과물이 만들어지는 반응일수록 문제가 더 심각하다.

미국에서는 윌리엄 메리엄 버튼이 1913년에 열분해의 특허를 따냈다. 많은 경쟁자들이 슈코프의 연구를 들먹이며 이 특허 승인을 취소시키려고 노력했지만 버튼의 기술은 지금까지도 상업적으로 성공한 최초의 공정으로 인정되고 있다. 그 뒤에도 수율을 높이고자 더 고온에서 가동 가능한 응용 버전이 여럿 나왔다. 하지만 열분해 자체의 한계가 있었기에 결국은 나중에 발명된 **접촉분해**에 밀려나게 되었다.

함께 읽어보기 분별증류(1280년경), 프리라디칼(1900년), 피셔-트로프슈법(1925년), 접촉분해(1938년), 접촉개질법(1949년), 관류 화학(2006년)

석유탐사 열풍은 정유업의 발전을 불러왔다. 자연히 에너지 집약적 열분해 공장들이 곳곳에 들어서게 되었다. 1901년, 미국 텍사스주의 한 유정에서 구정물 같은 원유가 솟구치고 있고 주변에서 사람들이 그 모습을 구경하고 있다.

1892년

클로르-알칼리법

카를 켈너(Karl Kellner, 1851~1905년), **해밀턴 영 캐스트너**(Hamilton Young Castner, 1858~1899년)

벨기에의 화학자 에르네스트 솔베이가 1864년에 르블랑법을 신기술로 갈아치웠을 때 판세가 변한 것은 탄산나트륨 시장만이 아니었다. 원래 염산 수요의 대부분을 르블랑법의 부산물로 나오는 물량으로 충당했었기 때문이다. 그리고 염소를 얻기 위해서는 염산이 꼭 필요했다. 염산과 염소 모두 금속 가공, 표백 등 여기저기에 쓸모가 많았다. 그렇게 염산 공급이 달리는 위기를 맞는 듯했지만 곧 전기화학이 구원투수로 등장했다. 오스트리아 화학자 카를 켈너와 미국 화학자 해밀턴 캐스트너가 1892년에 상용화 가능한 클로르-알칼리법을 (각자) 개발하고 특허를 낸 것이다.

클로르-알칼리법에서는 고농도 염수를 전기분해한다. 그러면 한 전극에서는 **수소**와 수산화나트륨(알칼리)이 만들어지고 반대쪽 전극에서는 염소 기체(클로르)가 발생한다. 두 전극 사이는 투과성 막이 가로막고 있는데, 염수 쪽에 있던 나트륨 이온이 막을 통과해 이동하면서 반대편 용매가 점차 수산화나트륨 용액으로 변한다. 이 반응의 결과물들은 모두 제지업, 섬유업, 정밀화학 등의 산업 분야에서 활용된다. 하지만 염소는 보통 수요가 많지 않아서 공장주들로 하여금 용처를 찾느라 고민에 빠지게 한다. 그래서 흔히 염소 기체를 다시 수소 기체와 반응시켜 염화수소 기체를 만든 뒤에 (두 기체는 매우 잘 반응한다) 물에 녹여 순도 높은 염산 농축액을 제조한다. 그렇게 남아도는 염소를 처리하는 것뿐만 아니라 솔베이법이 채우지 못했던 염산 수요를 메우는 일석이조의 효과를 거둘 수 있었다.

한편 클로르-알칼리법은 혼합 방식이나 반응 온도에 변화를 주는 식으로 용도에 맞는 응용이 가능하다. 필요한 대로 표백제인 차아염소산나트륨 용액이나 산화제인 염소산나트륨을 만들 수 있는 것이다. 염소산나트륨으로는 다시 종이를 만들 때 쓰이는 강력한 표백제 이산화염소를 제조한다. 그런데 전통적인 클로르-알칼리법에서는 액체수은 막을 입힌 전극을 사용한다. 자연히 유독한 수은 폐기물이 나올 수밖에 없다. 그렇다고 홀-에루법처럼 독성을 낮추려고 투과성 막을 쓰면 이번에는 전기를 너무 많이 잡아먹는다. 하지만 반응 효율이 너무 좋아 이것을 대체할 방법은 더 이상 나오지 않고 있다.

함께 읽어보기 수소(1766년), 전기도금(1805년), 전해환원(1807년), 산화상태(1860년), 솔베이법(1864년), 화학전(1915년), 인공 광합성(2030년)

클로르-알칼리법으로 대량생산된 염소 성분 산화제는 제지업에서 종이를 표백시킬 때 사용한다.

1892년

아세틸렌

프리드리히 뵐러, 제임스 터너 모어헤드(James Turner Morehead, 1840~1908년), **프랜시스 프레스턴 베너블**(Francis Preston Venable, 1856~1934년), **토머스 레오폴드 윌슨**(Thomas Leopold Willson, 1860~1915년)

저렴한 알루미늄 정제법을 개발하는 경쟁에서 우승을 차지한 것은 바로 1886년에 완성된 홀-에루법이다. 하지만 홀-에루법에 밀린 다른 기술들도 나름대로 성공했다고 볼 수 있다. 연구 과정에서 다른 여러 발견을 이끌며 전체적으로 실험기술을 진일보시켰기 때문이다. 캐나다 출신 발명가 토머스 레오폴드 윌슨의 경우도 그런 사례 중 하나다. 미국 노스캐롤라이나에 살고 있던 그는 자신이 특허권을 가지고 있던 광석 제련용 전호(電弧, 아크 방전)를 알루미늄에 적용해보고 싶었다. 그래서 그는 지역에서 섬유사업을 하는 제임스 터너 모어헤드의 후원으로 수력발전소를 세우고 자신의 전호를 이용해 산화알루미늄을 환원시키는 실험을 시작했다.

그는 가까스로 성공하긴 했다. 하지만 반응 효율이 형편없이 낮았다. 그래서 윌슨은 반응성이 더 큰 재료인 칼슘을 투입해보기로 했다. 그렇게 그는 1892년에 산화칼슘 (즉, 석회) 환원반응의 결과로 진회색 덩어리를 얻었고 최종 확인을 위해 이것을 물에 넣어봤다. 계획대로라면 칼슘 금속이 **수소** 기체를 만들면서 물이 부글부글 요동쳐야 했다. 그리고 실제로도 기체가 나오긴 했다. 그런데 이 기체는 불을 붙이면 검댕이 묻어났다. 수소 기체는 불에 타면 물 증기밖에 나오지 않기 때문에 검댕이 생길 수 없었다. 즉, 이 기체에는 탄소가 들어 있다는 소리였다. 이에 윌슨은 원인을 밝히고자 노스캐롤라이나 대학교에서 연구 중이던 화학자 프랜시스 프레스턴 베너블을 끌어들였다.

베너블은 지금 일어난 반응이 독일 화학자 프리드리히 뵐러가 1862년에 발견했던 그것임을 알아냈다. 윌슨이 만든 덩어리는 탄화칼슘, 즉 칼슘에 아세틸렌이 결합한 염이었고 그을음을 남긴 기체는 아세틸렌이었던 것이다. 아세틸렌은 당시 매우 희귀한 화합물이었다. 윌슨과 모어헤드는 그로부터 몇 개월에 걸쳐 이 전호로는 돈이 될 만한 알루미늄을 만들지 못한다는 사실을 거듭 확인하고 아세틸렌 사업으로 선회하기로 결정했다. 아세틸렌 불꽃은 유독 밝고 뜨거워서 휴대용 랜턴과 같은 전기산업에 경쟁력이 있을 뿐만 아니라 금속을 용접하고 절단할 때도 유용했다. 아세틸렌이 활약할 분야는 그 밖에도 무궁무진했다(**레페 화학** 참고). 나중에 모어헤드는 훗날 대기업으로 성장한 한 미국 화학회사에 특허를 팔았고 윌슨은 세계 최고의 갑부가 되어 고국으로 금의환향했다.

함께 읽어보기 수소(1766년), 알루미늄(1886년), 레페 화학(1928년), 가장 뜨거운 불꽃(1956년), 단일분자의 이미지(2013년)

1943년에 미국 인디애나주에 있는 튜블라 제강(Tubular Steel)의 제철소에서 용접공이 용접 기술을 시연해 보이고 있다. 아세틸렌은 업계 전반에서 없어서는 안 될 용접가스로 빠르게 자리 잡았다.

1893년

테르밋

한스 골드슈미트(Hans Goldschmidt, 1861~1923년)

홀-에루법과 **스테인리스강** 이야기에서도 언급했지만 알루미늄은 참 특이한 금속이다. 열역학적으로 알루미늄은 산화물 상태일 때 더 안정적이다. 이것은 산화철 (즉, 녹슨 철)과 알루미늄 원소가 섞여 있을 때의 에너지 상태가 철 원소와 산화알루미늄이 섞여 있을 때보다 훨씬 높다는 뜻이다. 따라서 알루미늄 원소와 산화철의 반응을 유도하기만 하면 거기서 엄청난 양의 열에너지를 뽑아낼 수 있다.

테르밋이 바로 그런 물질이다. 테르밋의 조성은 산화철 가루와 알루미늄 가루 딱 두 가지로 단출하다. 하지만 처음에 불씨 역할을 하는 에너지를 바깥에서 투입하지 않으면 반응은 시작되지 않는다. 보통은 뜨겁게 달군 마그네슘 금속을 불씨로 이용하지만 사실은 온도가 2,200℃보다 높기만 하다면 뭐라도 상관없다. 테르밋 반응은 격렬하고 무시무시하다. 일단 반응이 시작되면 원료가 완전히 소진되기 전엔 그 무엇도 막지 못한다. 알루미늄은 녹는점이 660℃로 상대적으로 낮아서 액체 알루미늄이 고체 산화철에 흡수되면서 반응을 신속하게 일으킨다. 하지만 끓는점은 반응성이 큰 금속치고 높은 편이라 쉽사리 증발해 날아가지는 않는다. 테르밋이 발산하는 엄청난 열은 계의 온도를 2,500℃ 이상으로 높여 쇳덩이를 하얀 액체로 녹여버린다. 이때 더 가벼운 산화알루미늄이 액체의 최상층에 뜨게 된다. 철이 아닌 구리나 마그네슘, 크롬과 같은 다른 금속으로도 테르밋 반응을 유도할 수 있다. 알루미늄 원소는 산화알루미늄으로 변하면서 그런 반응들을 모두 감당할 수 있을 정도로 큰 에너지를 방출하기 때문이다.

테르밋 반응은 독일 화학자 한스 골드슈미트가 1893년에 새로운 금속 정련 기술을 연구하던 중 발견했다. 비경제적이고 너무 과격하긴 하지만 막강한 열원이라는 점에서 테르밋은 대체 불가능한 효용 가치를 지닌다. 가령, 철로에 테르밋 가루를 뿌리고 불만 붙이면 알아서 산소와 반응해 철이 녹으므로 용접이나 절단 작업이 훨씬 수월하다. 말하자면 테르밋은 점화만 하면 되는 초소형 인스턴트 용광로인 셈이다.

함께 읽어보기 산소(1774년), 기브스 자유에너지(1876년), 알루미늄(1886년), 스테인리스강(1912년), 가장 뜨거운 불꽃(1956년)

테르밋을 사용해 철로를 용접하는 모습

1893년

붕규산 유리

프리드리히 오토 쇼트(Friedrich Otto Schott, 1851~1935년)

유리의 구성성분에서 가장 큰 비중을 차지하는 것은 이산화규소다. 하지만 어떤 첨가제가 들어가는지에 따라 유리의 종류를 세분할 수 있다. 가장 흔한 유리는 칼슘과 나트륨의 염이 혼합된 소다석회 유형이다(창문 유리와 병 유리의 조성이 아주 살짝 다르긴 하다). 이런 금속염이 첨가물로 들어가면 유리가 더 잘 녹아 가공하기가 쉬워진다. 그러면서도 완성된 유리는 단단하고 무색을 띤다. 그러나 단점도 있다. 그중 가장 큰 문제는 온도 변화에 약하다는 것이다. 그래서 급속도로 가열하거나 냉각시키기를 반복하면 얼마 못 가 소다석회 유리에 균열이 가는 것을 볼 수 있다.

이것은 과학 도구로서 치명적인 약점이다. 그 밖의 모든 면에서는 유리가 보관 용기로도, 반응 용기로도 안성맞춤인데 말이다. 게다가 불산이나 강염기성 수산화물 용액 같은 물질은 유리를 분해한다. 설사 유리 용기 안에서 몇 년이고 안정한 물질이라도 유리가 너무 뜨거워지거나 너무 차가워지면 갑자기 산산조각날 수 있으므로 실험실에 두는 내내 불안하다.

그런데 붕규산 유리는 다르다. 이산화규소에 산화붕소를 더해 만든 것이 붕규산 유리인데, 이 유리를 1893년에 최초로 제작해 판매한 사람은 독일의 프리드리히 오토 쇼트다. 쇼트의 신상품은 빠르게 입소문을 탔고 곧 전 세계에서 주문이 쏟아졌다. 붕규산 유리는 훨씬 튼튼하고 화학적으로 안정하며 극고온과 극저온에도 끄떡하지 않는다. 자연히 오븐, 식기세척기, 전자레인지에 넣어야 하는 식기들은 물론이고 각종 실험실 물품들도 죄다 이 유리로 세대교체되었다. 그래서 오늘날에는 붕규산 유리 재질이 아닌 에를렌마이어 플라스크나 둥근바닥 플라스크를 본 사람이 거의 없을 것이다.

사실, 연화시켜 조작하기는 붕규산이 소다석회보다 어렵다. 하지만 결과물의 품질이 뛰어나니 잠깐의 고생쯤은 충분히 감당할 만하다. 붕규산 유리는 극심한 온도 충격에도 아랑곳하지 않으며 잘 깨지지 않아서 안심하고 실험에 전념할 수 있게 해준다. 유일한 문제는 화학자들이 실험실용 유리 제품들에만 익숙해서 주방에서 다른 유리식기들을 막 다루다 사고를 친다는 것이다.

함께 읽어보기 에를렌마이어 플라스크(1861년), 분별 깔때기(1854년), 솔베이법(1864년), 속슬렛 추출기(1879년), 딘-스타크 장치(1920년), 배기 후드(1934년), 자기 교반막대(1944년), 글러브 박스(1945년), 회전증발기(1950년)

유리로 된 실험기구들은 대부분 붕규산 화합물로 만든다. 널뛰는 온도 변화를 거뜬히 견딜 수 있어야 하기 때문이다.

TC
200 мл
100

1893년

배위화합물

알프레트 베르너(Alfred Werner, 1866~1919년), **빅터 L. 킹**(Victor L. King, 1886~1958년)

프러시안 블루의 분자구조를 밝히기가 그렇게 힘들었던 데는 다 이유가 있다. 금속의 화학에는 뭔가 다른 점이 있기 때문이었다. 금속은 금속 원자와 리간드(ligand)라는 다른 분자들이 서로를 팽팽하게 당기는 복잡한 분자, 즉 착화합물을 형성한다. 리간드는 금속원소의 종류에 따라 한 번에 두 개, 네 개, 여섯 개, 혹은 여덟 개까지도 설명하기 어려운 패턴으로 결합한다. 스위스 화학자 알프레트 베르너는 많은 이가 간절히 기다리던 배위결합에 관한 그의 이론을 1893년에 처음 공개했다. 그의 설명에 의하면, 금속은 산화상태에 따라 리간드를 끌어들여 빈 공간에 특정한 자세로 위치시킨다. 리간드가 될 수 있는 분자는 암모니아와 기타 아민들, 시안화물, 염소, 질산염 등이다. 이런 리간드는 정방형으로 배열하기도 하고 밑면이 맞닿은 피라미드 두 개가 되기도 하며 금속을 가운데 놓고 빙 둘러 육면체를 형성하기도 한다. 리간드 배위결합은 구조식이 똑같은 금속 화합물이 색깔, 용해도, 반응성 등의 면에서 서로 다른 성질을 보이는 이유를 명쾌하게 설명한다. 리간드의 배열이 성격 차이를 만드는 것이다. 이런 화합물에서는 금속을 루이스산(Lewis acid), 각 리간드를 루이스염기(Lewis base)라고 부른다. 여기에는 각 리간드마다 금속과 배위결합해 하나의 전자쌍을 이룬다는 뜻이 숨어 있다. 배위화학은 금속의 본질이라 광물부터 약물 분자(**시스플라틴** 참고)에 이르기까지 거의 모든 금속 화합물이 이 성질을 나타낸다.

이런 입체 배열은 몇몇 금속 화합물에 키랄성을 부여한다. 한 분자의 우향 구조와 좌향 구조가 배위결합 때문에 나올 수도 있다는 뜻이다. 베르너 연구팀이 10년 넘는 세월을 이 문제에 매달린 결과, 1907년에 그의 제자 빅터 L. 킹이 키랄 코발트 화합물을 합성해내면서 마침내 해답을 찾아냈다. 그 후로 한동안은 "지금도 잘 돕니까?"라고 묻는 게 사람들이 킹에게 하는 안부 인사였다. 키랄성 물질이 편광을 회전시키는 성질을 가리켜들 하는 말이었다. 소문에 의하면 베르너는 너무나 기쁜 나머지 길을 가다가 낯선 사람을 붙잡고 연구팀의 성과에 대해 미주알고주알 풀어놓곤 했다고 한다(똑같은 일화가 **비활성 기체 화합물** 사례에서도 전해진다).

함께 읽어보기 프러시안 블루(1706년경), 키랄성(1848년), 페로센(1951년), 비활성 기체 화합물(1962년), 시스플라틴(1965년), 배위구조체(1997년)

리간드의 수에 따라 다양한 배위 구조가 만들어질 수 있다. 정중앙의 금속을 중심으로 리간드들이 특정 지점에 배치된다.

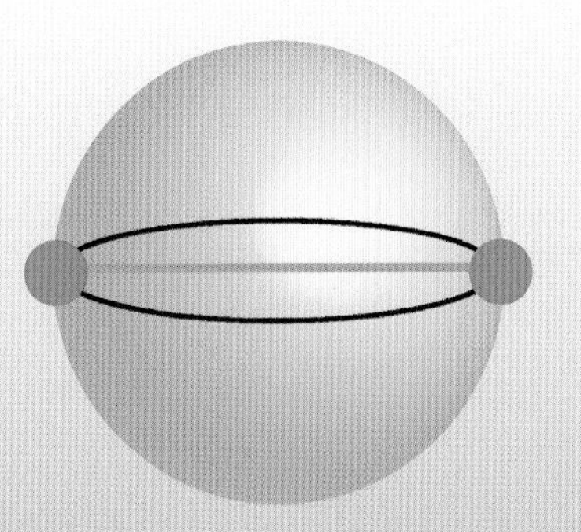

linear
2 ligands

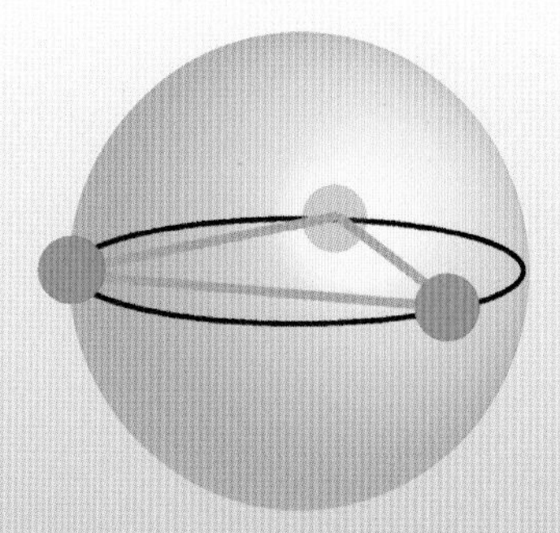

trigonal planar
3 ligands

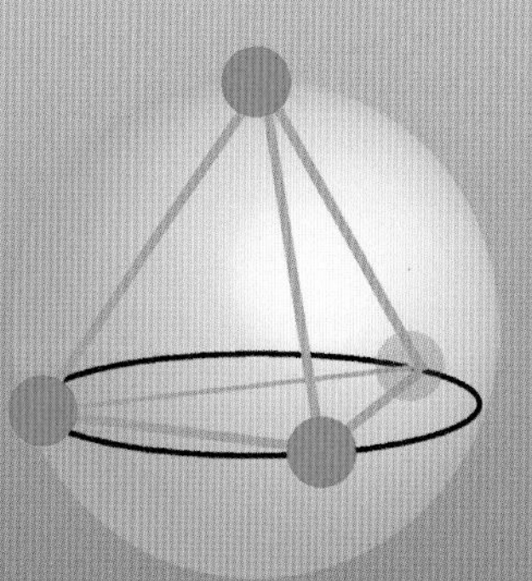

tetrahedral
4 ligands

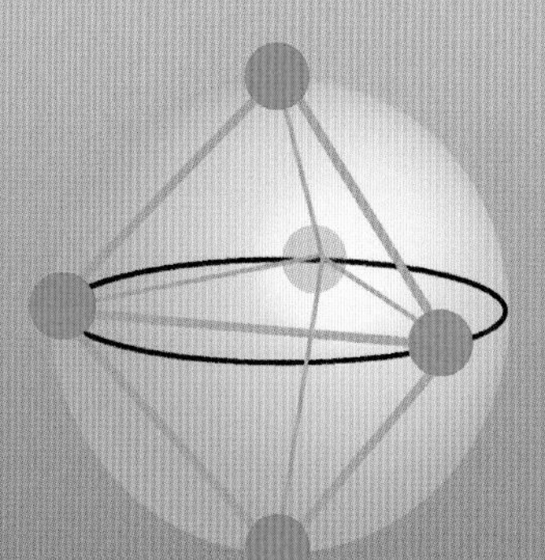

trigonal bipyramidal
5 ligands

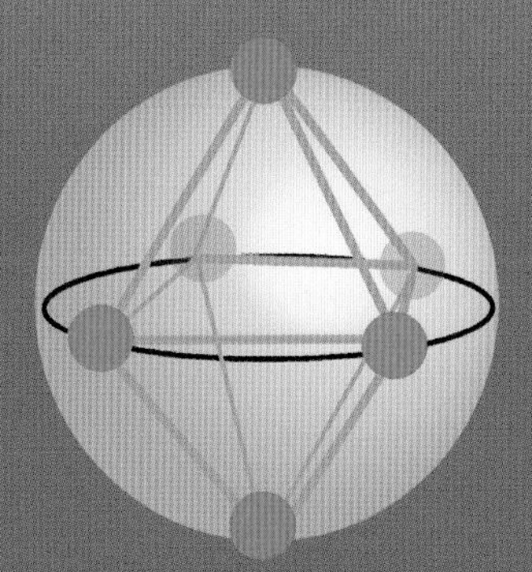

octahedral

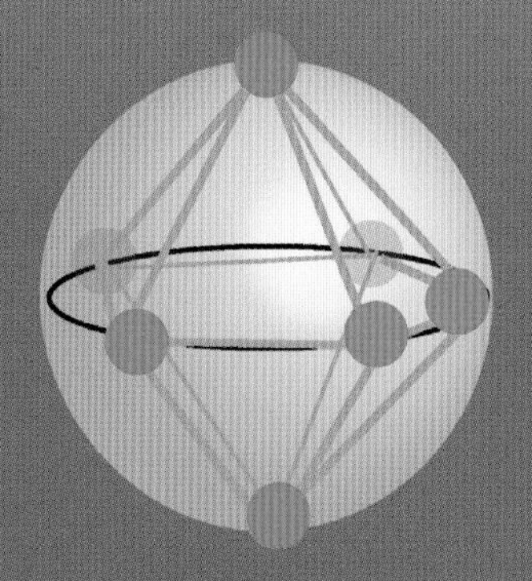

pentagonal bipyramidal
7 ligands

1894년

몰 농도

아메데오 아보가드로, 스타니슬라오 칸니차로, 프리드리히 빌헬름 오스트발트(Friedrich Wilhelm Ostwald, 1853~1932년)

1894년에 독일의 프리드리히 빌헬름 오스트발트는 이탈리아의 선대 화학자 아메데오 아보가드로와 스타니슬라오 칸니차로의 연구에 기초해 몰(mole)이라는 개념을 처음 도입했다. 몰이란 어떤 물질의 원자량 혹은 분자량을 그램 수로 표현한 것이다. 가령 원자량이 12인 탄소 1몰은 12그램에 해당하고 분자량이 180.16인 아스피린 1몰은 180.16그램이라고 보는 식이다. 몰 개념이 편리한 이유는 어떤 물질이든 1몰에는 같은 수의 분자가 들어 있다는 데 있다. 즉, 분자 A와 분자 B를 일대일로 반응시킬 때 각각을 1몰씩만 넣으면 된다. 아니면 두 분자를 각각 4분의 1몰씩 혹은 1000분의 1몰씩 넣어도 괜찮다. 절대량이 어떻든 몰 비가 같다면 결과물은 언제나 대등한 비율로 나오게 되어 있으니까 말이다.

대부분의 경우는 몰 개념을 처음 접할 때 잘 와 닿지 않을 것이다. 하지만 이렇게 생각하면 쉽다. 여기 열두 개 한 세트가 있다. 달걀을 상상해도 좋고 볼링공이나 코끼리를 떠올려도 좋다. 달걀과 볼링공과 코끼리는 중량이 서로 다르지만 모두 열둘인 것은 똑같다. 마찬가지로 산소 1몰, 염화플루토늄 1몰, 인슐린 1몰은 절대 중량이 서로 다르지만 존재하는 분자 수는 모두 똑같이 아보가드로의 수만큼이다.

그렇다면 어떤 물질 1몰에는 얼마나 많은 분자가 존재할까? 정확히는 6.022141×10^{23}개다. 분자량과 질량비를 집대성한 아메데오 아보가드로의 업적을 기려 이것을 아보가드로의 수라 한다. 이것은 엄청난 숫자다. 탄소 1몰(위의 비유를 따르자면 연필심 열두 개)이라고 하면 별거 아닌 것 같지만 그 안에는 무려 60억의 1조배 개가 넘는 탄소 원자가 들어 있다. 일반적으로 실험실에서 사용되는 시약의 라벨에는 어떤 물질이 리터당 몇 몰 들어 있다는 식으로 표기를 한다. 화학자에게 몰 개념은 습득된 본능 같은 것이다. 그래서 분자량을 일일이 기억하지 못해도 몰 수만으로 화학반응의 비와 당량을 추적할 수 있다.

함께 읽어보기 아보가드로의 가설(1811년), 칸니차로와 카를스루에 학회(1860년)

풍선 안에는 질소가, 그 앞 접시들에는 각각 알루미늄, 철, 구리, 염화나트륨(소금)이, 그리고 시험관에는 수은이 각각 1몰씩 들어 있다.

25
ml
23

1894년

비대칭 유도

에밀 헤르만 피셔, 빌리 마르크발트(Willy Marckwald, 1864~1942년)

프랑스 화학자 루이 파스퇴르는 반트호프와 르 벨의 이론을 밑바탕 삼아 어떤 분자가 우향 또는 좌향의 방향성을 갖는 **키랄성**을 발견했다. 이 발견은 과학자들에게 흥미로운 질문들을 던졌다. 그중 하나는 천연물 중에 키랄 화합물이 유독 많고 키랄성을 갖지 않는 것이 극소수인 이유가 무엇이냐는 것이었다. 특히 생기론 지지자들이 이 점을 놓치지 않았다. 이것이 생물이 무생물과 근본적으로 다름을 보여주는 확실한 증거라는 것이다. 생기론은 **뵐러의 요소 합성** 이후 기가 크게 꺾인 상태였지만 생명체가 만들어내는 알칼로이드, 당, **아미노산**이 전부 키랄 화합물이라는 사실에는 누구도 반박하기가 어려웠다.

당대 세계 최고의 당 전문가 에밀 헤르만 피셔는 천연 탄수화물은 모두 같은 키랄성 분자 유형에 속한다고 봤다. 그는 1894년 논문에서 브루신(brucine)이라는 알칼로이드의 키랄 중심이 바로 다음 반응에 영향을 주고, 다음 탄소가 키랄성을 갖도록 도와준다고 설명했다. 특히 키랄성이 있는 보조 시약이나 촉매를 추가로 사용할 때 키랄성을 유도하는 게 더 쉽다고 했다. 이렇게 한 키랄 중심이 또 다른 키랄 중심의 탄생을 돕는다는 개념을 비대칭 유도라 한다. 이것은 유기화학에서 복잡한 구조의 분자를 합성할 때 애용되는 기술이다. 그로부터 몇 년 뒤, 독일 화학자 빌리 마르크발트가 다시 브루신을 이용해 키랄 중심이 하나도 없는 출발물질에서 키랄성 분자를 합성하는 실험을 실시했다. 그 결과, 키랄성을 갖는 물질이 만들어졌고 그에 따라 키랄성 시약만으로도 최종 반응산물에 키랄성을 부여할 수 있는 것으로 증명되었다.

키랄성 결과물을 원하면 키랄성 출발물질이나 키랄성 시약을 사용한다는 규칙은 지금도 유효하다. 그런데 아직 몇 가지 의문점이 남는다. 생명체는 어떻게 특정 키랄성 탄수화물과 키랄성 아미노산을 고르는 걸까? 꼭대기 조상세포가 무작위로 하나 골라준 대로 따르는 것일까? 아니면 햇빛의 편광 때문에 비대칭성의 균형이 이동하는 걸까? 이 치우친 방향성을 물리 법칙으로 설명하는 게 가능할까? 생명의 기원에 한 발이라도 더 다가가고자 한다면 이 과제들을 반드시 밝히고 넘어가야 할 것이다.

함께 읽어보기 천연물(서기 60년경), 아미노산(1806년), 뵐러의 요소 합성(1828년), 키랄성(1848년), 정사면체 탄소 원자(1874년), 피셔와 당(1884년), 이성질체 분리를 위한 키랄 크로마토그래피(1960년), 머치슨 운석(1969년), B_{12} 합성(1973년), 효소 입체화학(1975년), 시킴산 품귀 현상(2005년), 효소공학(2010년)

꽤 맛있어 보이는 이 과일은 사실 독약 성분 스트리크닌과 브루신이 가득한 알칼로이드 덩어리다. 두 성분 모두 키랄성 분자이며 비대칭적 유기합성에 널리 사용되지만 활용 빈도는 브루신이 더 높다.

1894년

디아조메탄

한스 폰 페히만(Hans von Pechmann, 1850~1902년)

디아조메탄은 쓸모가 많은 물질이다. 그런 까닭에 아무리 까탈스럽고 위험해도 외면당하지 않는 것이다. 사실 디아조메탄은 날카로운 모서리나 성분이 다른 유리에 닿기만 해도 폭발해버린다. 그래서 디아조메탄을 다룰 때는 반드시 강화유리와 특수 열처리 유리 피펫을 사용해야 한다. 디아조메탄은 강한 햇빛, 금속염, 고온 등 일일이 열거하기 힘든 다양한 환경 요소에 노출되어도 폭발을 일으키는 말썽쟁이다.

또, 디아조메탄은 매우 유독하다. 게다가 휘발성이 크기까지 해서 자칫 한눈팔면 새어나가기 십상이다. 하지만 기체가 유출되더라도 당장은 아무 티가 나지 않고 몇 시간이 지나야 폐 증세가 나타나기 시작한다. 그뿐만 아니다. 어떤 방법으로도 장기간 보관할 수 없기 때문에 필요할 때마다 강화유리만 사용해서 바로바로 조제해야 한다. 어쩔 수 없이 잠깐 기다릴 때도 희석해 차게 보관해야 해서 번거롭기 짝이 없다.

이보다 더 까다로울 수 없는 이 물질을 왜 사용하는 걸까? 디아조메탄은 독일 화학자 한스 폰 페히만이 발견해 1894년에 논문으로 발표했다. 그 이후 강산이 여러 번 변하는 동안에도 디아조메탄은 고유한 능력을 가진 유일무이한 물질로 입지를 확고히 하고 있다(그러니 폰 페히만의 논문에서 디아조메탄 중독의 증세를 설명한 부분을 한 번쯤 읽어두기를 권한다). 디아조메탄은 작은 고리구조를 만들고 산을 쓰임새가 많은 중간체인 메틸에스테르로 바꾸는 다양한 화학반응을 매개한다(**이소아밀아세테이트와 에스테르** 참고). 그것도 놀랄 만큼 신속하고 깔끔하게 말이다. 디아조메탄을 첨가하면 질소 기포가 약간 나오는데 그럼 다 된 것이다. 복잡한 구조의 분자를 이렇게 간단하게 만들 수 있다니. 게다가 아무리 복잡하고 예민한 분자라도 분해되지 않고 안전하게 반응을 통과하니 얼마나 좋은가.

이 모든 반응을 가능케 하는 것은 바로 디아조메탄의 디아조 기다. 질소 두 개가 바로 연결되어 있어서 질소 기체로 변하기 쉬우므로 기회만 생기면 질소 기체가 떨어져 나오게 된다. 그런데 이런 물질의 반응성은 양날의 칼과도 같아서 매우 유용하면서도 동시에 몹시 위험하다. 디아조메탄이 **관류 화학**의 최적합 후보로 꼽히는 것도 놀라운 일은 아니다.

함께 읽어보기 폴리에틸렌(1933년), 이소아밀아세테이트와 에스테르(1962년), B_{12} 합성(1973년), 관류 화학(2006년)

독일 뮌헨에 있는 루트비히 막시밀리안 대학교의 1877~1878년 겨울 학기 단체 사진. 뒷줄 오른쪽에서 여섯 번째가 페히만이다. 에밀 피셔는 페히만 앞에 모자를 쓰고 앉아 있다.

1895년

액체 공기

카를 폰 린데(Carl von Linde, 1842~1934년), **제임스 프레스콧 줄**(James Prescott Joule, 1818~1889년), **윌리엄 톰슨**(William Thomson, 1824~1907년)

독일의 과학자 카를 폰 린데는 어느 날 사람들이 최고의 사업이라고 여길 만한 아이디어를 떠올렸다. 바로 공기를 뭔가 값어치 있는 물질로 변환시키는 것이다. 그는 1895년에 이것을 실행에 옮긴다. 린데는 그동안 공부한 열역학 지식을 총동원해 기체를 액화시키는 독자적인 냉장 기술을 개발했다. 기체는 압력을 받으면 온도가 상승하고 따뜻해진 기체가 팽창하면 온도가 다시 내려간다(영국의 두 물리학자 제임스 프레스콧 줄과 윌리엄 톰슨의 이름을 따 이것을 줄-톰슨 효과라 한다). 린데가 발명한 장치는 기본적으로 파이프에 지하수를 흘려보냄으로써 압축공기의 온도를 실온 아래로 떨어뜨리는 것이다. 그런 다음 차가워진 공기를 노즐을 통해 단열 처리된 대형 저장소로 보내면 저장소 안에서 공기가 팽창하면서 내부 온도가 급격히 낮아진다. 오늘날 냉장고와 에어컨의 작동 원리도 이와 똑같다.

여기서 핵심은 차게 식힌 공기를 일종의 중간 장벽(이 장치를 열교환기라고 한다)을 통해 앞 단계로 되돌려 보내 새로 투입된 공기를 냉각시키는 데 재활용한다는 것이다. 그러면 나중에 투입된 공기가 저장소에 도달했을 때 최종 온도가 더 낮아진다. 그런 식으로 여러 차례 반복하면서 온도를 계속 낮춰간다. 그러면 언제부턴가 저장소 안에서 응축이 일어나 공기가 액화되기 시작한다. 이때 아직 액화되지 않은 서늘한 공기는 열교환기로 되돌아가 냉각 작용에 동참하게 된다.

액화공기를 상업화하는 것 자체도 실로 참신한 생각이었지만 린데는 여기에 안주하지 않았다. 그는 **분별증류**로 관심을 옮겼고, 이 기술로 **산소**와 질소를 분리했다. 산소와 질소는 서로 완전히 다른 용도로 쓰임새가 높다. 특히 호흡을 도와주기도 하고 불도 피워주는 산소는 액체 형태든 압축가스 형태든 상관없이 잘 팔렸다. 다음으로 상품화된 기체는 아르곤이었고 이후 다른 비활성 기체들이 속속 발견되면서 **네온** 역시 고가의 상품으로 탈바꿈했다.

함께 읽어보기 분별증류(1280년경), 산소(1774년), 액체 질소(1883년), 네온(1898년)

액화 공기를 만드는 공장. 이 액화 공기에서 여러 가지 산업용 기체를 분리한다.

1896년

온실효과

스반테 아우구스트 아레니우스(Svante August Arrhenius, 1859~1927년)

이산화탄소에 의한 지구 온난화는 현재 전 세계가 주시하는 중대 사안이다. 그런데 온실효과가 처음 언급된 때는 무려 1896년으로 거슬러 올라간다. 스반테 아우구스트 아레니우스라는 스웨덴 화학자가 이 해에 〈공기 중 탄산이 지표 온도에 미치는 영향〉이라는 제목의 논문을 발표한 것이다. 그는 이것 말고도 다양한 주제를 연구했고 그 공로로 1903년에 노벨상을 받았다. 예를 들면 그는 수용액 안에서 양이온과 음이온이 만나 염이 되고 이 염이 실제적으로 다양한 반응을 촉발한다는 사실을 일찌감치 알아냈다. 그는 산과 염기의 동태도 이와 비슷한 틀 안에서 설명했다. 또한, 그는 생명체가 포자나 미생물 형태로 한 행성에서 다른 행성으로 옮겨갈 거라는 예측도 내놓았다. 이것은 지구로 날아온 화성 운석이라는 증거를 확인한 후에야 최근에 우리가 진지하게 받아들이기 시작한 아이디어다.

다시 1896년으로 돌아와, 아레니우스는 대기의 적외선 영역을 조사하던 중에 이산화탄소와 수증기가 특정 파장의 에너지를 강력하게 흡수한다는 사실을 발견했다. 곧 그는 이것이 온실 유리벽처럼 열을 가둬두는 역할을 한다는 것을 깨달았다. 이 발견은 빙하기의 종결에 관한 시나리오와, 화석연료를 태워 대기 중의 이산화탄소 농도를 높이면 제2의 빙하기를 사전에 막을 수 있다는 기대로 이어졌다. 그는 지구온난화가 혹한지역의 거주 환경을 개선하고 인구 급증에 따른 식량 부족을 해결할 열쇠라고 믿었다.

그러나 한동안은 대양이 이산화탄소를 속속 흡수해 대기 중 이산화탄소 농도가 눈에 띄게 상승하지 않을 거라는 학계의 기존 견해가 흔들리지 않았다. 아레니우스의 가설이 옳았음이 증명된 것은 **적외선 분광분석** 기술이 나온 수십 년 뒤의 일이다. 게다가 대부분의 사람들은 지구온난화에 별 관심이 없었다. 아레니우스 자신도 구름이나 열의 순환과 같은 여러 가지 요소를 간과하는 허점을 보였다. 그럼에도 아레니우스의 이론은 여전히 지구온난화를 둘러싼 복잡다단한 논란에서 무게중심을 잡아주고 있다.

함께 읽어보기 이산화탄소(1754년), 적외선 분광분석(1905년), 이산화탄소 흡수장치(1970년), 인공 광합성(2030년)

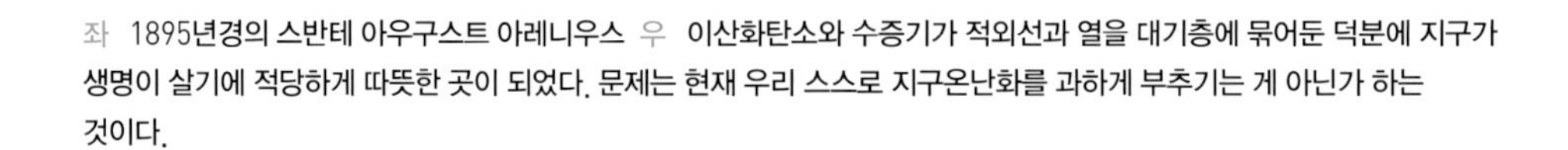

좌 1895년경의 스반테 아우구스트 아레니우스 우 이산화탄소와 수증기가 적외선과 열을 대기층에 묶어둔 덕분에 지구가 생명이 살기에 적당하게 따뜻한 곳이 되었다. 문제는 현재 우리 스스로 지구온난화를 과하게 부추기는 게 아닌가 하는 것이다.

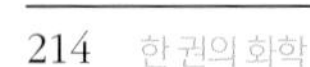

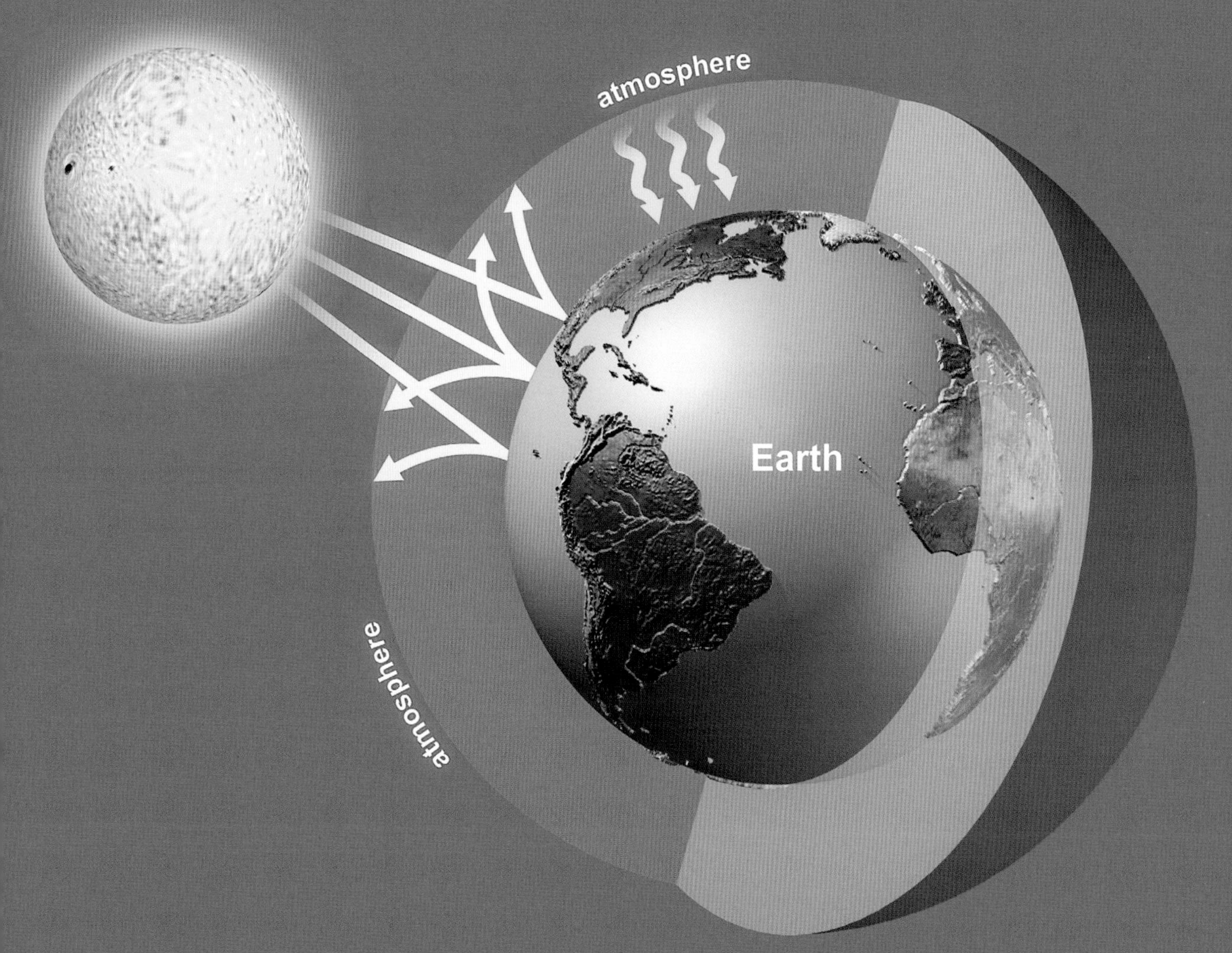
Sun
atmosphere
Earth
atmosphere

1897년

아스피린

에드워드 스톤(Edward Stone, 1702~1768년), **요한 안드레아스 부흐너**(Johann Andreas Buchner, 1783~1852년), **피에르-조제프 레루**(Pierre-Joseph Leroux, 1795~1870년), **샤를-프레데리크 게르하르트**(Charles-Frédéric Gerhardt, 1816~1856년), **아르투어 아이헨그륀**(Arthur Eichengrün, 1867~1949년), **펠릭스 호프만**(Felix Hoffman, 1868~1946년)

버드나무 껍질은 오랜 옛날부터 이집트, 중국, 몇몇 미국 인디언 부족들, 그리스, 로마 등지에서 통증과 열을 가라앉히는 데 일상적으로 사용되었다. 18세기에 들어 에드워드 스톤이라는 영국의 성직자가 버드나무 껍질로 실험을 했다. 관절 통증을 유발하는 습한 기후에서 이 나무가 잘 자라는 걸 보면 약이 되지 않을까 하는 생각에서였다. 그렇게 버드나무 껍질의 효험은 1763년에 순전히 운으로 재발견되었다. 그로부터 6년 뒤에는 독일의 요한 안드레아스 부흐너와 프랑스의 피에르-조제프 레루가 버드나무에서 살리실산이라는 강력한 약효성분을 추출하는 데 성공했다. 그런데 지독하게 쓴 맛이 나는 살리실산은 진통 효과는 좋았지만 식도와 위를 쓰리게 만들었기 때문에 그대로는 도저히 쓸 수 없었다.

1890년대 내내 살리실산을 참고 먹을 만한 형태로 개량하는 작업이 진행되었다. 그 결과, 제약회사 바이엘에 근무하던 독일 화학자 펠릭스 호프만이 1897년에 신물질을 합성해냈다. 이 분자는 체내에서 다시 살리실산으로 변하기 때문에 약효에는 차이가 없었다. 프랑스 화학자 샤를-프레데리크 게르하르트도 1853년에 똑같은 분자를 찾아냈지만 그는 이 신물질의 의학적 잠재력을 보지 못했다. 그런 가운데 호프만의 동료 아르투어 아이헨그륀이 자신도 이 성공에 크게 일조했다고 주장하는 일도 있었다. 이렇듯 이런저런 소동을 겪었고 특허가 만료된 지도 이미 오래지만 바이엘은 여전히 아스피린(회사가 아세틸살리실산에 붙인 상품명)의 동의어처럼 인식되고 있다.

아스피린은 단순한 구조의 분자다. 하지만 인체에서 발휘하는 능력은 한두 가지가 아니다. 아스피린은 사이클로옥시게나제(cyclooxygenase)라는 효소 계열을 억제한다. 이 효소가 억제되면 염증과 혈액 응고를 비롯한 다양한 생리반응을 유발하는 신호전달물질 프로스타글란딘(prostaglandin)이 만들어지지 않는다. 최근에는 아스피린의 부작용 문제를 해결하고자 수차례의 실패를 거쳐 사이클로옥시게나제 중 특정 종류만 차단하는 선택적 저해제가 속속 개발되었다. 하지만 여전히 아스피린은 두통 해결부터 심장마비 예방까지 전방위에서 맹활약하고 있다.

함께 읽어보기 천연물(서기 60년경), 독물학(1538년)

아스피린 성분이 들어 있는 진통제. 오른쪽 병 제품의 상품명은 '타블로이드'였던 모양이다. 젊은 미국인 약사 두 명이 1880년 런던에 세운 제약회사인 버로스 웰컴 컴퍼니가 영국에 들여왔다.

30
'EMPRAZIL'
TRADE MARK
Each compressed product
contains
Chlorcyclizine Hydrochloride
gr. 3/8 (.025 Gm.)
Acetophenetidin
gr. 2-1/2 (.16 Gm.)
Aspirin (Acetylsalicylic Acid)
gr. 3-1/2 (.227 Gm.)
Caffeine gr. 1/2 (.0325 Gm.)
CAUTION.—NEW DRUG.—Limited by
Federal law to investigational use.
The Wellcome Research Laboratories
Burroughs
Wellcome & Co.
(U.S.A.) Inc., Tuckahoe, N.Y.
No. 360 MADE IN U.S.A.

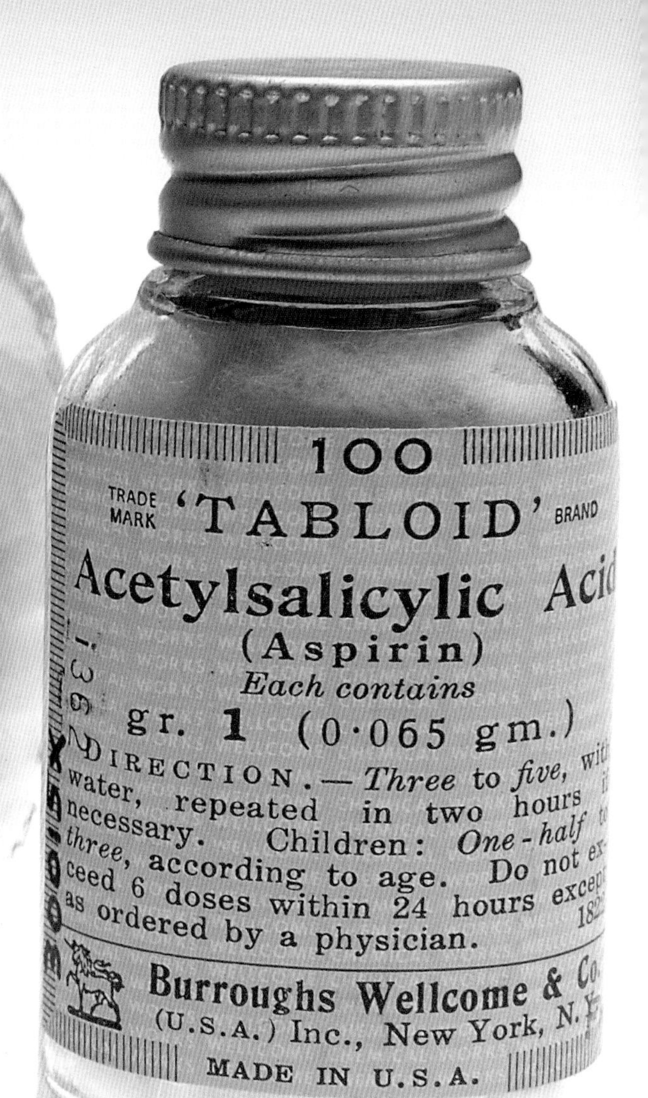

100
TRADE MARK 'TABLOID' BRAND
Acetylsalicylic
(Aspirin)
Each contains
gr. 1 (0·065 gm.)
DIRECTION.—Three to five,
water, repeated in two hours
necessary. Children: One-half
three, according to age. Do not
ceed 6 doses within 24 hours
as ordered by a physician.
Burroughs Wellcome &
(U.S.A.) Inc., New York,
MADE IN U.S.A.

1897년

치마제 발효

한스 에른스트 아우구스트 부흐너(Hans Ernst August Buchner, 1850~1902년), **에두아르트 부흐너**(Eduard Buchner, 1860~1917년)

발효의 역사는 선사시대까지 거슬러 올라간다. 빵, 와인, 요구르트, 피클 등은 모두 문자보다도 오래된 문명의 증거들이다. 발효를 일으키는 실체가 효모와 박테리아라는 사실은 1857년에야 프랑스 화학자 루이 파스퇴르가 밝혀냈지만 말이다. 한마디로 발효는 당이 작은 산과 **이산화탄소**로 분해되는, 오직 살아 있는 세포에서만 일어나는 반응으로 정의되었다. 1897년까지는 그랬다.

이 해에 독일 화학자 에두아르트 부흐너가 친형 한스 부흐너와 함께 살아 있는 생명체의 도움 없이 당을 발효시켜 학계를 놀라게 하면서 발효의 정의가 수정된다. 동생 부흐너는 형의 조수인 마르틴 한(Martin Hahn)의 제안을 참고해 말린 효모를 부숴서 세포 내용물이 나오게 한 뒤에 압력을 가해 필터에 걸렀다. 그리고는 이 추출물에 단순당을 넣었다. 그 결과, 당이 화학분해되고 이산화탄소가 만들어졌다. 살아 있는 효모세포는 하나도 존재하지 않았는데 말이다(효모는 빠르게 증식하므로 효모세포가 있었다면 시료를 현미경으로 관찰했을 때 금방 알았을 것이다). 대신 시료에서는 활성 단백질, 특히 치마제(zymase)라는 효소가 검출되었다. 하지만 이 실험의 가장 큰 의의는 이 단백질이 자연적 환경을 떠나도 여전히 기능한다는 사실을 발견했다는 것이다. 이는 안 그래도 비틀대던 생기론을 주저앉히는 또 다른 일격이었다. 살아 있는 세포 안에는 죽으면 없어지는 중요한 본질이 아니라, 그대로 꺼낼 수 있는 초미세 기계장치들이 가득했다.

그 전에도 비슷한 시도는 있었다. 다만 누구도 성공하지 못했을 뿐이다. 선례들이 모두 실패로 돌아갔던 것은 세포를 깰 때 젖빛 유리로 된 실험기구를 사용했기 때문이었다. 그러면 세포 내용물이 유리와 반응해 불활성화된다. 또한, 발효의 성공률은 효모의 종류에 따라서도 크게 좌우된다. 한편 형 부흐너는 원래 박테리아 추출에 관심이 많았는데, 연구를 위해 그가 개발한 압착기술 역시 형제의 성공에 큰 힘을 보탰다.

세포를 떠난 효소의 화학은 오늘날 인기 높은 연구 주제다. 세제부터 희귀한 유전질환 치료제까지 활용 범위가 엄청나게 넓기 때문이다. 효소 반응이 원하는 대로 진행되게 하는 것은 여전히 어려운 일이다. 선구자들의 헌신적 연구정신을 우리가 반드시 기억해야 하는 이유가 여기에 있다.

함께 읽어보기 이산화탄소(1754년), 뵐러의 요소 합성(1828년), 효소공학(2010년)

효모의 일종인 칸디다(Candida)가 배양 접시에서 증식하고 있는 모습. 효모를 끓이고 굽는 것은 세심한 통제를 요하는 작업이다. 세포배양실 작업자들은 집에서 취미로 빵을 굽거나 술을 빚고 나서 출근했을 때 시료를 오염시키지 않도록 극도로 조심해야 한다.

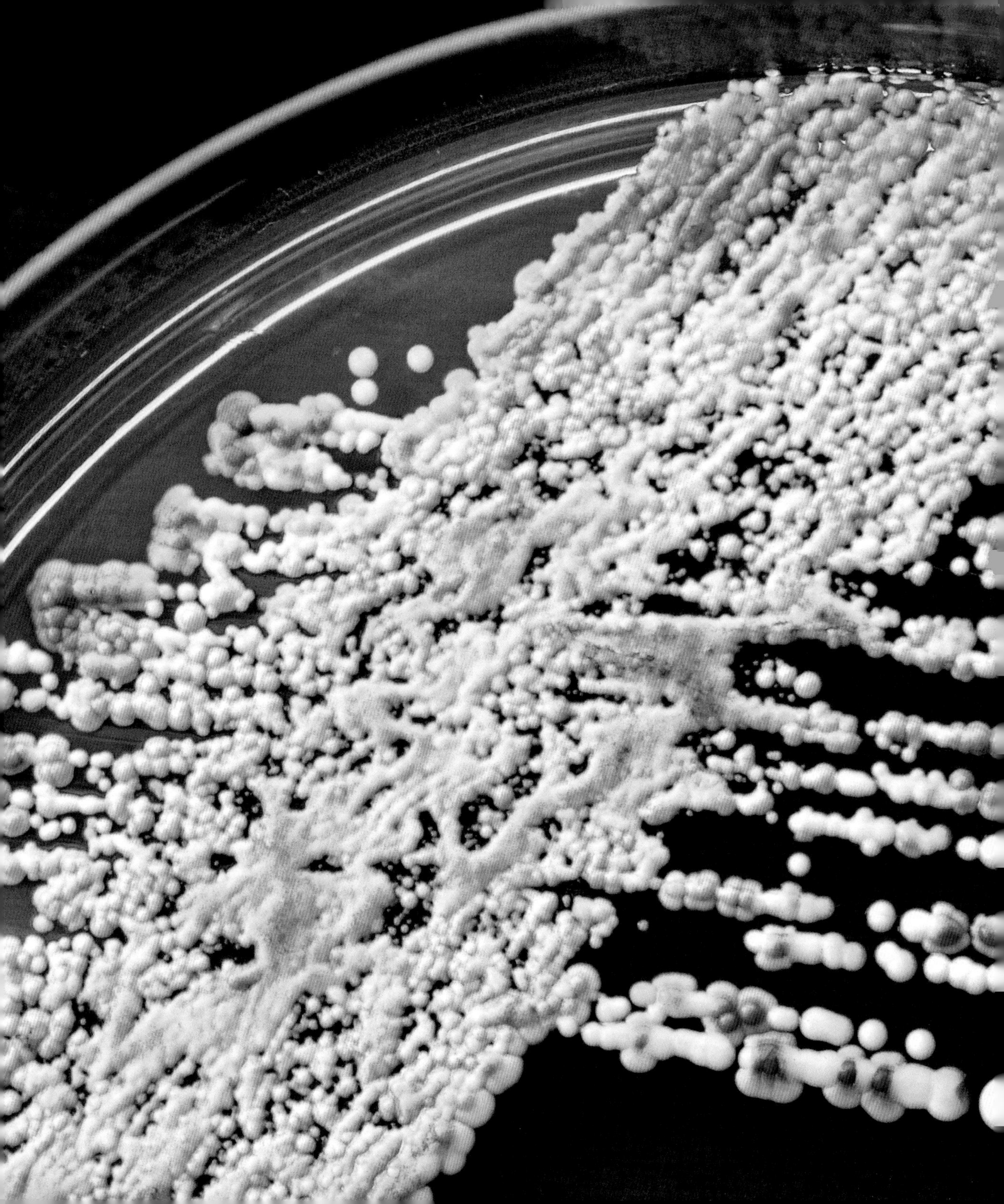

1897년

수소첨가반응

폴 사바티에(Paul Sabatier, 1854~1941년), **로저 애덤스**(Roger Adams, 1889~1971년)

탄소와 탄소 이중결합에 수소 분자(H_2) 하나를 어떻게든 끼워 넣으면, 탄소 하나에 수소가 하나씩 달린 단일결합을 만들 수 있다. 하지만 두 분자를 같은 공간에 놓아두기만 해서는 반응이 시작되지 않는다. 수소는 유기분자와 잘 어울리지 못하기 때문이다. 그런데 1897년에 프랑스 화학자 폴 사바티에가 곱게 가루 낸 금속이 이 반응의 촉매가 된다는 사실을 알아냈다. 그렇게 해서 수소첨가반응은 유기화학의 중심축으로 자리하게 되었다.

수소첨가반응을 유도하기에 가장 좋은 금속은 백금과 팔라듐이다. 둘 다 미안하게도 고가의 금속이지만 그나마 다행히 필요량이 매우 적다(게다가 반응 후 그대로 회수해 되팔 수 있다). 방향족 고리(**벤젠과 방향족 화합물** 참고)에 수소를 첨가할 때와 같은 특별한 경우에는 때때로 니켈, 로듐, 루테늄 등의 다른 금속도 사용된다. 작업자는 촉매, 용매, 압력 조건을 필요한 대로 조정할 수 있으며 다른 부분은 건드리지 않고 한 작용기만 환원시킬 수도 있다. 잘 끝내기만 한다면 유기화학 전체에서 수소첨가반응만큼 깔끔한 반응은 또 없을 것이다. 하지만 의도하지 않은 다른 결합을 건드리게 되면 되돌릴 방법이 없다.

수소첨가반응은 가압 상태에서 훨씬 잘 이루어진다. 미국 화학자 로저 애덤스는 1922년에 이 점을 이용한 반응장치 하나를 발명했다. 그로부터 4년 뒤인 1926년에는 최초의 상품화된 수소첨가반응 장치가 나왔다. 제조사의 이름을 딴 이 '파르 셰이커(Parr shaker)'는 지금도 전 세계 실험실에서 흔히 사용된다. 작동 방식은 이렇다. 장치에 연결된 유리병에 수소 기체를 주입하면서 압력을 높이고 스위치를 켜면 교반기가 시끄러운 소음을 내며 점점 빨리 움직인다. 최신식 **관류 화학** 장치로도 수소첨가반응을 일으킬 수 있지만 아직은 파르 셰이커가 터줏대감 자리를 내놓지 않고 있다.

식품산업에서는 식자재를 가공하고 보관하기 쉽도록 수소첨가반응으로 오일 성분을 변형시킨다. 이때 어떤 이중결합 분자는 이성질체(즉, '트랜스' 구조)를 형성한다. 문제는 이 트랜스 지방의 건강 유해성이 입증되었다는 것이다. 그래서 몇몇 국가에서는 트랜스 지방을 법으로 금지하고 있다.

함께 읽어보기 수소(1766년), 관류 화학(2006년), 효소공학(2010년), 수소 보관(2025년)

오일 성분에 부분 수소첨가반응을 일으키면 소량의 트랜스 지방이 만들어질 수 있다. 트랜스 지방은 감자튀김과 같은 음식에 많이 들어 있는데, LDL 콜레스테롤 수치를 높여 관상동맥질환의 위험을 증가시킨다.

1898년

네온

존 윌리엄 스트럿(John William Strutt, 1842~1919년), **윌리엄 램지**(William Ramsay, 1852~1916년), **모리스 트래버스**(Morris Travers, 1872~1961년)

액화 공기의 탄생은 영국 화학자 윌리엄 램지로 하여금 희귀 원소 사냥꾼으로서의 재능을 마음껏 발휘하게 해주었다. 시작은 1895년이었다. 이 해에 영국 물리학자 존 윌리엄 스트럿이 공기 중 질소가 실험실에서 합성한 질소보다 더 묵직하다는 사실을 알아냈다. 이에 램지는 곧 그 원인을 찾는 연구에 착수했고 공기 중의 질소에 비활성 기체가 섞여 있는 것을 확인했다. 그는 이 기체를 '게으르다'는 뜻의 그리스어를 따 아르곤이라 이름 붙였다. 그런데 **주기율표**의 아르곤 줄에 빈 칸이 여럿 있는 걸 보니 다른 비활성 기체가 더 존재하는 게 틀림없었다. 그래서 1898년 여름, 램지와 그의 동료 화학자 모리스 트래버스는 사용하고 남은 액화 공기를 모아 농축한 뒤에 **분별증류**로 질소를 빼내고 이어서 **산소**와 아르곤도 분리했다(소량 섞여 있는 **이산화탄소**는 이 온도에서 서리결정이 되므로 덜어내기가 쉬웠다). 그리고 마지막에 미지의 액화기체가 극소량 남아 있었다. 그동안의 고된 작업이 마침내 보상을 받는 순간이었다. 이 정체불명의 액체에서 두 사람은 크립톤을 처음 분리해내고 이어서 네온, 제논의 순서로 희귀 원소를 찾아냈다. 세 원소를 찾는 데는 각각 6주 정도가 걸렸다.

이 기체들은 어떤 반응도 일으키지 않고 무색이며 양이 극히 적기 때문에, 방출 스펙트럼이 존재를 확인하는 가장 좋은 방법이다. 스펙트럼을 검토한 램지와 트래버스는 깜짝 놀랐다. 전기를 흘려주었을 때 크립톤은 알록달록한 빛을 은은하게 내는 반면 네온은 전에 본 적 없는 눈부신 진홍색 빛을 발했던 것이다. 트래버스는 당시를 이렇게 회상했다. "시험관에서 나오는 강렬한 선홍색 빛이 자신의 이야기를 들려주는 듯 했다. 그 광경이 계속 생각날 것 같았다. 평생 잊지 못할 순간이었다."

네온은 20세기의 세상을 밝히는 빛이 되었다. 프랑스의 화학기업 에를리키드(Air Liquide)가 네온을 상품화해 대량생산하기 시작한 것이다. 네온은 중력에 묶이지 않아 지구에서는 희귀하지만 우주 공간에서는 흔한 원소다. 네온을 가정용 실내조명으로 활용하려는 시도는 실패로 돌아갔지만, 1912년에 네온을 이용한 전광판이 파리의 한 이발소에 최초로 설치되었다.

함께 읽어보기 분별증류(1280년경), 불꽃 분광분석(1859년), 주기율표(1869년), 액체 질소(1883년), 액체 공기(1895년), 비활성 기체 화합물(1962년)

미국 라스베이거스 시내의 네온사인 거리. LED의 등장으로 네온의 전성기는 막을 내렸지만 특유의 따뜻한 광채 덕분에 계속 살아남을 것이다.

VEGAS
HOTEL
GAMBLING
512
DOLLAR STORES
STATE LAW

1900년

그리냐르 반응

필리프 앙투안 바르비에(Philippe Antoine Barbier, 1848~1922년), **프랑수아-오귀스트-빅토르 그리냐르**(Françcois-Auguste-Victor Grignard, 1871~1935년)

화학자 치고 그리냐르 반응을 모르는 사람은 없다. 실험실 상비물품 일순위인 유기금속 시약 여럿이 이 반응으로 만들어지니까 말이다. 그리냐르 시약은 다루기 쉽고 안정적이어서 오래 보관할 수 있으며 예측 가능한 방식으로 반응을 유도한다. 게다가 거의 무제한적인 다양한 응용이 가능하다. 한마디로 그리냐르 시약의 용도는 무궁무진하다.

1900년에 프랑스 화학자 프랑수아-오귀스트-빅토르 그리냐르는 스물아홉 살의 청년이었다. 담당 교수인 필리프 앙투안 바르비에의 지도 아래 박사과정을 밟고 있던 그때, 그리냐르는 훗날 1912년에 그에게 노벨 화학상을 안겨줄 중대한 발견을 해낸다. 유기금속의 개척자 바르비에가 제자에게 마그네슘 화합물을 연구 과제로 주었는데 이것이 할로겐화알킬마그네슘(magnesium alkyl halide), 즉 그리냐르 시약의 합성으로 이어진 것이다.

그리냐르 시약의 재료는 단출하다. 마그네슘 금속 약간과 용매, 그리고 탄소와 브롬 혹은 탄소와 염소 결합이 존재하는 출발물질만 있으면 된다. 이런 할로겐화 분자들은 보통 조금만 부추겨도 마그네슘 금속과 반응하기 시작한다. 약간의 열을 가하거나 요오드를 조금 첨가하거나 금속 표면을 몇 번 긁어 산화물 막을 살짝 벗겨내기만 해도 충분하다. 이때 만약 가열로 반응을 시작시켰다면 다시 차게 식히는 후작업이 필요하다. 갈수록 반응이 격해질 수 있기 때문이다. 완성된 그리냐르 시약에서는 할로겐화 원자에 묶인 탄소가 마치 평범한 음전하를 띤 것처럼 행동한다. 그 덕분에 이 시약의 탄소가 다양한 다른 분자와 반응해 새로운 탄소 이중결합을 형성한다. 이것이 현대 유기합성의 핵심 전략이므로 그리냐르 시약 및 이런 유의 시약들은 앞으로도 새로운 분자를 합성할 때 널리 사용될 것이다.

요즘에는 뚜껑만 열어 바로 쓸 수 있는 여러 가지 그리냐르 시약을 구매할 수 있다. 필요하면 직접 만들었던 옛날 과학자들이 보면 이 무슨 사치냐고 혀를 찼겠지만 우리는 웬만하면 시약을 사서 쓰는 것이 익숙하다. 그래도 수제 그리냐르 시약이 세상에서 완전히 사라질 일은 없다. 100년이 넘는 세월이 흘렀지만 그리냐르 시약의 쓸모는 건재하기 때문이다.

함께 읽어보기 카데의 발연액(1758년), 실리콘(1900년), B_{12} 합성(1973년), 노자키 커플링(1977년), 금속 촉매 커플링(2010년)

중년의 빅토르 그리냐르. 이제 그는 저명한 교수가 되었다.

1900년

프리라디칼

모지스 곰버그(Moses Gomberg, 1866~1947년)

전형적인 단일결합은 양쪽 원자가 하나씩 내놓은 전자 두 개를 공유하는 형태를 갖는다. 즉, 홀수는 있을 수 없다. 아니, 그럴 거라고 다들 믿었었다. 1900년에 첫 예외 사례를 러시아 태생의 화학자 모지스 곰버그가 보고하기 전에는 말이다. 테트라페닐메탄(tetraphenylmethane)이라는 물질이 있다. 곰버그가 최초로 합성해낸 이 분자는 탄소 하나에 방향족 고리 네 개가 사방에 매달린 모양새를 하고 있다. 이 분자를 합성하는 과정에서 자연적으로 몇 가지 테트라페닐 중간체가 함께 만들어졌는데, 그가 이 중간체들을 직접 결합시켜 원하는 최종산물을 만들려고 했을 때 특이한 성질을 발견했다. 테트라페닐 분자들이 공기에 닿자마자 공기 중의 염소, 브롬, 요오드와 반응해버린 것이다. 이것은 테트라페닐메탄일 리 없었다. 그가 알기로 테트라페닐메탄은 공기에 전혀 민감하지 않았다. 이런 반응성은 어떤 물질에서도 본 적이 없는 성질이었기에 곰버그는 과감하게도 자신이 만든 것이 세계 최초의 프리라디칼이 아닐까 추측했다. 프리라디칼이란 전자수가 홀수여서 혼자 있는 전자가 분자 전체의 반응성을 크게 높이는 분자 형태를 말한다.

이 의견을 두고 학계에서는 찬반이 갈렸다. 하지만 그로부터 30년 동안 증거 자료가 꾸준히 쌓이면서 다양한 반응에서 프리라디칼이 중간체로 만들어진다는 사실이 증명되었다. 더불어, 다중 페닐기 같은 것이 있으면 프리라디칼이 안정화된다는 점도 함께 밝혀졌다. 그리하여 곰버그는 오늘날 프리라디칼 화학의 창시자로 인정받게 된다.

그런데 의학의 관점으로 보면 프리라디칼은 환영받지 못하는 존재다. 노화, 심장마비, 뇌졸중, 염증을 유발한다는 보고가 적지 않기 때문이다. 하지만 살아 있는 모든 세포는 산소를 소비하는 과정에서 여러 가지 프리라디칼을 만들어낸다. 그중 가장 흔한 것은 초산화물, 즉 **슈퍼옥사이드(superoxide)**다. 체내에서 프리라디칼은 에너지 대사와 면역 반응을 적극적으로 돕는다. 백혈구가 프리라디칼을 이용해 박테리아나 바이러스에 감염된 세포를 파괴하는 것이 좋은 예다.

곰버그는 연구의 우선 소유권자를 정하는 19세기 스타일의 '신사협정'을 지키고자 한 마지막 화학자이기도 했다.

함께 읽어보기 산소(1774년), 광화학(1834년), 테트라에틸납(1921년), 폴리에틸렌(1933년), 슈퍼옥사이드(1934년), CFC와 오존층(1974년)

편광으로 본 비타민 C의 미세결정. 비타민 C는 프리라디칼 생성을 억제하는 항산화 물질의 대표주자다.

1900년

실리콘

프레더릭 스탠리 키핑(Frederick Stanley Kipping, 1863~1949년)

규소는 **주기율표**에서 탄소 바로 아래 칸에 있는 원소다. 그래서 성질도 탄소와 꽤 비슷하다. 하지만 두 원소가 완전히 빼닮은 것은 아니다. 공상과학소설에 탄소 대신 실리콘 피부나 실리콘 뼈대를 가진 다양한 생물이 등장하지만 이게 현실적으로 가능한 일은 아닌 것이다. 예를 들어, 규소와 **산소**의 결합은 매우 단단해서 산소는 규소와 단일결합만 이룬다. 탄소와는 가끔 이중결합으로도 묶이는 것과는 다른 점이다. 또, 우리가 매 순간 날숨을 통해 내보내는 **이산화탄소**는 기체지만 이산화규소는 유리라는 고체 형태로 존재한다. 이처럼 규소는 독자적인 개성을 지닌 별개의 원소인 것이다.

탄소와 규소의 작지만 큰 차이 때문에 탄소에 써먹는 화학반응을 규소에 그대로 적용하려던 초창기 화학자들은 애를 많이 먹었다. 규소 유기화학의 장을 열었다고 평가받는 영국 화학자 프레더릭 스탠리 키핑 역시 비슷한 잔혹사를 겪었다. 1900년에 그는 유기금속 시약으로 새로운 물질을 합성하는 그리냐르 반응을 규소에도 시도해보고자 했다. 하지만 꾸덕꾸덕한 젤리 같은 결과물만 나올 뿐이었다. 당시 기술로는 이런 물성의 물질을 분석하는 게 불가능했다. 무려 40년을 이 연구에 몸 바친 키핑은 1936년에 은퇴를 기념하는 자리에서 이렇게 술회했다. "크든 작든 이 연구 분야에서 나왔던 어떤 성과도 별로 희망적이지 않아 보입니다."

그러나 그는 자신의 예상이 기분 좋게 빗나가는 기쁨을 생전에 누리게 된다. 제2차 세계대전이 규소 유기화학 연구에 날개를 달아주었기 때문이다. 첫 주자는 제너럴 일렉트릭과 다우코닝이었다. 두 기업은 규소와 산소가 결합한 유기분자가 절연제와 윤활제로서 뛰어난 물질이라는 사실을 알아냈다. 이 화합물을 우리는 흔히 실리콘이라 부르지만, 실리콘은 규소 원소의 영어 명칭이므로 엄밀히 말하면 잘못된 표현이다. 안타깝게도 키핑 본인은 여기까지 오는 데 실패했지만 대신 산업 현장의 후배들이 키핑의 연구를 밑바탕으로 신물질 개발에 집중하여 열과 부식에 매우 강한 실리콘을 만드는 데 성공했다. 그 덕분에 투명성과 신축성을 자유자재로 조절한 다양한 실리콘 형태가 속속 등장했다. 마치 새로운 종류의 **고무**와 같았다. 그렇게 해서 실리콘으로 제작된 최초의 상품은 항공기 점화 시스템에 물이 들어가지 않게 하는 부품이다. 요즘에는 심박조율기를 비롯해 다양한 의료기기에도 실리콘이 사용된다. 실리콘 유방 보형물은 아직 안전성 면에서 논란이 있지만 말이다.

함께 읽어보기 고무(1839년), 주기율표(1869년), 그리냐르 반응(1900년)

실리콘으로 된 제빵도구들. 키핑도 자신의 작품이 이런 데까지 활용될 거라고는 상상하지 못했을 것이다. 하지만 실리콘은 주방을 넘어 온갖 분야로 활동 무대를 계속 넓혀가고 있다.

1901년

크로마토그래피

미하일 츠베트(Mikhail Tsvet, 1872~1919년)

러시아 출신의 식물학자 미하일 츠베트는 엽록소와 같은 식물 색소들을 연구하는 과정에서 이 색소들을 분리하고 정제하는 신기술을 개발했다. 분필가루(즉, 탄산칼슘)를 입힌 관 안에 식물 추출액 소량을 부은 다음 유기용매로 씻어냈더니 선명한 색깔띠가 남으면서 색소 성분이 분리되었던 것이다. 시료가 관을 따라 이동할 때 성분마다 분필가루에 얼마나 단단하게 묶여있느냐에 따라 이동 속도의 차이가 벌어지면서 나타난 현상이었다. 그는 이 실험 결과를 1901년에 발표했다. 하지만 이 발견의 중요성을 세상이 알아주기까지는 몇 년을 더 기다려야 했다.

츠베트는 이 기법을 크로마토그래피라 명명했다. 색깔을 뜻하는 그리스어에서 착안한 단어다. 곧 크로마토그래피는 모든 분석화학 분야에서 기본 중의 기본으로 자리하게 되었다. 이후 다양한 재질이 기존의 분필가루를 대체하면서 고정상 선택의 폭도 넓어졌다. 하지만 분석 대상이 유기화합물일 때는 이산화규소 가루를 바른 고정상을 가장 흔히 사용한다. 또, 츠베트는 중력을 이용해 용매를 컬럼에 한 방울씩 흘려보내는 방법을 썼지만 요즘에는 펌프로 밀어 넣어 압력을 높임으로써 용매가 일정한 속도로 계속 흐르게 한다. 그러면 이동이 느린 성분을 말끔하게 씻어낼 수 있다. 컬럼의 종류도 여러 가지다. 크기로 따지면 3센티미터가 안 되는 것부터 실험실 천장과 바닥에 구멍을 뚫어야 하는 것까지 다양한 모델이 존재한다.

여기서 끝이 아니다. 유기화합물을 분석할 때는 특별한 검출기가 필요하다. 모든 화합물이 식물 색소처럼 선연한 색깔을 보여주는 것은 아니기 때문이다. 만약 컬럼을 통과해 나오는 용매를 검출기로 분석했을 때 자외선 스펙트럼의 변화가 있다면 특정 물질의 존재를 의심해볼 수 있다. 시료 주입부터 용매 조정, 새 피크가 감지될 때마다 컬럼에서 나오는 시료를 따로따로 담는 것까지 모든 단계를 알아서 해주는 전자동 기기는 엄청나게 편하지만 그만큼 가격이 비싸다.

오늘날 크로마토그래피는 가장 기초적인 화학분석 기술이다. 과학은 물론이고 의학, 범죄수사, 식품산업 등 안 쓰이는 곳이 없을 정도다. 츠베트가 살아서 현대의 세상 돌아가는 모습을 봤다면 감격했을지도 모른다.

함께 읽어보기 정제(기원전 1200년경), 분별 깔때기(1854년), 기체 크로마토그래피(1952년), 이성질체 분리를 위한 키랄 크로마토그래피(1960년), HPLC(1967년), 역상 크로마토그래피(1971년), 톨린(1979년), 전자분무 LC/MS(1984년), 아세토니트릴(2009년)

간단한 크로마토그래피의 사례. 여과지의 바닥 기준선에 염료를 찍고 용매에 담그면 여과지에 흡수된 용매를 타고 염료 성분이 따라서 올라간다. 각 성분마다 이동 속도가 다르므로 색깔이 분리되어 보인다.

1902년

폴로늄과 라듐

앙투안-앙리 베크렐(Antoine-Henri Becquerel, 1852~1908년), **피에르 퀴리**(Pierre Curie, 1859~1906년), **마리 살로메아 스크워도프스카 퀴리**(Marie Salomea Skłodowska Curie, 1867~1934년)

1890년대는 물리학과 화학 분야에서 굵직한 소식들이 끊이지 않은 시대였다. 전파와 엑스선의 발견도 그중 하나다. 프랑스 물리학자 앙투안-앙리 베크렐은 광석의 발광을 엑스선으로 감지할 수 있는지 알아보는 연구를 하고 있었다. 그러던 1896년에 그는 밖에서 따로 빛을 쏘여주지 않아도 우라늄염이 사진 건판을 얼룩지게 만든다는 사실을 발견했다. 이것은 우라늄염이 미지의 복사선을 스스로 방출한다는 의미였다.

물리학과 수학 연구를 위해 프랑스로 귀화한 마리 퀴리는 이 현상에 강한 호기심을 느끼고 남편 피에르 퀴리와 함께 새로운 연구 분야에 용감하게 뛰어들었다. 당시 피에르 퀴리는 마침 자기장과 결정을 연구하는 연구소에서 근무하고 있었다. 베크렐의 논문을 인상 깊게 읽은 마리 퀴리는 이 주제를 가지고 더 체계적인 연구를 시작했다. 그녀는 곧 토륨을 비롯해 자신이 새로 발견한 여러 원소가 똑같은 종류의 복사선을 낸다는 사실을 확인했다. 나오는 방사선의 양은 분자의 화학적 형태와는 무관하고 시료 중 우라늄이나 토륨의 양과 직접적으로 비례했다.

그런데 재료로 사용한 역청우라늄석(우라늄과 라듐이 섞인 광물)의 방사성 활성이 우라늄 양만으로는 설명할 수 없을 정도로 너무 높았다. 그래서 그녀는 미지의 방사성 원소가 더 들어 있을 거라고 여기고 분석에 착수했다. 수많은 시도 끝에 마침내 그녀는 새로운 금속을 찾아냈고 고국 폴란드를 그리워하며 폴로늄이라 이름 붙였다. 또, 몇 개월 뒤 추가로 발견된 원소는 라듐이라 불리게 되었다. 새로운 원소의 존재를 증명하기까지 퀴리 부부는 수십 톤의 역청우라늄석과 씨름해야 했다. 그렇게 부부가 냉난방이 전혀 안 되는 헛간에 수년을 틀어박혀 있다가 마침내 두 원소를 쓸 만한 양으로 분리해낸 것이 1902년의 일이다. 이를 바탕으로 마리 퀴리는 박사 논문을 완성했고 화학사상 가장 유명한 이 연구는 그녀에게 노벨상을 두 번이나 안겨주었다.

하지만 헌신의 대가는 가혹했다. 부부 모두 건강을 심각하게 해칠 정도로 방사선에 중독된 것이다. 심지어 두 사람의 연구일지도 위험물질로 부류되어 납을 덧댄 상자에 넣어 밀폐 처리되었다. 오직 보호복을 입은 사람만이 이 일지를 만져볼 수 있다고 한다. 이 공책이 납 상자 밖으로 나오려면 앞으로 수백 년은 더 지나야 할 것이다.

함께 읽어보기 동위원소(1913년), 라디토르(1918년), 방사성추적자(1923년), 테크네튬(1936년), 자연계의 마지막 원소(1939년), 초우라늄 원소(1951년)

실험에 몰두하고 있는 퀴리 부부. 두 사람을 포함해 사진에 보이는 모든 물건이 방사성 위험물질이라고 봐도 무방하다.

1905년

적외선 분광분석

윌리엄 웨버 코블렌츠(William Weber Coblentz, 1873~1962년)

자외선과 그 너머 영역은 분자의 결합을 아예 끊어낼 정도로 힘이 세다. 하지만 적외선은 그만큼 강하지 않아서 분자를 늘리거나 구부리거나 흔들기만 한다. 이것은 분자가 적외선을 흡수하는 현상으로 표출된다. 그런데 분자의 어떤 결합 혹은 어떤 작용기는 스펙트럼의 적외선 영역에서 항상 일정한 자리의 빛을 흡수한다. 그래서 물질의 적외선 스펙트럼을 보면 분자에 카보닐기(탄소와 산소가 이중결합을 이룬 것)가 있는지, 그렇다면 그 위치가 케톤인지 알데히드인지 에스테르인지 그것도 아니면 아마이드인지 바로 알 수 있다.

이렇게 적외선과 분자가 하는 상호작용을 분석하는 연구를 적외선 분광분석이라 한다. 적외선 분광분석을 어엿한 화학 분야로 독립시킨 사람은 미국 물리학자 윌리엄 웨버 코블렌츠였다. 1900년대 초, 코넬 대학교의 대학원생이었던 코블렌츠는 직접 고안한 측정장비를 이용해 파장을 하나씩 손수 옮겨가며 다양한 물질의 흡수 스펙트럼을 분석했다(그 결과로 쌓인 엄청난 두께의 접이식 차트가 1905년에 출판되었다). 이 연구는 작용기마다 특정한 적외선 흡수 패턴을 보이며 이를 토대로 분자구조를 알아낼 수 있음을 처음으로 증명했다는 데 큰 의미가 있다. 이어서 코블렌츠는 이 기술을 천문학에 적용해 보기로 하고 화성 표면온도의 일교차를 측정하는 등 당시 과학기술 수준에 비해 상당히 진취적인 행보를 이어갔다.

하지만 딱 봐도 유용한 기술임에도 적외선 분광분석은 대중적인 인기를 얻지는 못했다. 평범한 화학 실험보다는 천재들만 한다는 물리학에서 더 쓸모가 많았기 때문이다. 여기에는 기계를 다루기 불편하다는 탓도 있었다. 본인도 인정했듯, 코블렌츠의 분광분석기는 파장을 옮길 때마다 모든 단계를 일일이 재설정해야 해서 몹시 번거로웠다.

그러나 적외선 분광분석은 20세기 중반부터 분석화학 분야를 지배하기 시작했다. 오늘날에는 각종 산업의 품질관리 목적으로나 대기 중 **이산화탄소**를 모니터링할 때 등 일상적으로도 널리 사용된다. 더 나은 기술들이 개발되면서 위세가 옛날만큼은 못하지만 적외선 분광분석은 당시 세상을 보는 인류의 시야를 더 넓혀주었다.

함께 읽어보기 이산화탄소(1754년), 작용기(1832년), 광화학(1834년)

푸리에 변환 적외선 분광분석기. 여기된 원자가 방출하는 빛들의 적외선 파장을 하나하나 구분해 원자 간 결합의 종류가 무엇인지, 그런 결합이 얼마나 많이 있는지 알아낼 수 있다.

1907년

베이클라이트®

리오 헨드릭 베이클랜드(Leo Hendrik Baekeland, 1863~1944년), **내서니얼 설로**(Nathaniel Thurlow, 1873~1948년)

20세기 초, 유기화학은 그 전에는 세상에 존재하지 않던 다양한 물질들을 본격적으로 쏟아내기 시작했다. 그럴 조짐은 사실 수십 년 전부터 있었다. 예를 들어, 폴리스티렌은 일찌감치 발견되었지만 쓸모를 찾지 못해 방치된 지 오래였다. 또, 1870년대에는 당구공 원료 상아를 대체할 물질을 연구하던 중에 천연물 폴리머인 셀룰로스로부터 셀룰로이드가 만들어진 일도 있었다.

베이클라이트도 그런 물질 중 하나다. 1907년에 벨기에 태생 화학자 리오 헨드릭 베이클랜드는 조수인 내서니얼 설로와 함께 신물질을 합성하는 연구를 하다가 베이클라이트를 발견했다. 연구를 시작한 계기는 이랬다. 당시에는 페놀과 포름알데히드 반응에 관한 독일어 논문들이 다수 출판되어 있었다. 그런데 하나같이 실험에 사용한 유리용기들이 망가졌다는 얘기가 들어 있었다. 정체가 뭐든 새로 만들어진 반응산물을 감당할 수 있는 용매는 세상에 없는 것처럼 보였다. 그래서 당시 과학자들은 이런 성질의 물질은 아무 짝에도 쓸모 없다고들 생각했다. 그러다 1900년대 초에 생성 단계를 통제할 수만 있다면 이런 물질도 값어치 있게 쓰일 수 있다는 시각이 확산된다.

그때 베이클랜드는 페놀과 포름알데히드 혼합물에 푹 담그면 목재가 탄탄해지는지 알아보는 연구를 하고 있었다. 하지만 실험은 계획대로 되지 않았다. 나무에 스미지 않은 성분들이 그대로 딱딱하게 굳어버렸던 것이다. 그래서 그는 대신 이 진득진득한 수지로 연구를 해보기로 했다. 그는 반응 조건을 조금 수정하고 수지가 아직 찐득한 액체상태일 때 틀에 부었다. 그랬더니 액체가 순식간에 굳어 딱딱한 고체로 변했다. 이것이 바로 세계 최초의 열경화성 플라스틱, 베이클라이트다. 베이클라이트는 잘 부러지긴 했지만 활용 범위가 매우 넓었다. 특히 절연체로서의 기능이 확인되었을 때 그 인기가 정점을 찍었다. 베이클라이트는 전자기기 산업이 급성장하던 시기에 딱 맞춰 혜성처럼 등장한 만능 재주꾼이었던 셈이다. 그렇게 해서 라디오, 전화기, 모조 보석, 게임 부속품 등 다양한 소비재가, 베이클랜드가 "천 가지 쓰임새가 있는 물질"이라고 칭찬한 이 신물질로 만들어졌다. 지금은 대부분의 영역에서 더 개량된 플라스틱에게 밀려나긴 했지만 베이클라이트와 같은 페놀성 수지는 요즘도 종종 활용된다.

함께 읽어보기 폴리머와 중합반응(1839년), 고무(1839년), 폴리에틸렌(1933년), 나일론(1935년), 테플론(1938년), 시아노아크릴레이트(1942년), 치글러-나타 촉매작용(1963년), 케블라(1964년), 고어텍스(1969년)

베이클라이트로 만들어진 1930년대의 빈티지 라디오. 베이클라이트의 전성기는 마침 아르데코 시대와 맞물리는 까닭에 수집가들이 지금도 이런 물건을 찾는다.

SHORT WAVE
6 6.5 7 8 10 12 14
55 60 70 80 100 120 140 160
BROADCAST

1907년

거미 명주

에밀 헤르만 피셔(Emil Hermann Fischer, 1852~1919년)

거미 명주(spider silk)의 역사는 수천 년을 거슬러올라간다. 과학기술의 발전과 발맞춰 비밀이 하나둘씩 벗겨지고 있지만 그때마다 거미 명주는 더 많은 새로운 얘기를 들려준다. 최고급 명주의 기준은 무엇일까? 바로, 가볍고 튼튼하면서 탄력 있어야 한다는 것이다. 그런 명주로 무엇을 만들 수 있을까 생각하면 초경량 방탄복, 절대로 찢어질 것 같지 않은 밧줄과 낙하산, 자연분해되는 용기, 반창고, 수술용 실 등이 줄줄이 떠오른다. 그러니 이걸 상업화할 수만 있다면 그게 누구든 떼돈을 벌 수 있을 것이다. 하지만 성공한 사람은 아직 아무도 없다. 누에농장처럼 거미를 집단사육하는 것도 여의치 않다. 거미는 자신만의 시간표에 따라 극소량만을 느긋하게 뽑아내기 때문이다.

독일 화학자 에밀 헤르만 피셔는 1907년에 거미 명주의 성분에 관한 논문 한 편을 세계 최초로 발표했다. 논문의 골자는 주성분이 단백질인 것은 똑같지만 **아미노산**의 종류가 누에 명주와 상당히 차이 난다는 것이다. 사실, 이렇게 조성이 다른 이유는 거미는 목적에 따라 조금씩 다른 명주를 만든다는 데 있다. 거미 명주의 단백질은 훨씬 복잡하고 특이한 구조이다. 결정질 비슷한 판들이 층층이 쌓여 있고, 그 사이사이를 더 성기지만 탄력 있는 나선들이 이어주는 식이다. 섬유는 물론이고 단백질을 통틀어서도 이런 모양새를 하고 있는 물질은 거미 명주말고는 또 없다. 작은 아미노산의 비중이 높으면서 모두 희귀종이라는 것도 거미 명주만의 특징이다. 물론 단백질만 있는 것은 아니다. 거미 명주를 분석하면 탄수화물, 지질, 기타 여러 가지 소분자들도 검출된다. 하지만 각각의 역할은 아직 베일에 싸여 있다. 몹시 특이한 점이 하나 더 있는데, 거미는 명주의 재료를 늘 몸 안에 넣어다닌다는 사실이다. 그러다 특정 종류의 명주가 필요해질 때 특정 견사샘(silk gland)에서 결정과 액체의 중간 형태인 이 재료를 갖다가 용도에 맞는 실가닥을 자아낸다.

거미 명주를 포기할 수 없었던 인류는 박테리아부터 염소(정확히는 염소젖)까지 다른 동물을 유전공학으로 조작해 거미 명주 단백질을 합성하게 하려는 시도를 꾸준히 해왔다. 비슷한 궁리를 하는 기업체도 현재 여럿 있다고 한다. 하지만 천연 거미 명주는 워낙 불가사의한 까닭에 전체 메커니즘을 그대로 모방한 방직 기술이 나오기까지는 갈 길이 아직 멀다. 거미가 비밀을 엄청나게 단단히 숨겨두고 있는 것이다.

함께 읽어보기 아미노산(1806년), 알파헬릭스와 베타시트(1951년)

이슬 맺힌 거미줄 한중간에 자리잡고 있는 왕거미. 거미 명주를 대체할 물질은 이 세상에 아직 존재하지 않는다.

1909년

pH와 지시약

스반테 아우구스트 아레니우스, 쇠렌 페테르 라우리츠 쇠렌센(Soren Peder Lauritz Sorensen, 1868~1939년), **한스 프리댄샐**(Hans Friedenthal, 1870~1943년), **팔 실리**(Pál Szily, 1878~1945년)

스웨덴 화학자 스반테 아레니우스가 1887년에 정의한 바에 따르면, 산성 용액은 한마디로 수소 이온이 많이 남는 상태로 그리고 염기성 용액은 많이 부족한 상태로 표현할 수 있다. 같은 시각에서 물은 H+(수소 이온)와 OH-(수산 이온)가 아주 소량 존재하는 액체라고 설명된다. 여기서 두 이온의 평형이 깨질 때 물은 산이나 염기가 된다. 1909년에 덴마크 화학자 쇠렌 쇠렌센은 독일 화학자 한스 프리댄샐의 아이디어에서 영감을 받아 오늘날 우리가 pH라고 부르는 척도를 발명했다. pH는 0부터 14까지의 숫자로 강산성부터 강염기까지 물질을 분류하는 체계다.

수학적으로 설명하면 pH는 용액에 들어 있는 수소 이온의 농도를 역수로 취하고 여기에 로그를 씌운 값이다. 가령 물의 pH는 7(중성)이고 사람 피의 pH는 7.4가 된다. 간혹 피를 더 산성 혹은 알칼리성으로 만들어 병을 치료할 수 있다고 주장하는 사람이 있는데, 철저히 경계해야 한다. 확실한 사기꾼이니까. 그게 아니라면 인체가 어떻게든 혈액 pH를 7.4로 유지하려고 그렇게 애쓸 까닭이 없을 테니 말이다. 다시 주제로 돌아와서, 적지 않은 화학물질은 환경이 산성이나 염기성으로 변했을 때 색깔이 달라진다. 이온 상태, 즉 수소 이온을 받는 입장인지 아니면 주는 입장인지에 따라 다른 파장의 빛을 흡수하기 때문이다.

프리댄샐이 헝가리의 화학자 팔 실리와 함께 하던 연구는 이처럼 pH의 지표가 될 만한 물질들을 조사하는 것이었다. 이것을 더 확장한 것이 쇠렌센이고 말이다. 그런 지표물질 중에서 가장 유명한 것이 바로 페놀프탈레인(phenolphthalein)이다. 페놀프탈레인은 모든 산성 용액과 pH 8.2까지의 약염기성 용액 안에서 아무 색깔도 띠지 않는다. 그러다 용액이 수소 양이온을 모두 잃고 새로운 음이온을 만들면 페놀프탈레인이 진한 남홍색을 내기 시작한다. 색깔 변화가 워낙 순식간에 일어나기 때문에 심장을 졸이며 지켜보는 재미가 있다. 그렇게 초창기에는 표준액과 대조해가며 시료의 색깔이 바뀔 때까지 찔끔찔끔 조정하는 수동 비색법으로 모든 화학분석이 이루어졌다. 그러다 전기화학을 기반으로 한 pH 측정기와 같은 현대식 장비가 나오면서 이 기법은 교과서에나 나오는 눈요기용 유물로 밀려났다. 하지만 산과 염기의 세기를 측정한다는 아이디어 자체는 여전히 화학과 의학, 생물학의 기본이 되고 있다.

함께 읽어보기 비누(기원전 2800년경), 시안화수소(1752년), 에를렌마이어 플라스크(1861년), 산과 염기(1923년), 자기 교반 막대(1944년)

이 pH 시험지는 방금 강염기성 물질에 담갔다 꺼낸 게 분명하다.

1.09526.0003

1909년

하버-보슈법

프리츠 하버(Fritz Haber, 1868~1934년), **카를 보슈**(Carl Bosch, 1874~1940년), **로버트 르 로시뇰**(Robert Le Rossignol 1884~1976년)

암모니아 합성 반응은 알아두어도 실생활에 쓸 데는 별로 없는 지식일지 모른다. 하지만 세상이 눈에 보이는 게 다가 아니라는 증거라는 점만은 분명하다. 수십 억 인류를 아사 위기에서 구한 것이 하버-보슈법이니까 말이다. 그 비밀은 질소에 있다. 질소는 농작물을 포함해 살아 있는 모든 것에 없어서는 안 될 필수영양소다. 하지만 질소 기체는 공기 중에서 78퍼센트라는 높은 점유율을 차지함에도 화학반응을 거의 일으키지 않는다. 이 질소 기체를 생물학적으로 이용할 만한 형태로 변환시키는 것(즉, 질소 고정)은 특정 단세포 생물만이 할 수 있는 일이다. 지구상의 거의 모든 생명체가 이 미물들에게 목숨줄을 맡기고 살아가는 것이다.

그런데 1909년에 질소 고정을 할 수 있는 생명체가 하나 추가되었다. 바로 인간이다. 바로 이 해에 독일의 프리츠 하버와 영국의 로버트 르 로시뇰은 기계장치로 공기를 취해 암모니아를 합성하는 과정을 성공적으로 시연해보였다. 암모니아는 질소 비료를 만들 때 꼭 필요한 핵심 전구체다. 고압 조건에서 일으키는 이 반응은 **르 샤틀리에의 법칙**의 또 다른 좋은 예이기도 하다. **수소**(H_2) 3에 질소(N_2) 1의 비로 이루어진 4당량의 기체가 2당량의 암모니아(NH_3)로 변하면 생성물질을 더 만드는 쪽으로 압력의 평형이 이동한다. 이때 반응물질 중 하나인 질소는 어디서나 구할 수 있지만 수소는 천연가스 메탄을 이용해 수증기 변성법으로 현장에서 바로 제조한다. 이제 이 반응물질들을 고온 조건에서 촉매 역할을 하는 철이나 루테늄 금속 위에 계속 흘려보낸다. 그러면 이 길을 한 번씩 지나갈 때마다 암모니아가 계속 농축된다.

몇 년 뒤, 독일 화학자 카를 보슈는 더 나은 촉매를 개발해 이 하버 법을 상업적 활용이 가능한 수준으로 개량했다. 그렇게 해서 1913년에 최초의 암모니아 공장이 마침내 문을 열었고 오늘날에는 하버-보슈법으로 생산된 5억 톤의 비료가 세계 인구의 3분의 1 이상을 먹여살리고 있다. 그러나 1914년에 발발한 제1차 세계대전 동안 암모니아는 폭발물 원료인 질산 제조에 악용된다. 심지어 하버는 동료 화학자 빅토르 그리냐르가 그랬던 것처럼 아예 독가스 연구에 뛰어들었다. 전쟁 때문에 최고의 지성들이 귀한 재능을 세상을 파괴하는 데 허비하다니, 안타까울 뿐이다.

함께 읽어보기 인산비료(1842년), 니트로글리세린(1847년), 르 샤틀리에의 법칙(1885년), 관류 화학(2006년)

하버-보슈법은 세계 농업 진흥에 크게 기여했다. 이 공법이 나오기 전에는 미생물만이 유일하게 공기 중의 질소를 고정할 수 있었다.

HARVEST
LEGUME
& GRASS
SEED
FOR YOUR USE AND THE NATION'S NEED

1909년

살바르산

파울 에를리히(Paul Ehrlich, 1854~1915년), **사하치로 하타**(Sahachiro Hata, 1873~1938년), **알프레트 베르트하임**(Alfred Bertheim, 1879~1914년)

독일 물리학자 파울 에를리히는 현대 의약화학의 아버지로 불린다. 그가 만든 살바르산(salvarsan, 성분명은 아르스페나민)이 뒤따른 신약개발 열풍의 기폭제가 되었기 때문이다. 에를리히는 연구 동료인 일본 미생물학자 사하치로 하타와 독일 무기화학자 알프레트 베르트하임과 함께 사람에게는 해롭지 않고 병원균에게만 독성이 있는 물질을 찾고 있었다. 트리파노소마라는 기생충이 있다. 수면병을 일으키는 이 병원균 감염을 그동안은 비소 성분으로 치료해 왔지만 이 약은 부작용을 이유로 사용이 중지되었다. 치료를 받은 환자의 2퍼센트가 시력을 영구적으로 잃고 만 것이다. 하지만 에를리히팀은 이 약을 개량해 계속 사용되게 하고 싶었다. 비소가 들어 있는 유기화합물 여러 가지를 만들어서 시험해보면 치료 활성과 독성을 분리할 실마리를 얻을 수 있을 것 같았다.

오늘날에는 이렇게 분자구조와 활성을 이어놓고 개발을 시작하는 구조-활성 상관관계(SAR, structure-activity relationship) 연구가 보통이지만, 당시에 이런 전략을 구사한 것은 에를리히가 처음이다. 아르스페나민은 1909년에 그가 606번째로 시도한 비소 화합물이었다. 아르스페나민은 안타깝게도 트리파노소마를 죽이지는 못했지만 대신 매독균에 효과가 뛰어난 것으로 확인되었다. 당시 매독은 수은염으로 치료하는 것이 관행이었지만 수은은 병원균보다 환자의 목숨을 더 위협한다는 문제가 있었다. 나중에 살바르산이라는 상품명이 붙은 이 606번 후보물질은 그런 경위로 의학사상 어느 치료제보다도 빨리, 짧은 검증 과정을 거쳐 의학계에 데뷔했다. 그렇게 살바르산은 30년 넘게 매독 치료제 영역의 절대강자로 군림했다.

그런데 살바르산은 투여 조건이 까다로웠다. 많은 비소 유기화합물이 그렇듯, 공기 중에서 불안정한 까닭에 정제수에 녹이자마자 주사해야 했던 것이다. 이 문제를 해결하기 위해 에를리히팀은 더 안정적인 분자 형태를 만들었지만 그러면 약효가 떨어졌다. 에를리히 이후 이런 류의 저울질은 신약개발 과정에서 피할 수 없는 통과의례로 자리 잡게 되었다. 한 물질에 원하는 좋은 성질을 모두 넣는 것은 쉽지 않다. 하지만 에를리히와 동료들은 그런 시도를 해볼 만하다는 것을 몸소 보여줌으로써 수많은 후대 연구자들에게 길잡이가 되어 주었다.

함께 읽어보기 수은(기원전 210년경), 독물학(1538년), 카데의 발연액(1758년), 패리스 그린(1814년), 설파닐아마이드(1932년), 스트렙토마이신(1943년), 페니실린(1945년), 아지도티미딘과 항레트로바이러스제(1984년), 현대의 신약개발 전략(1988년), 탁솔(1989년)

1912년에 사용된 살바르산 투여 키트. 약제 본품과 함께 주사를 준비하는 데 필요한 모든 용구가 들어 있다.

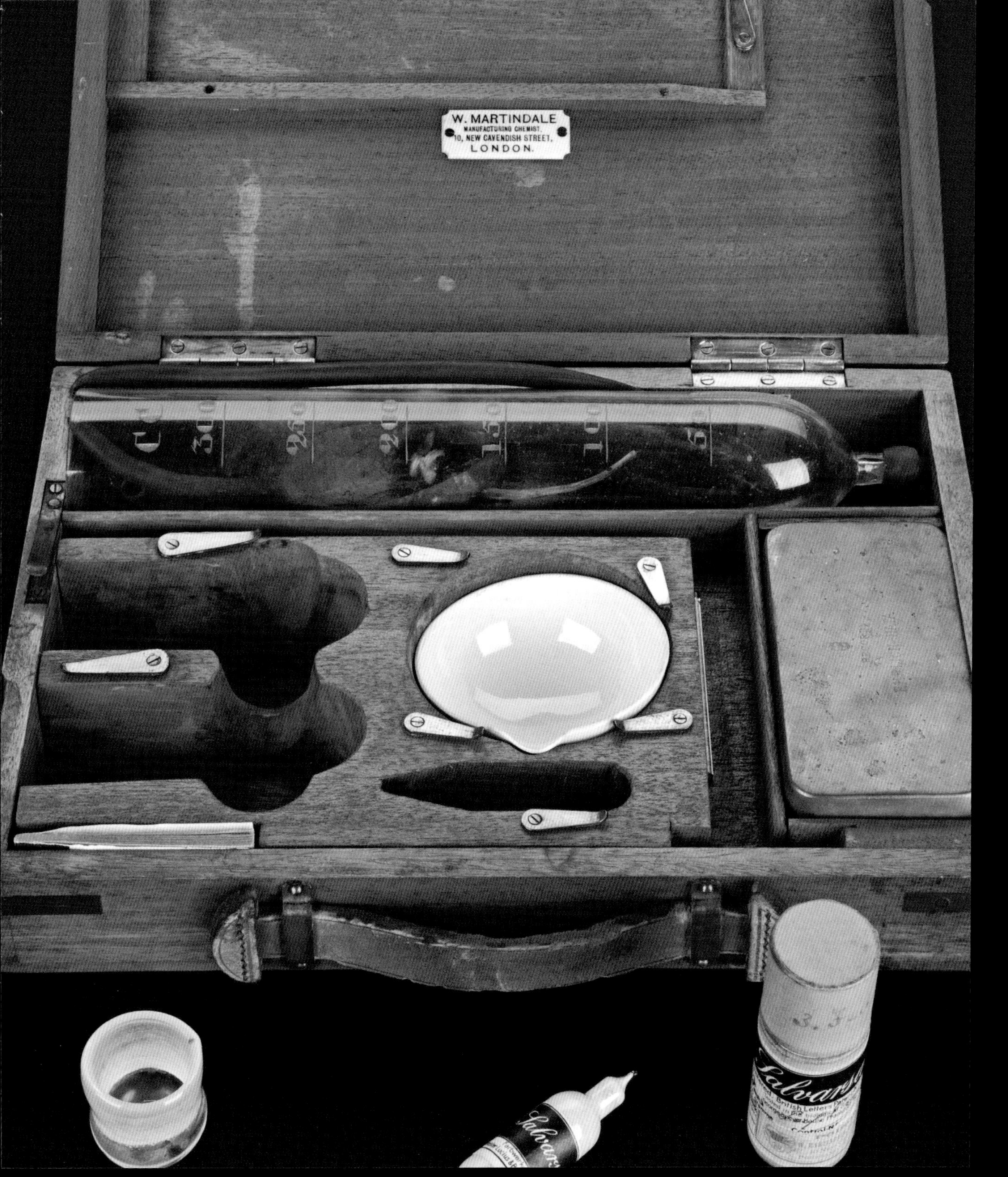
W. MARTINDALE
MANUFACTURING CHEMIST.
10, NEW CAVENDISH STREET,
LONDON.

1912년

엑스레이 결정학

윌리엄 헨리 브래그(William Henry Bragg, 1862~1942년), **막스 폰 라우에, 파울 페터 에발트**(Paul Peter Ewald, 1888~1985년), **윌리엄 로런스 브래그**(William Lawrence Bragg, 1890~1971년)

엑스선은 어떤 물질은 자유롭게 통과하지만 또 어떤 물질에는 그대로 흡수되어버린다. 독일 물리학자 빌헬름 뢴트겐(Wilhelm Roentgen)이 1895년에 촬영한 아내의 손 사진에서도 금으로 된 결혼반지와 손뼈는 또렷한 반면 나머지 부분에는 마치 아무것도 없는 것처럼 보인다. 엑스선은 어떻게 물질의 종류에 따라 다른 반응을 보일까? 이 궁금증은 동서고금의 많은 학자들로 하여금 같은 주제의 연구에 몰두하게 했다.

그러던 1912년에 독일 물리학자 막스 폰 라우에는 동료 과학자 파울 페터 에발트의 조언에서 힌트를 얻어 결정이 엑스선의 성질을 조사하기에 최적의 재료라는 사실을 깨달았다. 조건을 잘 맞춰주면 **결정**은 회절 현상을 일으켜 줄과 점으로 된 기하학적 무늬를 만든다. 염화나트륨 결정이 대표적인 예다. 이 결정은 나트륨 이온층과 염소 이온층이 겹겹이 쌓인 구조로 되어 있는데, 엑스선을 쏘면 원자들에 부딪힌 빛줄기가 반사되어 나온다. 그런데 이때 층마다 반사되어 나오는 파동이 비슷한 모양으로 겹친다면(즉, 보강간섭) 그 방향의 신호가 더 커진다. 반면에 파동이 서로 엇갈리는 모양을 그린다면(즉, 상쇄간섭) 결과적으로 아무 신호도 감지되지 않는다. 이런 신호의 강도는 엑스선의 파장, 광선이 들어가고 나오는 각도, 분자층 간의 거리 등에 따라 달라진다. 이 사실을 밝혀낸 사람이 부자지간인 영국의 두 물리학자 윌리엄 헨리 브래그와 윌리엄 로런스 브래그이기 때문에 이것을 브래그의 법칙이라 부른다.

이것을 응용하면 파장과 각도를 먼저 설정한 다음 나오는 신호 패턴을 보고 원자 배열을 거꾸로 유추할 수 있다. 그런 식으로 각 원자 하나하나의 위치까지 정확하게 표시한 삼차원 결정 격자 구조를 그려내는 것이 가능하다. 물론 결정의 구조가 복잡하면 계산도 어려워진다. 그러나 현대의 과학기술은 천하무적이어서 요즘 세상에 결정학으로 구조를 알아내지 못하는 분자는 하나도 없다. 화성탐사선 큐리오시티 호에도 초소형 엑스레이 회절분석기가 탑재되었을 정도니까 말이다.

함께 읽어보기 결정(기원전 50만 년경), 탄산탈수효소(1932년), 페니실린(1945년), 비고전적 이온 논쟁(1949년), 입체배좌 분석(1950년), 알파헬릭스와 베타시트(1951년), 페로센(1951년), 녹색형광단백질(1962년), 단백질 결정학(1965년), B_{12} 합성(1973년), 준결정(1984년), 배위구조체(1997년)

루비스코 효소(광합성 참고) 결정이 만드는 엑스레이 회절무늬. 구조가 단순한 분자는 간단한 무늬를 만들지만 효소처럼 복잡한 분자는 무늬를 보고 구조를 분석하는 데 상당한 시간과 기술을 요구한다.

1912년

보란과 진공배관기술

알프레트 스토크(Alfred Stock, 1876~1946년), **허버트 찰스 브라운**(Herbert Charles Brown, 1912~2004년), **윌리엄 립스컴**(William Lipscomb, 1919~2011년)

붕소는 처음에는 아무 짝에도 쓸모 없는 것처럼 보였던 원소다. 하지만 차차 중요한 시약으로서 그리고 화학이론의 단서로서 주목받게 되었다. 보란(borane)만 봐도 그렇다. 붕소와 수소가 결합한 분자인 보란은 원자 두 개가 아니라 세 개가 전자 두 개를 공유하는 특이한 입체구조를 형성한다. 그뿐만 아니라 다른 유기화합물과 다양한 반응을 일으킨다. 미국 화학자 윌리엄 립스컴과 허버트 찰스 브라운은 이런 붕소 화학을 집중적으로 연구했고 그 공로로 노벨상을 받았다.

하지만 처음에는 보란과 유기붕소 연구가 잘 풀리지 않았다. 빽하면 불이 붙는 고약한 성질 때문이었다. 붕소는 물이나 산소와 제깍 반응해 열역학적으로 매우 안정적인 붕소와 산소 결합을 이루므로 붕소 화합물을 공기에 노출시키면 몹시 위험하다. 그래서 1950년대와 1960년대에는 오히려 이 점을 활용해 유기붕소가 로켓연료 후보로 연구되었고 SR-71 정찰기의 엔진 점화물질로 실제 사용되었다.

그러던 1900년대 초, 독일 화학자 알프레트 스토크와 그의 연구팀은 진공배관기술을 개발해 보란 연구의 새 지평을 열었다. 진공 안에서는 항상 흥분해 있는 이 물질을 진정시킬 수 있었던 것이다. 1912년에 연구팀은 정교하게 설계한 유리기구에 강력한 진공펌프를 연결하고 그 안에서 물질을 합성하고 증류하고 이동시켰다. 모두 열린 실험실에서는 할 수 없는 작업이었다. 하지만 이 시스템에는 문제가 하나 있었다. 밸브와 진공펌프를 작동시키기 위해 액체 수은이, 그것도 많이 필요하다는 것이었다. 스토크는 나중에 수은 중독에 관한 논문을 내면서 이때의 본인 경험을 담담하게 적기도 했다. 특히 그는 붕소 원소가 관여하는 많은 유기화합물을 조심해서 다뤄야 한다고 심각하게 경고했다. 때로는 유기화합물이 금속보다 훨씬 더 유해하다는 사실을 누구보다도 먼저 알았던 것이다. 현대로 올수록 더 안전한 실험기법과 신중한 행동양식을 중시하는 풍토가 정착된 것은 아마도 그처럼 목소리를 낸 선배들 덕분일 것이다.

함께 읽어보기 수은(기원전 210년경), 독물학(1538년), 글러브 박스(1945년)

SR-71 블랙버드 정찰기. 트리에틸보란으로 엔진을 점화시켜 시동을 걸면 고온의 화염이 계속 유지된다. 같은 이유로 실험실에서는 보란을 진공배관기술을 통해서만 취급해야 한다.

1912년

쌍극자 모멘트

피터 디바이(Peter Debye, 1884~1966년)

분자 안에서 모든 원자는 전자구름에 둘러싸여 있다. 전자의 분포가 고르지는 않아서 어디는 좀 더 북적대는 반면 또 어디는 널널하다. 양자역학의 원리가 작동하기 때문이다. 유일한 예외는 두 수소 원자 간 결합처럼 결합이 완벽한 대칭을 이룰 때다. 이 상황에서는 전자들이 두 원자 주위에 균등하게 분포해 두 원자의 전자밀도가 똑같아진다.

그러나 미국 화학자 라이너스 폴링(Linus Pauling)이 입증해보였듯(**화학결합의 성질** 참고) 세상에는 비대칭적인 화학결합이 훨씬 더 많다. 그런데 폴링보다 앞서 이 점을 알아챈 물리학자가 한 명 있었다. 바로 네덜란드계 미국인 피터 디바이이다. 이런 전하의 불균등한 분포를 오늘날에는 쌍극자라 부른다. 한마디로 쌍극자란 결합의 한쪽 끝은 더 음성을 띠고 반대쪽 끝은 더 양성을 띠는 상태다. 1912년 논문에서 디바이는 전하의 세기에 두 전하 간 거리를 곱한 값을 쌍극자 모멘트라고 정의하면서, 모멘트 값을 다 더하면 전체 분자의 모멘트를 계산할 수 있다고 언급했다. 쌍극자 모멘트가 강한 용매는 인접한 전하들이 서로를 끌어당겨 분자들을 더 단단히 뭉치게 하므로 끓는점이 더 높고 다른 극성 물질들을 더 잘 녹인다. 디메틸술폭시드(dimethyl sulfoxide), 즉 DMSO가 그런 유기용매의 대표주자다. DMSO는 아예 이온 상태인 화합물(염들)도 쉽게 녹이기 때문에 다양한 화학반응을 일으키는 데 매우 유용하다. 쌍극자 상호작용은 어떤 물질을 용해시킬 때 아주 중요하다. 약물 분자가 체내의 생물학적 표적에 결합할 때처럼 분자들끼리 상호작용할 때도 마찬가지다.

디바이는 독일에 있다가 제2차 세계대전이 발발하자마자 미국으로 건너온 이민자였다. 최근에는 그가 독일 첩자였다는 의혹이 제기되기도 했는데, 유태인 동료들을 도우려고 애쓴 그가 그랬을 거라고는 잘 믿기지 않는다. 게다가 이렇다 할 증거도 없다. 차라리 그가 독일이 아니라 영국을 위해 비밀리에 활동했을 거라는 최신 정보가 더 믿을 만하다. 디바이가 물리학과 화학의 발전에 여러 모로 공을 세운 것은 부인할 수 없는 사실이지만, 그의 머릿속을 채운 것은 과학만이 아니었을지도 모른다.

함께 읽어보기 전이상태 이론(1935년), 반응 메커니즘(1937년), 화학결합의 성질(1939년), 케블라(1964년)

1937년에 네덜란드 교육부의 의뢰로 청동 흉상을 제작하기 위해 자세를 잡고 있는 피터 디바이. 노벨상은 그에게 이런 소일거리를 많이 안겨주었다.

1913년

질량 분광분석

조지프 존 톰슨(Joseph John Thomson, 1856~1940년), **아서 제프리 뎀프스터**(Arthur Jeffrey Dempster, 1866~1950년), **프랜시스 윌리엄 아스턴**(Francis William Aston, 1877~1945년), **어니스트 O. 로런스**(Ernest O. Lawrence, 1901~1958년)

질량 분광분석은 물리학에서 처음 주목을 받았다가 화학으로 주무대를 옮겨간 기술이다. 질량 분광분석 절차를 간단히 설명하면 이렇다. 우선 원자나 분자의 전하를 띤 이온이 있어야 한다. 이제 이 이온을 작은 진공상자로 들여보낸다. 그러면 상자 안에 흐르는 전기장과 자기장 때문에 하전입자의 이동경로가 휘게 된다. 이때 휘는 정도는 입자가 얼마나 무거운지에 따라 달라진다. 이를 토대로 혼합물 안의 여러 성분을 분자량에 따라 분류할 수 있다. 그런 면에서 질량 분광분석의 활용 범위는 사실상 무한하다.

이 잠재력을 최초로 알아챈 사람은 영국 물리학자 조지프 존 톰슨이다. 그는 1913년에 순수한 네온 이온이 진공상자 안에서 두 갈래 줄기로 갈라지며 휘는 현상을 목격했다. 그는 두 줄기의 이온에 각각 네온-20과 네온-22라는 이름을 붙였다. 이것은 안정적인 **동위원소**(같은 원소인데 중성자 수만 다른 것)가 존재한다는 최초의 물리학적 증거였다. 그의 제자 프랜시스 윌리엄 아스턴은 스승의 뒤를 이어 더 나은 실험도구를 고안했고 이것을 이용해 다른 여러 원소들도 동위원소의 혼합물 형태로 존재한다는 사실을 알아냈다. 또, 미국 물리학자 아서 제프리 뎀프스터는 더 개량된 도구를 사용해 전기 스파크를 일으켜 진공상자 안의 분자를 이온화시킬 수 있음을 증명해보였다. 한편 제2차 세계대전 즈음에는 미국 물리학자 어니스트 O. 로런스가 우라늄 동위원소를 분리하는 질량 분광분석기를 개발했다.

이때는 전체 분자를 이온화시키는 신기술이 쏟아져나오던 시기이기도 했다. 그중에서도 전자들(전자충격법) 혹은 작은 이온들(화학이온화법)을 분자에 연사하는 기법이 주목을 받았는데, 그 결과로 이온이 되어 튀어오르는 여러 분자조각들을 질량 분광분석기로 분석한다. 이런 기술 발전에 힘입어 점차 덩치가 더 큰 분자의 분석이 가능해졌고 분해능은 나날이 높아져서 온갖 영역에서 질량 분광분석으로 화합물을 분석하게 되었다.

함께 읽어보기 동위원소(1913년), 방사성추적자(1923년), 중수소(1931년), 기체 확산(1940년), 기체 크로마토그래피(1952년), 전자분무 LC/MS(1984년), 풀러렌(1985년), MALDI(1985년), 동위원소 분포(2006년)

미국 테네시 주에 있는 Y~12 안보단지에서 맨해튼 프로젝트를 위해 우라늄을 생산할 때 사용된 질량 분광분석기 칼루트론(calutron). 젊은 여성으로 구성된 교환수들이 교대 근무하면서 기계를 24시간 가동시켰다. 대부분이 고졸이었지만 그들은 박사 학위 소지자보다 일을 훨씬 잘 했다.

853

1913년

동위원소

어니스트 러더퍼드(Ernest Rutherford, 1871~1937년), **프랜시스 윌리엄 아스턴, 프레더릭 소디**(Frederick Soddy, 1877~1956년), **제임스 채드윅**(James Chadwick, 1891~1974년)

동위원소 연구는 그 태동부터 물리학과 화학의 발전을 크게 견인하고 과학의 영역을 넓혔다. 특히 괄목할 만한 사건은 영국의 두 물리학자 프레더릭 소디와 어니스트 러더퍼드가 방사성동위원소가 붕괴되면 완전히 다른 원소들이 생긴다는 사실을 증명한 것이었다. 후에 소디는 퀴리 부부가 우라늄 광석에서 분리한 라듐이 사실 우라늄 원자가 방사성붕괴해 생긴 원소임을 밝혀냈다. 이를 토대로 그는 화학적 성질은 똑같은데 형태가 다른 원소가 여럿 존재할 거라고 짐작했다.

1913년에 소디는 친구인 마거릿 토드(Margaret Todd) 박사의 말에서 영감을 받아 **주기율표**에서 같은 위치에 존재한다는 의미로 이런 원소 형태들을 동위원소(isotope)라고 부르기 시작했다. 똑같다는 뜻의 그리스어 iso와 장소라는 뜻의 topos를 조합한 단어다. 즉, 같은 원자번호의 원소가 여러 원자량을 가질 수도 있다는 소리다. 영국 물리학자 조지프 존 톰슨은 몇 년 뒤 프랜시스 윌리엄 아스턴과 함께 초보적 수준의 **질량 분광분석** 기술로 찾은 증거를 들면서 방사성을 띠지 않는 동위원소도 존재함을 증명해냈다. 이 상승세를 이어 러더퍼드는 어떤 중성 입자는 분자량이 거의 같은 걸 보면 양성자 하나 정도의 차이밖에 나지 않을 것이라는 아이디어를 제시했다. 이런 미묘한 차이를 만드는 실체는 중성자인데, 영국 물리학자 제임스 채드윅이 1932년에 실험을 통해 찾아낸다.

그 이후 동위원소는 화학 분야에서 큰 일을 많이 한다. **동적 동위원소 효과**는 반응 역학에 관한 정보를 제공했고 NMR상으로 여러 동위원소가 보이는 서로 다른 자기학적 동태는 다양한 분석화학 분야의 발전을 이끌었다. 또, 방사성추적자는 질병의 진단과 치료에 활용된다. 질량 분광분석 기술이 계속 발전하면서 최근에는 방사성을 띠지 않는, 이른바 "안정된" 동위원소가 방사성 활성 동위원소 대신 실험 표지물질로 더 자주 사용되고 있다.

함께 읽어보기 폴로늄과 라듐(1902년), 질량 분광분석(1913년), 방사성추적자(1923년), 중수소(1931년), 테크네튬(1936년), 자연계의 마지막 원소(1939년), 기체 확산(1940년), 동적 동위원소 효과(1947년), 초우라늄 원소(1951년), DNA 복제(1958년), 납 오염(1965년), 효소 입체화학(1975년), PET 영상검사(1976년), 이리듐 충돌 가설(1980년), 올레핀 복분해(2005년), 동위원소 분포(2006년)

동위원소 배열 상상도. 뒤로 갈수록 양성자의 수가 증가하고 오른쪽으로 갈수록 중성자의 수가 증가한다. 가운데의 군청색 블록은 안정적인 동위원소를, 파란색 블록은 불안정한 동위원소를 가리킨다. 회색 부분은 아직 발견되지 않은 미지의 동위원소 자리다.

1915년

화학전

프랑수아-오귀스트-빅토르 그리냐르, 프리츠 하버, 윈퍼드 리 루이스(Winford Lee Lewis, 1878~1943년)

제1차 세계대전은 어느 모로 보나 비극적인 역사 사건이다. 종전 후에도 전쟁은 후유증을 남겨 20세기 내내 많은 사람들을 고통 속에 살게 만들었다. 최악은, 독극물을 전쟁무기로 쓰지 말자는 국제적 합의에도, 전쟁 당사자들이 어느새 전에는 상상조차 하지 못했던 행동을 아무 죄책감 없이 하게 되었다는 점이다. 가스실린더 3,700여 개의 꼭지를 한꺼번에 열어 치명적인 염소 기체를 봄날의 산들바람에 흘려 보내는 것 같은 짓 말이다. 1915년 4월, 벨기에 이프레 근처에서 실제로 일어났던 사건 얘기다. 당시 프랑스군과 독일군은 각자 전년도부터 최루가스로 실험을 했지만 별 성과를 얻지 못하던 상태였다. 그러다 독일이 염소를 대량생산할 수 있게 되면서 독일 과학자들은 이 기체를 전투에 활용할 방안을 궁리하기 시작했다. 그렇게 1915년 4월 22일에 168톤의 염소 기체가 프랑스 진영에 투하되었고 녹색 안개가 전장 전체를 자욱하게 덮었다. 하지만 독일군이 바로 진격하지는 못했다. 가스에 아군도 피해를 입을까봐 두려웠기 때문이다.

이런 장면이 한동안 수 차례 재현되었지만 결과는 늘 기대에 못 미쳤다. 이프레 공격이 화학전 역사상 가장 큰 성공을 이룬 작전일 정도였다. 이걸 '성공'이라고 표현하는 게 옳다면 말이다. 염소를 시작으로, 독성이 더 강하고 숨기기는 더 쉬운 포스젠(phosgene)과 훨씬 오래 가는 머스터드 가스(실제로는 액체 오일에 가깝다) 등이 전쟁무기로 차례차례 개발되었다. 하지만 보호복과 방독마스크도 평행하게 발전했기에 승자도 패자도 없는 답답한 상태만 계속 이어졌다. 화학무기는 전쟁을 끝낸 게 아니었다. 오히려 전쟁은 화학무기에 의해 가속화되고 점점 더 흉포해졌다.

화학무기의 발전사는 별로 유쾌한 얘깃거리가 아니다. 그때의 화학자들은 가장 지독한 독극물을 가장 효율적으로 퍼트릴 방법을 찾고자 모든 시간과 노력을 쏟아부었다. 전투에 실제로 투입된 화학무기만도 최소 스무 가지 이상이었다. 그런 모든 작전은 독일의 하버나 프랑스의 그리냐르와 같은 저명한 화학자들의 지휘 하에 실행되었다. 특히 미국 화학자 윈퍼드 리 루이스가 만든 비소 성분 독가스 루이사이트(lewisite)는 아직도 악명이 자자하다. 불행 중 다행으로 제2차 세계대전에서는 화학전의 비중이 크지 않았다. 하지만 화학무기는 현 시대의 여러 전장과 테러 현장에서 주로 **신경가스**의 형태로 여전히 존재감을 드러내고 있다.

함께 읽어보기 그리스의 불(672년경), 클로르-알칼리법(1892년), 신경가스(1936년), 바리 공습(1943년)

독가스가 투입되지 않았더라도 제1차 세계대전은 이미 충분히 반인륜적인 사건이다. 1918년에 방독마스크를 쓰고 최전선을 지키는 병사들

1917년

계면화학

어빙 랭뮤어(Irving Langmuir, 1881~1957년), **캐서린 블로지트**(Katherine Blodgett, 1898~1979년)

미국 화학자 어빙 랭뮤어는 20세기의 첫 반백 년을 제너럴 일렉트릭에서 화학과 물리학을 연구하며 살았다. 회사에서 그가 낸 많은 성과 중에 가장 유명한 것 하나를 꼽으라면 계면화학(두 상의 경계면에서 일어나는 현상들을 연구하는 연구하는 화학 분야)을 들 수 있다. 그중에서도 그가 집중한 주제는 얇은 피막이었다.

피막이라는 말이 생소하다면 푸딩 표면의 매끄러운 기름막을 떠올리면 된다. 참고로 푸딩 전문가가 귀띔하기로는, 계면에서 무지개 색이 보이면 기름막이 너무 두꺼운 것이라고 한다. 랭뮤어는 1917년에 한쪽 끝에 극성기가 달린 분자들(가령, 장쇄 알코올이나 비누 성분인 지방산)로 이루어진 유성피막에 관한 중요한 논문을 발표했다. 이 연구에 의하면 분자구조에서 극성기는 물 분자층에 묻히고 나머지 장쇄 부분은 밖을 향해 꼿꼿하게 서는 방식으로 분자들이 알아서 도열한다고 한다. 그보다 앞서 1890년대에 존 윌리엄 스트럿이라는 영국 물리학자가 관련된 기초 실험을 실시한 적이 있었다. 목적은 일정량의 오일이 얼마나 멀리 스스로 퍼져나가는지, 그런 일분자층의 두께는 얼마인지 측정하는 것이었다. 자신의 집 주방에서 독학으로 모든 것을 깨친 아그네스 포켈스(Agnes Pockels)가 스트럿을 도왔다. 랭뮤어는 이 실험의 결과를 단초 삼아 개별 분자의 구조가 피막의 물리적 성질을 얼마나 좌우하는지 이해하고자 연구에 매달렸다.

몇 년 뒤 랭뮤어는 미국 물리학자 캐서린 블로지트와 함께 일분자층을 고체에 고착시키는 연구에 착수했다. 그렇게 만들어진 랭뮤어-블로지트 피막은 쓰임새가 매우 많았고, 미래에 물질을 원자나 분자 단위로 조작하는 나노기술의 탄생을 예고했다. 한마디로 계면화학은 서로 아무 연관성이 없어 보이는 모든 주제의 한가운데에 자리하고 있다. 혈관벽, 유출된 기름의 예상 경로, 실리콘 컴퓨터칩 제작, 페인트의 지속성 같은 것들이 모두 계면화학으로 설명되는 것이다.

함께 읽어보기 비누(기원전 2800년경), 콜레스테롤(1815년), 액정(1888년), 인조 다이아몬드(1953년), 단일분자의 이미지(2013년)

비눗방울 피막. 수면에서 기름층이 내는 색깔은 유성피막의 두께를 말해준다. 이 사진의 경우는 그리 두꺼운 편은 아니다.

1918년

라디토르

초창기의 방사능 연구는 지나치게 과감했다. 퀴리와 같은 많은 연구자들이 고농축 방사성 원소에 노출되어 건강을 해쳤음에도, 이에 아랑곳 않고 피부질환과 암을 비롯한 다양한 질병의 치료제로 방사성 원소를 개발하려는 열풍이 불어닥쳤다. 실제로 몇몇 방사성 원소는 피부암 치료에 효과가 있는 것으로 드러났다. 그러나 대부분의 방사성 신약 연구는 인간의 덜 과학적이고 보다 탐욕적인 속내에서 비롯된 것이었다. 그렇게 20세기 초에 의약품으로 개발된 방사성 제제의 수는 일일이 열거할 수 없을 정도로 많다. 이 신물질은 사람의 건강에 좋은 효과를 낼 게 틀림없었고 사람들이 평소에 충분한 양의 방사선을 쐬지 못하는 게 문제의 원인처럼 보였다. 그런 사람은 일부러라도 방사선에 노출시켜야 했다.

방사성 식수를 마시게 하는 건 어떨까? 방사성 치약은? 방사성 크림을 바르게 하면? 지금 보면 엽기적이기 짝이 없는 이 아이디어는 모두 상품화되어 대대적으로 홍보되었다. 그런 예 중에 라디토르 약액이 있다. 검증된 라듐이 들어 있다고 병 라벨에 자랑스럽게 적혀 있는 라디토르는 1918년부터 자양강장제로 판매되기 시작했고 당시 성공한 사업가의 상징이었던 미국 피츠버그의 철강회사 사장 에벤 바이어스(Eben Byers)가 기꺼이 그 대변인 역할을 맡았다. 바이어스는 이 방사성 액체를 하루 세 병씩 마셨다. 자신이 라디토르 덕분에 얼마나 활기 넘치고 잘 나가는지 사람들에게 보여주기 위해서였다.

라듐은 **주기율표**에서 같은 줄에 있는 칼슘과 똑같이 뼈에 축적된다. 라디토르의 주성분인 라듐-226은 알파 입자를 방출하는 동위원소이므로, 종잇장처럼 부실한 방어벽만 쳐도 방사선 노출을 피할 수 있다. 하지만 라듐을 먹는 것은 얘기가 다르다. 그것은 가능한 최악의 상황을 자초하는 짓이다. 당연히 바이어스 역시 2년 뒤 끔찍한 뼈암에 걸려 쓰러지고 말았다. 라듐을 수백 통 마신 걸 감안하면 그동안 버틴 것이 신기할 정도였다. 말하자면 그는 내부에서 방사선에 피폭된 것이다. 결국 그는 1932년에 안쪽에 납을 덧댄 관에 누운 채로 묘지에 묻혔고 그의 사망은 방사성의약품 업계에 정부 특별조사라는 칼바람을 불러왔다. 비슷한 사건이 줄이으면서 미국 FDA는 1938년에 연방 식품의약품화장품 법안(Federal Food, Drug, and Cosmetic Act)을 국회에 상정하게 된다. 정부로서는 당연한 조치였다.

함께 읽어보기 독물학(1538년), 폴로늄과 라듐(1902년), 설파닐아마이드 엘릭서(1937년), 탈리도마이드(1960년)

좌 **라디토르 약병 라벨에 적힌 모든 내용은 불행히도 정확한 정보다. 그러니 이걸 마시는 게 아니라 멀리 하는 게 신상에 좋다.** 우 **F. C. 버넌드(F. C. Burnand)와 W. 마이어 루츠(W. Meyer Lutz)가 1900년 경에 작곡한 곡 '돌팔이 의사의 노래'의 악보표지 석판**

THE QUACK'S SONG

1920년

딘-스타크 장치

어니스트 우드워드 딘(Ernest Woodward Dean, 1888~1959년), **데이비드 듀이 스타크**(David Dewey Stark, 1893~1979년)

딘-스타크 장치는 유기합성에서 흔한 골칫거리를 간단하게 해결하는 오래된 실험도구다. 발명된 때는 1920년으로, 당시 미국의 두 화학자 어니스트 우드워드 딘과 데이비드 듀이 스타크는 피츠버그의 정부 산하 연구소에서 원유 중 함수량을 연구하던 중이었다.

응결은 많은 화학반응에서 일어나는 현상이다. **아미노산** 두 개가 펩타이드 결합 하나를 만들 때처럼 두 반응물질이 생성물질로 변하면서 물 한 분자를 잃으면 수증기가 물방울로 맺히는 것이다. 하지만 이론적으로 모든 화학반응은 가역적이기 때문에, 반응물질과 생성물질의 에너지 수준이 비슷할 경우 어느 순간 평형에 도달해 반응이 양방향으로 엎치락뒤치락 하는 상태가 끝도 없이 지속된다. 그런데 이때 응결된 물을 반응계에서 빼내면 그만큼의 빈 자리를 채우기 위해 반응물질이 생성물질로 더 변한다. 따라서 이 원리를 이용하면 역행이 매우 쉬운 반응도 작업자가 원하는 쪽으로 종결시키는 것이 가능하다.

이것이 바로 딘-스타크 장치가 하는 일이다. 벤젠이나 톨루엔 같은 용매에서 반응을 돌리면, 액체와 기체 모두 평형에 도달해서 두 용매가 일정 비로 함께 끓는 혼합물, 즉 공비혼합물의 덕을 볼 수 있다. 가령, 톨루엔과 물은 서로 섞이지 않는다. 그러나 이 혼합액을 증류하면 톨루엔 중량의 80퍼센트가 기화되어 증기로 존재하게 되고 이것을 냉각해 응결시키면 물이 하층에 모여 분리된다. 딘-스타크 장치로는 이 물을 옆에 달린 시험관에 따로 모을 수 있다. 이때 톨루엔(혹은 공비혼합물을 형성하는 다른 용매)은 반응 플라스크로 되돌아가 순환을 반복하면서 물을 계속 옮겨다준다. 마침내 물이 시험관에 다 모이면 반응이 완료된다(여기에도 **르 샤틀리에의 법칙**이 작용한다).

딘-스타크 장치는 모든 유기화학 실험실에서 응결반응을 촉진시킬 때 사용된다. 그래서 이 장치 발명가들의 이름을 모르는 화학자는 한 명도 없다. 딘과 스타크 모두 화학계에 평생을 몸 담았지만 둘 다 젊었던 시절에 의기투합해 만든 이 유리조각만큼 두 사람을 유명하게 만들어준 것은 또 없었다.

함께 읽어보기 분별 깔때기(1854년), 에를렌마이어 플라스크(1861년), 속슬렛 추출기(1879년), 르 샤틀리에의 법칙(1885년), 붕규산 유리(1893년), 배기 후드(1934년), 자기 교반막대(1944년), 글러브 박스(1945년), 회전증발기(1950년), 이소아밀 아세테이트와 에스테르(1962년)

플라스크를 수 시간 째 가열하고 있는 전형적인 딘-스타크 장치. 수층이 왼쪽 시험관에 모이는 것을 볼 수 있다.

1920년

수소결합

워스 허프 로데부시(Worth Huff Rodebush, 1887~1959년), **웬들 미첼 래티머**(Wendell Mitchell Latimer, 1893~1955년), **모리스 로열 허긴스**(Maurice Loyal Huggins, 1897~1981년)

수소결합은 지구 생태계의 비밀병기다. 수소결합이 도와주지 않는다면 DNA 가닥이 이어질 수도 단백질이 모양을 잡을 수도 탄수화물 분자가 만들어질 수도 없기 때문이다. 그뿐만 아니다. 모든 수용체와 효소 단백질 그리고 거기에 결합하는 기질 분자들도 수소결합의 힘을 빌려야만 존재와 기능을 보존할 수 있다.

수소결합의 개념을 처음 제안한 사람은 미국 화학자 모리스 로열 허긴스다. 1920년에는 이 아이디어에서 영감을 받은 웬들 미첼 래티머와 워스 허프 로데부시가 특정 지질의 성질을 수소결합으로 설명하는 논문을 발표하기도 했다. 하지만 그 이후 거의 100년의 세월이 흘렀는데도 학계는 수소결합의 비밀을 모두 밝혀내지는 못했다.

수소결합이란 뭘까? 이 질문에 답하는 것이 쉬운 일은 아니다. 라이너스 폴링같은 천재조차도 명료하게 설명하는 데 곤란을 겪었으니까 말이다. 일단 수소결합은 양전하를 띤 수소 원자와 음이온이 서로를 끌어당기는 인력이라고 표현할 수 있다. 여기서 음이온은 질소나 산소 같은 원자일 수도 있고 커다란 분자일 수도 있다. 수소결합은 부분전하만으로도 충분히 일어난다. 산소와 질소는 여분의 전자밀도를 가지고 있으므로 보통 음의 부분전하값을 갖는다. 하지만 수소결합은 방향성을 띤다는 점에서 이온결합과는 다르다. 수소와 음이온이 서로를 바라보는 각도가 맞지 않으면 인력이 소멸되어 버리는 것이다. 마치 평범한 단일결합의 유령처럼 말이다. 수소결합의 세기는 수소가 산소와 같이 전자를 많이 갖고 있는 원자와 연결될 때 가장 세진다. 산소와 수소 혹은 질소와 수소의 수소결합이 존재하는 화합물은 도처에서 흔하게 볼 수 있으며 이런 수소결합은 생체분자의 동태를 결정적으로 좌우한다.

물이 대표적인 예다. 물 분자는 수소 원자 두 개가 산소 원자 하나에 결합한 구조로 되어 있다. 물 분자는 수소결합의 훌륭한 제공자이자 수용자다. 그래서 물은 특별하다. 수소결합 덕분에 이렇게 작은 분자가 그렇게 높은 끓는 점을 가지고, 얼면 결정 격자가 만들어지는 탓에 액체 때보다 밀도가 오히려 낮아지는 것이다(대부분의 액체는 물과 달리 얼음이 되면 가라앉는다).

함께 읽어보기 황화수소(1700년), 수소(1766년), 화학결합의 성질(1939년), 알파헬릭스와 베타시트(1951년), DNA의 구조(1953년), 중합수(1966년), 컴퓨터 화학(1970년), 중합효소 연쇄반응(1983년), 재결정화와 다형체(1998년)

수소결합은 생명의 근원인 물의 중추적 요소다.

1921년

테트라에틸납

토머스 미즐리 주니어(Thomas Midgley Jr., 1889~1944년), **찰스 프랭클린 케터링**(Charles Franklin Kettering, 1876~1958년)

1920년대에 자동차 업계는 고민에 빠졌다. 휘발유가 실린더에서 조기 발화되어 노킹(knocking) 현상을 일으켰기 때문이다. 엔진이 더 높은 압축 비에서 제대로 가동하려면 연료 연소가 고르게 일어나야 하는데 그게 안 되는 것이었다. 그래서 업계는 정유 기법, 엔진 설계, 휘발유 조성 등 다방면에서 해결책을 강구하기 시작했다. 그러던 1921년에 제너럴 모터스에서 근무하던 미국 화학자 토머스 미즐리 주니어는 찰스 케터링과 함께 테트라에틸납이 노킹 현상을 방지하는 데 효과적이라는 사실을 발견했다. 테트라에틸납을 휘발유에 첨가하면 고온에서 **프리라디칼**이 발생해 연소 효율이 크게 높아졌다.

문제는 이 과정에서 납이 방출된다는 사실이었다. 납이 사람의 목숨을 위협하는 위험한 물질이라는 것은 당시에도 상식이었다. 그래서 에틸(Ethyl)이라는 제품명으로 시장에 나왔던 테트라에틸납은 제조현장 근로자 몇 명이 사망하는 사건을 겪고 나서 1925년에 판매중지 조치되었다. 그런데 이 조치가 실행되기 전인 1924년에 기자회견장에서 한바탕 소동이 벌어진다. 테트라에틸납이 무해하다는 주장을 고수하던 미즐리가 기자들 앞에서 이 물질을 코 밑에 계속 대고 있다가 그 안에 손을 담그는 쇼를 한 것이다. 사실 그는 이미 납 중독 증세를 보이던 상태였기에 기자회견 후 더더욱 집중 치료를 받아야 했다.

이 사건을 계기로 업계의 화두는 납 첨가 휘발유 소량이 유해하냐 아니냐로 옮겨졌다. 혹자는 테트라에틸납이 그 농도에서 유독하다는 증거는 없다는 입장을 보였다. 물론, 인체에 아무런 해를 끼치지 않고 체외로 깨끗하게 배출되는 농도 기준치가 정해져 있는 물질이 여럿 있긴 있다. 하지만 납은 그런 물질이 아니다. 납은 반복노출될 때마다 체내에 쌓이기 때문에 아무리 소량이라도 건강, 특히 아동의 성장에 치명적인 해를 끼친다. 미국 지구화학자 클레어 캐머런 패터슨(Clair Cameron Patterson)이 1950년대와 1960년대에 **납 오염**을 연구하고 발표한 자료들이 결정적 증거다. 이를 토대로 사회에서는 테트라에틸납 사용을 금지해야 한다는 목소리가 점점 커졌고 실제로 1970년대부터 테트라에틸납이 업계에서 퇴출되기 시작했다(여기에는 **접촉개질법**의 공이 컸다). 미즐리의 경우는, **프레온 가스**를 발명하며 독자적 행보를 이어갔다.

함께 읽어보기 독물학(1538년), 프리라디칼(1900년), 접촉분해(1938년), 접촉개질법(1949년), 탈륨 중독(1952년), 납 오염(1965년)

테트라에틸납은 제2차 세계대전 동안 고성능 항공기 연료의 핵심 재료였다. 유출된 납이 점화 플러그를 손상시키긴 했지만 말이다.

"Following the Elm Canal on strafing mission, the P-51 streaked low over Holland, Germany, France, and back to England. Speed took it past flak batteries before they could go into action...evaded enemy pursuits...the Mustang's heavy firepower blasted 3 sea-planes, 4 barges, 2 trains. The only thing that hit it was a Channel seagull, into which it ran!"
Army Air Forces report
Give us
MORE P-51's

1923년

산과 염기

토머스 마틴 라우리(Thomas Martin Lowry, 1874~1936년), **길버트 뉴턴 루이스**(Gilbert Newton Lewis, 1875~1946년), **요하네스 니콜라우스 브뢴스테드**(Johannes Nicolaus Brønsted, 1879~1947년)

1923년은 산과 염기의 개론이 두 편의 논문을 통해 확립된 기념할 만한 해다. 첫 번째 주인공은 덴마크의 요하네스 니콜라우스 브뢴스테드와 영국의 토머스 마틴 라우리다. 두 사람은 각기 독자적 연구를 토대로 같은 결론에 도달해, 수소 원자를 내놓는 물질을 산으로 그리고 수소를 받아들이는 물질을 염기로 정의했다. 모든 물질을 수용액 중 수소 이온과 수산화 이온으로 설명하고자 했던 스웨덴 화학자 스반테 아레니우스에 비하면, 지금은 브뢴스테드-라우리 산염기 이론이라 부르는 이 정의가 한층 더 포괄적이다. 다음 논문은 같은 해 미국에서 나왔다. 이 논문에서 길버트 뉴턴 루이스는 산염기 개념을 더 넓게 확장시킨다. 수소 양이온은 물론이고 음전하 전자쌍을 받아들일 수 있는 모든 분자를 산으로, 그런 전자쌍을 내놓는 모든 분자를 염기라고 간주한 것이다.

이 아이디어를 이해하려면 일단 화학결합의 정의부터 되짚어야 한다. 루이스는 두 원자가 전자 두 개를 공유하는 것을 기본적인 화학결합 형태로 봤다. 그의 관점에서 공유결합은 각 원자가 각 전자에 똑같은 지분을 갖는 결합을 말하고 배위결합은 두 원자 중 하나가 전자 두 개를 모두 내놓아 결합을 형성하는 것을 말한다. 이 원리에 따른 루이스 산의 전형적 예로는 삼불화붕소를 들 수 있다. 불소 원자 세 개가 붕소 원자 하나를 둘러싼 이 분자에서 가운데의 붕소는 전자에 목말라 있으므로 접근하는 전자쌍을 모조리 끌어들이려고 한다. 그래서 산소나 질소 같이 전자가 남아 도는 원자들을 꽉 붙잡고 놔주지 않는다.

내줄 수소 원자가 없음에도 루이스 산을 전통적인 산과 동급으로 인정하는 것이 바로 이 성질 때문이다. 단, 수용액에서 루이스 산은 물 분자에 찰싹 달라붙어 사실상 비활성화되므로 산성의 세기가 그다지 크지는 않다. 루이스 산 기반의 시약은 정유 공정의 **접촉개질법**, **프리델-크래프츠 반응**, 플라스틱 제조에 필요한 **치글러-나타 촉매작용** 등에서 활용된다. 재미있는 점은 일반적으로 전자가 부족한 여러 가지 금속이 좋은 루이스 산이긴 한데 모두 나름의 개성이 있어서 산소처럼 염기 역할을 할 다른 원자들에 대한 친화도가 제각각이라는 것이다. 따라서 반응을 가장 빠르고 깔끔하게 유도하는 루이스 산이 무엇인지 확인하려면 일단 여러 가지를 다 써봐야 한다.

함께 읽어보기 왕수(1280년경), 황산(1746년), 시안화수소(1752년), 프리델-크래프츠 반응(1877년), pH와 지시약(1909년), 접촉개질법(1949년), 치글러-나타 촉매작용(1963년)

미국 버클리에서 실험 중인 루이스. 1946년에 바로 이곳에서 사망했다. 충분히 자격이 있음에도 노벨상을 받지 못한 불운의 석학 중 한 명이다.

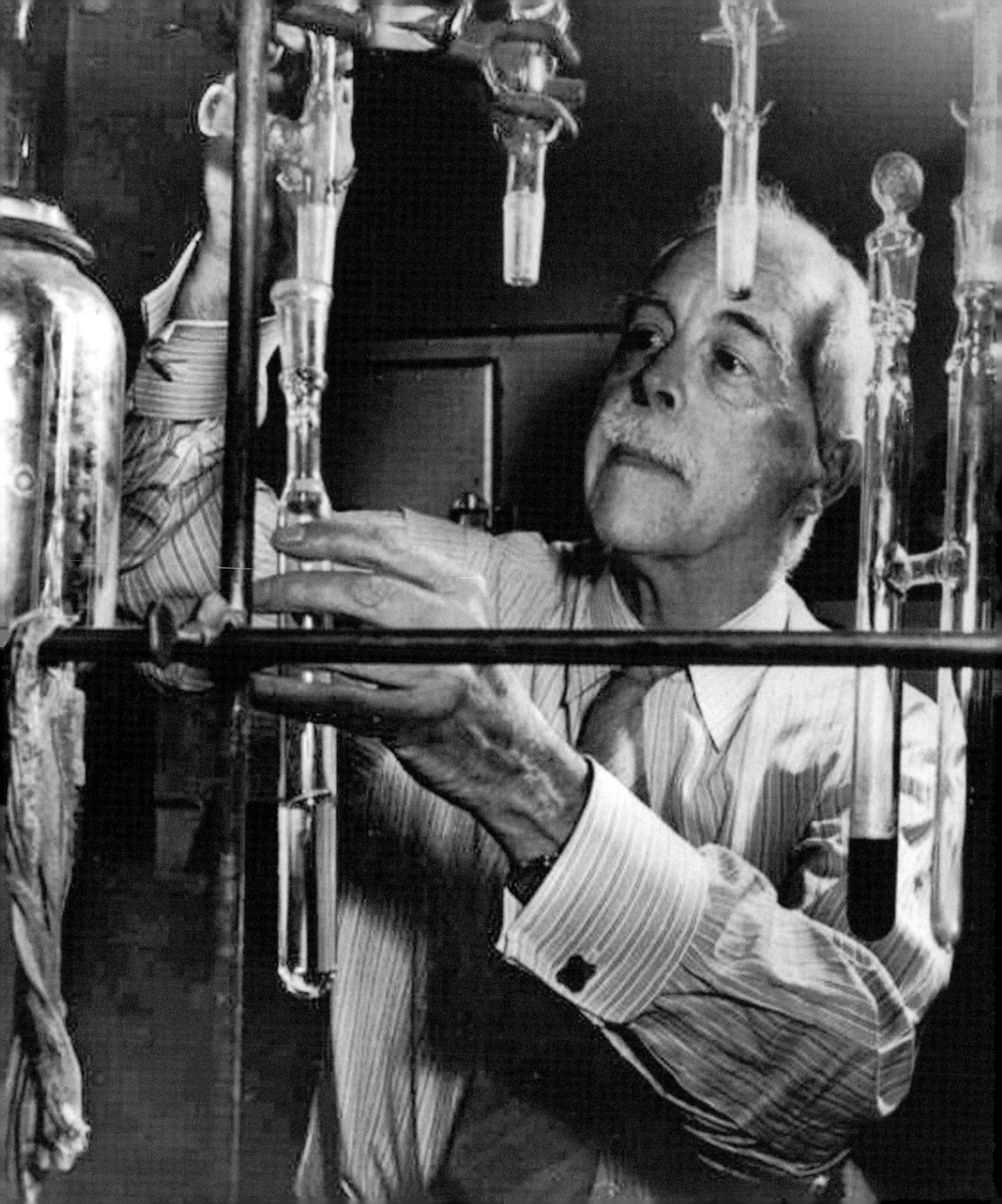

1923년

방사성추적자

조르주 샤를 드 헤베시

방사성 원소는 어떤 화학물질보다도 특별한 존재다. 그중에서도 인간에게 가장 쓸모 있는 성질은 방사성 원소가 생체 안에서 특정 물질을 추적하는 탐정 역할을 한다는 것이다. 방사성 원소의 이 기능은 생물학과 생화학에 혁명과도 같은 변화를 가져왔다. 어떤 생체분자든 분자에 원래 존재하는 원자를 방사성 활성 동위원소로 치환함으로써 꼬리표를 달아두면 분자가 어떤 반응을 일으키는지, 어느 경로로 어디를 향해 흘러가는지 감시하는 것이 가능하다. 예를 들어, 삼중수소는 평범한 수소와, 탄소-14는 탄소-12와 자리를 맞바꾼다. 그런 식으로 황, 인, 산소 등 많은 원소들이 자신을 대행할 방사성동위원소 짝을 가지고 있다.

전해지는 바로는 무기금속화합물 연구에 이 기법을 최초로 도입한 인물은 헝가리 화학자 조르주 샤를 드 헤베시라고 한다. 그가 1912년에 방사성추적자 분석으로 집주인이 남은 음식을 재활용한다는 사실을 밝혀냈다는 일화도 전해진다. 어느날 저녁, 방사성표지를 해둔 고기를 일부러 남기고 다음날 저녁 식탁에 나온 음식에서 시료를 채취해 전자현미경으로 관찰했더니 다진고기가 약한 방사성 활성을 띠었다는 것이다. 또, 1923년에는 방사성추적자가 섞인 비료를 살아 있는 식물에게 주고 분석하는 연구로 많은 성과를 이뤘다.

요즘에는 음식에 방사성 표지를 하는 일은 흔치 않다. 하지만 약물 분자의 대사를 추적하고 천연물의 합성 경로를 파헤치고 식물이 흡수한 토양 성분을 조사하는 등 방사성추적자는 현재 다방면에서 맹활약하고 있다. 최근에는 원자량의 미묘한 차이까지 감지해낼 정도로 **질량 분광분석**이 발전하면서, 방사성을 띠지 않아 오로지 분자량 변화로만 알아챌 수 있는 "안정적인" 동위원소의 활약도 점점 커지고 있다. 그런데 사실은 이 비방사성 동위원소로 생체실험을 한 최초의 인물 역시 드 헤베시였다. 그는 희석한 중수(즉, 방사성 활성이 없는 산화중수소 용액) 일정량을 직접 마시고 소변을 받아 동위원소를 분석했다. 사람의 몸 안에 체액이 얼마나 존재하며 생체에서 수분 교환이 얼마나 빨리 일어나는지 알아보기 위해서였다. 왠지 식탁에서 그가 이 용액을 아무도 모르게 슬쩍 고기에 붓는 장면이 떠오른다.

함께 읽어보기 왕수(1280년경), 폴로늄과 라듐(1902년), 질량 분광분석(1913년), 동위원소(1913년), 중수소(1931년), 테크네튬(1936년), 효소 입체화학(1975년)

인체에 방사성추적자를 주입하고 감마선을 쪼이면 이런 영상이 나타난다. 이 감마선 사진을 보고 뼈암을 찾아낼 수 있다.

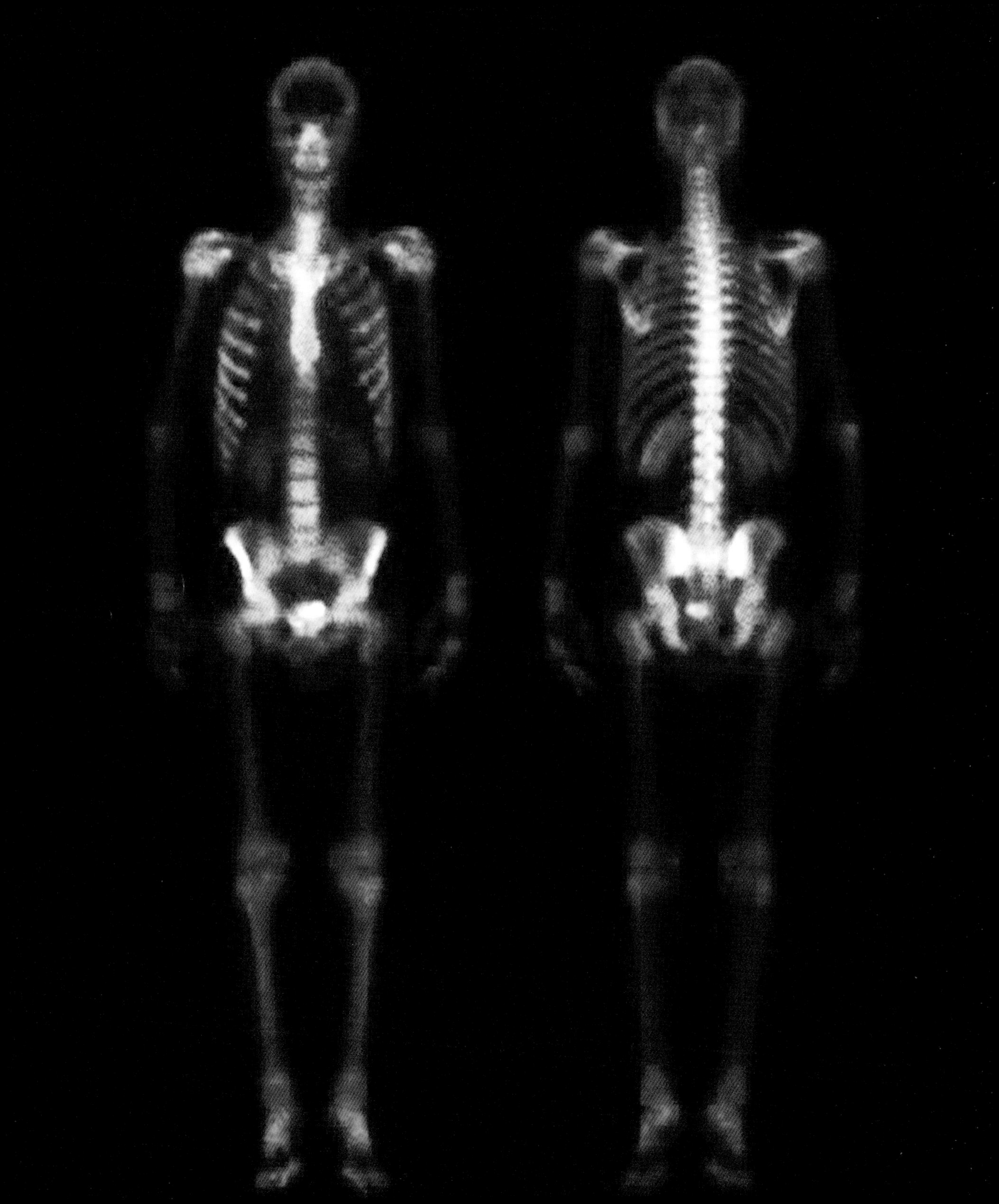

1925년

피셔-트로프슈법

프란츠 피셔(Franz Fischer, 1877~1947년), **한스 트로프슈**(Hans Tropsch, 1889~1935년)

프란츠 피셔와 한스 트로프슈는 독일 카이저 빌헬름 석탄연구소(현재 명칭은 막스 플랑크 석탄연구소)에 근무하던 1925년에 자신의 이름을 붙인 화학기술 하나에 특허를 냈다. 기체상태의 일산화탄소와 **수소**로 액체 탄화수소, 즉 가솔린을 만드는 반응이었다. 특히 독일이나 남아프리카처럼 원유 매장량은 적지만 천연가스와 석탄 보유고는 충분한 나라들이 이 기법을 산업에 도입하는 데 적극적이었다. 반응의 출발물질을 천연가스와 석탄 모두에서 추출할 수 있었기 때문이다.

독일은 제2차 세계 대전 기간에 여러 곳에 공장을 세웠다. 물론 엄청난 수요를 전부 감당하기에는 역부족이었다. 그래도 이 공장들이 탱크와 트럭을 위한 합성연료를 대준 덕분에 정유업계는 옥탄가가 높아야 하는 항공기용 연료의 생산에만 전념할 수 있었다. 몇 년 뒤, 남아프리카는 다른 이유로 이 기술을 도입하게 된다. 아파르트헤이트 정책에 반대하는 전 세계가 경제 보이콧을 선언했던 것이다. 그렇게 남아프리카는 떠밀리듯 자국에서 나는 석탄으로 탄화수소 연료를 자체생산하는 국가가 되었다. 남아프리카 버전의 피셔-트로프슈법은 지금도 사용되고 있다.

피셔-트로프슈 반응의 성패는 고온의 금속 촉매에 달려 있다. 촉매로는 보통 철이나 코발트가 사용된다. 각국 업계는 축적된 경험을 바탕으로 기술을 꾸준히 개량해 조건을 달리 해 탄화수소 조성비를 바꿔가며 목적에 맞는 연료를 생산할 수 있게 되었다. 하지만 수율은 그리 높지 않아서, 최적화된 조건에서도 기껏해야 50~60퍼센트에 불과하다. 그러니 석유와의 경쟁은 꿈도 못 꿀 일이다. 비용도 또 다른 걸림돌이 된다. 그래서 일반적으로는 특별한 상황에서만 설비를 가동한다. 최근에는 송유관이나 소비지에서 먼 곳에서 발견되는 천연가스를 이용하기 위해 농축 액체원료 운송비를 절감할 방책이 활발히 연구되고 있다. 이 합성연료가 현재의 고착상태에서 벗어나려면 어떤 식으로든 효율성을 높일 돌파구가 필요할 것으로 보인다.

함께 읽어보기 열분해(1891년), 접촉분해(1938년), 접촉개질법(1949년)

오늘날에도 새로운 피셔-트로프슈 촉매가 꾸준히 개발되고 있다. 호주 퍼스의 한 연구소에서 연구원이 24시간 가동하는 자동화 장치를 손보는 모습

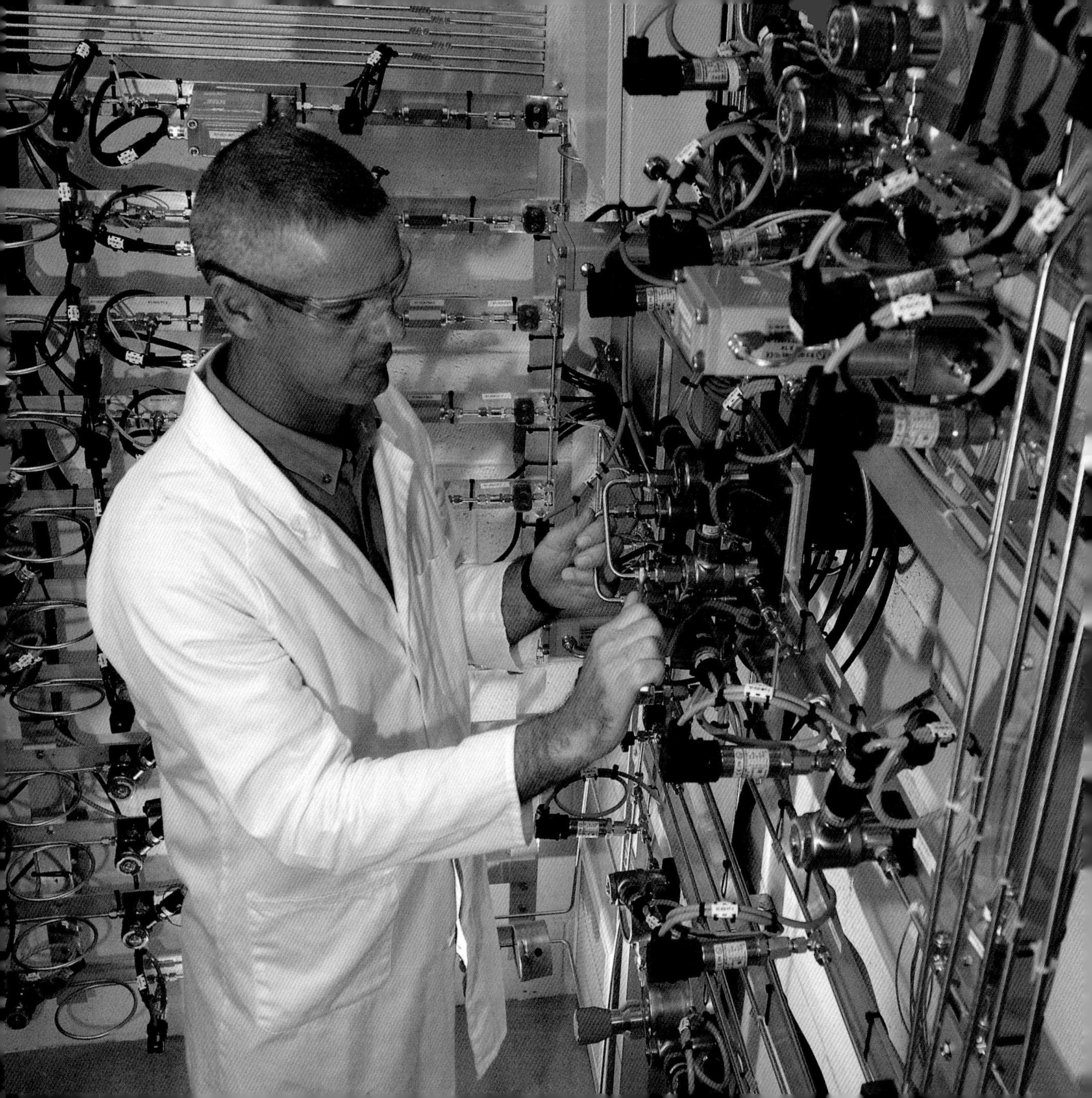

1928년

딜스-아들러 반응

오토 파울 헤르만 딜스(Otto Paul Hermann Diels, 1876~1954년), **쿠르트 아들러**(Kurt Alder, 1902~1958년)

독일 화학자 오토 파울 헤르만 딜스는 1928년에 그의 제자 쿠르트 아들러와 함께 한 화학반응에 관한 보고서를 발표한다. 이 보고서는 유기화학 교과과정을 뒤흔들면서 순식간에 두 사람을 유명인사로 만들고 노벨상까지 안겨주었다. 바로 딜스-아들러 반응 얘기다. 요즘에는 이 반응이 대부분의 대학교 일반화학 교재에 수록되어 있다. 그러므로 졸업과 함께 화학에서 등을 돌린 사람이라도 희미하게나마 기억에 남아 있을지도 모른다.

딜스-아들러 반응이 처음 공개되었을 때, 연구직 화학자들과 이론화학자들 모두의 이목이 여기에 집중되었다. 워낙 신묘했기 때문이다. 딜스-아들러 반응이란 이중결합이 한 칸 걸러 나오는 탄소 네 개짜리 분자 다이엔(diene)이 탄소 이중결합이 존재하는 분자와 반응해 육각환 하나로 합쳐지는 반응을 말한다. **반응 메커니즘**을 그리는 것은 어렵지 않았다. 새 결합 두 개가 어디서 생기며 왜 다이엔의 가운데 결합이 이중결합으로 바뀌는지도 너무나 자명했다. 하지만 이 반응이 어떻게 가능한지가 도무지 오리무중이었다. 어떤 재료를 갖다대도 늘 반응이 잘 일어나는 데다가 항상 특정 이성질체가 더 많이 만들어지다니. 어떻게 그럴 수 있을까. 그 비밀은 여러 해 동안 아무도 알아내지 못했다. 다른 반응들과 달리, 분자들이 물리적으로 얼마나 밀집해 있는지와 같은 환경적 요소는 딜스-아들러 반응에 별 걸림돌이 되지 못했고 신기하게 용매의 종류도 큰 영향이 없는 것 같았다.

한참 뒤에 밝혀진 바로, 이 반응의 메커니즘은 두 반응물질 분자의 전자구름이 겹쳐지고 이때 전자가 가장 많이 들어찬 오비탈과 가장 덜 들어찬 오비탈의 결합으로 재배열하는 것이다. 학계는 분자 결합에 관한 많은 배경지식을 쌓은 후에야 이 설명을 내놓을 수 있었다. 덕분에 다양한 화학반응을 근본적으로 설명하는 최외각 분자 오비탈 이론이 정립되었고 말이다. 딜스-아들러 반응은 여전히 복잡한 다각환 구조를 만들기에 편리한 반응이기 때문에, 다중 고리구조 분자를 취급할 일이 많은 천연물 합성과 제약 분야에서 지금도 종종 사용된다.

함께 읽어보기 시그마 결합과 파이 결합(1931년), 전이상태 이론(1935년), 반응 메커니즘(1937년), 쌍극자 고리화 첨가 반응(1963년), 우드워드-호프만 법칙(1965년), B_{12} 합성(1973년), 비천연물(1982년)

독일 킬 대학교의 오토 딜스 유기화학 연구소 건물 앞 보행로에 새겨진 딜스-아들러 반응식

1928년

레페 화학

발터 레페(Walter Reppe, 1892~1969년)

당대 공업화학계의 일인자였던 독일 태생 화학자 발터 레페는 호방한 성격의 소유자였다. 그렇지 않았다면 **아세틸렌**을 출발물질로 삼고 고온고압 조건에서 대규모로 돌리는 반응을 과감하게 설계하지 못했을 것이다. 이 반응은 작은 실험실에서 조물조물하는 것과는 수준이 달랐다. 게다가 레페가 프로젝트를 시작했을 때 고용주인 화학기업 BASF는 아세틸렌에 압력을 가하는 모든 반응을 금지시킨 상태였다. 폭발 위험이 너무 컸기 때문이다. 하지만 그때 레페는, 나중에 고백하기를, 회사가 내린 모든 결정에 불복하기로 결심했다고 한다. 아직 발견되지 못했지만 세상에 유용하게 쓰일 화학반응이 너무나 많다는 신념 때문이었다.

그런 그의 믿음은 옳았다. 그래서 그는 압력을 감당할 만한 특수 장비를 새로 만들고, 아세틸렌이 독가스가 되기 전에 어디까지 밀어붙일 수 있는지 실험을 통해 직접 확인하는 번거로운 과정을 묵묵히 감내했다. 레페 연구팀은 질소 같은 비활성 기체로 아세틸렌을 희석하면 안전하다는 사실을 알아냈다. 그 결과, 다양한 화학물질의 아세틸렌 삼중결합을 두 탄소 원자가 이중결합을 이루는 바이닐 기로 바꾸는 데 성공했다. 그렇게 합성된 바이닐에스테르, 아크릴산 등은 1930년대의 화학공업에 날개를 달아주었고 플렉시글라스®와 같은 새로운 폴리머의 개발을 견인했다. 참고로, 아세틸렌 분자 네 개가 모이면 손에 손 잡고 이중결합 네 개가 존재하는 팔각환을 형성한다. 레페는 이 사이클로옥타테트라엔(cyclooctatetraene)이 휘켈의 파이 전자 규칙에 따라 비방향족 분자일 것으로 예상했으나 사실은 그렇지 않았다.

요즘 세상에서 레페 화학은 한물 간 옛날 지식 취급을 받는다. 업계에서 아세틸렌 자체의 효용성이 크게 줄어든 탓이다. 아세틸렌에 관한 한 석유보다는 석탄을 출발물질로 쓰는 것이 낫지만 요즘은 석탄을 쓰는 공장이 거의 없으니 말이다. 그나마 공업용 촉매 생산에 필요한 사이클로옥타테트라엔을 제조하는 더 나은 방법이 아직 없기에 간간히 명맥은 유지하고 있다. 그러나 일산화탄소 분자 하나를 아세틸렌에 끼워넣는 레페 화학의 원리 자체는 아세틸렌뿐만 아니라 다양한 화학물질에 적용 가능하기에 오늘날에도 널리 사용된다.

함께 읽어보기 벤젠과 방향족 화합물(1865년), 아세틸렌(1892년), 시그마 결합과 파이 결합(1931년)

투명한 수중 터널을 비롯한 다양한 구조물에 아크릴 폴리머가 사용된다. 레페는 실용성 높은 아크릴산 기반 물질 여럿을 개발해냈다.

1930년

프레온 가스

찰스 프랭클린 케터링, 토머스 미즐리 주니어, 앨버트 리언 헨네(Albert Leon Henne, 1901~1967년)

냉장고가 살인을 한다면 믿겨지는가. 그런데 실제로 그것이 가능했던 시절이 있었다. 냉장고의 기본 원리는 냉매 기체가 팽창과 수축을 통해 냉각과 가열을 반복하면서 낮은 실내온도를 유지하는 것이다. 그런데 1920년대에는 이 냉매 기체의 선택권이 그리 넓지 않았다. 암모니아와 이산화황이 가장 흔히 사용되었지만, 둘 다 냉장고 본체를 부식시키는 것은 물론이고 인체에도 매우 유해했다. 또, 프로판은 불이 잘 붙어서 조금이라도 누출되면 대형 화재로 이어지기 십상이었다. 독성이 없고 폭발하지도 않는 다른 냉매가 당장 필요했다. 그래서 그런 물질을 찾기 위해 찰스 케터링이 이끄는 제너럴 모터스가 두 팔을 걷어붙인다.

프로젝트의 총 책임은 **테트라에틸납**을 발견해 유명인사가 된 토머스 미즐리 주니어와 그의 동료 앨버트 리언 헨네가 맡았다. 두 사람은 일단 할로겐화 탄소 화합물이 희망이라고 생각했다. 인화성이 매우 낮다는 점에서다. 더불어, 냉매로서 적합한 끓는점을 갖고 있으면서 작게 압축해 부피를 더 줄일 수 있으면 더더욱 좋았다. 이 모든 조건을 고려해 1930년에 최종 간택된 후보물질은 디클로로디플루오로메탄(dichlorodifluoromethane)처럼 염화물과 불화물이 혼합된 분자였다. 이런 CFC(chlorofluorocarbon) 계열 물질들은 무독하고 부식성이 전혀 없었다. 제너럴 모터스는 이 물질 계열을 총칭해 프레온 가스라 불렀고 프레온 가스는 대히트를 쳤다. 얼마 지나지 않아서는 스프레이 캔이나 천식약 흡입기 등의 비활성 추진제로서도 활동 영역을 넓혀갔다.

한편 미즐리는 프레온 가스를 발명한 공로로 퍼킨 메달과 프리스틀리 메달을 포함해 각종 상을 휩쓸고 미국 국립과학아카데미의 회원으로 선출되는 영예도 안았다. 그러나 이 모든 찬사는 CFC가 대기 오존층을 파괴한다거나 테트라에틸납이 납 중독을 유발한다는 사실을 까맣게 모르던 시절이기에 가능했을 것이다. 미즐리는 크게 성공한 화학자였지만, 역사상 개인 자격으로 지구의 대기에 가장 큰 해를 끼친 인물이기도 했다. 그렇게 그는 바로 다음 세대 후손들에게 모든 짐을 떠맡긴 채 홀로 영화롭게 세상을 살다 갔다.

함께 읽어보기 CFC와 오존층(1974년)

당시에는 최신식이었을 냉장고 옆에 밝은 표정으로 서 있는 젊은 부부. 냉매인 이산화황이나 포름산메틸이 본체 위에 연결된 둥근 압축기에서 압축된다. 두 성분 모두 독성이 커서 곧 프레온에 자리를 넘겨주게 되었다.

1931년

시그마 결합과 파이 결합

에리히 아르만트 아르투어 휘켈(Erich Armand Arthur Hückel, 1896~1980년)

탄소 원자들은 정사면체 구조로 대표되는 단일결합만 만드는 것이 아니라 이중결합도 흔하게 형성한다. 이런 이중결합은 특별한 기하학적 성질을 가진다. 이중결합 자체는 평면에 평평하게 누워 있고 탄소에 연결된 다른 원소 혹은 분자 두 개는 서로 약 120도의 각도로 벌어져 거리를 유지한다. 알켄과 같은 탄소-탄소 이중결합은 단일결합과 달리 이중결합을 축으로 결합기들이 회전하는 것을 절대로 허용하지 않는다. 그런 면에서 이중결합은 회전을 원천봉쇄하는 자물쇠와 비슷하다.

독일의 에리히 아르만트 아르투어 휘켈은 이런 이중결합만의 성질을 설명하기 위해 가설을 하나 세웠다. 그가 1931년에 발표한 기념비적 논문에 따르면, 이중결합에 존재하는 전자 두 쌍은 두 종류로 이루어져 있다고 한다. 휘켈은 이것을 시그마 전자와 파이 전자라고 불렀다. 가령, 탄소-탄소 단일결합에는 시그마 전자만 존재한다. 시그마 전자는 두 탄소 원자 사이의 협소한 공간 안에만 머문다. 반면 파이 전자는 시그마 결합 위아래에 전자구름 한 덩이씩을 피워올린다. 이때 상하 이동은 일어나지 않는다. 벤젠처럼 단일결합과 이중결합이 번갈아 나오는 분자의 경우는 파이 전자들이 뭉뚱그려져 도넛처럼 생긴 분자 본체의 위와 아래에 전자 구름층을 하나씩 깐다. 휘켈은 이 이론을 토대로 이중결합이 한 다리 걸러 나오는 고리형 분자들 중 4의 배수에 2를 더한 값에 해당하는 수의 파이 전자를 가진 것은 방향족성을 띨 거라고 예측했다. 예를 들어, 벤젠의 경우는 4+2인 6이므로 기준을 충족한다.

휘켈의 이론은 분자의 신비스런 동태를 시원하게 해석해줄 돌파구로 기대를 모으면서 학계에 엄청난 반향을 일으켰다. 파이 구름은 방향족 분자가 약물이나 생체분자 등의 다른 분자와 상호작용하는 패턴에 영향을 준다. 그런데 학계가 이 이론을 바로 수용한 것은 아니었다. 처음 몇 년 동안은 유기화학에 안 어울리게 수학에 지나치게 치중했다고 여기는 사람이 많았기 때문이다. 수십 년 뒤, 휘켈의 이론은 **컴퓨터 화학**을 적용해 더 정확하고 세밀하게 개정되어 재발표되었다. 처음만큼 세상을 화들짝 놀라게 하지는 못했지만.

함께 읽어보기 벤젠과 방향족 화합물(1865년), 정사면체 탄소 원자(1874년), 딜스-아들러 반응(1928년), 레페 화학(1928년), 컴퓨터 화학(1970년), 단일분자의 이미지(2013년)

컴퓨터로 그린 벤젠 분자의 모형. 보라색 격자가 파이 오비탈을 나타낸 것이다.

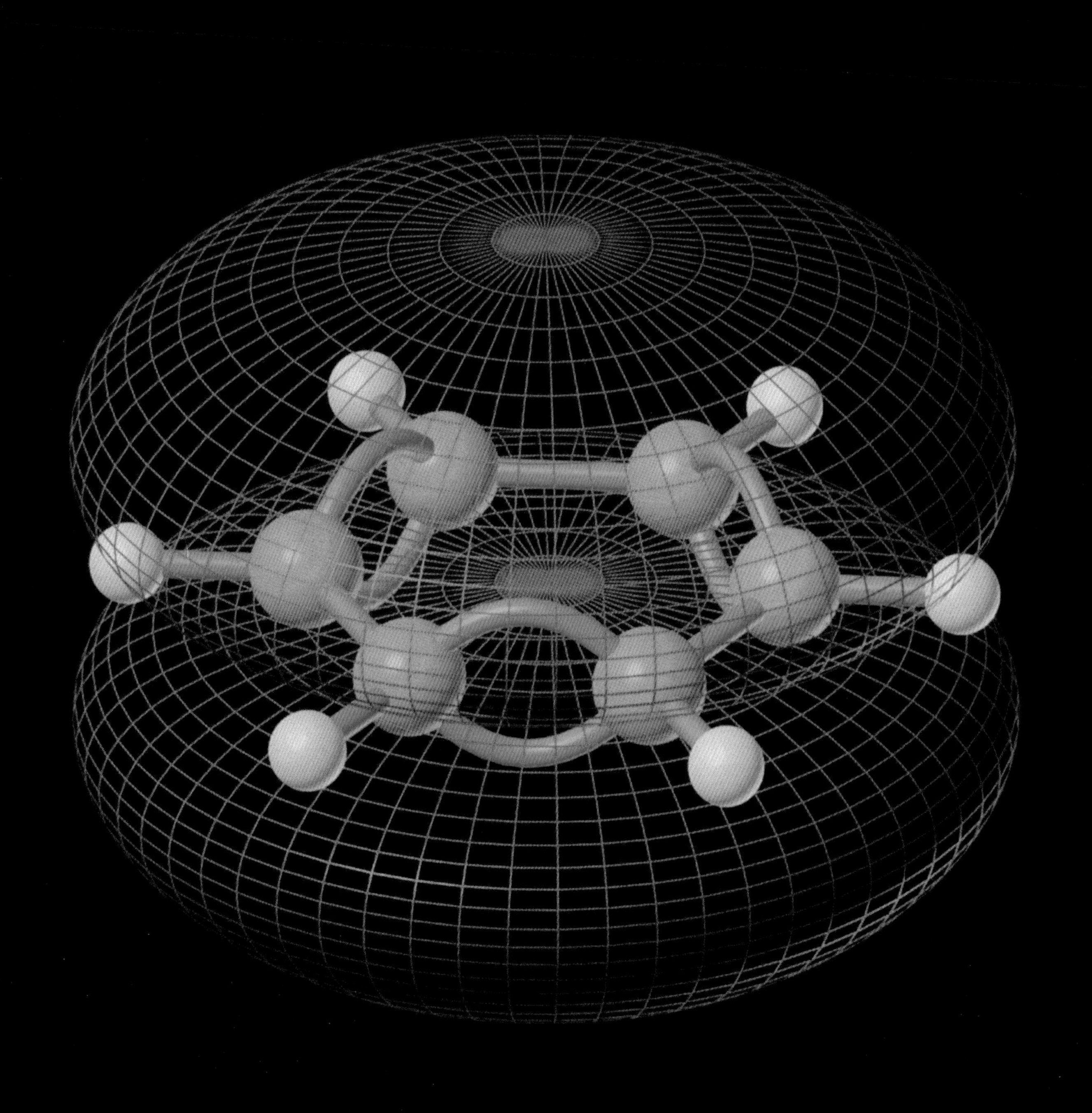

1931년

중수소

길버트 뉴턴 루이스, 해럴드 C. 유리(Harold C. Urey, 1893~1981년), **퍼디낸드 브릭웨드**(Ferdinand Brickwedde, 1903~1989년)

무거운 **수소**, 즉 중수소는 어디에나 존재한다. 다만 눈에 잘 띄지 않을 뿐이다. 평범한 수소보다 중성자가 딱 하나 더 많은 이 **동위원소**는 놀라울 정도로 안정적이다(반면, 수소에 중성자 두 개가 추가된 삼중수소는 그렇지 않아서 방사성 활성을 띤다). 세상에 존재하는 중수소는 거의 전부가 빅뱅의 순간에 만들어진 것으로 추정된다. 별이 일으키는 수소 핵융합 정도가 아니라면 중수소를 합성하는 것은 만만한 일이 아니기 때문이다. 그나마도 중수소는 생성속도보다 더 빠르게 사라진다. 그래서 지구가 보유한 중수소의 양은 평범한 수소 원자 100만 개 당 150개 정도에 불과하다.

1920년대에 중수소의 발견에 결정적인 역할을 한 것은 프랜시스 윌리엄 아스턴이 개량한 질량 분광분석기였다. 이 기계로 수소의 무게를 측정했더니 화학적 계산으로 나온 수치보다 약간 더 가벼웠던 것이다. 이것은 기존의 수소 시료에 무거운 동위원소가 극소량 섞여 있었다는 것을 의미했다. 미국 화학자 길버트 뉴턴 루이스는 이 동위원소에 중수소라는 이름을 붙였다. 그리고 그가 최초로 합성한 무거운 물 D_2O는 중수라고 부르기 시작했다. 또, 미국 물리학자 퍼디낸드 브릭웨드는 1931년에 쉽지 않은 과정을 거쳐 액체수소를 증발시켜 중수소를 농축하는 데 성공했다. 한편 그의 동료이자 루이스 밑에서 수학한 해럴드 C. 유리는 분광분석으로 중수소의 방출 스펙트럼이 갈수록 세진다는 사실을 알아냈다. 끝까지 남아 있으려는 중수소 원자의 성질 때문에 액체가 점점 묵직해진 것이다. 참고로, 영국 물리학자 조지프 존 톰슨이 1913년에 **질량 분광분석**으로 **네온**의 더 무거운 동위원소를 찾아낸 것도 같은 원리 덕분에 가능했다.

중수소는 제임스 채드윅이 중성자를 찾아내기 불과 7주 전에 발견되어서 중성자의 존재를 기정사실화하는 데에도 힘을 실었다. 유리는 중수소 연구로 노벨상을 받았는데, 이 일로 소외감을 느낀 스승인 루이스와 다소 껄끄러운 사이가 되고 말았다. 오늘날 중수소는 핵무기부터 **동적 동위원소 효과**까지 다양한 영역에서 활용된다.

함께 읽어보기 분별증류(1280년경), 수소(1766년), 불꽃 분광분석(1859년), 질량 분광분석(1913년), 동위원소(1913년), 방사성추적자(1923년), 동적 동위원소 효과(1947년), 효소 입체화학(1975년)

허블 우주망원경이 우리 태양계에서 약 21만 광년 떨어진 왜소 은하인 소마젤란은하의 일부를 찍은 사진. 중수소를 방사성추적자로 사용해 별과 은하의 진화를 연구한다.

1932년

탄산탈수효소

윌리엄 C. 스태디(William C. Stadie, 1886~1959년), **프랜시스 존 워즐리 로턴**(Francis John Worsley Roughton, 1899~1972년), **노먼 어커트 멜드럼**(Norman Urquhart Meldrum, 1907~1933년)

이산화탄소는 물에 녹아 탄산을 만들고 탄산은 곧 다시 물과 이산화탄소로 복귀한다. 평범한 상황에서는 어느 한쪽도 그리 빨리 일어나는 반응은 아니다. 그래서 탄산음료 뚜껑을 열자마자 이산화탄소 기체가 갑자기 분출해버려 음료 맛이 밍밍해지는 일은 일어나지 않는다. 그런데 탄산탈수효소가 있을 때는 얘기가 달라진다. 효과가 세상에서 제일 빠른 이 효소는 반응을 엄청나게 가속화시킨다. 이때 전체 반응의 빠르기는 효소의 활성 부위에 분자가 들고나는 확산 속도에 따라 결정된다. 이런 반응을 확산율속(diffusion controlled) 반응이라고 한다. 영국의 노먼 어커트 멜드럼과 프랜시스 존 워즐리 로턴 그리고 미국의 윌리엄 C. 스태디와 헬렌 오브라이언(Helen O'Brien) 네 사람은 1932년에 거의 동시에 이 효소를 발견했다. 그러면서 이산화탄소의 혈중 동태에 관한 오랜 미스터리가 풀리게 되었다. 내용인즉, 혈액에 잘 녹아 있던 이산화탄소가 폐에서 어떻게 그렇게 빨리 날숨을 타고 빠져나갈 수 있을까 하는 것이다.

그 비결은 엄청나게 빠른 전환 속도에 있다. 그리고 이것은 적혈구에 풍부한 탄산탈수효소의 섬세한 제어능력 덕분에 가능하다. 혈중 이산화탄소 농도가 높을 때는 효소가 중탄산염을 만들고, 반대로 중탄산염이 많을 때는 이것을 다시 이산화탄소 기체로 되돌린다. 이 가역적 반응은 폐에서 일어나는 기체 교환과 함께 pH를 비롯한 여러 생체기능을 조절하는 데 크게 기여한다. 이런 메커니즘이 밝혀지면서, 탄산탈수효소 억제제가 고산병 치료제로 개발되기도 했다.

탄산탈수효소는 여러 가지 이유로 생화학이나 효소공학과 밀접하게 연결된다. 일단 탄산탈수효소는 순수한 형태로 저렴하게 분리해 오랫동안 안정적으로 보관할 수 있다. 분자구조가 **엑스레이 결정학**으로 정확하게 알려져 있고 작용 메커니즘이 거의 완전하게 밝혀졌다는 것도 이 효소의 장점이다. 기능에 결정적 역할을 하는 것이 활성 부위의 아연 원자라는 점에서 탄산탈수효소는 각종 생체반응에 중요한 이른바 '금속효소' 계열의 첫 번째 회원이기도 하다. 요즘에는 이 효소를 억제하는 여러 분자가 의약품으로 개발되어 있으며 엑스레이 분석으로 결합 메커니즘까지 정확하게 파악된 것도 많다.

함께 읽어보기 이산화탄소(1754년), 아미노산(1806년), 엑스레이 결정학(1912년), 설파닐아마이드(1932년), 단백질 결정학(1965년), 효소 입체화학(1975년), 효소공학(2010년)

폐포를 묘사한 그림. 이 작은 공간에서 산소와 이산화탄소의 교환이 일어난다. 이산화탄소의 배출은 혈중 탄산탈수효소에 의해 조절된다.

1932년

비타민 C

제임스 린드(James Lind, 1716~1794년), **얼베르트 센트죄르지**(Albert Szent-Györgyi, 1893~1986년)

괴혈병의 첫 역사 기록은 기원전 5세기로 거슬러 올라간다. 가장 취약한 집단은 군인과 선원처럼 오래 여행해야 하는 사람들이었다. 하지만 음식 탓이라는 소문만 오래전부터 무성할 뿐, 시트러스계 과일을 섭취하면 낫는 병이라는 사실을 15세기까지도 아무도 몰랐다. 그러던 1747년에 괴혈병을 산으로 치료할 수 있다고 생각한 스코틀랜드 물리학자 제임스 린드가 일종의 임상시험을 최초로 시도한다. 그는 괴혈병에 걸린 선원들에게 여러 가지 산성 음식을 먹였다. 그런데 식초는 예상과 달리 별 효과가 없었고 시트러스계 과일을 먹은 그룹만 호전을 보였다.

하지만 음식이 약이 된다는 사실을 사람들은 받아들이지 않았다. 과일의 예방 효과가 가까스로 인정되고 나서도 그런 효과를 내는 성분이 무엇인지는 여전히 알쏭달쏭했다. 그러다 1920년대에 헝가리 생리학자 얼베르트 센트죄르지가 과일 단면의 갈변을 일으키는 효소를 연구하던 중에 레몬주스가 그런 변화를 억제한다는 사실을 발견했다. 그래서 그는 괴혈병을 예방하는 성분이 갈변도 억제하는 게 아닐까 추측했다. 지루하고 힘든 단순작업을 거쳐 그는 탄소 여섯 개짜리 극성산 물질을 소량 분리하는 데 성공했다. 이것이 바로 비타민 C다. 센트죄르지가 괴혈병(scurvy)을 없앤다(no-)는 의미로 아스코르빈산이라 이름 붙인 비타민 C는 사실 다양한 생화학 반응에 없어서는 안 되는 물질이다. 연골과 혈관 건강에 중요한 콜라겐 합성 효소가 충분히 만들어지고 면역계가 제대로 돌아가게 하려면 우리 몸에는 비타민 C가 반드시 필요하다.

물질 추출에 성공한 센트죄르지는 이제 기니피그를 이용한 동물실험 단계로 넘어갔다. 인체는 비타민 C를 스스로 합성하지 못하므로 최소한 동물로 확인해볼 필요가 있었다. 실험 결과, 아스코르빈산을 먹인 기니피그는 괴혈병이 완치되었다. 문제는 그가 확보한 아스코르빈산의 양이 추가 실험을 하기에는 부족했다는 것이다. 시트러스계 과일에는 비슷비슷한 성분이 많이 섞여 있어서 깔끔하게 분리하기가 어려웠기 때문이다. 1932년의 어느 날 밤, 센트죄르지는 절망적인 기분으로 귀가했고 아내는 헝가리산 피망 요리를 늦은 저녁식사로 내왔다. 그때 피망도 추출 재료가 될 수 있다는 생각이 그의 뇌리를 번뜩 스쳤다. 바로 연구실로 돌아온 그는 밤을 꼴딱 새서 피망이 순수한 아스코르빈산 덩어리라는 사실을 알아냈다. 그로부터 3주 뒤 무려 3파운드의 비타민 C를 추출해낼 수 있었고 1937년에 노벨상 수상자가 되었다.

함께 읽어보기 뵐러의 요소 합성(1828년)

편광현미경을 이용해 250배 배율로 확대해 본 비타민 C의 결정

1932년

설파닐아마이드

에르네스트 푸르노(Ernest Fourneau 1872~1949년), **게르하르트 도마크**(Gerhard Domagk, 1885~1964년), **프리츠 미치**(Fritz Mietzsch, 1896~1958년), **요제프 클라러**(Josef Klarer, 1898~1953년), **다니엘 보베**(Daniel Bovet, 1907~1992년)

사람들은 소위 기적의 항생제라는 페니실린을 더 많이 기억한다. 하지만 페니실린보다 앞서서 세계 최초로 개발되어 큰 화제가 되었던 항균제는 설파계, 그중에서도 설파닐아마이드였다.

여기에는 우여곡절이 있다. 독일의 생리학자이자 미생물학자인 게르하르트 도마크는 거대 제약회사 바이엘에서 동료 화학자인 요제프 클라러, 프리츠 미치와 함께 박테리아가 몇몇 염료에만 염색되는 메커니즘을 연구하고 있었다. 세균의 세포막에 염료 분자가 결합할 만한 구조가 있을 거라는 게 그들의 추리였다. 연구팀은 수백 가지 후보물질을 시험했고, 쥐에게 투여 시 약한 효능을 나타내는 선홍색 염료 하나를 1932년에 찾아냈다. 그런 다음, 이 물질의 분자구조를 조작해 여러 가지 유사체를 만들고 재시험을 통해 효과가 가장 큰 하나를 골라냈다. 바이엘은 임상시험을 거쳐 이 신약을 프로톤실(Prontosil)이라는 이름으로 출시했다. 프로톤실은 유례 없이 다양한 병균에 작용하는 최초의 광범위 스펙트럼 항균제였다. 다만, 사람과 동물에게 투여했을 때만 효과가 있었다.

그런데 프로톤실이 색을 입힌 것은 실험실의 세균만이 아니다. 아직 연구 단계에 있을 때 도마크의 딸 힐데가르트가 수를 놓다가 바늘에 찔려 연쇄상구균에 감염된 뒤 심하게 앓게 되었다. 도마크는 딸에게 이 약을 고용량으로 투여했고 덕분에 딸의 목숨을 구할 수 있었다. 하지만 후유증이 남았다. 약 때문에 벌겋게 물든 피부색이 평생 되돌아오지 않았던 것이다. 그로부터 얼마 지나지 않아, 에르네스트 푸르노와 다니엘 보베가 이끄는 프랑스 연구팀이 진짜 약효성분은 따로 있다는 사실을 밝혀냈다. 프로톤실은 체내에서 더 작은 분자로 쪼개지는데, 그중 하나인 설파닐아마이드가 병균을 죽이는 실체였던 것이다. 설파닐아마이드는 바로 상용화되었고 곧 수많은 유도체와 유사체들이 쏟아져왔다. 이 이른바 '설파계' 항균제는 제2차 세계대전에서 수많은 생명을 살렸고 윈스턴 처칠을 폐렴으로부터 구해주기도 했다.

도마크는 1939년에 노벨상 수상자로 지명되었지만 이 제안을 수락하려다가 게슈타포에 의해 체포되고 말았다. 결국 노벨상 메달은 1947년에야 그의 품으로 돌아갔다.

함께 읽어보기 퍼킨 연보라색(1856년), 인디고 블루 합성(1878년), 살바르산(1909년), 탄산탈수효소(1932년), 설파닐아마이드 엘릭서(1937년), 스트렙토마이신(1943년), 페니실린(1945년), 아지도티미딘과 항레트로바이러스제(1984년), 현대의 신약개발 전략(1988년), 탁솔(1989년)

프로톤실 정제가 들어 있는 길쭉한 약통. 프로톤실은 1930년대에 출시된 세계 최초의 설파계 항균제다.

Trade 'PRONTOSIL' Mark
TABLETS
(4-sulfonamide-2',4'-diamino-azobenzol)
20 tablets of 0·3 g. (gr. 4½)

1933년

폴리에틸렌

레지널드 오즈월드 깁슨(Reginald Oswald Gibson, 1902~1983년), **마이클 윌콕스 페린**(Michael Wilcox Perrin, 1905~1988년), **에릭 포셋**(Eric Fawcett, 1927~2000년)

1933년은 폴리에틸렌의 산업적 합성에 최초로 성공한 기념비적인 해다. 폴리에틸렌 자체는 거의 100년 전인 1898년에 **디아조메탄**을 연구하던 독일 화학자 한스 폰 페히만에 의해 우연히 발견되었다. 하지만 폭발성이 강하고 유독한 디아조메탄을 그것도 다량 취급하는 연구에 선뜻 뛰어들 만큼 미련한 바보는 없었기에, 폴리에틸렌은 한동안 그저 화학사 연대기에 한 줄 기록으로만 남아 있었다. 그러다 영국 화학자 레지널드 오즈월드 깁슨과 캐나다 물리학자 에릭 포셋이 폴리에틸렌에 생명을 불어 넣는다. 당시 두 사람은 에틸렌 가스와 벤즈알데히드의 고온고압 반응을 연구하고 있었다. 반응의 결과로 밀랍 같은 흰색 폴리머가 만들어졌는데, 분석해보니 이 폴리머는 에틸렌 분자들이 중합반응으로 연결되어 메틸렌(CH_2) 작용기들이 끝도 없이 이어진 거대 분자구조를 갖고 있었다. 그런데 다른 화학용매들과 잘 반응하지 않고 전성(展性)이 뛰어났다. 이것은 실용성이 무궁무진할 수 있다는 긍정적 신호였다.

관건은 재현성 있는 반응 공정을 확립하는 것이었다. 수많은 실패와 좌절 끝에 영국 화학자 마이클 윌콕스 페린이 1937년에 해결책을 찾아낸다. 우연히 극미량의 산소가 들어갔는데 반응의 첫 단계가 성공적으로 일어난 것이다. 그 다음은 상대적으로 온화한 조건에서 더 안정한 **프리라디칼**을 더해주기만 하면 되었다. 이렇게 합성된 폴리에틸렌은 제2차 세계대전 동안 레이더와 같은 전자기기의 절연물질로 사용되면서 국가기밀로 극진한 대접을 받았다. 종전 후에는 대규모 생산이 본격화되었고 단단한 덩어리부터 돌돌 말리는 얇은 판넬까지 다양한 형태의 폴리에틸렌 가공품이 쏟아져나왔다.

오늘날 폴리에틸렌의 가장 흔한 용도는 플라스틱 폴리머를 제작하는 것이다. 사슬 길이나 곁가지에 달린 분자의 종류 등 분자구조를 미세하게 조정하면 유연한 저밀도 폴리에틸렌(LDPE)부터 뻣뻣한 고밀도 폴리에틸렌(HDPE)까지 다채로운 성질의 폴리에틸렌 가공품을 필요한 대로 제조할 수 있다. 생산량은 해마다 수억 톤에 달하며 페트병, 쓰레기 봉지, 스포츠용품, 장난감 등 폴리에틸렌으로 못 만들 게 없어 보인다. 비록 첫 걸음마는 행운의 여신의 도움을 받아 떼었지만, 아직도 연구가 활발히 진행 중이므로 앞으로도 인상적인 행보를 이어갈 것으로 기대된다.

함께 읽어보기 폴리머와 중합반응(1839년), 디아조메탄(1894년), 프리라디칼(1900년), 베이클라이트(1907년), 나일론(1935년), 테플론(1938년), 시아노아크릴레이트(1942년), 치글러-나타 촉매작용(1963년), 케블라(1964년), 고어텍스(1969년)

다재다능한 폴리에틸렌은 구멍이 잘 나지 않는 펜싱복을 비롯해 다양한 물건과 물질에 들어간다.

1934년

슈퍼옥사이드

라이너스 칼 폴링(Linus Carl Pauling, 1901~1994년), **레베카 거슈먼**(Rebecca Gerschman, 1903~1986년), **에드워드 W. 노이만**(Edward W. Neuman, 1904~1955년), **어윈 프리도비치**(Irwin Fridovich, 1929년~), **조지프 매코드**(Joseph McCord, 1945년~)

미국 화학자 라이너스 폴링은 화학결합의 성질을 면밀하게 통찰한 후 1931년에 이미 100년이나 된 어떤 이론이 틀렸다는 결론을 내린다. 그때까지는 **산소**가 풍부한 조건에서 알칼리족 금속을 태우면 K_2O_4와 같은 사산화물이 만들어진다는 게 통념이었다. 하지만 폴링은 산소가 평소보다 전자 하나를 더 가진 O_2 음이온 하나가 반응산물에 들어 있다는 사실을 깨달았다. 따라서 알칼리족 금속 산화물의 정확한 화학식은 KO_2, NaO_2 등이 되어야 옳았다. 그는 이런 O_2 음이온 분자들을 슈퍼옥사이드라고 부르기 시작했다. 그리고 1934년에 동료 화학자 에드워드 W. 노이만과 함께 칼륨슈퍼옥사이드가(짝을 맺지 않은 전자가 하나 있는) **프리라디칼**의 자성을 갖는다는 내용의 논문을 발표함으로써 자신이 옳았음을 전 세계에 증명해보였다.

슈퍼옥사이드는 무기화학뿐만 아니라 생화학적으로도 높은 연구 가치를 지닌다. 숨 쉬며 살아가는 모든 생명체의 핵심 구성요소이기 때문이다. 1954년에 미국 생화학자 레베카 거슈먼은 슈퍼옥사이드가 생체에서 중요한 역할을 맡고 있다는 가설을 제안했다. 1960년대 초에 미국 생화학자 어윈 프리도비치 역시, 약간 극단적 회의주의의 성격을 띠긴 했지만, 슈퍼옥사이드가 세포 안을 자유롭게 떠돈다는 비슷한 의견을 개진했다. 나아가 1968년에는 미국 생화학자 조지프 매코드가 유일한 존재의 이유가 슈퍼옥사이드를 제거하는 것인 효소를 발견한다. 이 효소는 사실 30년 전부터 알려져 있었지만 체내에 그렇게 많은 이유를 아무도 설명하지 못하고 있었다. 매코드는 이 효소의 이름을 슈퍼옥사이드 디스뮤타제(superoxide dismutase)로 고쳤고 프리도비치와 함께 세포생리학의 신기원을 열었다.

슈퍼옥사이드는 히드록시 라디칼, 과산화수소와 함께 가장 중요한 세포 내 활성산소종(ROS, reactive oxygen species) 중 하나다. ROS는 생체분자를 망가뜨린다는 점에서 노화의 주범으로 지목된 지 오래다. 그러나 최근 연구에 의하면 세포가 정상적으로 기능하려면 ROS가 반드시 필요하다고 한다. 또, 근육세포 성장과 대사 항진이라는 운동의 유익한 효과 역시 소량의 ROS가 건전한 스트레스 자극이 되어 나타나는 것이라고 한다.

함께 읽어보기 산소(1774년), 프리라디칼(1900년), 세포 호흡(1937년)

잠수함과 같은 밀폐된 환경에서 슈퍼옥사이드염을 사용해 산소를 발생시킨다.

1934년

배기 후드

옛날 과학자들은 작업실의 공기가 탁하든 말든 전혀 신경쓰지 않았다. 오죽하면 실험실이라는 말 자체가 '부엌' 혹은 '뒤뜰 헛간'을 뜻하는 단어에서 비롯되었겠는가. 하지만 요즘에는 모든 실험실의 한 구석에 배기 후드가 달린 작업공간이 마련되어 있다. 전체적인 생김새는 책상과 비슷하지만 작업대 위쪽이 커다란 상자처럼 밀폐되어 있고 밀어 올리는 유리문이 달려 있다. 또, 안쪽 천장에는 여과장치가 있어서 깨끗한 공기만 지속적으로 들어온다. 이 장치 덕분에 이 작은 공간 안에는 이물질이 걸러진 청정한 공기만 흐른다. 그뿐만 아니다. 후드가 켜져 있는 한은 안에서 발생한 어떤 연기나 기체도 이 공간 밖으로 빠져나가지 못한다. 그래도 불안하다 싶으면 유리문을 내려닫으면 안심이다.

그래서 어쩌다 옛날 실험실 사진을 보면 흠칫 놀라곤 한다. 배기장치가 없는 실험실은 요즘 기준에서 지극히 원시적으로 느껴지기 때문이다. 만약 그때 배기 후드가 있었다면 그 옛날 **불소**를 분리했을 때처럼 화학자들이 실험을 하다가 다치거나 목숨까지 잃는 일은 일어나지 않았을 것이다. 안타깝게도 배기 후드는 20세기 중반을 넘어서야 보편화되었고 그 전에는 따로 주문제작하거나 작업자가 직접 설치해야 해서 번거롭기 짝이 없었다. 토머스 에디슨(Thomas Edison)도 그런 부지런한 선각자 중 한 명이었다. 실험 후 남는 각종 부산물들이 건강에 나쁘다는 사실을 인지하고 있었던 그는 가끔 벽난로에 연결된 굴뚝을 통해 환기를 시켰다. 때로는 창가에 작업대를 연장해 실내에서 고개만 빼꼼 내밀어 작업을 하기도 했다.

표준화된 규격을 갖춘 배기 후드가 대량생산된 것은 1930년대부터다. 그래서 신축 연구시설의 옥상에 배기팬 여러 대가 돌아가는 모습이 점차 일상이 되었다(넓은 단지에서 연구소를 찾아가야 할 때는 꼭대기에 이런 설비가 많은 건물을 찾으면 된다). 혹시 정전이 되거나 해서 건물 일부에서만 배기 후드가 멈췄을 때는 기압차 때문에 연구실 문이 잘 열리지 않으니 걱정할 필요가 없다.

배기 후드는 부차적 기능이 많다. 그중 하나는 메모장처럼 유리문에 화학구조식을 적어둘 수 있다는 것이다. 연구하는 화학자 치고 중요한 정보든 잡다한 아이디어든 뭔가를 여기에 끄적거려 본 적이 없는 사람은 세상에 한 명도 없을 것이다.

함께 읽어보기 분별 깔때기(1854년), 에를렌마이어 플라스크(1861년), 속슬렛 추출기(1879년), 불소 분리(1886년), 붕규산 유리(1893년), 딘-스타크 장치(1920년), 자기 교반막대(1944년), 글러브 박스(1945년), 회전증발기(1950년)

현대식 배기 후드. 웬만한 화학 실험은 전부 이 안에서 해야 안전하다.

1935년

전이상태 이론

마이클 폴라니(Michael Polanyi, 1891~1976년), **헨리 아이링**(Henry Eyring, 1901~1981년), **메러디스 귀네 에반스**(Meredith Gwynne Evans, 1904~1952년)

화학반응 동안 분자 안에서는 무슨 일이 일어날까? 재료를 투입하면 결과물이 나온다. 그 결과물을 보고 예전의 어떤 결합이 깨져서 새로운 어떤 결합이 만들어졌음을 알아낸다. 언뜻 보면 이게 전부인 것 같다. 하지만 아니다. 분자 결합은 도대체 언제 해체되기 시작하고 새롭게 재구성되는 걸까?

이것은 물리화학을 주축으로 과학계 전체가 관심을 갖고 있는 주제다. 자연히 이에 관한 가설도 여럿 등장했다. 그중에 가장 주목할 만한 것은 전이상태 이론이다. 이 이론은 공교롭게도 마이클 폴라니와 메러디스 귀네 에반스가 손잡은 영국 연구팀과 미국 화학자 헨리 아이링이 두 대륙에서 1935년에 거의 동시에 내놓았다. 어떤 에너지 준위에 있는 원료물질들이 있다고 치자. 여기서 화학반응이 개시되려면 일종의 에너지 언덕을 넘어야 한다. 그래서 언덕 높이만큼의 에너지가 투입되지 않으면 반응은 시작되지 않는다. 일단 고개만 넘으면 그 다음은 일사천리다. 그렇게 만들어지는 반응물질은 처음보다 더 낮은 에너지 준위를 갖는다.

반응 과정 전체에서 에너지가 가장 높은 시점인 언덕 꼭대기를 바로 전이상태라 한다. 이 꼭대기를 얼마나 빨리 넘어가느냐가 전체 반응의 속도를 결정한다. 따라서 전이상태를 안정화시켜 언덕의 높이를 낮출 방법만 있다면 반응을 가속화시킬 수 있다. 라이너스 폴링은 촉매의 생체 버전인 효소가 그런 식으로 효과를 발휘한다고 생각했고, 전이상태의 분자들과 비슷한 모양을 갖도록 설계함으로써 효소 억제제 여럿을 개발했다.

전이상태를 고정하거나 분리하는 것은 불가능하다. 실제로 전이상태는 분자가 딱 한 번 부르르 떠는 찰나에 지나지 않기 때문이다. 하지만 이 찰나의 순간은 화학반응에서 큰 의미를 갖는다. 만약 전이상태에서 분자의 극성이 더 커진다면 극성 용매를 써서 전이상태를 안정화시켜 반응 속도를 높일 수 있다. 또, **딜스-아들러 반응**에서처럼 전이상태에서 분자의 부피가 작아진다면 이번에는 압력을 높여 반응 시간을 단축할 수 있다. 전통적인 전이상태 이론은 극단적인 반응 조건에는 잘 들어맞지 않는다. 하지만 화학반응의 속사정을 이해하는 데에는 이 설명 만한 것이 또 없다.

함께 읽어보기 기브스 자유에너지(1876년), 쌍극자 모멘트(1912년), 딜스-아들러 반응(1928년), 반응 메커니즘(1937년), 동적 동위원소 효과(1947년), 쌍극자 고리화 첨가 반응(1963년)

열역학적 조건이 맞고 분자가 전이상태라는 관문을 통과할 수 있을 때만 실제로 반응이 일어나 이런 결정질이 만들어진다.

1935년

나일론

엘머 카이저 볼튼(Elmer Keiser Bolton, 1886~1968년), **윌리스 흄 캐러더스**(Wallace Hume Carothers, 1896~1937년), **줄리언 워너 힐**(Julian Werner Hill, 1904~1996년)

현대 폴리머 화학의 신호탄이 된 사건은 영국에서 **폴리에틸렌**이 그리고 미국에서 나일론이 발견된 것이다. 면이나 양모 같은 천연섬유만 봐도, 아직 걸음마 단계였던 폴리머의 잠재력이 무궁무진하다는 것을 알 수 있었다. **베이클라이트**도 어떤 면에서 성공작이긴 했다. 하지만 여기서 가는 실로 뽑아내는 것은 불가능했다. 그러던 차에 듀폰 연구소의 폴리머 연구 책임자로 있던 미국 화학자 윌리스 흄 캐러더스는 합성고무 네오프렌과 함께 방적이 가능한 폴리머 여럿을 개발한다. 하지만 모두 드라이클리닝 용제에 녹아버린다는 치명적 단점이 있었다.

캐러더스가 다른 프로젝트 때문에 연구를 거의 포기하려는 찰나, 마침 들려온 폴리에틸렌 뉴스에 자극을 받은 듀폰의 또 다른 책임연구원 엘머 카이저 볼튼은 한번 더 도전해보자고 캐러더스를 설득했다. 그렇게 의기투합한 두 사람은 연구팀원 줄리언 워너 힐이 전에 시도했던 것과 똑같은 방적 기술을 사용하되 이번에는 아마이드 결합에 집중했다. 그 결과, 완전히 새로운 물질이 만들어졌다. 그런 다음에는 이 분자가 가진 산과 아민의 사슬 길이를 조정하는 데 초점이 맞춰졌고 산 사슬과 아민 사슬 모두 탄소 여섯 개 길이를 가진 폴리머 나일론이 마침내 탄생했다. 그리고 불과 3년 뒤, 나일론사를 생산하는 방적공장이 세계 최초로 가동에 들어갔다. 1930년대에 발견된 다른 많은 신소재들과 마찬가지로, 나일론 역시 처음 몇 년 동안은 일상용품보다는 낙하산 대체재 등으로 전쟁에 동원되었다. 나일론은 질겨서 잘 찢어지거나 끊어지지 않았고 열과(강산을 제외한) 화학약품에도 강했다. 오늘날에도 나일론은 의류에 가장 많이 사용되는 합성섬유이며 지퍼, 기계부품, 주방용품 등 다양한 물건이 나일론으로 만들어진다.

하지만 안타깝게도 캐러더스는 나일론의 활약상을 보지 못하고 세상을 떠났다. 우울증이 심해져 자살하고 만 것이다. 그가 스스로 업적을 드러낸 적은 없지만 그런 인재가 사라진 것은 과학계로서는 크나큰 손실이 아닐 수 없다. 게다가 그는 인재를 알아보는 혜안도 갖추고 있었다. 훗날 노벨상을 받으며 20세기 폴리머 화학의 대부가 된 폴 플로리(Paul Flory)를 채용한 것도 그였다.

함께 읽어보기 폴리머와 중합반응(1839년), 고무(1839년), 베이클라이트(1907년), 폴리에틸렌(1933년), 테플론(1938년), 시아노아크릴레이트(1942년), 치글러-나타 촉매작용(1963년), 케블라(1964년), 고어텍스(1969년)

제2차 세계대전 동안 나일론 스타킹을 재활용해 전단살포용 낙하산, 활공기 견인줄 등 여러 가지 전쟁용품을 만들었다.

DEPOSIT OLD SILK
& NYLON HOSE here

1936년

신경가스

게르하르트 슈라더(Gerhard Schrader, 1903~1990년)

독일을 대표하는 화학기업 이게파르벤에서 게르하르트 슈라더는 유기불소 살충제를 연구하고 있었다. 이런 살충성분 중 다수는 사람에게도 치명적이다. 크리스마스를 이틀 앞둔 1936년의 겨울날, 슈라더는 자기도 모르게 그런 물질 하나를 만들어낸다. 연휴를 보내고 복귀한 그는 며칠 동안 숨이 가쁘고 눈앞이 흐렸던 것이 다 이 신물질 때문이라는 사실을 깨달았다. 그리고는 현명하게도 즉시 실험실을 나가야 한다는 결정을 내렸다. 그와 조수가 조금만 더 안에 머물렀다면 두 사람은 아마 타분(tabun)으로 목숨을 잃은 첫 희생자가 되었을 것이다. 두 사람이 만들어낸 타분이 바로 세계 최초의 신경가스였던 것이다.

이런 물질을 우리는 신경가스라고 하지만 대부분 엄밀히는 휘발성 액체라고 표현하는 게 옳다. 뭐라고 불리든, 신경가스는 모두 아세틸콜린에스테라제(acetylcholinesterase)라는 중요한 생체효소에 비가역적으로 결합함으로써 위력을 발휘한다. 이 효소가 신경가스에 묶이면 신경세포에서 분비된 아세틸콜린과 같은 신경전달물질이 분해되지 않고 계속 쌓인다. 그런데 그 속도가 무섭게 빠르기 때문에 이 물질에 노출된 생물은 금방 사망에 이르게 된다. 신경가스의 효과가 가장 빠르게 나타나는 신체부위는 폐와 눈이다. 단, 아세틸콜린에스테라제를 신경가스보다는 훨씬 약하게 가역적으로 억제하는 물질은 의약품으로서의 활용 가치가 있다. 하지만 같은 성분이 강력 살충제로도 사용된다는 게 문제다. 자연히 인체 건강을 해친다는 우려 때문에 규제가 강화되면서 의료계에서 이 약물 계열이 설 자리가 점점 좁아지는 실정이다.

독일은 세계대전 동안 신경가스의 대량생산 공정을 개발했지만, 실제로 전장에 투입한 사례는 몇 되지 않는다. 여러 가지 이유가 있지만 무엇보다도 미국이 같은 무기로 반격할 거라는 확신 때문이었다. 그럼에도 슈라더 연구팀은 독성이 더욱 강한 유사물질들을 계속 개발해냈고 미국과 소련 역시 비슷한 신경가스를 대량합성해서 비축해두었다. 현재는 대부분의 강대국이 이 화학무기를 포기하기로 공식 선언한 상태다. 하지만 제3국의 소규모 전쟁이나 일본의 지하철 테러 사건처럼 과격 집단에 의한 테러 공격에서 여전히 신경가스가 많은 사상자를 내고 있다.

함께 읽어보기 그리스의 불(672년경), 독물학(1538년), 화학전(1915년), 바리 공습(1943년)

제2차 세계대전 동안 화학전을 대비해 고안된 화생방복. 다행히도 실제로 사용되지는 않았다. 따라서 신경가스 노출 차단 효과가 얼마나 좋은지는 알 수 없다.

1936년

테크네튬

오토 베르크(Otto Berg, 1873~1939년), **카를로 페리에**(Carlo Perrier, 1886~1948년), **발터 노다크**(Walter Noddack, 1893~1960년), **이다 타케 노다크**(Ida Tacke Noddack, 1896~1978년), **에밀리오 지노 세그레**(Emilio Gino Segrè, 1905~1989년)

이름이 '인공적인'이라는 뜻의 그리스어 테크니토스(teknitos)에서 유래한 테크네튬은 **주기율표** 한가운데에 당당하게 자리하고 있다. 하지만 주위의 완벽히 정상적인 금속들과 달리 테크네튬은 안정적인 동위원소가 존재하지 않는다. 테크네튬-98의 반감기는 무려 420만 년으로 인간 시계의 기준으로는 거의 영원불멸한 것처럼 느껴진다. 하지만 지구 시계의 기준으로 테크네튬은 계속 분해되어 없어진다. 그래서 안정적이지 않다고 말하는 것이다. 더 무거운 방사성 활성 원소가 분해되어 만들어지는 테크네튬 동위원소의 양이 매우 적다는 점을 생각하면 주기율표에서 이 자리가 오랫동안 비어 있었다는 것은 그다지 놀랍지 않다. 19세기와 20세기 초에는 다른 원소를 테크네튬이라 주장하는 논문들이 쉬지 않고 나왔다. 하지만 1936년에 광물학자 카를로 페리에와 물리학자 에밀리오 지노 세그레가 이끄는 이탈리아 연구팀이 몰리브덴에 **중수소** 핵을 충돌시키는 인위적 방법으로 진짜를 최초로 발견하면서 모든 혼란을 거의 완벽하게 정리했다.

여기서 '거의'라고 말한 것은 최근에야 화학 교재에서 빠진 허위사실들 때문이다. 가령, 결국 인정되지는 않았지만, 독일 화학자 이다 타케 노다크가 발터 노다크와 오토 베르크와 함께 로듐과 테크네튬을 동시에 발견했다는 설이 있다. 노다크 팀은 1925년에 그들이 미지의 원소라고 믿은 성분의 엑스선 스펙트럼 기록을 남겼는데, 1990년대 후반에 미국 국립표준기술연구원의 한 연구팀이 당시 그들이 마스륨이라 명명한 원소가 사실은 테크네튬이었을 거라는 추측을 뒤늦게 내놓은 것이다. 하지만 분석적 증거를 남길 수 있을 만큼 충분한 양의 시료를 분리하는 것이 가능했던 원소가 아니므로 이는 사실이 아닐 것이다.

현재 테크네튬-99는 여러 가지 장점 때문에 의료용 **방사성추적자**로 널리 사용된다. 우선, 아주 깔끔한 감마선 방출 영상을 그려낸다. 또, 반감기가 약 6시간이라 검사를 하기에 딱 적당한 시간 동안만 체내에 머무르며, 분해되면 방사성 활성이 거의 소멸된다. 게다가 체외 배출도 빠르다. 그동안 그렇게 꽁꽁 숨어 있었던 게 다 흠 잡을 데 없는 면모를 보여주는 게 아까워서였던 모양이다.

함께 읽어보기 주기율표(1869년), 폴로늄과 라듐(1902년), 동위원소(1913년), 방사성추적자(1923년), 중수소(1931년), 자연계의 마지막 원소(1939년)

방사성 활성 테크네튬을 투여한 후 환자의 손을 촬영한 감마선 영상. 방사성추적자가 뼈에 집중 분포하므로 이 성질을 토대로 종양을 찾아낼 수 있다.

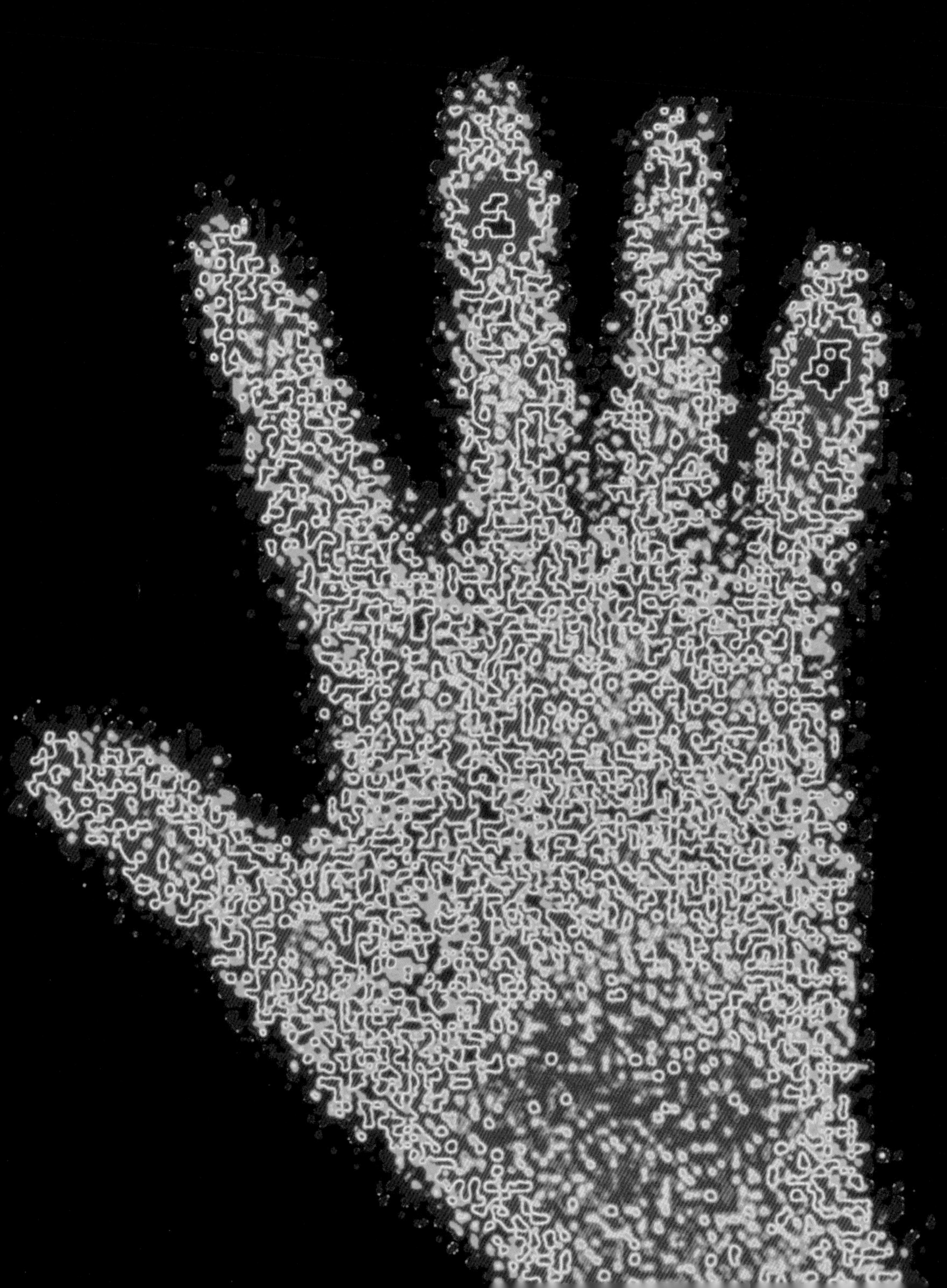

1937년

세포 호흡

오토 프리츠 마이어호프, 얼베르트 센트죄르지, 카를 로만(Karl Lohmann, 1898~1978년), **프리츠 앨버트 리프먼**(Fritz Albert Lipmann, 1899~1986년), **핸스 애돌프 크레브스**(Hans Adolf Krebs, 1900~1981년), **폴 델로스 보이어**(Paul Delos Boyer, 1918년~), **피터 미첼**(Peter Mitchell, 1920~1992년), **존 어니스트 워커**(John Ernest Walker, 1941년~)

모든 생명체는 살아가기 위해 에너지를 필요로 한다. 그리고 그 에너지는 모두 똑같은 분자를 통해 운반된다. 바로 아데노신 삼인산염, 즉 ATP다. ATP는 1929년에 독일 화학자 카를 로만이 오토 프리츠 마이어호프와 함께 발견했다. 생화학자 프리츠 앨버트 리프먼의 설명에 의하면, ATP의 인산염 결합 안에는 상당량의 에너지가 내포되어 있다. 그래서 이 결합을 끊어내면 그 에너지를 다 방출시킬 수 있다. 말하자면 분자 자체가 바로 쓸 수 있는 휴대용 보조배터리 역할을 하는 것이다. 우리 몸에는 이런 아데노신 분자가 수십 억 개 존재한다. 아데노신은 체내 구석구석에서 이인산염(ADP)과 ATP 사이를 반복해서 왔다 갔다 하면서 모든 종류의 단백질에 화학에너지를 공급한다. ATP 결합부위가 표준 규격으로 설계되어 있기에 이런 전방위적 활약이 가능하다.

ATP는 특별한 효소에 의해 합성된다. ATP 합성효소를 처음 발견한 사람은 영국의 생화학자 피터 미첼인데, 폴 보이어와 존 워커의 후속 연구에 의하면 이 효소의 작용으로 미토콘드리아라는 특별한 세포소기관에서 ATP가 쉬지 않고 만들어진다고 한다. 미토콘드리아는 ATP만 생산하는 특화된 공장이다. ATP 화학 이론의 기초가 다져진 것은 1937년에 독일 태생 영국 생화학자 핸스 애돌프 크레브스에 의해서였다. 그는 헝가리 생리학자 얼베르트 센트죄르지(**비타민 C** 참고)의 연구를 기초로 구연산에서 시작하는 순환반응을 설계했다. 구연산은 마지막 단계에서 재생되면서 반응이 끊임없이 돌아가게 만든다. 반면에 다른 재료인 탄소 두 개짜리 아세트산염은 계속 새로 투입해주어야 한다. 반응 부산물로는 **이산화탄소**가 만들어진다. 하지만 여기서 끝이 아니고 크레브스 회로의 산물이 또 다른 일련의 효소반응에 재료로 들어간다. 여기서는 산소가 소비되는 까닭에 이 후반부 반응을 산화적 인산화반응이라 부른다. 이렇게 전반전과 후반전을 무사통과하고 나서야 비로소 완전한 ATP가 만들어진다. 우리가 산소를 들이마셨다가 이산화탄소를 내뱉는 것은 전부 지칠 줄 모르는 용광로처럼 일만 하는 미토콘드리아가 있기에 가능한 일이다.

함께 읽어보기 인(1669년), 이산화탄소(1754년), 산소(1774년), 슈퍼옥사이드(1934년), 광합성(1947년), 이소아밀아세테이트와 에스테르(1962년), 동위원소 분포(2006년)

중요 구조물만 표시한 전형적인 세포의 모형. 녹색의 타원형 물체가 미토콘드리아다. 근육세포에는 미토콘드리아의 수가 더 많다.

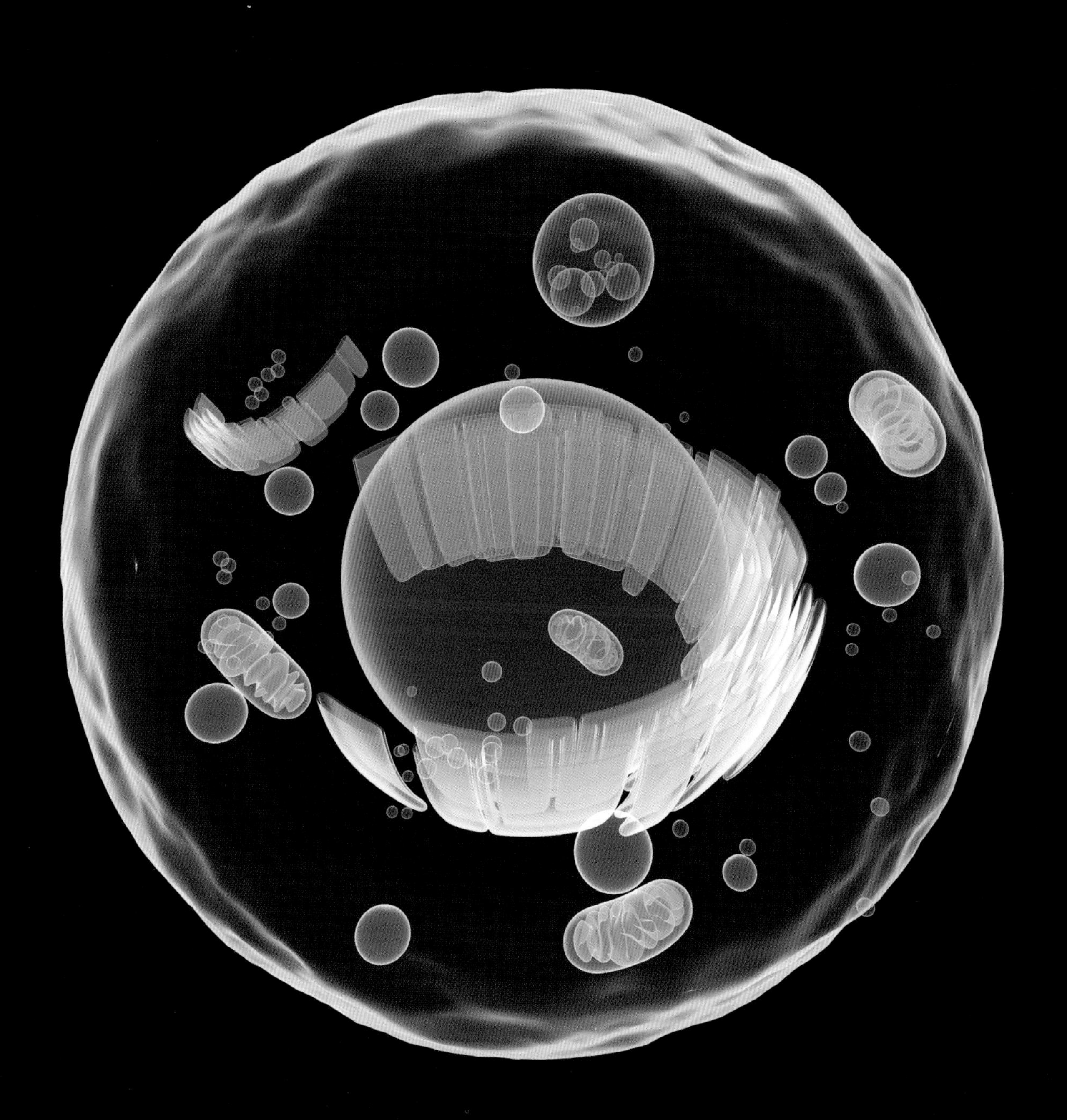

1937년

설파닐아마이드 엘릭서

월터 캠벨(Walter Campbell, 1877~1963년), **해럴드 콜 왓킨스**(Harold Cole Watkins, 1880~1939년), **프랜시스 올덤 켈지**(Frances Oldham Kelsey, 1914~2015년), **제임스 스티븐슨**(James Stevenson, ?~1955년)

어떤 약은 처음에는 인류를 구원할 듯 보이다가 크나큰 배신감을 안겨주기도 한다. **설파닐아마이드**도 바로 그런 류였다. 설파닐아마이드는 1930년대에 신비의 항생제로 급부상했지만 아이들에게는 먹이기가 힘들었다. 당시 모든 항생제가 그랬듯 상당량을 투약해야 했는데 아이 몸에 그 많은 약을 주사로 투입하거나 스스로 삼켜 복용하게 하는 것은 쉬운 일이 아니었다. 더욱이 설파닐아마이드는 물에도 알코올에도 녹지 않으므로 식수나 술에 약을 타서 마시게 할 수도 없었다. 맛은 또 얼마나 쓴지 어떻게든 녹였다고 하더라도 아이가 입에 대게 하려면 설탕시럽을 들이부어야 했다.

제형 연구가 중요한 것이 바로 이 때문이다. 요즘에는 의약품을 개발할 때 모든 종류의 용매, 부형제, 코팅제, 경화제들을 기본적으로 조사한다. 하지만 1930년대에는 그런 개념이 없었다. 미국 테네시 주에 있는 작은 화학약품회사에서 책임 연구원으로 일하던 해럴드 콜 왓킨스는 설파닐아마이드가 디에틸렌글리콜(DEG, diethylene glycol)에는 꽤 잘 녹는다는 사실을 발견했다. 이에 회사는 여기에 색깔과 향미를 더한 뒤에 1937년에 '설파닐아마이드 엘릭서'라 부르며 팔기 시작했다. 사실 엘릭서는 알코올에 녹인 약액을 이르는 용어였지만 말이다. 그런데 그로부터 2주 뒤, 이 약을 마신 환자들이 신부전으로 죽어간다는 소문이 퍼지기 시작했다. 대다수는 어린 아이들이었다. 오클라호마에 살던 의사 제임스 스티븐슨은 사건이 이 약과 관련 있다고 의심하고 미국의사협회에 급히 알렸다. 바로 특별조사가 시작되었고 협회는 전국민에게 경고하는 공문을 발표했다. 뒤이어 정부의 의뢰로 화학자 프랜시스 올덤 켈지가 수행한 연구를 통해 DEG가 원인 물질임이 밝혀졌고 미국 FDA의 월터 캠벨은 회사에 이 제품의 회수 명령을 내렸다. 왓킨스는 본인이 마셔보이기까지 하며 DEG가 무해함을 증명하려고 애썼다. 하지만 성인과 어린이의 몸은 다르다. 결국 그는 죄책감을 이기지 못하고 자살했다.

그때까지 판매된 고작 4리터의 제품은 전국에서 무려 100여 명의 목숨을 앗아갔다. 이 일로 정신이 바짝 든 미국 FDA는 이듬해에 모든 신약은 안전성 시험을 거치고 정부의 허가를 받아야만 판매될 수 있도록 법령을 개정하게 된다.

함께 읽어보기 라디토르(1918년), 설파닐아마이드(1932년), 탈리도마이드(1960년)

전국적 중독 사태가 일어난 1937년에 실제로 판매되던 약병. 희생자는 대부분 어린이였다.

ONE GALLON
ELIXIR
ONE GALLON
SULFANILAMIDE
Each fluidounce represents:
Sulfanilamide, 40 grs.
SUGGESTED FOR THE TREATMENT OF ALL CONDITIONS IN WHICH THE HEMOLYTIC STREPTOCOCCI APPEAR
Dose, begin with 2 to 3 teaspoonfuls in water every four hours. Decrease in twenty-four to forty-eight hours to 1 or 2 teaspoonfuls and continue at this dose until recovery.
THE S. E. MASSENGILL COMPANY
Manufacturing Pharmacists
BRISTOL, TENN.-VA.

1937년

반응 메커니즘

로버트 로빈슨(Robert Robinson, 1886~1975년), **크리스토퍼 켈크 잉골드**(Christopher Kelk Ingold, 1893~1970년), **에드워드 데이비드 휴스**(Edward David Hughes, 1906~1963년)

화학결합은 어떤 순서와 방향으로 끊어지고 형성될까. 이 의문은 오랫동안 미스터리로 남아 있었다. 그러다 크리스토퍼 켈크 잉골드가 단순한 화학반응들을 심층 분석함으로써 이 비밀을 밝혀냈다. 일명 반응 메커니즘이라 부르는 그의 이론은 오늘날에도 통용된다. 일례로 잉골드가 1937년 논문에서 언급하기도 했던 전형적인 치환반응 하나를 살펴보자. 브롬화메틸과 요오드를 반응시키면 요오드화메틸이 만들어진다. 이 반응은 탄소와 브롬의 결합이 깨지고 대신 탄소와 요오드의 결합이 만들어지기 때문에 일어나는 것이다. 잉골드가 증명한 바에 의하면, 요오드가 브롬 반대쪽에서 탄소를 향해 접근해 브롬을 떨어뜨린다. 이때 메틸기에 달려 있던 수소 원자 세 개는 마치 강풍을 이기지 못한 우산처럼 반대 방향으로 완전히 뒤집힌다. 이 반응에서 전이상태의 구조는 탄소와 요오드가 반쯤 이어지고 탄소와 브롬 결합은 반쯤 끊어진 형태를 갖는다. 여기서 수소 원자들은 딱 반만큼만 뒤집힌 상태여서 마치 똑바로 기립한 것처럼 보인다. 이와 같은 역전 때문에 최종적으로 키랄 탄소의 방향이 바뀌게 된다.

반응 메커니즘 이론에 따르면 여기서 요오드는 '뉴클레오필(nucleophile)'이다. 뉴클레오필은 음전하를 띠면서 반대 개념 '일렉트로필(electrophile)'과 반응하는 반응물질을 말한다. 잉골드는 이 반응 메커니즘을 'Sn2'라고 표기했다. 뉴클레오필이 치환되는 2차 반응이라는 뜻의 'substitution, nucleophilic, 2nd order'를 줄인 말이다. 참고로 두 반응물질 모두의 농도가 전체 반응 속도를 결정할 때를 2차 반응이라고 한다. 한편, 프리델-크래프츠 반응은 일렉트로필 치환의 완벽한 사례다.

잉골드는 '전자 푸시'라는 개념을 사용했는데 이것은 오늘날에도 정설로 인정된다. 이 전자 흐름도와 반응 메커니즘 용어들을 활용하면 화학반응의 조건을 보다 명료하게 설계하고 반응 결과를 보다 정확하게 예측할 수 있다. 잉골드의 이론과, 이를 계승한 에드워드 데이비드 휴스의 연구를 숙지하면 각종 반응의 과정과 결과를 명확히 알 수 있다.

함께 읽어보기 정사면체 탄소 원자(1874년), 프리델-크래프츠 반응(1877년), 쌍극자 모멘트(1912년), 전이상태 이론(1935년), 화학결합의 성질(1939년), 동적 동위원소 효과(1947년), 비고전적 이온 논쟁(1949년), 쌍극자 고리화 첨가 반응(1963년)

2008년에 왕립화학학회는 런던에 있는 잉골드의 연구실을 '화학사적 명소(National Chemical Landmark)'로 지정했다.

RSC | Advancing the Chemical Sciences

National Chemical Landmark

Chemistry Department
University College London

During the period 1930-1970
Professor Sir Christopher Ingold
pioneered our understanding of the electronic basis of structure, mechanism and reactivity in organic chemistry, which is fundamental to modern-day chemistry.

28 November 2008

1938년

접촉분해

유진 쥘 우드리(Eugene Jules Houdry, 1892~1962년)

덩치만 큰 탄화수소를 쓸모가 많은 소분자로 쪼개는 석유 열분해 반응은 상당히 발전된 기술이었지만 개량의 여지가 아직 많았다. 에너지 소모가 크고 타르 찌꺼기가 너무 많이 남는다는 문제가 있었기 때문이다. 그래서 이 해결책을 찾기 위한 연구가 전 세계에서 이루어졌다. 그러던 중 프랑스에서 약사인 E. A. 프뤼돔(E. A. Prudhomme)과 기계공학자인 유진 쥘 우드리가 열 공급만으로는 부족하고 화학적 촉매를 써서 탄소와 탄소 결합의 분해와 재결합 효율을 더 높여야 한다는 주장을 내놓았다. 우드리는 프랑스와 미국을 오가며 다양한 조건에서 실험을 해나갔다. 중간에 대공황이 덮쳐 휘발유 수요가 급감하면서 연구를 시원하게 진행할 수는 없었지만 말이다.

그는 자신이 발견한 무기물 촉매들의 품질을 높여가는 동시에 효소 활성을 유지시키는 기술을 계속 개량해나갔다. 대규모 효소 반응의 실용성 여부는 효소 활성이 좌우하기 때문이다. 끈기 있는 노력의 결과로 1938년에 그는 미국 펜실베이니아 주의 한 열분해 공장을 개조해 새로 개발한 공정을 도입하고, 똑같은 석유에서 두 배의 휘발유를 생산해냄으로써 업계를 놀라게 했다. 하지만 이 신공정이 진가를 발휘한 것은 몇 년 뒤 제2차 세계대전이 발발했을 때다. 독일이 무서운 기세로 프랑스로 진격하자 우드리는 자신의 능력을 총동원해 대항하기로 결심했다. 그래서 그는 고품질의 항공기 연료를 대량생산해 아군에게 공급함으로써 힘을 보탰다.

전쟁이 끝난 후에는 엔진 배기가스의 매연을 줄이는 촉매법을 최초로 발명해냈다. 오늘날 촉매 변환기의 전신이 된 기술이다. 촉매는 극소량만으로도 화학반응을 수천 혹은 수만 주기나 돌리는 놀라운 물질이다. 그런 면에서 우드리가 개발한 기술들은 모두 현대의 공업화학에서 촉매가 얼마나 중요한 위치에 있는지를 잘 보여준다. 오늘날에도 화학결합을 더 효율적으로 조작하거나, 오염물질을 줄이거나, 생산비를 절감하기 위해 더 나은 새로운 촉매를 찾는 것은 학계와 업계 모두에 중대한 사안이다. 앞으로 발전 가능성이 무한한 하나의 연구 분야라고 봐도 좋을 만큼 말이다.

함께 읽어보기 열분해(1891년), 테트라에틸납(1921년), 피셔-트로프슈법(1925년), 접촉개질법(1949년)

슬로바키아에 있는 탄화수소 접촉분해 공장. 휘발유를 비롯한 여러 가지 연료가 이런 정유공장에서 생산된다.

1938년

테플론®

로이 J. 플렁킷(Roy J. Plunkett, 1910~1994년)

불소와 불소 유도체들은 대체 불가능한 소중한 자원이다. 특히 **프레온 가스**는 산업계에 강렬한 인상을 심어주면서 화려하게 등판했다. 그런데 이 선발주자의 성공은 의도하지 않게 또 다른 새로운 혁신을 가져온다. 1938년에 미국 화학자 로이 J. 플렁킷은 동료들과 함께 새로운 냉매를 개발하고자 테트라플루오로에틸렌을 연구하고 있었다. 어느날 그는 이 기체를 넣어 냉장 보관해 둔 실린더 하나를 꺼내 밸브를 열었다. 그런데 아무것도 나오지 않았다. 혹시나 해서 저울에 달아봤지만 무게에는 변함이 없었다. 그래서 그는 아예 실린더를 절단해 속을 파봤다. 그랬더니 놀랍게도 전에 한 번도 본 적이 없는 흰색 가루가 생겨 있는 게 아닌가. 통 안에서 기체가 저절로 폴리머로 변한 것이었다. 폴리테트라플루오로에틸렌(polytetrafluoroethylene), 줄여서 PTFE라 불리게 된 이 폴리머는 곧 테플론이라는 이름의 상품으로 개발되었다. 나중에 밝혀진 바로는 실린더 내벽의 철 성분이 촉매로 작용해 중합반응을 일으켰다고 한다.

PTFE는 **폴리에틸렌**에서 모든 수소가 불소로 치환된 버전이라고 할 수 있다. 성질은 둘이 완전히 다르지만 말이다. PTFE는 고온과 저온 모두에서 끄떡 없고 불에 타지 않는다. 게다가 거의 모든 화학약품에 안정적이다. 약점이 있다면 **버치 환원반응**이 탄소와 불소 결합 일부를 깨뜨리면서 PTFE 코팅된 **자기 교반막대**를 검게 물들인다는 것 정도다. 한편, PTFE는 마찰계수가 매우 낮기 때문에 조리도구는 물론이고 다양한 공업용 기계장치들의 마모와 에너지 소모를 줄여준다. 물론 엄청나게 뜨거운 불에서는 폴리머 결합이 깨져 독성이 있을지 모르는 휘발성 불소 성분이 공기 중으로 날아갈 수도 있다.

그런데 사실 PTFE의 데뷔 무대는 모두가 짐작하는 것과 달리 부엌이 아니었다. 맨해튼 프로젝트가 극비리에 진행될 당시, **기체 확산법**에 투입할 육불화우라늄을 만드는 가혹한 반응을 견디려면 화학적으로 매우 안정적인 소재가 필요했고 PTFE가 바로 그런 물질이었던 것이다. 오늘날에는 숨 쉬는 방수소재 고어텍스, 케이블 절연체, 빨래건조대의 내부 코팅 등 수많은 일상용품들을 만드는 데 PTFE가 사용된다.

함께 읽어보기 폴리머와 중합반응(1839년), 베이클라이트(1907년), 프레온 가스(1930년), 폴리에틸렌(1933년), 나일론(1935년), 기체 확산(1940년), 시아노아크릴레이트(1942년), 버치 환원반응(1944년), 자기 교반막대(1944년), 치글러-나타 촉매작용(1963년), 케블라(1964년), 고어텍스(1969년)

거의 모든 가정의 주방에 하나씩은 꼭 있는 PTFE 코팅된 프라이팬. 테플론 조리기구가 처음 나왔을 때는 가격이 꽤 비쌌다.

1939년

자연계의 마지막 원소

마거리트 퍼레이(Marguerite Perey, 1909~1975년)

과학은 끝이 없어 보이는 미개척지다. 그런데 프랑슘이라는 원소를 보면 몇몇 구역은 경계가 있는 것도 같다. 프랑슘은 자연계에서 마지막으로 발견된 원소다. 그 이후에 등장한 원소들은 모두 핵반응을 통해 인위적으로 합성된 것이다. 프랑스 물리학자 마거리트 퍼레이는 마리 퀴리의 연구실에서 악티늄에서 프랑슘을 분리하면서 광석에서 새로운 원소를 찾아낸 마지막 인물이 되었다. 그렇게 해서 고전적인 원소 발견 시대가 막을 내렸다.

그래도 썩 괜찮은 마무리였다. 최고 난이도의 작업을 성공해낸 사례이기 때문이다. 당시 퍼레이는 우라늄 광석에서 악티늄을 정제하는 일을 하고 있었는데, 시료에서 정체불명의 복사선이 하나 더 나온다는 사실을 알아챘다. 그리고는 추가 연구를 통해 방사성 활성이 매우 높은 새로운 원소를 발견했다(이때 입은 다량의 방사선 노출로 그녀는 결국 암으로 사망했다). 사실 프랑슘은 있다고 말하기도 민망한 정도로 극소량만 존재하는 희귀 원소다. 하지만 프랑슘의 **동위원소**들은 모두 방사성 활성을, 그것도 무서울 정도로 강하게 띤다. 반감기는 길어야 22분 정도에 불과하지만 프랑슘은 악티늄-227이 붕괴되면서 계속 만들어지는 까닭에 검출이 가능하긴 하다. 보통은 우라늄 광석이나 토륨 광석에 프랑슘이 드문드문 섞여 있는데, 운이 좋으면 붕괴되어 다 사라지기 전에 이 광석에서 프랑슘을 찾을 수 있다.

1800년대 후반에 학계는 세슘 다음에 오는 금속에 주목하고 있었다. **주기율표**에서 딱 그 자리가 비어 있었기 때문이다. 그래서 퍼레이 전에도 한동안 이 자리의 원소가 나타났다는 소식이 나왔다가 번복되는 일이 허다했다. 알칼리족 금속들은 아래줄로 내갈수록 점점 과격해진다. 프랑슘의 성격이 몹시 포악할 거라고 모두가 예상한 이유다. 그런데 실제로 그럴까? 반응을 일으키기에 충분한 양의 프랑슘 원자를 분리하고 모으려면 특수 실험기구들이 필요하다. 게다가 아무리 강화된 기구들이라도 완벽하게 안전하지는 않다. 프랑슘의 방사성 활성이 엄청나게 높기 때문에 육안으로도 보일 만큼의 양을 안전하게 모으는 것은 아마도 불가능하다. 프랑슘이 자신의 붕괴열을 스스로 못 이겨 금세 증발해버릴 테니 말이다. 그래서 아까 질문의 답은 아직 아무도 모른다.

함께 읽어보기 주기율표(1869년), 폴로늄과 라듐(1902년), 동위원소(1913년), 테크네튬(1936년), 초우라늄 원소(1951년)

프랑슘의 전자 배치도. 최외각층에 혼자 나와 있는 전자가 원자핵의 인력에 잡혀 있는 한 프랑슘은 매우 높은 화학반응성을 띤다.

87 **Francium** Fr

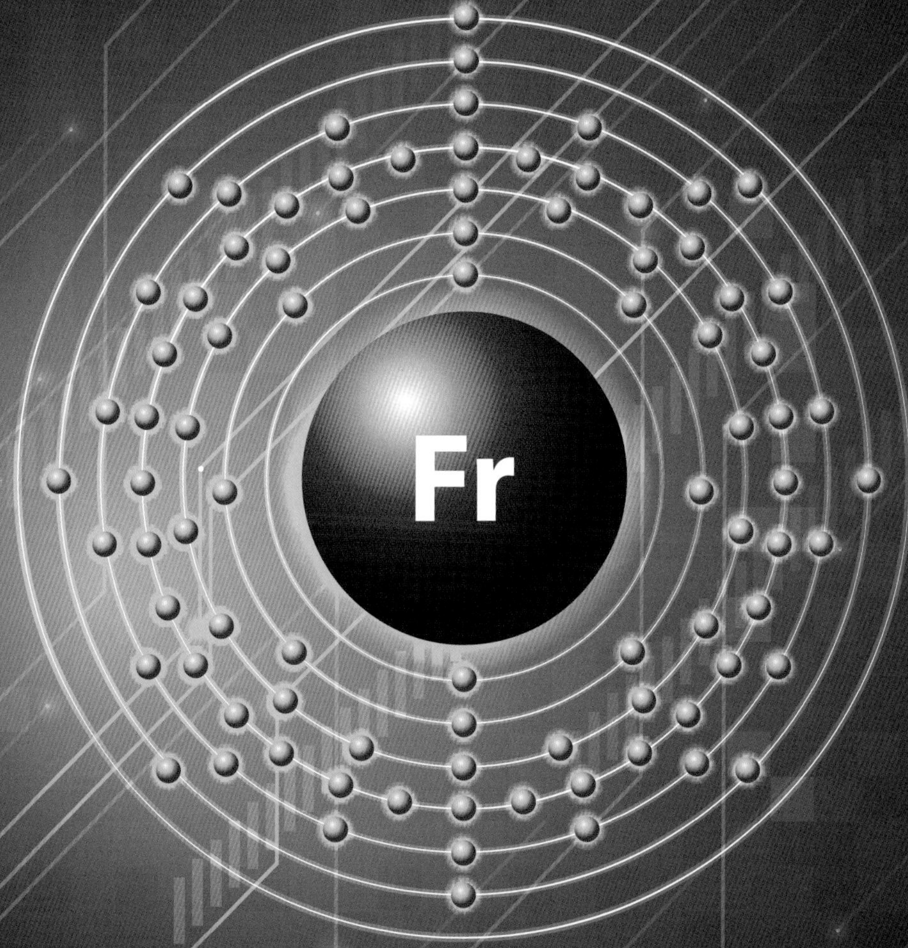

Atomic mass: 223

Electron configuration: 2, 8, 18, 32, 18, 8, 1

1939년

화학결합의 성질

라이너스 칼 폴링

다양한 기초과학 분야를 넘나들며 라이너스 폴링이 이룩한 많은 업적을 생각하면, 그가 역사상 가장 위대한 화학자 중 한 명으로 존경받는 이유를 충분히 알 것 같다. 그중에서도 하나를 꼽으라면 바로 화학교재의 전설이 된 그의 1939년 저서 ≪화학결합의 성질(The Nature of the Chemical Bond)≫일 것이다.

1920년대 중반에 폴링은 유럽에서 양자역학의 선구자들과 동고동락하며 새로운 물리학을 화학결합에 어떻게 적용할 수 있을지 골몰하고 있었다. 이 엄혹한 수학적 접근법은 반응계가 조금만 복잡해져도 잘 들어맞지 않는 데다가 수소 분자(H_2) 이외의 화학결합까지 설명하는 것은 당시 물리학의 능력 밖이었다. 하지만 그는 분자 오비탈, 엑스선 구조(특히 이온성 고체 **결정**), 화학결합 일반론 등에 물리학을 접목시킨 굵직한 논문을 쉬지 않고 쏟아내며 학계를 놀라게 했다.

그중에서도 인정받아 마땅한 것은 그가 순수한 이온결합과 순수한 공유결합 사이의 애매한 분자 상호작용들을 명료하게 구분해 정리했다는 것이다. 여기서 순수한 이온결합은 두 이온 분자가 서로를 끌어당겨 염으로 합체하는 것이고 순수한 공유결합은 예를 들어, 수소 두 개짜리 분자나 단순한 탄소와 탄소 결합에서처럼 전하를 띠지 않는 두 원자가 전자들을 똑같이 나눠 갖는 것을 말한다. 또한, 그는 원자가 전자를 끌어당겨 음전하를 띠려는 성질, 즉 전기음성도라는 개념을 도입하고 화학결합 유형의 양 극단 사이에서 이 전기음성도가 조금씩 차이 난다고 제안했다. 폴링 이후의 모든 화학자들은 이 개념을 전적으로 수용했다.

핵 주위의 전자는 불연속적인 에너지 준위, 즉 오비탈에 따라 배열한다. 그런데 폴링은 더 나아가 화학결합에서 여러 원자의 오비탈이 중첩하면서 **정사면체 탄소 원자**의 삼차원 구조를 만든다고 해석했다. 탄소와 탄소 이중결합의 기하학을 좌우하고 모든 유기화학의 근간이 되는 것도 바로 이 오비탈 상호작용이라는 게 그의 설명이었다. 이 논리는 무기화합물과 유기금속 화합물에도 확장될 수 있으며 분자 형태와 반응성을 이해하는 데에도 유용하다.

폴링은 1954년에 노벨화학상의 유일한 수상자가 되었다. 또, 1962년에는 군비통제와 축소를 위해 노력한 공로를 인정받아 노벨평화상까지 받았다.

함께 읽어보기 정사면체 탄소 원자(1874년), 쌍극자 모멘트(1912년), 수소결합(1920년), 비타민 C(1932년), 반응 메커니즘(1937년), 비활성 기체 화합물(1962년), 컴퓨터 화학(1970년), 비천연물(1982년), 단일분자의 이미지(2013년)

캘리포니아 공과대학의 한 강의실에서 물 분자 모형을 들고 있는 라이너스 폴링. 단연코 20세기 최고의 화학자 중 한 명이다.

1939년

DDT

오스마르 자이들러(Othmar Zeidler, 1859~1911년), **폴 헤르만 뮐러**(Paul Hermann Müller, 1899~1965년)

DDT는 말도 많고 탈도 많은 살충 성분이다. 1950년대 후반을 정점으로 사용량이 크게 줄긴 했지만 말이다. DDT는 1939년에 스위스 화학자 폴 헤르만 뮐러가 발견했다. 질병을 옮기고 곡식을 못쓰게 만드는 해충을 퇴치할 방법을 찾던 그는 곤충의 물질흡수 메커니즘은 고등동물과 다르다는 사실에 주목했다. 그래서 곤충에게만 해를 끼치고 합성하기 쉬우면서 오래 보관이 가능한 물질을 찾으려고 했다. 그리고 디클로로디페닐트리클로로에탄(dichlorodiphenyltrichloroethane), 즉 DDT가 바로 그런 물질이었다. 원래 DDT는 오스트리아 화학자 오스마르 자이들러가 1874년에 처음 합성해냈지만 사람이나 동물에게는 아무 영향도 미치지 않았기에 그냥 그대로 잊혀가고 있었다. 하지만 감자잎벌레, 이, 쇠파리, 모기를 비롯한 수많은 해충과 절지동물들에게는 DDT보다 무서운 독약이 또 없었다.

안정적이이시 오래 가고 대량생산도 가능한 DDT는 제2차 세계대전 동안 말라리아 모기 퇴치 목적으로 널리 사용된다. 덕분에 미국을 비롯한 여러 나라가 종전 후 25년 가량 말라리아 청정국으로 거듭나게 되었다. 1948년에 뮐러는 모두의 예상대로 노벨상을 받았다. 뮐러는 이 연구로 최소 5억 이상의 생명을 말라리아로부터 구했고 세계 식량부족 문제를 해결하는 데 크게 일조했다. 그러나 DDT의 어두운 이면이 1950년대에 서서히 모습을 드러내기 시작했다. 안정적이고 오래 가는 성질이 과했던 것이다. DDT는 환경에 오래 머물러 곤충을 표적으로 삼는 먹이사슬 상위 포식자들의 몸 안에 계속 축적되었다. 레이첼 카슨(Rachel Carson)은 1962년에 쓴 책 ≪침묵의 봄≫에서 이유를 조목조목 들어가며 DDT 사용을 강력하게 반대했다. 책의 주장이 모두 옳은 것은 아니지만 요점은 명확하다. DDT 축적은 특히 조류에게 치명적이며 알껍질을 약하게 만들어 대머리독수리를 비롯한 여러 조류종의 비정상적인 개체 수 감소를 초래했다.

지금은 거의 전 세계에서 DDT 생산이 금지되었고, 일부 가난한 열대기후 국가들에서 실내 모기퇴치에 한해 제한적으로 사용이 허락되고 있다.

함께 읽어보기 독물학(1538년), 패리스 그린(1814년)

DDT는 조류의 칼슘 흡수를 방해해 알껍질이 얇아지게 만든다. 특히 맹금류, 물새, 명금류가 큰 타격을 입었다.

1940년

기체 확산

토머스 그레이엄(Thomas Graham, 1805~1869년), **프랜시스 사이먼**(Francis Simon, 1893~1956년), **니컬러스 쿠르티**(Nicholas Kurti, 1908~1998년)

1848년에 스코틀랜드의 물리화학자 토머스 그레이엄은 기체가 다공성 막을 빠져나가는 속도는 질량의 제곱근에 반비례한다는 이론을 발표했다. 바로 그레이엄의 법칙이다. 여기 두 가지 순수한 기체가 있다고 가정해보자. 둘 중 하나는 분자량이 다른 하나의 네 배로 훨씬 무겁다. 그러면 가벼운 기체는 그레이엄의 법칙에 따라 무거운 기체보다 두 배 빠른 속도로 막의 바늘구멍을 통과해 확산된다. 나중에 밝혀진 바로 이 법칙은 일반적인 이상기체 역학의 연장선상에 있었으므로 거의 100년 동안은 이상기체 이론을 뒷받침하는 많은 증거 중 하나로서만 인정을 받았다.

그러던 1940년대 초, 맨해튼 프로젝트 팀에 의해 기체 확산법의 지위가 크게 격상된다. 원자폭탄을 만들려면 우라늄을 농축해 동위원소인 우라늄-235의 비중을 높여야 했다. 그래야 핵 분열반응이 일어나 원자핵이 쪼개지면서 엄청난 에너지가 방출되게 할 수 있기 때문이었다. 하지만 화학 반응성 면에서 우라늄 동위원소들은 별반 차이가 없다. 그래서 동위원소들을 분자량 순서로 줄을 세워 분리할 새로운 전략으로 떠오른 것이 바로 그레이엄의 법칙이었다. 우라늄 자체는 기체가 아니지만 화학반응을 통해 기체인 육불화우라늄으로 변환시키면 이 이론을 적용할 수 있다. 사실, 우라늄-235와 우라늄-238의 질량 차이가 그다지 크지는 않다. 그래도 반투과성 막을 걸고 원심분리를 여러 차례 반복하면 기체 성분인 동위원소만 분리하는 게 가능했다.

기체 확산을 이용한 이 공정법은 1940년에 최초로 개발되었다. 히틀러의 압제를 피해 영국으로 망명한 독일계 물리화학자 프랜시스 사이먼과 헝가리계 물리학자 니컬러스 쿠르티에 의해서였다. 기체 확산법을 시험할 장소로는 미국 테네시 주 오크리지만큼 완벽한 곳이 또 없었다. 그래서 전쟁이 끝날 때까지 미국 전역에서 생산된 전기의 상당 부분이 이곳에서 집중 소비되었다. 그런데 기체 확산법만으로는 우라늄을 충분히 농축하기에 역부족이었다. 폭탄 제조에 적합한 수준의 농축 우라늄을 만들려면 원심분리 결과물을 **질량 분광분석**을 통해 또 걸러내는 후반 작업이 필요했다. 반면에 핵발전소 가동용 저농축 우라늄을 생산하기에는 기체 확산법으로도 충분하다.

함께 읽어보기 이상기체 법칙(1834년), 맥스웰-볼츠만 분포(1877년), 질량 분광분석(1913년), 동위원소(1913년)

맨해튼 프로젝트의 총책임자였던 레슬리 그로브스(Leslie Groves)가 1945년에 오크리지에서 연설하고 있다. 1942년 초반만 해도 오크리지는 존재하지 않는 마을이었지만 불과 2년 뒤에 전국 전기 생산량의 15퍼센트가량을 먹어치우는 공업도시로 성장했다. 전기 소비량의 대부분은 초대형 원심분리기를 돌리는 데 들어갔다.

1942년

스테로이드 화학

러셀 마커(Russell Marker, 1902~1995년)

의약화학 분야에서 러셀 마커는 스테로이드 화학의 대가로 상당히 유명하다. 펜실베이니아 주립대학교 교수였던 그는 식물 스테로이드의 일종인 사르사사포게닌의 구조가 그동안 잘못 알려져 있었다는 사실을 발견했다. 원래는 스테로이드의 공통 구조인 고리 네 개가 분자의 중심에 자리하고 있고 여기에 곁쇄가 연결되어 있다. 곁쇄는 반응성이 높아 쉽게 떨어지기 때문에 약간의 화학적 조작으로 사르사사포게닌에서 프로게스테론을 간단하게 합성할 수 있다. 이것을 마커 분해반응이라 한다.

프로게스테론을 비롯한 모든 스테로이드는 생체 내에서 강력한 효과를 발휘하는 중요한 물질이다. 하지만 옛날에는 합성이 쉽지 않을뿐더러 몹시 비쌌다. 그래서 마커는 너무 희귀해 합성 출발물질로 삼기에 적합하지 않은 사르사사포게닌 대신 시장성이 나은 또 다른 식물 스테로이드 디오스게닌을 찾아냈다. 그리고는 활발한 채집 활동과 심층적 문헌조사를 통해 디오스게닌의 안정적인 공급원이 될 만한 식물을 찾아다녔다. 그 결과, 멕시코 참마가 최종 간택되었다. 멕시코 참마는 뿌리 무게가 심하면 90킬로그램까지도 나가는 구근식물이다.

1942년에 마커는 이 식물이 자란다는 멕시코 베라크루즈로 직접 날아간다. 그곳에서 그는 현지인 알베트로 모레노의 도움으로 20킬로그램이 넘는 참마 뿌리를 찾아냈다. 이걸 가지고 대학교 연구실로 복귀한 그는 멕시코 참마 뿌리에 디오스게닌이 풍부하다는 사실을 마침내 확인했다. 문제는 제약회사들이 원료식물 재배에 뜻이 없었다는 것이다. 그래서 그는 직접 재배실을 마련했고 특별 초빙한 모레노의 도움을 받아 참마 뿌리 10톤을 수확하는 데 성공했다. 그렇게 해서 마커는 원료식물 10톤을 가지고 순수한 프로게스테론 3킬로그램을 뽑아낼 수 있었다. 이것은 당시 한 번의 공정으로 얻은 프로게스테론 합성량 중 가장 큰 규모였다. 이를 기점으로 계속 이어진 마커의 연구는 멕시코에서 스테로이드 산업이 크게 성장하는 발판이 되었고 그가 만든 반합성 스테로이드는 경구 피임약과 소염제 **코르티손**의 개발로 이어졌다.

함께 읽어보기 천연물(서기 60년경), 콜레스테롤(1815년), 입체배좌 분석(1950년), 코르티손(1950년), 피임정(1951년), 동위원소 분포(2006년)

코끼리 발이라는 별명을 가진 멕시코 참마. 러셀 마커가 합성 스테로이드를 연구하기 위해 직접 공수해 대학교 교정에 심었다.

1942년

시아노아크릴레이트

해리 웨슬리 쿠버 주니어(Harry Wesley Coover Jr., 1917~2011년), **프레드 조이너**(Fred Joyner, 1922~2011년)

신기술 시험장으로서의 제2차 세계대전과 폴리머의 발견은 20세기 화학사를 관통하는 두 가지 큰 맥이다. 그런데 이 두 주제가 미국 화학자 해리 웨슬리 쿠버 주니어의 손에서 다시 한 번 엮인다. 발단은 이미 항공기 디자인의 핵심요소였던 투명 아크릴레이트 플라스틱의 확장 연구였다. 1942년에 쿠버는 원래는 총기 조준판이나 항공기 조종석에 적합한 소재인 폴리머 분자에서 메틸기가 들어갈 자리에 시아노기를 넣으면 딱딱한 플라스틱이 전에 본 적 없는 끈적끈적한 덩어리로 변한다는 사실을 처음 발견했다. 하지만 그는 자료를 책상서랍에 처박아 둔 채 그대로 잊어버렸다. 그러다 거의 10년만인 1951년에 실험 파일을 다시 펼쳐들었고, 이번에는 테네시 이스트맨이라는 화학기업에서 동료 연구자인 프레드 조이너와 함께였다.

고품질 투명 플라스틱의 수요는 꾸준히 증가하고 있었다. 하지만 시아노아크릴레이트는 점성이 너무 커서 아무리 봐도 쓸 데가 없어 보였다. 그러던 어느 날 제트기 조종석의 내열성 코팅제를 시험하던 중 조이너가 시아노아크릴레이트로 비싼 실험기구를 붙여 못 쓰게 만드는 실수를 저지른다. 이때 쿠버의 머릿속에서 시아노아크릴레이트가 접착제로 쓸모 있겠다는 생각이 스쳐 지나갔다. 곧 시아노아크릴레이트는 무엇이든 붙여버리는 만능 접착제로 유명해졌다. 물 몇 방울만 있으면 중합반응이 금방 일어나므로 사용법이 간편하면서도 효과가 뛰어났다.

쿠버는 당시 최고 인기 TV 프로그램이던 한 게임 쇼에 출연해 1분만에 찰싹 달라붙은 금속막대에 직접 매달려 공중에 떠 있는 묘기를 선보이기도 했다. 그는 사람 손가락에도 잘 붙는다는 점에 착안해 시아노아크릴레이트의 활약 무대를 계속 넓혀갔다. 그중에서 특히 의미 있는 것은 의료용 접착제다. 이것만 바르면 벌어진 상처가 단숨에 붙었기 때문에 실제로 베트남전에서 위생병들이 수고를 크게 덜 수 있었다. 오늘날에도 시아노아크릴레이트는 수의학과 의학에서 봉합용으로 널리 사용되며 요즘은 가정용 액상 반창고 제품도 나온다.

함께 읽어보기 폴리머와 중합반응(1839년), 베이클라이트(1907년), 폴리에틸렌(1933년), 나일론(1935년), 테플론(1938년), 치글러-나타 촉매작용(1963년), 케블라(1964년), 고어텍스(1969년)

1968년 1월 베트남에서 어쿠스틱 기타 주위에 모여 앉은 미군 병사들. 시아노아크릴레이트 접착제는 기타를 수리하는 데도 유용하지만 전장에서 응급수술에 사용되면서 많은 생명을 구했다.

Oklahoma
Kid

1943년

LSD

알베르트 호프만(Albert Hofmann, 1906~2008년)

의약화학의 역사에서 리세르그산 디에틸아마이드(lysergic acid diethylamide), 즉 LSD의 발견만큼 재미 있는 비화는 몇 되지 않을 것이다. 스위스 제약회사 산도스에서 근무하던 화학자 알베르트 호프만은 맥각에서 추출한 천연물 성분 리세르그산으로 여러 가지 약효물질을 유도하는 연구를 하고 있었다. 맥각은 호밀 같은 곡식에 자라는 곰팡이의 일종이다. 맥각에 감염된 곡식을 먹으면 감각기능에 이상이 생긴다는 것은 당시에도 이미 모두가 아는 상식이었다. 심할 경우는 발작 증세까지 나타나 맥각 중독이라고 부를 정도였다. 호프만이 맥각에 어떤 생물학적 활성 성분이 들어 있을 거라고 확신한 것은 당연했다.

사실 그는 이미 5년 전에 LSD를 만든 적이 있었지만 잠깐 미뤄뒀다가 1943년에 재조사를 시작했다. 처음에 그는 LSD가 단 몇 마이크로그램만으로도 심각한 각성효과를 일으키는 무서운 물건임을 전혀 몰랐다. 여느날처럼 연구소에서 일하던 어느 오후, 그는 내내 이상한 기분을 느꼈다. 그리고는 퇴근하고 쇼파에 누웠다. 그런데 두 시간 가량 환각이 계속 보이는 것이다. 그가 그날 작업했던 물질이 그런 영향을 끼쳤을 거라는 데 생각이 닿은 그는 며칠 뒤 안전할 거라고 여겨지는 250마이크로그램이라는 극미량을 일부러 복용해봤다. 그러자 자전거를 타고 귀가하는 중에 또 다시 환각이 시작되었다. 스위스 바젤은 이미 아름다운 도시로 손꼽히지만, 그날 오후 호프만의 눈 앞에는 그보다 더한 신세계가 펼쳐졌다.

처음에 학계는 극소량으로 그렇게 큰 약효를 내는 물질은 세상에 없다며 반신반의했다. 하지만 LSD 자체가 확실한 증거였다. 나중에 밝혀진 바로, LSD는 뇌에 있는 여러 가지 수용체, 그중에서도 5-HT2a라는 세로토닌 수용체에 강력하게 결합해 그런 신경계 이상 효과를 낸다고 한다. LSD는 1947년에 산도스가 이 물질을 정신병치료제로 출시하면서 유명세를 타기 시작했고 1960년대에는 마약 문화의 아이콘으로 자리잡게 되었다. 현재 미국에서는 LSD 거래가 불법이지만 LSD가 내는 중추신경계 효과는 여전히 활발한 연구의 주제다. 특히, 외상 후 스트레스 장애, 말기암 환자의 불안 증세, 알코올 중독을 치료하는 데 LSD가 도움이 될 수도 있다.

함께 읽어보기 천연물(서기 60년경), 모르핀(1804년), 카페인(1819년)

LSD 제제는 각양각색의 알약과 예술적으로 디자인된 압지를 비롯해 다양한 형태로 만들어진다. 성인이 한 번에 수백만 분의 1 그램만 복용해도 될 정도로 강력한 효과 덕분에 수송과 투약이 어느 의약품보다도 용이하다.

1943년

스트렙토마이신

셀먼 에이브러햄 왁스먼(Selman Abraham Waksman, 1888~1973년), **앨버트 샤츠**(Albert Schatz, 1920~2005년)

천연 화학물질 하면 보통 사람들은 원시정글에 사는 식물이나 열대해변 산호에서 추출한 복잡한 분자를 떠올린다. 그런데 사실 몇몇 물질은 보도의 틈새나 일반 가정집 앞마당의 장미 덤불 아래 같은 곳에 사는 토양미생물로부터 얻을 수 있다. 우크라이나 태생의 미국 생화학자인 셀먼 에이브러햄 왁스먼은 이 분야에서 최고로 꼽히는 미생물학자 중 한 사람이다. 그는 토양 박테리아와 진균의 자원활용 본능이 어느 고등동물 못지않게 뛰어나다는 점을 잘 알고 있었다. 그런 맥락에서 토양 미생물이 화학물질을 만들어 천적을 죽이는 게 아닐까 추측한 그는 1939년에 루터 대학교에서 동료들과 함께 항생물질 개발 프로그램에 착수했다. 최대한 많은 미생물을 배양하고 추출물을 병원균에 하나씩 시험해봄으로써 활성이 있는 물질만 선별한다는 것이 연구팀이 그린 큰 그림이었다.

중간에는 미국 제약회사 머크가 연구를 돕고 제품화를 책임진다는 조건 하에 든든한 지원군으로 합류했다. 그런 경위로 마침내 1943년에 당시 미생물학 전공 대학원생이었던 앨버트 샤츠가 엄청난 잠재력을 지닌 물질 하나를 발견해냈다. 바로 스트렙토마이신이다. 스트렙토마이신은 광범위 스펙트럼 항생제로서 상당히 큰 효용 가치를 가지고 있었다. 스트렙토마이신 덕분에 몇 년 뒤 인류는 그 전에는 난공불락이던 페니실린 내성균들에 반격할 수 있게 되었다. 스트렙토마이신은 유예기간이 긴 사형선고와도 같았던 결핵을 완치시킨 최초의 치료제이기도 했다. 이게 얼마나 큰 희소식이었는지, 그런 약효가 입증된 임상시험까지 덩달아 유명해질 정도였다. 이 임상시험은 후보물질의 약효를 위약과 비교해 완치 효능을 입증해낸 최초의 연구다.

프로젝트를 통해 왁스먼 연구팀이 발견한 새로운 항생물질은 최소 아홉 개 이상이었다. 그중에서 스트렙토마이신과 네오마이신은 오늘날에도 사용된다. 생물활성 천연물을 대상으로 후보물질을 거르는 기초연구의 기법은 예나 지금이나 크게 다르지 않다. 다만 굵직한 것들은 이미 다 추려진 뒤여서 오늘날에는 성공률이 좀 낮아졌을 뿐이다.

함께 읽어보기 천연물(서기 60년경), 살바르산(1909년), 설파닐아마이드(1932년), 페니실린(1945년), 아지도티미딘과 항레트로바이러스제(1984년), 현대의 신약개발 전략(1988년), 탁솔(1989년)

1953년에 연구실에서 증류기에 집중하고 있는 셀먼 왁스먼. 솔직히 연구의 성격 상 그가 이런 작업을 할 일은 별로 없었을 것이다.

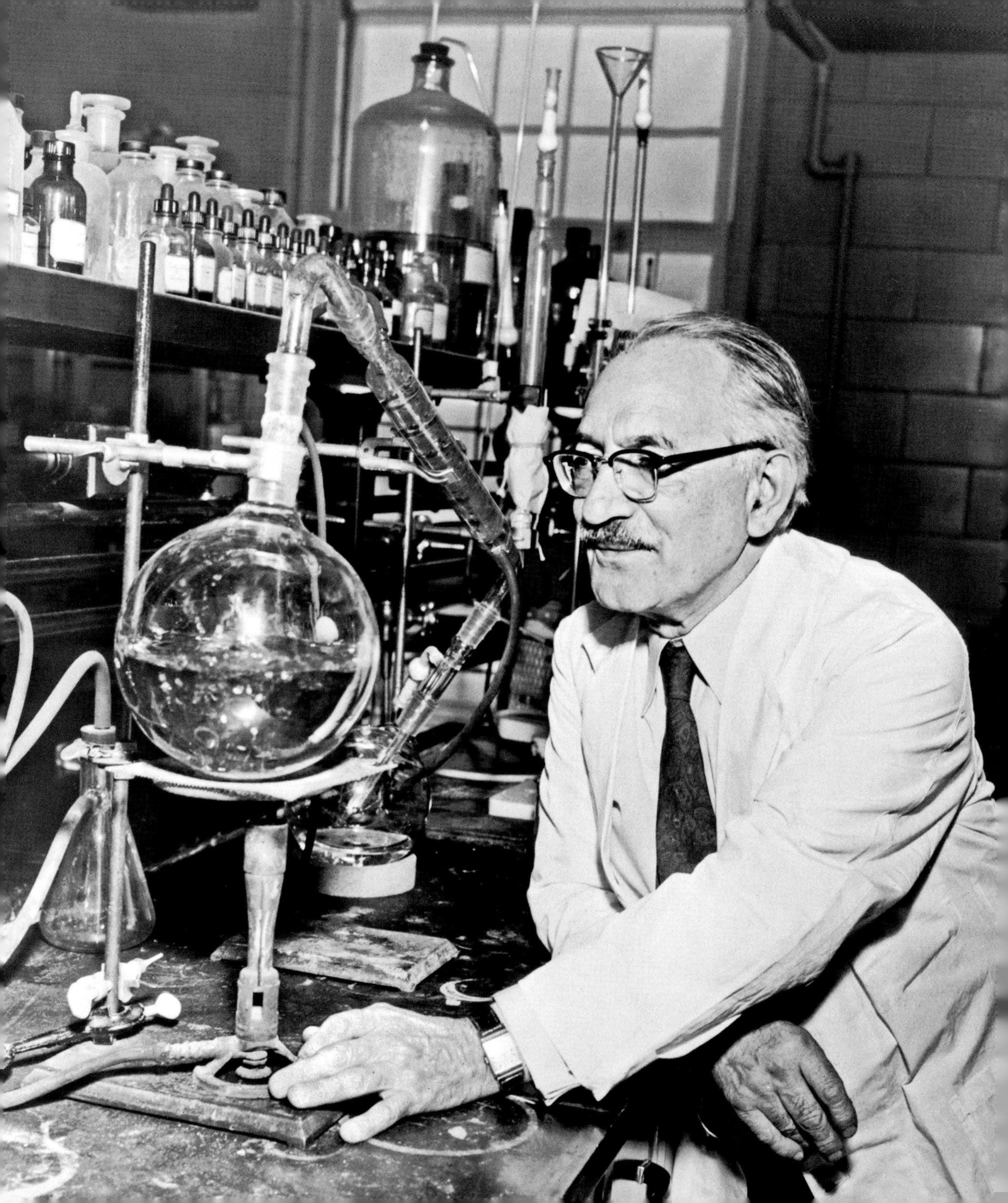

1943년

바리 공습

루이스 샌퍼드 굿맨(Louis Sanford Goodman, 1906~2000년), **앨프리드 길먼 시니어**(Alfred Gilman Sr., 1908~1984년), **스튜어트 프랜시스 알렉산더**(Stewart Francis Alexander, 1914~1991년)

전통적인 항암 화학요법의 원리는 간단하다. 암세포는 보통 세포보다 훨씬 빠르게 분열한다. 따라서 분열 과정의 암세포만 골라 죽이는 물질은 항암제가 될 수 있다. 그게 뭐 획기적이냐 싶겠지만, 사실 이만큼 효과적인 전략이 또 없다.

그런데 전략이 나온 계기가 꽤 충격적이다. 전 세계에서 전쟁이 한창이던 1943년에 독일이 이탈리아 남부의 항구도시 바리를 공습했다. 이때 다량의 머스터드 가스가 누출되어 엄청난 수의 사상자를 내는 사고가 발생한다. 원래 이 **화학전** 무기는 국제협약을 통해 금지되어 있었다. 일단 표면적으로는 그랬다. 그렇지만 연합군은 독일이 화학무기를 사용할 때를 대비해 일단 아군 쪽에서도 보유해두기를 원했다. 그래서 미 해군 화물수송함 S.S. 존 하비 호가 비밀리에 머스터드 가스 폭탄을 운반하는 임무를 맡았다. 그런데 하필 공습이 있던 날 바리 항구에 정박해 있었던 것이다. 공습 후 화학무기가 퍼져나갔다는 사실을 아무도 알려주지 않은 탓에 사상자 수습과 치료는 크게 지체되었다. 군은 화학전 전문가인 의사 출신의 스튜어트 프랜시스 알렉산더 소위를 현장에 파견했다. 명령에 따라 피해상황을 조사한 그는 희생자들의 체내에서 분열 속도가 빠른 세포들만 선택적으로 파괴된 것 같다고 보고했다. 그러면서 이것을 항암제로 활용할 수 있을지도 모른다는 의견을 덧붙였다.

당시 군과 함께 화학무기들의 의학적 활용 가능성을 타진하는 연구 프로젝트를 진행 중이던 약리학자 루이스 샌퍼드 굿맨과 앨프리드 길먼 시니어는 알렉산더가 전해온 이 소식에 주목했다. 두 사람은 머스터드 가스의 구조에서 황을 질소로 바꾼 분자가 실험용 쥐와 사람 모두의 림프종을 수축시킨다는 사실을 발견했다. 이것은 화학무기 성분이 암세포에 특화된 치료약이 될 수 있다는 최초의 증거였다. 환자들에게 항암 치료는 예나 지금이나 절실한 혼자만의 전쟁과 같다. 그런 가운데 오늘날 이 '질소 대체 머스터드 가스'는 두 차례 세계전쟁의 쓰라린 잔상을 남기면서도 인류의 생명 연장에 기여하고 있다.

함께 읽어보기 그리스의 불(672년경), 독물학(1538년), 화학전(1915년), 신경가스(1936년), 엽산 길항제(1947년), 탈리도마이드(1960년), 시스플라틴(1965년), 라파마이신(1972년), 현대의 신약개발 전략(1988년), 탁솔(1989년)

이탈리아 바리에서 그 자체가 폭탄인 화물선이 폭발하고 있다. 독일 통신사가 1943년에 찍은 사진

1944년

버치 환원반응

험프리 데이비, 찰스 오거스트 크라우스(Charles August Kraus, 1875~1967년)**, 아서 존 버치**(Arthur John Birch, 1915~1995년)

전해환원으로 나트륨 금속과 칼륨 금속을 분리해낸 영국 화학자 험프리 데이비는 이번에는 이 금속들이 액체 암모니아와 만나면 어떤 일이 벌어지는지 확인하고자 실험을 실시했다. 그런데 용액의 농도가 진해질수록 군청색이 매끈한 황갈색으로 변했다. 두 눈을 뗄 수 없는 신기한 현상이었지만, 그는 이런 색깔 변화를 일으킨 화학물질이 무엇인지까지는 알아내지 못했다. 비밀을 밝힌 것은 미국 화학자 찰스 오거스트 크라우스였다. 아직 박사 과정에 있던 1907년에 크라우스는 원소 자체가 아니라 금속에서 나온 전자가 반응의 주인공일 거라고 확신했다. 반응물질인 금속과 용매인 액체 아민의 종류를 바꿔도 매번 똑같은 파란색이 나오는 걸 보면 모두 공통적으로 금속이 전자를 잃으면서 똑같은 변화가 일어난다는 게 크라우스의 설명이었다.

그리고 그런 크라우스의 추측은 옳았다. 자유전자 하나를 암모니아 용매 분자들이 둘러싼 이른바 '전자화물' 염이 용액에 색을 입히는 주인공이었다. 이것은 두 분자가 각자의 정체성을 유지하면서도 염 형태로 존재할 수 있도록 하는 강력한 용매화 반응이다. 1944년에 호주 유기화학자 아서 존 버치는 전자화된 용액으로 유기분자를 환원시키는 이 반응을 이론으로 정리해 자신의 이름을 붙여 발표했다. 버치 환원반응의 조건에서는 방향족 화합물조차도 보통은 만들어지기 쉽지 않은 이중결합을 가진 육각환 구조로 변하면서 기존의 성질을 잃는다. 이렇듯 강력한 환원제의 힘을 빌려 힘든 반응도 가능케하는 버치 환원반응은 산업 현장에 응용할 정도로 반응 규모를 키우지는 못하지만 특수 유기화학 분야에서는 결정적인 비밀병기가 되고 있다.

그뿐만 아니다. 이 파란색을 반응 지표로 삼을 수도 있다. 예를 들어, 암모니아 용액에 리튬을 조금씩 첨가해 나간다고 상상하자. 그러다 어느 순간 파란색이 더 이상 옅어지지 않으면 환원될 수 있는 모든 분자가 환원되었다고 볼 수 있다. 그런 다음 용액을 가열해 액체 암모니아를 모두 날려버리면 반응산물과 함께 소량의 리튬염만 남는다. 그러면 이제 남은 작업은 **분별깔대기**를 활용해 원하는 성분을 추출하는 것뿐이다.

함께 읽어보기 전해환원(1807년), 분별 깔때기(1854년), 벤젠과 방향족 화합물(1865년), B_{12} 합성(1973년)

무색투명한 액체 암모니아에 나트륨이 녹아들면 버치 환원반응이 일어나 전자가 하나 붙어 음이온을 띠게 된 용매 분자들이 선연한 파란색을 낸다.

14/20

1944년

자기 교반막대

아서 로징거(Arthur Rosinger, 1887~1969년)

이 세상에 저어줄 필요가 없는 화학반응이 몇이나 될까? **테르밋** 같은 특별한 경우는 빼고 말이다. 고체 시약은 일단 녹은 뒤에야 반응에 참여할 수 있다. 만약 아무것도 안 하고 그냥 두면 고체 시약은 용매와 어우러지지 못하고 바닥에 침전해버린다. 물론 용해되지 않는 게 당연한 고체 시약도 있다. 하지만 반응을 일으키기 위해서는 과격하게 교반해서라도 입자가 용액에 섞여 있게 만들어야 한다.

이런 기계적 교반은 여러 가지 방식으로 실시할 수 있다. 하지만 연구실 규모에서는 흔히 자기 교반막대를 이용한다. 이미 완성형이어서 추가 개량의 여지가 없는 이 발명품은 미국 화학자 아서 로징거가 1944년에 특허를 내고 세상에 선보였다. 몇 년 뒤에 스코틀랜드에서 에드워드 매클로플린(Edward McLaughlin)이 똑같은 것을 독자적으로 발명하긴 했지만 세계 최초는 로징거였다. 그러나 둘 다 형태가 오늘날과 거의 똑같다는 것은 공통적이다. 작은 막대자석에 안정된 물질로 옷을 입힌 것, 이게 다다. 막대자석의 옷감으로는 **테플론**을 가장 널리 사용하고 가끔 유리로 코팅하기도 한다. 이제 이 조그만 녀석을 반응 플라스크에 넣고 회전하는 자석 위에 올리면 막대가 제자리에서 돌면서 플라스크 안에 작은 회오리를 일으킨다. 교반막대의 회전 속도는 화학반응의 성격에 적합하게 조절할 수 있고 반응 규모에 따라 알맞은 크기와 모양의 교반막대를 고르는 것도 가능하다. 그런 다음, 교반막대가 열심히 제 할 일을 하는 동안 플라스크 입구를 막아 산소나 수증기의 출입을 막으면 된다. 자석이 내장된 교반대에는 사기와 같이 자성을 띠지 않는 물질로 된 상판이 덮여 있다. 교반대 안에 전열선을 깔 수 있는 것은 이 상판의 비호 덕분이다.

단, 사소한 주의사항이 몇 가지 있다. 첫째는 속도가 몹시 빠른 반응은 교반막대의 힘을 압도할 수 있다는 것이다. 특히 플라스크가 작을 때 이점을 조심해야 한다. 또, 공정 규모가 너무 클 때도 교반막대가 무용지물이 된다. 교반막대는 교반대 위에서만 작동하는데 그렇게 큰 교반대를 제작하고 제대로 가동하는 것이 쉽지 않기 때문이다. 이때는 위에서 끌어내려 돌리는 패들 교반기의 도움을 받는 것이 더 낫다. 연구실에서는 역시 자기 교반막대만큼 편하고 효율적인 게 또 없지만 말이다.

함께 읽어보기 분별 깔때기(1854년), 에를렌마이어 플라스크(1861년), 속슬렛 추출기(1879년), 테르밋(1893년), 붕규산 유리(1893년), 딘-스타크 장치(1920년), 배기 후드(1934년), 테플론(1938년), 글러브 박스(1945년), 회전증발기(1950년)

비커 바닥에서 뱅뱅 돌고 있는 교반막대. 화학이나 생물학과 관련된 어느 실험실에서나 흔히 볼 수 있는 광경이다.

1945년

페니실린

알렉산더 플레밍(Alexander Fleming, 1881~1955년), **하워드 월터 플로리**(Howard Walter Florey, 1898~1968년), **언스트 보리스 체인**(Ernst Boris Chain, 1906~1979년), **도러시 크로풋 호지킨**(Dorothy Crowfoot Hodgkin, 1910~1994년), **노먼 조지 히틀리**(Norman George Heatley, 1911~2004년), **에드워드 펜리 에이브러햄**(Edward Penley Abraham, 1913~1999년), **존 클라크 시핸**(John Clark Sheehan, 1915~1992년)

1928년에 알렉산더 플레밍이 페니실린을 발견한 것은 순전히 우연만은 아니었다. 그는 평소에도 종종 어떤 박테리아가 자라나나 보려고 일부러 배양접시를 그렇게 방치하곤 했기 때문이다. 그런 많은 날 중 하루, 배지 한 구석에 곰팡이 주위로 죽은 포도상구균의 사체가 동그랗게 쌓여 있는 게 플레밍의 눈에 띄었다. 하지만 당시는 페니실린 개발에 바로 착수할 수 있는 상황이 아니었다. 분리할 수 있는 페니실린의 양이 너무 적었고 사람에게 효과가 있을지 확신할 수도 없었던 것이다. 그러다 전쟁이 기회가 된다. 옥스퍼드에서 호주 약리학자 하워드 월터 플로리, 영국 생화학자 언스트 보리스 체인, 영국 생화학사 노먼 조지 히틀리와 에드워드 펜리 에이브러햄 등은 페니실린 대량 배양 기술을 개발하고 동물 연구를 시작했다. 곧 사람을 대상으로 한 임상연구도 진행되었고 1942년에는 마침내 페니실린이 환자들의 생명을 구하기 시작했다. 최신 발효기술과 더 효율적인 곰팡이 균종(미국 피오리아 산 썩은 캔털루프 멜론이 최고였다고 한다)을 보유한 미국 제약회사들이 생산을 맡았다. 첫해 생산량은 전 세계를 합해도 한두 사람밖에 치료하지 못할 정도로 적었다. 그나마도 아까워서 환자의 소변을 받아 다시 추출해 재활용했을 정도다. 그러나 이듬해인 1945년 중반에는 무려 수 백만 회 투여분을 재고로 확보할 수 있었다.

하지만 대량생산이 가능해진 뒤에도 페니실린의 화학은 상당 부분 미스터리로 남아 있었다. 무엇보다도 화학구조가 단순하지 않기 때문이었다. 그러다 영국 생화학자 도러시 크로풋 호지킨이 **엑스레이 결정학**을 이용해 페니실린의 기본 구조가 베타락탐 사각형임을 밝혀냈다. 이 베타락탐 고리는 페니실린 항균 활성의 요체였다. 그러나 이런 구조를 가진 다른 화학물질을 찾기는 쉽지 않았다. 그래서 많은 노력과 시간을 들인 뒤 1950년대에 들어 미국 유기화학자 존 클라크 시핸이 실용적 합성법을 처음으로 찾아내면서 페니실린 연구는 새 장을 맞았다. 이를 기점으로 내성을 획득한 균주에도 듣는 합성 및 반합성 페니실린 아형(亞型)들이 속속 개발되었다.

함께 읽어보기 천연물(서기 60년경), 살바르산(1909년), 엑스레이 결정학(1912년), 설파닐아마이드(1932년), 스트렙토마이신(1943년), 아지도티미딘과 항레트로바이러스제(1984년), 현대의 신약개발 전략(1988년), 탁솔(1989년)

제2차 세계대전 시절에 배포된 광고 포스터. 광고 문구 그대로 이때 많은 사람이 페니실린 덕분에 목숨을 구했다. 약 하나에 이런 찬사가 쏟아지는 것은 오늘날에는 있을 수 없는 일이지만 항생제 내성 문제의 심각성을 감안하면 미래에 같은 상황이 재현될지도 모를 일이다.

Penicillin

THE NEW LIFE-SAVING DRUG

Saves Soldiers' Lives!

Men who might have died will live... if YOU

Give this job Everything You've got!

1945년

글러브 박스

화학 실험실에 있는 모든 물건은 항상 조심해서 다뤄야 한다. 그중에서도 공기에 노출되면 바로 불이 붙는 시약들은 특히 극도의 주의를 요한다. 이런 경우, 진공관을 사용하는 수가 있다. 하지만 가장 좋은 방법은 작업 자체를 연구실 한 켠에 설치된 무산소 공간 안에서 하는 것이다.

그렇게 해서 나온 것이 바로 글러브 박스다. 밀폐되어 있지만 정면이 유리나 투명 플라스틱 창으로 되어 있어 안이 훤히 들여다보이는 이 거대한 상자에는 일반 공기 대신 질소나 아르곤과 같은 비활성 기체가 흐른다. 작업자는 유리창 하단에 고정된 팔뚝 길이의 고무장갑에 팔을 끼우고 상자 안에서 모든 작업을 한다. 그런데 글러브 박스 안에서 뭔가를 하려면 사전에 치밀하게 계획을 세워야 한다. 글러브 박스를 사용 중일 때는 뭔가를 넣거나 꺼내는 것이 몹시 불편하기 때문이다. 보통은 에어락 장치가 달린 우편함 같은 것이 있어서 물건을 넣고 공기를 빼낸 후 안쪽에서 꺼내는 식으로 이용할 수는 있다. 하지만 물건 하나를 옮기기 위해 정해진 절차를 다 지키려면 시간이 엄청나게 오래 걸린다.

전해지는 바로는 글러브 박스가 최초로 실전 투입된 것은 맨해튼 프로젝트였다고 한다. 이 1세대 모델은 합판과 유리, 고무로 제작되었다. 당시에도 핵을 다룬다는 게 얼마나 어렵고 위험한 일인지 잘 알고 있었던 것이다. 요즘은 글러브 박스가 훨씬 더 대중화되어 있다. 대규모 기업체 연구소에 가면 여러 사람이 동시에 작업할 수 있는 대형 모델도 구경할 수 있다. 심지어 국제우주정거장에도 고위험 화학물질이 사용되는 미소중력 실험을 위해 글러브 박스가 설치되어 있다고 한다.

일반적으로 유기금속 화합물은 산소나 습기에 민감하다. 따라서 대부분의 유기화학 실험실은 글러브 박스를 갖추고 유지보수를 철저히 한다. 글러브 박스를 잘 관리하기 위해서는 크게 두 가지가 필요하다. 하나는 작업자의 세심한 손길이고 다른 하나는 비활성 기체를 지속적으로 공급해주는 것이다. 상태를 점검하는 전통적인 방법은 이렇다. 글러브 박스 안에서 백열전구의 스위치를 켠다. 그런 다음 전구를 살살 깨뜨린다. 이때 전구의 불이 꺼지지 않으면 합격을 외쳐도 좋다. 글러브 박스 안의 기체가 전구 제조사가 유리 안에 주입했던 것만큼 안정하다는 뜻이니까.

함께 읽어보기 분별 깔때기(1854년), 에를렌마이어 플라스크(1861년), 속슬렛 추출기(1879년), 붕규산 유리(1893년), 보란과 진공배관기술(1912년), 딘-스타크 장치(1920년), 배기 후드(1934년), 자기 교반막대(1944년)

대형 글러브 박스. 일반 연구실에서는 공기에 민감한 화학물질들을 다루는 실험을 할 때 구멍 하나에 팔 한쪽씩만 넣을 수 있는 소형 모델이 애용된다.

1947년

엽산 길항제

시드니 파버(Sidney Farber, 1903~1973년), **옐라프라가다 수바라오**(Yellapragada Subba Rao, 1895~1948년)

원래 병리학자 시드니 파버의 연구 주제는 비타민 B의 일종인 엽산이 왜 빈혈 치료에 도움이 되는가였다. 그러던 1947년에 그는 백혈병에도 엽산이 효과적인지 궁금해졌다. 그래서 직접 알아보기로 결심하고 환자에게 엽산을 복용하도록 했다. 그런데 놀랍게도 백혈병 환자의 경우는 엽산이 질병을 오히려 악화시켰다. 이에 파버는 이것을 이용하는 가설을 세웠다. 즉, 엽산이 백혈병을 더 진행시키는 거라면 반대로 엽산 합성을 차단하면 치료에 도움이 되지 않겠느냐는 것이다. 그의 추측은 옳았고, 백혈병 환자를 위한 엽산 제한 식이요법도 추후 개발되었다.

마침 비슷한 시기에 인도의 생화학자 옐라프라가다 수바라오는 뉴욕 레덜리 연구소에서 엽산의 의약화학을 연구하고 있었다. 원래 목적은 기존의 엽산 영양제를 개량하는 것이었지만 그는 자신이 만든 엽산 유사체 몇몇이 생화학 경로에 작용하는 생체효소를 억제한다는 사실을 발견했다. 수바라오는 엽산 길항제 가설을 시험해보라며 그중 하나인 아미노프테린(aminopterin)을 파버에게 제공했다. 연구 결과, 아미노프테린은 소아 백혈병 환자들에게 극적인 효과가 나타났다. 하지만 다른 엽산 유사체들도 비슷하게 강력한 약효를 줄줄이 나타내고 여러 병의원에서 재현성 있는 연구 결과가 반복해서 입증되면서, 이 엽산 길항제는 어엿한 하나의 항암제 계열로 입지를 굳혔다.

오늘날 가장 유명한 엽산 길항제는 메토트렉세이트(methotrexate)다. 마찬가지로 파버와 수바라오의 협동의 산물인 메토트렉세이트는 여러 가지 암종의 치료제로 지금도 널리 사용된다. 이런 엽산 길항제들은 디하이드로폴레이트 리덕타제(dihydrofolate reductase)라는 효소를 강력하게 억제한다. 그러면 사다리와 비슷한 DNA 구조에서 가로대들을 형성하는 퓨린과 피리미딘이 충분히 만들어지지 못하게 된다. 모든 딸세포는 완전한 DNA 사본을 하나씩 갖고 태어나는 게 생식의 기본 원리이므로 분열하는 세포는 새로운 DNA를 만드는 데 온 힘을 쏟는다. 암세포처럼 고속으로 분열하는 세포는 당연히 그 압박이 더 심하다. 따라서 암세포가 쓸 DNA 합성 재료를 고갈시키면 암의 생존 자체를 위협할 수 있다. 암이 필요로 하는 물질을 표적으로 삼는다는 이 기본 원리를 주축으로 지금까지 다양한 항암 화학요법제가 개발되었고 앞으로도 그럴 것이다.

함께 읽어보기 독물학(1538년), 바리 공습(1943년), DNA의 구조(1953년), 탈리도마이드(1960년), 시스플라틴(1965년), 라파마이신(1972년), 현대의 신약개발 전략(1988년), 탁솔(1989년)

형광 꼬리표를 달아 놓은 동물 백혈병 모델의 세포. 오른쪽 가운데의 세포는 지금 분열하는 중이다. 암세포를 현미경으로 관찰하면 특히 이런 모습을 자주 볼 수 있다.

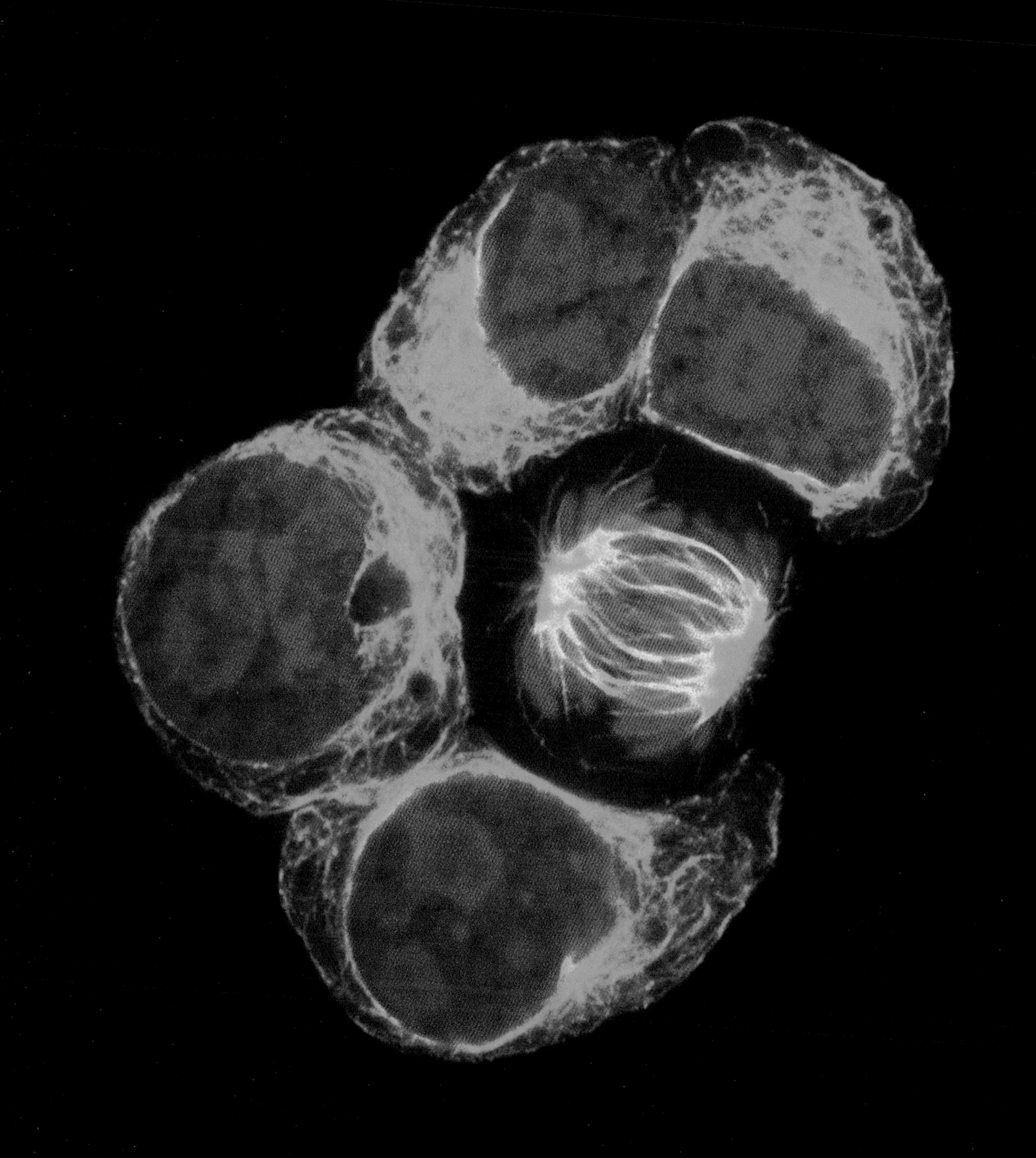

1947년

동적 동위원소 효과

제이컵 비자리젠(Jacob Bigeleisen, 1919~2010년), **마리아 괴페르트 마이어**(Maria Goeppert Mayer, 1906~1972년)

화학자 제이컵 비자리젠과 물리학자 마리아 괴페르트 마이어는 모두 맨해튼 프로젝트에 참여했다. 여기서 두 사람이 한 일은 **광화학**을 이용해 우라늄-235를 분리하는 것이었다. 연구는 목표를 이루지 못했지만 대신 동위원소 화학의 발전에 큰 도움이 된 이론 하나를 남겼다. 무시무시하게 어렵게 들리는 이름의 이 이론은 사실 간단한 모형 하나만 있으면 훨씬 편하게 이해할 수 있다. 모형을 만들려면 테니스공 두 개, 스프링 하나, 그리고 이것들을 동여맬 접착테이프가 필요하다. 기본 설계는 두 공을 특정 주파수로 진동시키는 것에서 출발한다. 이때 두 공 중 하나를 더 무거운 공으로 바꾸면 진동이 느려질 것이다.

이와 정확히 똑같은 현상이 탄소-수소 결합과 탄소-**중수소** 결합에서도 일어난다. 중수소는 보통 수소보다 정확히 두 배로 무거운 **수소**의 동위원소이므로, 탄소-**중수소** 결합은 탄소-수소 결합보다 천천히 진동하고 에너지 상태도 더 낮다. 이것은 중수소 결합을 깨뜨리는 것이 더 어려움을 뜻한다. 그래서 이 결합을 깨는 것이 결정적 단계인 화학반응은 일반적인 탄소-수소 결합이 관여된 반응보다 더 천천히 일어난다. 이것이 바로 일차적인 동적 동위원소 효과다. 비자리젠과 마이어는 이 이론을 1947년에 처음 발표했는데, 그 이래로 수많은 **반응 메커니즘** 사례들이 이 원리를 통해 규명되고 해석되었다.

그런데 이차적인 동적 동위원소 효과라는 것도 있다. 이 현상은 탄소-수소 혹은 탄소-중수소 결합이 새로 생기거나 깨지지 않아도 일어난다. 보이는 효과는 미미하지만 반응의 전이상태가 중수소 치환 여부에 민감해 일어나는 현상이다. 일차적인 동적 동위원소 효과는 반응 속도를 5~10배 정도 확연하게 늦춘다. 반면에 이차적인 동적 동위원소 효과에 의한 반응속도 변화는 몇 퍼센트밖에 되지 않는다. 따라서 이런 미묘한 차이까지 감지하려면 매우 정교한 실험 설계가 필요하다.

게다가 무게가 더 비슷한 동위원소, 예를 들면 무게 차이가 8퍼센트뿐인 탄소-13과 탄소-12 같은 경우는 동적 동위원소 효과가 기본적으로 크지 않다. 그러나 화학반응의 본질을 정확하게 이해하고 나아가 더 효율적인 반응을 설계하기 위해서는 이런 실험만큼 효과적인 방법이 또 없다.

함께 읽어보기 수소(1766년), 광화학(1834년), 동위원소(1913년), 중수소(1931년), 전이상태 이론(1935년), 반응 메커니즘(1937년), 쌍극자 고리화 첨가 반응(1963년), 효소 입체화학(1975년), 동위원소 분포(2006년)

마리아 괴페르트 마이어. 제이컵 비자리젠과 함께 맨해튼 프로젝트에 참여하는 동안 모은 귀중한 자료를 토대로 동위원소 효과라는 완전히 새로운 영역을 개척했다.

I129
17.3
Cr56
24
52
22

1947년

광합성

멜빈 캘빈(Melvin Calvin, 1911~1997년), **새뮤얼 굿나우 와일드먼**(Samuel Goodnow Wildman, 1912~2004년), **앤드류 앨 벤슨**(Andrew Alm Benson, 1917~2015년), **제임스 앨런 바샴**(James Alan Bassham, 1922~2012년)

광합성은 조용하고 느리지만 전지구적으로 일어나는 화학반응이다. 그 덕분에 지구상의 모든 생물이 평온하게 숨쉬며 살아갈 수 있다. 그런데 원시 지구의 대기에는 산소가 지금처럼 풍부하지 않았다. 지금처럼 변하기 시작한 것은 몇몇 미생물이 반응 부산물로 산소를 토해내면서부터다. 광합성을 통해 우리가 받는 혜택은 숨 쉴 산소를 얻는 것 이상이다. 광합성은 공기 중 **이산화탄소**의 양을 조절한다. 그뿐만 아니다. 광합성이 일어나지 않는다면 인간을 포함한 지구 생태계의 먹이사슬이 건강하게 돌아갈 수 없다.

광합성은 미련스런 한 효소가 관장한다. 광합성의 중요성을 생각하면 정말 뜻밖이다. 새뮤얼 굿나우 와일드먼은 1947년에 시금치에 다량 존재하는 어떤 효소가 광합성의 열쇠라는 연구 결과를 발표했다. 정식 명칭은 리불로스 비스카르복실라제 옥시게나제(ribulose biscarboxylase oxygenase), 이것을 줄여 루비스코라는 별명으로 더 유명해진 효소가 그 주인공이다. 동물세포에서 미토콘드리아가 하는 역할을 식물세포에서는 엽록체가 맡는다. 비슷한 맥락에서 식물은 **세포 호흡**의 크레브스 회로와 동격인 캘빈 회로라는 생화학 기제를 가진다. 동료 연구자 제임스 앨런 바샴과 앤드류 앨 벤슨의 도움을 받아 이 생화학 반응을 최초로 찾아낸 미국 생화학자 멜빈 캘빈의 이름을 따서 그렇게 불리는데, 바로 여기서 루비스코 효소가 핵심적 역할을 한다.

루비스코는 한 식물의 단백질 함유량 중 거의 절반을 차지한다. 따라서 절대량만 따지면 아마도 지구에 가장 많은 단백질이 이 효소일 것이다. 루비스코가 이렇게 많은 데는 다 이유가 있다. 작업 속도가 믿을 수 없을 정도로 느려서, 초당 수천 개를 해치우는 다른 효소들과 달리 1초에 처리할 수 있는 분자가 세 개밖에 안 되는 것이다. 어쩌면 산소와 이산화탄소를 신중하게 구분해내느라 손이 느린 걸 수도 있다. 하지만 정확한 이유는 아직 아무도 모른다. 수십 억 년의 진화 압력을 견뎌내고도 이렇게 둔해 빠진 효소가 그렇게 중요한 책임을 맡은 데에는 그럴 만한 타당한 이유가 분명 있을 것이다. 최근에는 루비스코를 개량해 **인공 광합성**에 활용할 수 있을지 알아보는 연구가 한창 진행 중이다.

함께 읽어보기 이산화탄소(1754년), 산소(1774년), 세포 호흡(1937년), 동위원소 분포(2006년), 효소공학(2010년), 인공 광합성(2030년)

식물 세포의 내부. 녹색 엽록체 안에서 루비스코 효소가 굼벵이처럼 느리게 제 할 일을 하는 모습이 또렷하게 보인다.

1948년

도노라 스모그 사건

화학공업의 역사가 늘 성공으로 찬란하게 빛나기만 했던 것은 아니다. 기억하는 사람은 거의 없지만 인간의 해이함을 꾸짖는 사건도 종종 있었다. 인간이 조심하지 않아서 화학공장 주변 지역을 초토화시키는 것처럼 말이다. 1948년 10월 말의 어느 날도 그랬다. 미국 펜실베이니아 주에 도노라라는 작은 마을이 있다. 이 마을에는 다양한 유독물질이 섞인 배기가스를 정기적으로 배출하는 화학공장이 하나 있었다. 평소에도 공장 주변 반경 1킬로미터 이내에 잡초 한 줄기 자라지 못할 정도로 대기오염이 심했지만 마을 사람들은 크게 불평하지 않았다. 하지만 그날은 달랐다. 협곡 지형 때문에 기온역전 현상이 일어나 정체된 공기가 뚜껑 역할을 한 탓에 매캐한 매연이 지표에 두텁게 내려앉아 꿈쩍도 하지 않았다. 그 상태가 나흘 동안 이어졌다. 유독가스인 이산화황, 불화수소, 불소를 포함해 각종 대기오염물질이 공장 매연과 만나 이룬 스모그 때문에 앞이 기의 보이지 않을 정도였다. 사람들은 히나둘씩 기침과 호흡곤란을 호소하기 시작했고 모두가 천식이 돌림병으로 도는 것 아니냐며 불안해했다.

이 누런색 죽음의 안개는 주민들은 물론이고 마을 전체에 큰 손해를 끼쳤다. 소방서는 재고를 다 풀어 우울증이 퍼져나가는 집집마다 산소를 공급했고 적십자는 동네 의원들의 협조를 받아 임시진료소를 설치했다. 불과 나흘만에 무려 스무 명의 주민과 수백 마리의 가축이 죽었고 7000여 명이 끙끙 앓았다. 닷새째 폭우가 내려 더러운 공기를 씻어주지 않았다면 사상자 수는 더 늘었을 것이다. 살아남은 사람들도 몇 년 동안 후유증에 시달려야 했다. 이 일은 전국적인 화제가 되면서 전국민에게 대기오염의 파괴력을 각인시킨 사고로 역사에 기록된다.

정부와 시민단체의 압력과 더불어 이런 류의 사건들을 겪어 오면서, 기업들의 환경보호에 대한 인식은 수십 년 전에 비해 크게 높아진 상태다. 오늘날에는 폐기물을 정화처리도 하지 않고 지역 주민이 먹고 숨쉬는 자연환경에 방류하는 공장은 염치 없는 무뢰한 취급을 받는다. 물론 이런 행태가 아직 완전히 근절된 것은 아니지만 말이다.

함께 읽어보기 납 오염(1965년), 보팔 사고(1984년)

도노라 스모그가 한창이던 때 간호사가 수술용 마스크를 쓰고 왕진을 다니고 있다.

1949년

접촉개질법

블라디미르 헨슬(Vladimir Haensel, 1914~2002년)

1930년대에 유진 우드리가 개발한 **접촉분해**는 40년 전 블라디미르 슈코프와 윌리엄 버튼의 **열분해**를 크게 개량한 기술이었다. 하지만 유독한 **테트라에틸납**이 들어간다는 것은 여전히 문제였다. 그런데 미국 화학공학자 블라디미르 헨슬이 백금 접촉개질법을 개발하면서 이것과 함께 여러 골칫거리를 한 방에 해결한다. 헨슬의 기법에는 여러 가지 장점이 있었다. 우선, 납 없이도 옥탄가를 높인다. 그뿐만 아니라 부산물로 만들어지는 **수소** 기체는 원유에 섞여 있는 황을 **클라우스법**으로 **황화수소** 형태로 묶어 걸러내는 데 재활용할 수 있다. 또, 반응 후 다량 만들어지는 벤젠 같은 방향족 화합물은 석탄과 콜타르가 공업화학 전반의 필수 원료로서 일인자 자리를 석유에게 내어주게 했다.

그러나 백금 접촉개질법이 완성되기까지는 나름 우여곡절이 있었다. 기본적인 아이디어는 백금을 촉매로 사용하는 것이었는데, 이론적으로는 설득력 있지만 경제성이 터무니없이 낮았다. 백금은 예나 지금이나 금보다도 더 비싼 금속이기 때문이다. 그런 백금으로 된 구슬을 채워 접촉개질법 설비를 만든다면 무장한 경비를 둘러세워 밤낮으로 지켜도 모자랄 터다. 그러나 헨슬은 모든 반응은 촉매 표면에서만 일어난다는 사실에 주목했다. 그리고는 덩어리 전체가 아니라 표면에만 백금을 아주 얇게 입힘으로써 고민을 해결했다. 백금막 안쪽에는 값싼 데다가 반응의 다른 단계에서 루이스 산으로도 활용 가능한 알루미늄 산화물로 채워 넣었다.

백금을 촉매로 해 탄화수소를 깨뜨림으로써 휘발유를 가공하는 백금 접촉개질법은 현대 정유산업의 근간이 되었다. 이 기술을 동력 삼아 일취월장한 것은 접촉개질법 반응산물이 원료로 재투입되는 플라스틱과 같은 다른 여러 공업 분야도 마찬가지다. 그러나 헨슬은 여기서 만족하지 않고 백금의 다른 활용방안을 계속 연구했다. 그 결과로 탄생한 것 중 하나가 대기오염 억제에 크게 기여한 촉매 변환기다. 이런 식으로 헨슬은 테트라에틸납과 **프레온 가스**를 대기에 흩뿌린 토머스 미즐리의 과오를 수습해갔다. 헨슬의 연구가 없었다면 산성비는 점점 심해지고 휘발유의 납 성분은 계속 환경을 오염시키고 각종 엔진장치의 배기가스는 스모그를 더욱 뿌옇게 만들었을 것이다.

함께 읽어보기 황화수소(1700년), 수소(1766년), 클라우스법(1883년), 열분해(1891년), 테트라에틸납(1921년), 산과 염기(1923년), 피셔-트로프슈법(1925년), 접촉분해(1938년)

터보엔진에 설치된 촉매 변환기. 배기가스가 이 장치를 통과하면서 이산화탄소와 물로 변한다.

1949년

분자병

라이너스 칼 폴링, 제임스 밴건디아 닐(James Van Gundia Neel, 1915~2000년), **하비 아키오 이타노**(Harvey Akio Itano, 1920~2010년), **버넌 잉그럼**(Vernon Ingram, 1924~2006년), **시모어 조너선 싱어**(Seymour Jonathan Singer, 1924년~2017년)

어떤 병은 유전자 변이 때문에 생긴다는 것은 누구나 아는 상식이다. 하지만 옛날에는 그렇지 않았다. 화학자 라이너스 폴링, 세포생물학자 시모어 조너선 싱어, 화학자 하비 아키오 이타노가 처음으로 이 개념을 꺼내기 전에는 말이다. 기념할 만한 이 해는 1949년으로, 이때 폴링은 〈분자병의 대표 사례, 겸상적혈구 빈혈〉이라는 제목의 논문을 완성했고 유전학자 제임스 밴건디아 닐은 어떤 유전병이 되물림되는 패턴을 분석해 발표했다.

유전자 결손이 있으면 효소 전체가 생기기도 없어지기도 한다는 것은 당시에도 이미 알려진 사실이었다. 하지만 폴링과 동료들은 연구의 행간에 주목했다. 겸상적혈구 빈혈은 헤모글로빈의 유전사에 변이가 생기는 질환이다. 헤모글로빈은 적혈구에 **산소**를 운반해주는 단백질이므로 기형 헤모글로빈은 산소운반 능력이 떨어지고 적혈구를 비틀어 낫 모양으로 변형시킨다(참고로, 겸상적혈구를 가진 사람은 말라리아에 저항성이 있는데 그래서인지 열대지방에 겸상적혈구 빈혈 환자가 흔하다).

폴링의 제자 이타노는 이 기형 단백질은 여러 pH 조건에서 미세하게 다른 전하값을 보인다는 사실을 알아냈다. 이 성질을 이용해 그는 **전기영동**으로 정상적인 헤모글로빈과 기형 헤모글로빈을 분리할 수 있었다. 전기영동이란 전압차를 크게 벌렸을 때 단백질이 겔 기질을 통과해 지나가는 속도의 차이를 이용한 분석법이다. 1956년에는 단백질 서열분석을 비롯한 각종 분석기법들의 발전에 힘입어 독일계 미국인 생물학자 버넌 잉그럼이 정상 헤모글로빈과 기형 헤모글로빈 사이의 차이는 **아미노산** 딱 하나뿐이라는 사실을 밝혀냈다. 헤모글로빈 단백질의 아미노산 배열에서 발린 자리에 글루타민산이 오는 작은 변화 하나가 이 모든 사태를 일으킨다는 소리였다.

사실, 우리는 누구나 이렇게 아미노산 하나만 달라지는 이른바 점돌연변이를 여럿 가지고 태어난다. 하지만 점돌연변이 대부분은 침묵을 지키면서 아무 해도 끼치지 않는다. 단, 아주 드물게 특정 단백질의 특정 위치에서 일어나는 점돌연변이는 치명적일 수 있다. 헤모글로빈처럼 말이다. 그런 면에서 폴링은 선구적 혜안을 가지고 일반화학의 기법들을 생체분자에 적용해 이 사실을 증명하고 분자생물학의 기반을 닦았다고 볼 수 있다.

함께 읽어보기 시안화수소(1752년), 산소(1774년), 아미노산(1806년), 생어 서열분석법(1951년), 전기영동(1955년)

겸상적혈구. 돌연변이 유전자에 의해 만들어진 헤모글로빈이 적혈구 안에서 모이면 적혈구가 낫 모양으로 휘게 된다.

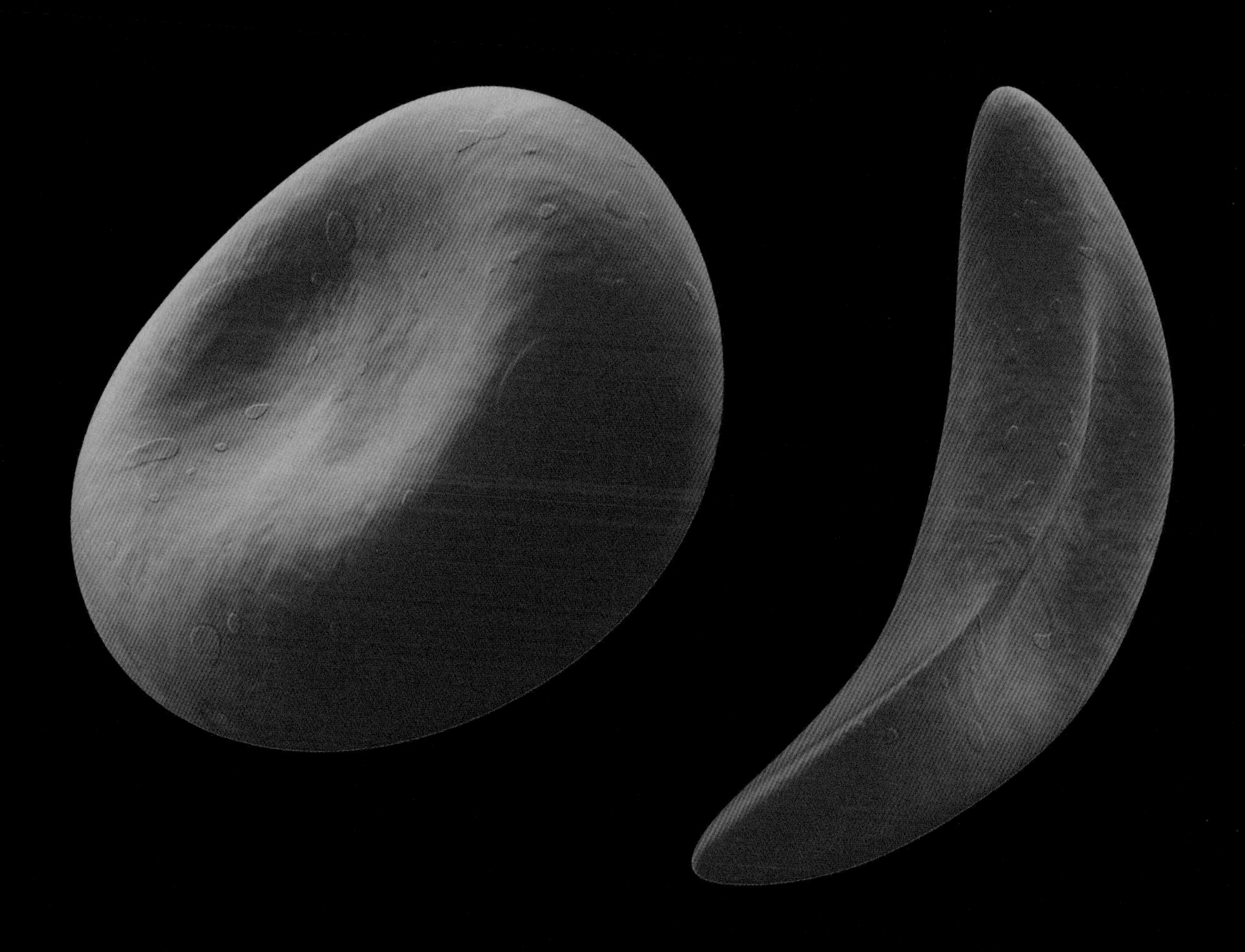

1949년

비고전적 이온 논쟁

솔 윈스타인(Saul Winstein, 1912~1969년), **허버트 C. 브라운**(Herbert C. Brown, 1912~2004년), **조지 올라**(George Olah, 1927년~)

1949년은 시끄럽게 전개된 한 논쟁의 원년이 되는 해다. 이 논쟁은 수십 년 동안 지속된다. 모든 것은 눈에 보이지도 않을 만큼 조그마한 분자 하나에서 시작되었다. 바로 노보닐(norbornyl) 양이온이다.

양전하를 띤 탄소 원자(탄소 양이온)가 여러 반응에서 중간체로 잠깐 등장한다는 것은 이미 기정사실이었다. 그런데 고리가 두 개 연결된 구조의 노보닐 분자는 그런 중간체를 감안하더라도 뭔가 이상했다. 종류가 다른 이성질체를 출발물질로 투입해도 중간체가 같기 때문에 똑같은 반응 산물이 만들어지는 것은 납득이 되었다. 그런데 한 반응의 속도가 다른 하나보다 훨씬 빠른 이유는 도무지 알 수가 없었다.

이에 대해 학계는 두 가지 가설을 내놨다. 미국 화학자 솔 윈스타인은 양전하 하나가 탄소 원자 세 개에 넓게 퍼져 분포한다는 비고전적 탄소 양이온 모형을 제안했다. 이런 분자의 생성 속도가 투입한 이성질체의 종류에 따라 달라진다는 설명이었다. 이때, 미국 화학자 허버트 C. 브라운이 반기를 들며 다른 의견을 내놨다. 그런 특이한 중간체는 절대로 생겨날 수 없다고 굳게 믿은 그는 평범한 탄소 양이온 두 개가 실험으로는 구분할 수 없을 만큼 신속하게 상호전환된다고 설명했다. 그 대신 반응 중심 주변의 물리적 밀집도(화학용어로는 입체 장해) 때문에 반응 속도의 차이가 벌어진다는 것이었다.

뒤떨어진 분석기술이 큰 걸림돌이 되자 다양한 신기술이 속속 개발되었다. 그중에 하나가 헝가리 출생의 미국 화학자 조지 올라가 창안한 방법이다. 올라는 강산 용액으로 탄소 양이온 형태를 NMR 장비를 돌리기에 충분할 정도로 오랫 동안 고정할 수 있다는 것을 알아냈다. 이것은 윈스타인의 가설이 옳다는 신호였다. 그 뒤에도 대부분의 후속 연구가 윈스타인의 비고전적 양이온 가설을 지지하는 증거를 쏟아냈다. 브라운은 단 한 번도 패배를 인정하지 않았지만 말이다.

쐐기를 박은 것은 **엑스레이 결정학**이었다. 2013년에 드디어 노보닐 양이온의 결정 구조가 공개되면서, 학계의 염원대로 윈스타인의 비고전적 구조가 사실임이 증명된다. 이 일로 지난했던 논쟁의 역사가 막을 내렸다. 하지만 의문점에 대한 답을 구하는 과정에서 화학이론과 분석기술 모두 크게 발전한 효과가 있었던 것만은 확실하다.

함께 읽어보기 프리델-크래프츠 반응(1877년), 엑스레이 결정학(1912년), 반응 메커니즘(1937년), NMR(1961년)

조지 올라. 그의 NMR 기술이 결정적 증거를 제시한 덕분에 비고전적 양이온 가설이 하나의 이론으로 격상되었다. 이 주제를 둘러싼 치열했던 논쟁은 여러 방면에서 유기화학의 발전을 견인했다.

1950년

입체배좌 분석

헤르만 작세(Hermann Sachse, 1862~1893년), **에른스트 모어**(Ernst Mohr, 1873~1926년), **오드 하셀**(Odd Hassel, 1897~1981년), **데릭 헤럴드 리처드 바턴**(Derek Harold Richard Barton, 1918~1998년)

독일 화학자 에른스트 모어가 1918년에 다이아몬드의 구조를 밝혀낸 것은 **엑스레이 결정학**의 초기 성과 중 하나였다. 모어는 다이아몬드가 반트호프가 예측했던 그대로 **정사면체 탄소 원자**들로 이루어진 삼차원 네트워크임을 증명해보였다. 이 격자 안에서 원자들이 이웃 원자와 결합한 방식을 보면 다이아몬드가 왜 그렇게 단단하고 안정한지를 잘 알 수 있다. 원자들이 서로를 있는 힘껏 옭아매고 있으니 그럴 수밖에 없는 것이다.

그렇다면 탄소 여섯 개로 된 육각환은 어떨까. 탄소 육각환의 경우, 한 꼭짓점은 위를 향하고 반대쪽 꼭짓점은 아래를 향하는 의자형 형태나 둘 다 위를 향하는 보트형 형태로 존재할 수 있다. 일찍이 1890년에 독일 화학자 헤르만 작세가 육각환의 이런 성질을 지적했지만 당시는 널리 인정받지 못했다. 하지만 1943년에 노르웨이 물리화학자 오드 하셀이 탄소 육각환이 평평하게 펴지는 것은 불가능하다는 사실을 마침내 증명했다. 이것은 육각환은 반드시 삼차원적 구조를 가져야 한다는 뜻이었다.

하셀은 육각환의 입체배좌를 세심하게 뜯어보는 연구를 계속 진행해나갔다. 육각환은 유기화학에서 매우 흔한 구조이므로 연구 소재로 삼기에 딱 좋았다. 그러나 육각환의 구조가 현장에서 뭐 그리 중요하냐며 일소하는 화학자도 많았다. 영국 유기화학자 데릭 헤럴드 리처드 바턴이 반응의 결과가 반응물질 입체배좌에 따라 달라진다는 것을 입증한 1950년까지는 말이다. 바턴이 일일이 열거한 **스테로이드 화학**의 많은 사례들을 보면 각 반응마다 육각환의 기하학적 구조를 알아야만 완벽하게 이해할 수 있다. 가령, 시약이 유연한 육각환의 어느 쪽에 있는 반응기로 다가가느냐에 따라 공간적 접근이 더 쉬워지거나 어려워지는 식이다.

바턴은 이 이론 덕분에 대화학자의 반열에 올랐고 1969년에는 노벨상을 받았다. 하지만 언제나 그는 분자의 입체배좌와 반응성 간 관계를 설명한 1950년 논문 한 편에 모든 공을 돌렸다. 논문을 꼼꼼히 읽고 반응 사례들을 열심히 공부했다면 누구라도 똑같은 원리를 알아낼 수 있었을 거라면서 말이다.

함께 읽어보기 정사면체 탄소 원자(1874년), 엑스레이 결정학(1912년), 스테로이드 화학(1942년), 코르티손(1950년), 인조 다이아몬드(1953년)

탄소 육각환의 입체배좌를 보여주는 삼차원 모델

1950년

코르티손

에드워드 캘빈 켄들(Edward Calvin Kendall, 1886~1972년), **필립 쇼월터 헨치**(Philip Showalter Hench, 1896~1965년), **타데우시 라이히슈타인**(Tadeus Reichstein, 1897~1996년), **퍼시 러본 줄리언**(Percy Lavon Julian, 1899~1975년), **케네스 캘로우**(Kenneth Callow, 1901~1983년), **루이스 새럿**(Lewis Sarett, 1917~1999년), **맥스 티쉴러**(Max Tishler, 1906~1989년), **존 워컵 콘포스**(John Warcup Cornforth, 1917~2013년)

합성화학 분야가 본격적으로 성장한 것은 스테로이드의 복잡한 고리 구조가 밝혀지면서부터다. 곧 **스테로이드 화학**과 스테로이드 생물학은 1950년대에 최고 인기 화학 분야로 등극했다. 그런 열기 속에서 화학자 에드워드 캘빈 켄들, 물리학자 필립 쇼월터 헨치, 화학자 타데우시 라이히슈타인이 코르티손과 부신 코르티코스테로이드의 구조를 밝혀냈다. 두 물질은 체내에서 다양한 생리 반응을 관장한다. 상품화된 코르티손은 우선 류마티스 관절염 치료제로 이름을 날리며 성공적으로 데뷔했다. 하지만 스테로이드 합성은 기술적으로 만만치 않은 일이었다.

1940년대에 미국 화학자 퍼시 러본 줄리언은 러셀 마커의 참마에서 아이디어를 얻어 콩 추출물에서 시작하는 합성 경로를 개발했다. 그런 다음에는 유독한 데다가 비싸기까지 한 사산화오스뮴을 쓸 필요가 없도록 공정을 개량하는 데까지 성공했다. 한편 영국에서는 글락소라는 제약회사의 의뢰를 받은 화학자 존 워컵 콘포스와 생화학자 케네스 캘로우가 용설란에서 추출한 프로게스테론 계열 성분으로 코르티손을 합성하는 방법을 찾아냈다.

한편 또 다른 제약회사 머크도 구식이지만 코르티손 합성 기술을 보유하고 있었다. 미국 화학자 루이스 새럿이 개발한 이 공정은 무려 서른 단계를 거쳐야 했다. 그럼에도 코르티손의 부가가치가 어마어마했기 때문에 머크는 번거로움을 무릅쓰고 제약 역사상 가장 긴 합성공정을 위한 설비를 세워 가동했다. 그런데 탄수화물에서 시작하는 에밀 피셔의 공정이나 단백질을 이용하는 **생어 서열분석법**에서처럼, 이 공정에서도 디니트로페닐히드라존(dinitrophenylhydrazone)이라는 선홍색 물질이 중간체로 만들어진다. 1951년에는 업존이라는 제약회사의 연구팀이 머크의 국내 독점 체제를 깨뜨릴 중요한 발견을 했다. 연구소에서 배양하는 미생물이 프로게스테론을 산화시켜 코르티손 합성의 완벽한 출발물질을 만든 것이다. 이에 업존은 멕시코 제약회사 신텍스에 프로게스테론 10톤을 한꺼번해 주문하면서 제약시장에 출사표를 던졌다. 그런 식으로 점점 보편화된 의약품으로서의 코르티손은 오늘날에도 다양한 질환을 치료하는 데 널리 사용된다.

함께 읽어보기 천연물(서기 60년경), 콜레스테롤(1815년), 스테로이드 화학(1942년), 입체배좌 분석(1950년), 생어 서열분석법(1951년), 피임정(1951년), 현대의 신약개발 전략(1988년), 탁솔(1989년)

혈액에 들어 있는 코르티손을 옛날 방식으로 분석하는 모습. 1952년. 층층이 쌓인 분별 깔때기들이 숲을 연상시킨다.

1950년

회전증발기

라이먼 C. 크레이그(Lyman C. Craig, 1906~1974년)

유기화학에서는 온갖 용매가 사용된다. 하지만 원하는 반응산물을 가루나 덩어리로 얻으려면 마지막에 용매를 제거하는 과정이 반드시 필요하다. 증류가 그런 방법 중 하나다. 한때 증류는 몹시 더디고 지루한 작업으로 악명이 높았다. 하지만 미국 생화학자 라이먼 C. 크레이그가 1950년에 고안한 회전증발기 덕분에 소요 시간이 크게 단축되었다. 마치 증류가 처음부터 빠르고 간단한 기술이었다는 착각이 들 만큼 말이다.

회전증발기는 동시에 여러 가지 효과를 낸다는 장점이 있다. 작동 방식은 이렇다. 플라스크를 축에 끼우고 제자리에서 회전시킨다. 그러면 플라스크 안에 들어 있는 액체가 골고루 섞이는 동시에 공기에 노출되는 액체의 표면적이 최대한으로 넓어진다. 그 상태에서 플라스크가 온수 수조에 반쯤 잠기도록 높이를 조정한다. 이때 용매의 끓는점을 낮추기 위해 진공을 걸어준다. 여기까지 모든 설정을 마치면 유기용매 대부분은 금방 기화된다. 플라스크를 빠져나온 용매 기체는 저온 응축기에 통과시켜 액체 상태로 한곳에 모은다. 나중에 이 부분만 떼어 폐기 처분한다. 끓는점이 특히 높은 용매를 걸러내야 할 경우는 진공의 강도를 높이면 된다.

단, 몇 가지 주의점이 있다. 플라스크를 너무 많이 채우거나 회전시키지 않거나 너무 급하게 온도를 높이면 액체가 튀어 올라 응축기를 넘어갈 수 있다. 그러면 반응 전체를 처음부터 다시 시작해야 한다. 또, 진공 펌프를 깜빡하고 안 켜면 플라스크가 이음새에서 툭 빠져 수조에 잠겨버리기도 한다. 직접 겪어보면 이것만큼 짜증 나는 실수가 또 없다. 마지막으로, 만약 원하는 반응 결과물이 끓는점이 낮은 물질이라면, 함께 기화되어 용매에 딸려 날아갈 수도 있다. 이런 사고들만 안 일어난다면 회전증발기는 유기화학 실험실에서 일손을 가장 크게 덜어주는 효자 실험기기 중 하나다.

함께 읽어보기 정제(기원전 1200년경), 분별 깔때기(1854년), 에를렌마이어 플라스크(1861년), 속슬렛 추출기(1879년), 붕규산 유리(1893년), 딘-스타크 장치(1920년), 배기 후드(1934년), 자기 교반막대(1944년), 글러브 박스(1945년), 아세토니트릴(2009년)

모든 유기화학 실험실의 필수 살림살이인 회전증발기. 이 빨간색 액체는 점점 농축되다가 얼마 안 있어 플라스크 내벽에 말라붙을 것이다.

1951년

생어 서열분석법

아처 존 포터 마틴(Archer John Porter Martin, 1910~2002년), **리처드 로런스 밀링턴 싱**(Richard Laurence Millington Synge, 1914~1994년), **프레데릭 생어**(Frederick Sanger, 1918~2013년), **한스 투피**(Hans Tuppy, 1924년~)

오늘날 유기화학과 분자생물학에서는 단백질을 조작해 **아미노산** 서열을 알아내고 그걸 또 원하는 대로 바꾸는 게 일상적인 작업이다. 하지만 1951년 이전에는 단백질의 구조 자체도 신비한 미스터리였다. 게다가 아미노산은 스무 가지 종류가 있는데 자리마다 어느 아미노산이 오느냐에 따라 단백질 종류가 달라진다면, 경우의 수는 기하급수적으로 늘어날 게 분명했다. 궁금한 점은 또 있었다. 단백질 종류가 같다면 아미노산 순서와 구조도 항상 같을까? 단백질의 활성 부위만 고정되어 있고 나머지는 이러저러하게 달라져도 크게 상관없는 게 아닐까?

그러던 1951년, 프레데릭 생어가 생화학자 한스 투피와 함께 인슐린의 B 사슬 서열을 분석하는 데 성공한다. 사실, 생어 연구팀의 성공은 앞서 1943년에 영국 화학자 아처 존 포터 마틴과 영국 생화학자 리처드 로런스 밀링턴 싱이 중요한 사실 하나를 알아냈기에 가능한 일이었다. 아미노산과 소분자 펩타이드 등 다양한 분자들을 **크로마토그래피**로 분리할 수 있다는 데서 착안해 실험이 설계되었기 때문이다. 크로마토그래피는 여과지 기준선에 시료를 점처럼 찍고 여과지를 용매에 담그면 시료 성분들이 용매와 함께 전개되면서 분리되는 원리를 이용한 기술이다.

생어는 이 연구를 위해 펩타이드 구조의 나머지 부분은 온전히 두고 사슬 말단의 유리 아민기나 NH_2기에만 디니트로페닐을 붙여 색을 입히는 기법을 개발했다. 이 꼬리표는 아미노산들이 해체된 후에도 남아 있게 된다. 따라서 아미노산들의 꼬리를 보고 역추적하면 원래 펩타이드의 아미노산 배열 순서가 어땠는지 알아낼 수 있었다. 분석 작업이 힘들고 일부 아미노산이 특이 행동을 보인다는 문제가 있긴 했지만 말이다. 이 방식으로 서열을 알아내기 위해 생어 팀은 인슐린을 일단 작은 조각들로 쪼개고 각 조각을 따로따로 실험했다. 그리고 나서 마지막에 퍼즐 조각을 다시 맞춤으로써 전체 그림을 완성할 수 있었다.

단백질의 아미노산 순서가 전체 분자의 모양과 성질을 결정한다는 것은 엄청나게 중요한 정보다. 모든 생명체의 세포는 올바른 단백질을 합성하는 데 필요한 정교한 설계도를 가지고 있음을 암시하기 때문이다. 그런 면에서 생어가 노벨상을 받은 것은 당연하다.

함께 읽어보기 아미노산(1806년), 크로마토그래피(1901년), 분자병(1949년), 생어 서열분석법(1951년), DNA의 구조(1953년)

인슐린 단백질의 분자 모형. 생어의 연구는 단백질의 조성을 알려주었을 뿐만 아니라 단백질이 화학기법으로 조작하고 연구할 수 있는 실체적 유기물질이라는 인식을 화학자들에게 심어주었다.

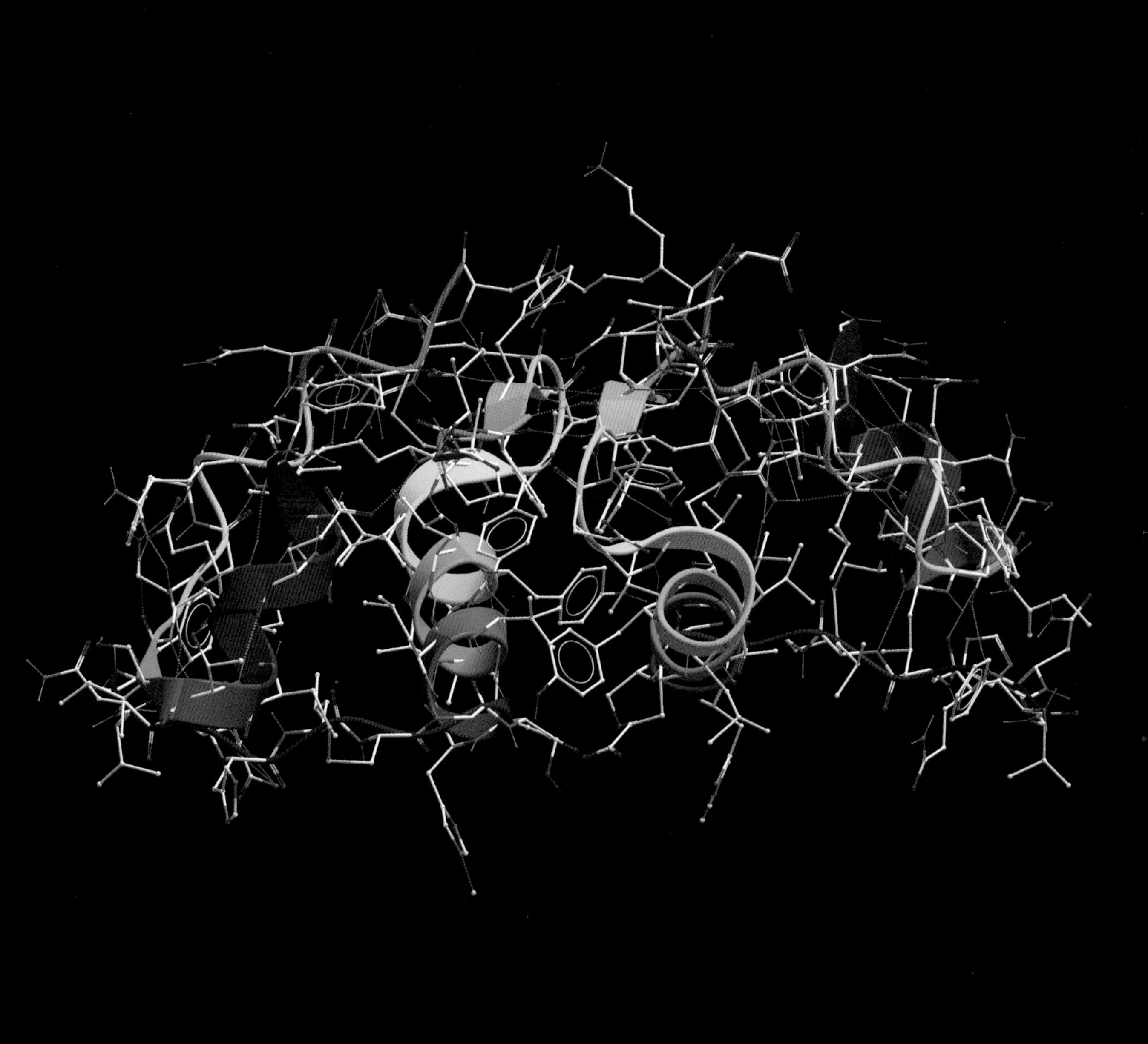

1951년

피임정

캐서린 매코믹(Katherine McCormick, 1875~1967년), **그레고리 굿윈 핑커스**(Gregory Goodwin Pincus, 1903~1967년), **장민추**(張明覺, 1908~1991년), **게오르그 로젠크란츠**(George Rosenkranz, 1916년~), **칼 제라시**(Carl Djerassi, 1923~2015년), **프랭크 벤저민 콜튼**(Frank Benjamin Colton, 1923~2003년), **루이스 에르네스토 미라몬테스 카르데나스**(Luis Ernesto Miramontes Cárdenas, 1925~2004년)

스테로이드 연구 초창기에 가장 중요한 목표 중 하나는 프로게스테론처럼 작용하지만 정제화할 수 있는 물질을 찾는 것이었다. 프로게스테론 자체도 경구로 복용할 수는 있지만 체내에서 너무 빨리 분해되어 버렸기 때문이다. 호르몬은 배란을 막는 효과가 있으므로 이런 성분의 경구 제제는 피임약으로서 효용 가치가 높았다. 이런 움직임을 주도한 것은 스테로이드 화학을 전문 분야로 하는 멕시코 제약회사 신텍스였다. 중간에 설립자인 러셀 마커가 멕시코 참마 특허를 가지고 회사를 떠나면서 잠깐 위기를 맞는 듯했다. 하지만 뒤를 이어 책임을 떠맡은 화학자 게오르그 로젠크란츠가 화학반응을 역설계해 차선책을 찾아냈다.

이때 화학자 칼 제라시는 신텍스의 한 연구팀을 이끌고 있었다. 그는 멕시코 출신의 연구원 루이스 카르데나스와 함께 프로게스테론 유사물질인 노르에틴드론을 합성해냈다. 신텍스가 **코르티손** 합성법을 발견한 지 불과 몇 개월 뒤의 일이었다. 한편 같은 시기에 미국에서는 제약회사 G. D. 설의 프랭크 벤저민 콜튼이 비슷한 노르에티노드렐을 합성하는 데 성공했다. 생물학자이자 부유한 상속녀였던 캐서린 매코믹의 지원하에 곧 노르에티노드렐의 임상시험이 진행되었고 그 결과 피임 효과가 매우 뛰어나다는 것이 증명되었다. 그렇게 해서 1세대 피임정의 시대가 막을 올렸다.

지금도 약간 그렇지만 당시에는 더더욱 피임이 사회적으로 격렬한 논쟁의 대상이었다. 그래서 어떤 제약회사는 아예 이 분야에서 손을 떼거나 피임약 연구를 진행 중이라는 사실을 부인하기도 했다. 그럼에도 피임약의 수요는 없었던 적이 없었다. 자연히, 피임약 정제는 1960년대 초에 최초로 따가운 시선 속에서 FDA의 승인을 받는다.

피임약 정제의 상품화는 세상을 완전히 바꿔놓는 대사건이었다. 생물학자 그레고리 굿윈 핑커스와 장민추가 신조어 "피임정"이라 부르기 시작한 이 경구 피임약은 유통을 법으로 엄격하게 관리한 탓에 처음에는 구할 수 있는 사람이 많지 않았다. 하지만 인류 역사상 최초로 약물 하나가 임신을 필수가 아닌 선택으로 바꾸면서 피임약이 여성의 인권과 삶의 질 개선에 크게 기여한 것만은 분명하다.

함께 읽어보기 콜레스테롤(1815년), 스테로이드 화학(1942년), 코르티손(1950년), 현대의 신약개발 전략(1988년)

이렇게 조그만 알약이 세상 전체를 변화시킨다니 놀라울 따름이다.

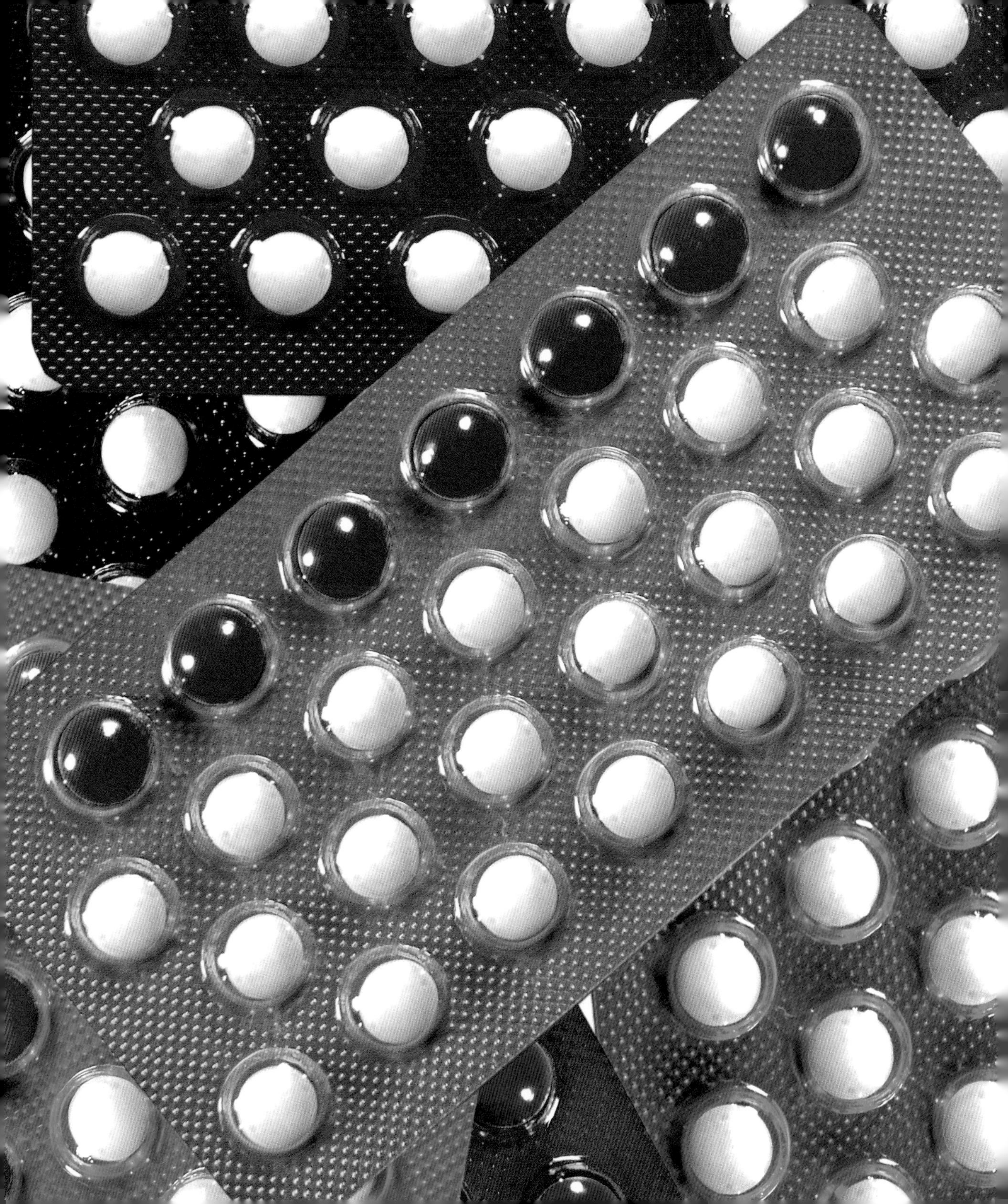

1951년

알파헬릭스와 베타시트

로버트 코리(Robert Corey, 1897~1971년), **윌리엄 에스트버리**(William Astbury, 1898~1961년), **라이너스 폴링, 허먼 브랜슨**(Herman Branson, 1914~1995년)

모든 단백질은 저마다 독자적인 존재다. 그런데 **엑스레이 결정학**이나 NMR로 뜯어보면 종류가 다른 단백질들에서 반복적으로 관찰되는 공통된 구조가 있다. 그중에서도 가장 중요한 두 가지는 바로 알파헬릭스와 베타시트다.

알파헬릭스는 마치 리본 한 통을 풀어 그대로 늘어뜨린 것처럼 생겼다. **아미노산**들이 수소결합을 하기에 딱 적당한 각도로 나선형 계단처럼 뱅뱅 돌면서 층층이 이어지는 것이다. 어떤 단백질의 특정 부분이 이렇게 돌돌 말려 있으면 그곳에 그런 아미노산들이 많을 거라고 예측할 수 있다. 알파헬릭스 아이디어를 처음 떠올린 사람은 미국 화학자 라이너스 폴링이었다. 1948년의 어느 날, 감기에 걸려 침대에 누워 쉬고 있던 그는 종이에 아미노산 사슬 하나를 그리고 종이를 둘둘 말았다. 그렇게 해서 그는 수소결합이 어떻게 이런 분자의 삼차원 구조를 유지시키는지 알아낼 수 있었다. 이어서 바통을 넘겨받은 물리학자이자 화학자인 허먼 브랜슨은 여러 유형의 나선 구조 중에서도 정확히 어떤 형태가 만들어지는지를 연구했다.

한편, 빽빽한 수소결합 때문에 아미노산 판때기 여럿을 어슷하게 쌓아 올린 것처럼 생긴 베타시트는 알파헬릭스와는 완전히 다른 녀석이다. 이 이론은 영국 분자생물학자 윌리엄 에스트버리가 최초로 제안하고 폴링과 생화학자 로버트 코리가 1951년에 가다듬었다. 베타시트 구조가 우세한 단백질은 덩어리져 잘 녹지 않는 경향이 있다. 알츠하이머병의 주범으로 지목되는 아밀로이드 단백질처럼 말이다. 그런 이유로 모든 생물은 틀림없이 베타시트가 너무 많이 생기지 않게 하는 쪽으로 진화해왔을 것으로 추정된다. 하지만 베타시트는 다양한 단백질의 입체구조에 질서를 부여하기 때문에 여전히 없어서는 안 되는 요소다.

이 두 구조는 모든 단백질의 모양을 근본적으로 결정한다. 따라서 두 구조의 영향을 받지 않는 생물종은 지구상에 단 하나도 없다. 가장 전형적인 조합은 알파헬릭스 가닥 여럿이 좁고 높은 바구니에 담긴 바게트 빵처럼 대충 뭉쳐 있고 이 다발이 고리 같은 것을 걸어 베타시트와 연결된 것이다. 단백질의 입체구조를 묘사할 때는 때때로 단지 기본골격의 만곡을 부각시키기 위해 리본처럼 그리기도 한다.

함께 읽어보기 아미노산(1806년), 거미 명주(1907년), 엑스레이 결정학(1912년), 수소결합(1920년), NMR(1961년)

망막에서 빛에 민감하게 반응하는 색소 단백질인 로돕신의 구조. 알파헬릭스 다발이 두드러진다. 이런 알파헬릭스들의 상호작용이 단백질의 구조를 결정적으로 좌우한다.

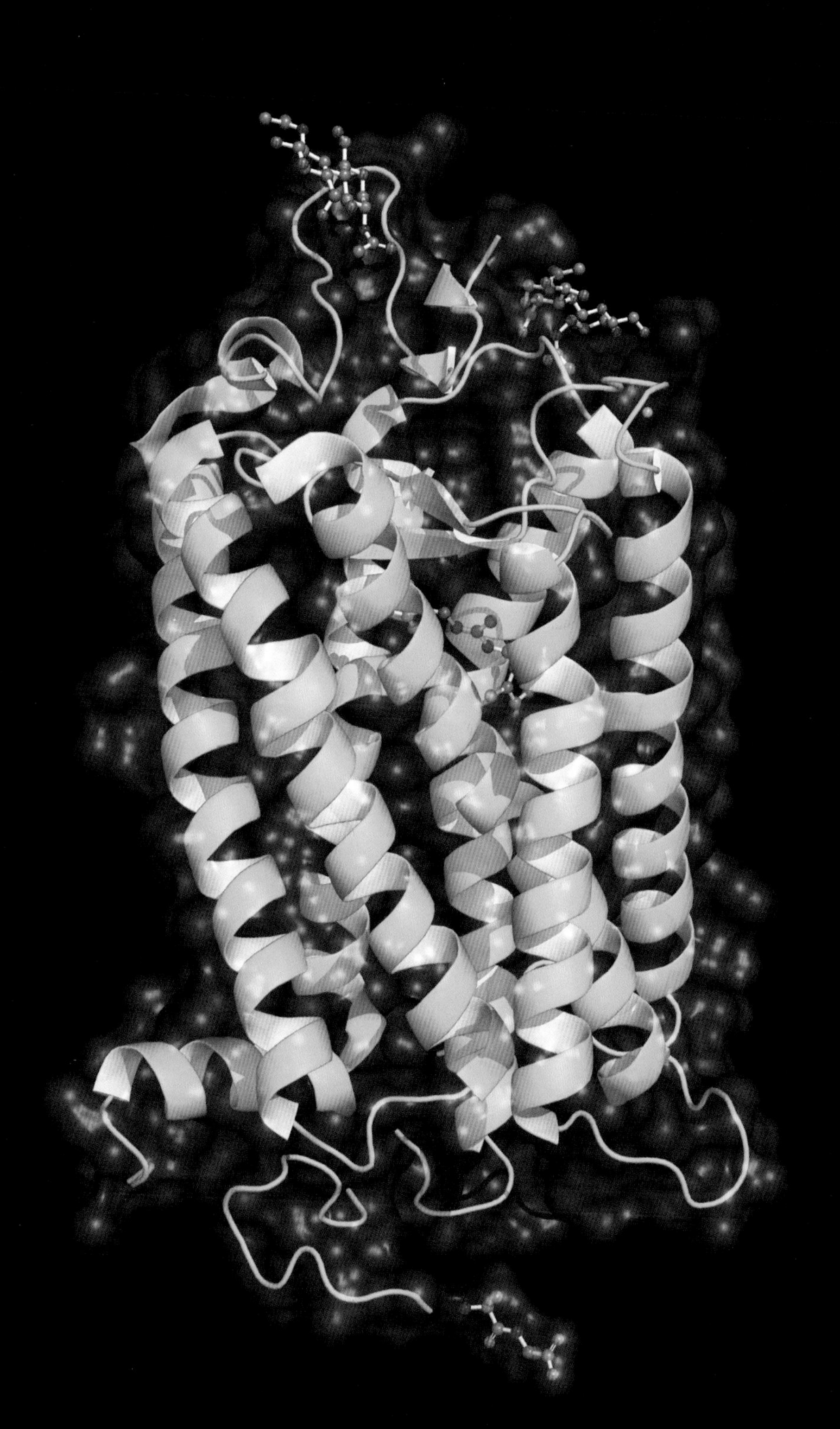

1951년

페로센

새뮤얼 A. 밀러(Samuel A. Miller, 1912~1970년), **로버트 번스 우드워드, 제프리 윌킨슨**(Geoffrey Wilkinson, 1921~1996년), **에른스트 오토 피셔**(Ernst Otto Fischer, 1918~2007년), **피터 루트비히 포슨**(Peter Ludwig Pauson, 1925~2013년), **토머스 J. 킬리**(Thomas J. Kealy, 1927~2012년)

1951년에 미국과 영국의 두 연구팀이 오각환 구조의 사이클로펜타디엔(cyclopentadiene)이라는 같은 주제를 따로 연구하고 있었다. 피터 루트비히 포슨과 토머스 J. 킬리가 주도하는 미국팀과 새뮤얼 A. 밀러, 존 테보트(John Tebboth), 존 트레메인(John Tremaine)이 이끄는 영국팀이 그 주인공이다. 그런데 두 팀 모두 똑같은 당황스러운 경험을 한다. 결과물이 투명한 액체일 것이라는 예상을 완전히 뒤엎고 철 염이 공존할 때 사이클로펜타디엔이 밝은 주황색의 결정 가루로 변한 것이다. 화학구조도 전에 보지 못한 완전히 새로운 것이었다.

페로센(ferrocene)이라 명명된 이 분자는 철 원자 하나를 사이클로펜타디엔 분자 두 개가 붙들고 있는 구조로 되어 있다. 그런데 이런 배열을 갖게 되는 경로에 대해서는 다양한 견해가 나왔다. 그 중에서 화학계의 두 거장 로버트 번스 우드워드와 제프리 윌킨슨은 철 원자가 두 사이클로펜타디엔 사이에 샌드위치처럼 끼어 있다고 주장했다. 어느 한쪽으로도 치우침 없이 오각환 전체가 철 원자를 고루 붙들고 있다는 것이다. 상식적으로는 예상할 수 없는 화학결합 형태였다. 하지만 이런 유형의 결합은 복잡한 구조의 페로센에 높은 안정성을 부여한다. 요즘에는 이렇게 금속 원자와 사이클로펜타디엔이 합체한 분자들을 총칭해 메탈로센(metallocene)이라 하는데, 각 사이클로펜타디엔은 전자를 얻어 방향성을 띠게 되고 철 원자는 완전히 채워진 최외각 전자껍질을 갖게 된다.

독일의 에른스트 오토 피셔는 **엑스레이 결정학**을 활용해 페로센의 분자구조가 실제로 그러함을 최종 증명했다. 그러고는 다른 금속으로 비슷한 물질을 합성하는 연구를 바로 시작했다. 이렇듯 페로센은 유기금속화학 활성화의 기폭제 역할을 톡톡히 해냈고 피셔와 윌킨슨은 이 연구로 1973년에 노벨상을 받았다.

오늘날 메탈로센은 화공업과 유기화학 분야에서 촉매제와 시약으로 널리 사용된다. 이렇게 재주 많은 물질이 어떻게 그렇게 오랫동안 무관심 속에 방치되어 있었는지 이상하게 생각할 만도 하다. 하지만 사이클로펜타디엔이 만들어내는 주황색 덩어리는 철제 파이프를 막아 기계를 망가뜨리곤 한다. 왠지 솔로 파이프 안을 청소할 때마다 노벨상의 영광이 함께 쓸려나가는 것 같다는 느낌이 든다.

함께 읽어보기 벤젠과 방향족 화합물(1865년), 배위화합물(1893년), 엑스레이 결정학(1912년), 비천연물(1982년)

페로센 분자의 모형도. 평평한 두 사이클로펜타디엔 분자 사이에 커다란 철 원자가 샌드위치처럼 끼어 있다.

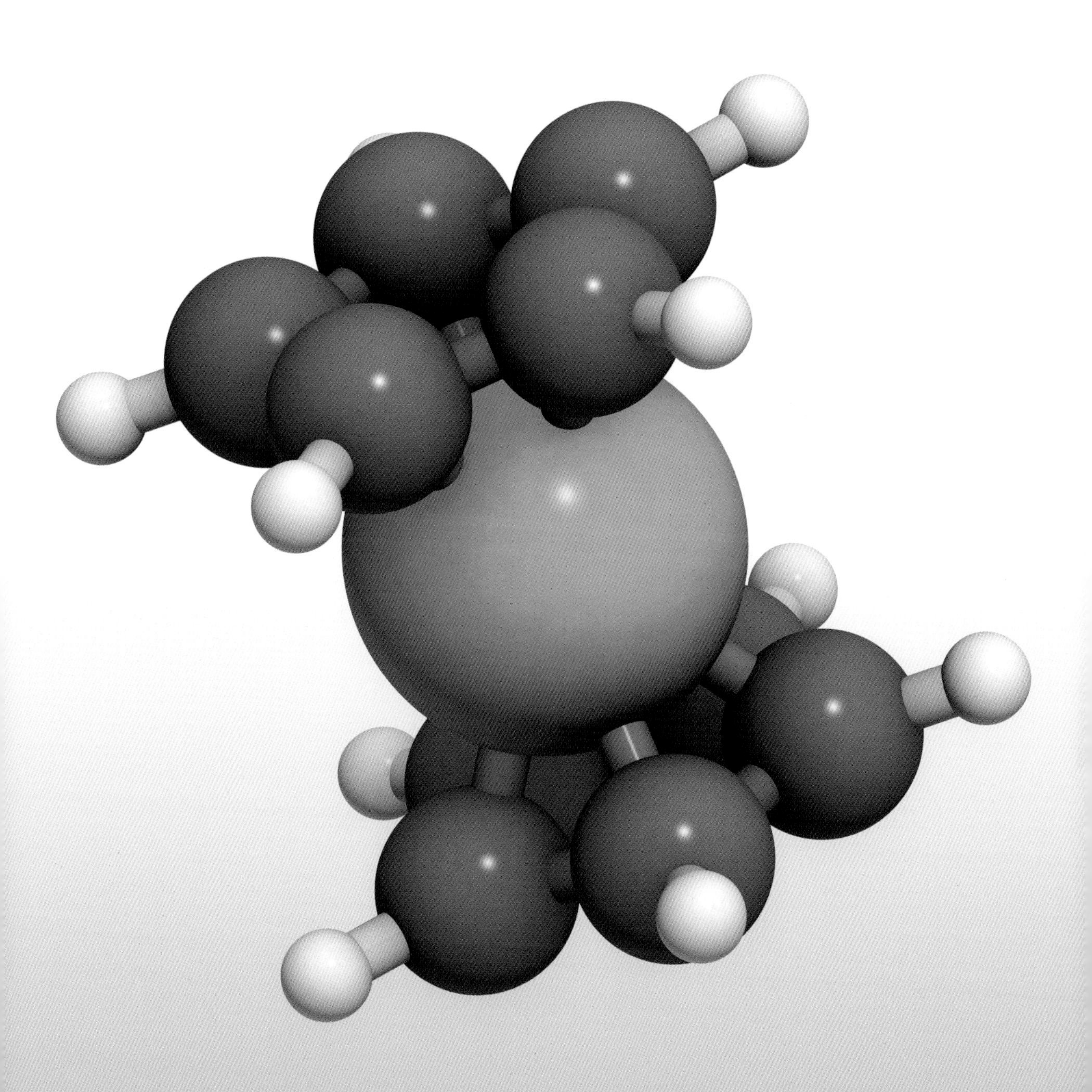

1951년

초우라늄 원소

에드윈 매티슨 맥밀런(Edwin Mattison McMillan, 1907~1991년), **글렌 시어도어 시보그**(Glenn Theodore Seaborg, 1912~1999년), **필립 에이벌슨**(Philip Abelson, 1913~2004년)

18세기와 19세기는 화학원소 발굴의 전성기였다. 과학자들은 금, 은, 구리처럼 옛날부터 유명했던 것들을 바탕 삼아 돌멩이와 공기에서 전에 본 적 없는 새로운 원소들을 쏙쏙 골라냈다. 그렇게 **폴로늄과 라듐**까지 발견된 20세기 초에 이르면 **주기율표** 윗부분에 빈칸이 거의 남지 않게 되었다. 동시에, 우라늄이 동위원소를 가진 원소들 중에 안정하다고 볼 수 있는 가장 무거운 원소라는 기존의 추측이 점차 확실시되었다. 이에 따라 우라늄 다음에 오는, 원자번호가 92보다 큰 원소들을 묶어 초우라늄 원소라 부르기 시작했다. 이 원소들은 모두 방사성 활성이 있는, 소위 "뜨거운" 원소였고 몇몇은 특히 더 활동적이어서 반감기가 무척 짧았다. 태어나는 것도 범상치 않아서, 다른 무거운 희귀 원소들을 억지로 충돌시켜야만 만들어졌고 붕괴될 때 나오는 방사선으로 그 존재가 감지되었다.

글렌 시어도어 시보그는 이 주제를 연구하는 데 평생을 바친 미국 화학자다. 산-염기 이론으로 유명한 길버트 루이스의 제자이기도 한 그는 살아생전에 초우라늄 원소 총 아홉 개를 찾아냈다. 1940년에 두 물리학자 에드윈 매티슨 맥밀런과 필립 에이벌슨이 넵튜늄을 발견하면서부터였는데, 이 소식에 자극을 받은 시보그팀은 플루토늄으로 작업에 착수한다. 이 연구는 곧 맨해튼 프로젝트에 귀속되어 1945년 나가사키 원폭의 동력이 되기도 했다. 시보그는 종전 후에도 원소 찾기 활동을 멈추지 않았고 1951년의 노벨상 수상과 원자력위원회 위원장 취임 등 화려한 경력을 쌓아갔다. 그는 자신의 이름이 과학사에 실리는 것을 직접 목격한 몇 안 되는 인물이다. 원자번호 106의 초우라늄 원소가 그를 기려 시보귬이라 명명된 것이다. 또, 시보그는 원자번호 118번 즈음에서 소위 '안정성의 섬'이 나타날 거라고 예견했다. 안정성이 상대적인 개념이긴 하지만 말이다. 이것은 너무 전문적인 분야여서 전 세계를 통틀어 이 주제를 다루는 연구팀은 시보그를 계승한 미국 버클리팀 하나, 독일 다름슈타트팀 하나, 소련 모스크바 북쪽에 위치한 도시 두브나팀 하나 이렇게 딱 세 팀뿐이다. 만약 안정성의 섬이 실존한다면, 언제가 될지 모르지만 세 팀 중 하나가 찾아낼 것이다.

함께 읽어보기 주기율표(1869년), 폴로늄과 라듐(1902년), 동위원소(1913년), 자연계의 마지막 원소(1939년)

글렌 시보그와 그의 이름을 딴 원소. 지구의 역사에서 시보귬 원자가 다량 존재한 적은 단 한 순간도 없었다.

106
Sg
(263)

1952년

기체 크로마토그래피

아처 존 포터 마틴(Archer John Porter Martin, 1910~2002년), **앤서니 트래퍼드 제임스**(Anthony Trafford James, 1922~2006년)

크로마토그래피의 역사는 20세기 초에 시작되었다. 처음에는 고체에 액체를 흘려보내 액체의 성분이 고체 매질과 상호작용하면서 분리되도록 하는 방식이었다. 그러다 1930년대에는 따뜻하게 덥힌 컬럼에 기체 시료를 채우는 기법이 새롭게 시도되었다. 이 기체 크로마토그래피는 선배인 액체 크로마토그래피보다 더 빠른 속도로 진화했다. 현대에는 기화시킨 시료를 별도의 운반 기체에 실어 가늘고 긴 관을 통과시킨다. 운반 기체로는 질소나 헬륨처럼 반응을 방해하지 않고 시료를 옮겨주기만 하는 비활성 기체가 주로 쓰인다.

초창기 기체 크로마토그래피 모델에서는 고정상으로서 고체를 꽉꽉 채운 컬럼이 사용되었다. 그런데 1952년에 두 영국 화학자 앤서니 트래피드 제임스와 아처 존 포터 마틴이 기체와 액체를 섞은 분배 크로마토그래피가 가능하다는 연구 결과를 논문으로 발표한다. 원리는, 기체 시료가 컬럼을 통과하는 동안 얇은 액체막에 접촉하게 하면 어떤 물질은 고정상인 액체에 녹아들고 어떤 물질은 튕겨 나오면서 시료 성분들이 더 확실하게 분리된다는 것이었다. 여기서 고정상 액체로는 보통 끓는점이 매우 높은 폴리머가 사용된다. 이 기법은 고정상이 고체일 때에 비해 분배 효과가 시료를 더 빠르게 더 골고루 퍼뜨린다는 장점이 있다. 안쪽 표면에 액체 고정상을 바른 가느다란 컬럼을 사용하는 이른바 모세관 기체 크로마토그래피가 가장 보편적이지만, 때로는 액체 고정상이 잘 발리도록 고체 지지체를 채워 넣은 컬럼이 더 효과적인 경우도 있다.

기체 크로마토그래피 컬럼에서 나오는 신호는 여러 가지 검출기로 감지할 수 있다. 발광 스펙트럼으로 물질의 정체를 알아내는 불꽃 시험을 더 최첨단 장비로 한다고 생각하면 된다. 일반적으로 기체 크로마토그래피와 가장 잘 맞는 짝은 **질량 분광분석**이다. 그래서 1960년대에 이르면 두 기술을 연결한 분석법이 최고의 분석 기술로 확실히 자리 잡았다. 현재는 모든 운동선수에게 도핑 검사를 하고 불법 마약과 폭발물, 화학무기를 검출해내고 행성의 대기 조성을 알아내는 작업을 모두 이 기술로 수행한다. 2005년에 토성의 달 타이탄의 지표를 조사하라는 임무를 받은 하위헌스 탐사선에도 이 장비가 탑재되어 있었다.

함께 읽어보기 불꽃 분광분석(1859년), 크로마토그래피(1901년), 질량 분광분석(1913년), 전자분무 LC/MS(1984년)

현대식 기체 크로마토그래피 장비의 내부. 코일처럼 돌돌 말린 것이 컬럼이다. 컬럼은 이 안에서 일정 온도 이상으로 가열된 상태에서 가동되며 필요할 때 다른 컬럼으로 바꿔 달 수 있다.

1952년

밀러-유리 실험

해럴드 C. 유리(Harold C. Urey, 1893~1981년), **스탠리 밀러**(Stanley Miller, 1930~2007년)

수천 년 동안 인류는 생명의 기원을 알아내기 위해 애써왔다. 시작은 어떤 생화학 반응이었을 것이다. 짐작건대 아주 단순한 형태로 말이다. 그런데 이 역사적인 최초 생명체의 모습은 정확히 어땠으며 어떻게 발전해 나갔을까? 다른 행성에서도 그런 식으로 생명이 발원했을까? 만약 그렇다면, 지구 생물과는 얼마나 닮았을까? 질문은 자꾸 쌓여가는데 답은 언제쯤 나오려는지.

그러던 1952년, 미국의 두 화학자 스탠리 밀러와 해럴드 C. 유리가 역사적인 한 걸음을 뗀다. 짧게 요약하면, 한때 생명이 생기기 좋은 대기 환경이 조성되었고 공기가 충분히 더워졌던 어느 날 때마침 번개가 쳐서 최초의 생명이 탄생했다는 것이다. 두 사람은 이 가설을 증명하기 위해 실험 장치를 꾸리고 물과 메탄, 암모니아, **수소**를 준비했다. 그러고는 수증기가 자욱해질 때까지 물을 가열한 뒤에 전기를 흘려 스파이크를 발생시켰나. 그런 다음 플라스크를 냉각해 증기가 모두 수층으로 되돌아갈 때까지 기다렸다. 이 과정을 여러 차례 반복하자, 하루 만에 액체의 색깔이 조금씩 달라지기 시작했다. 2주 뒤, 반응 결과물을 분석한 결과는 놀라웠다. 메탄의 10퍼센트는 더 복잡한 분자로 변했고 대표 **아미노산** 스무 가지 중 최소 열한 가지가 이 안에서 만들어져 있었다. 심지어는 몇 가지 단순 탄수화물과 다른 분자들도 존재했다. 더 발달된 기술로 오늘날 같은 실험을 재현했을 때는 아미노산 스무 가지 모두가 플라스크 안에서 만들어지는 것으로 증명되었다. 옛날에는 기술의 한계로 미처 감지하지 못했던 것들까지 합쳐서 말이다.

이 밀러-유리 실험 이후 원시지구 환경 시나리오에 따라 이러저러하게 설정을 바꾼 비슷한 실험들이 여기저기서 활발히 진행되었다. 그리고 대부분의 경우는 오늘날 생명의 기본단위라고 알려진 분자들을 포함해 단순 유기물질들이 풍성한 액체가 공통적으로 만들어졌다. **시안화수소**나 포름알데히드와 같은 반응성 분자들이 중간에 생성되어 이것이 다시 더 복잡한 분자들을 만들어낸 것이다. 그뿐만 아니다. **머치슨 운석** 같은 외계 시료에서도 이것과 비슷한 물질들이 검출되었다. 분광분석 연구에 의하면 지구 밖 다른 항성과 혜성, 성운 등에도 이런 물질들이 존재한다고 한다. 어쩌면 작은 생체분자들로 가득한 광활한 공간을 별들과 행성들이 유영하는 곳이 바로 우주 아닐까.

함께 읽어보기 시안화수소(1752년), 수소(1766년), 아미노산(1806년), 머치슨 운석(1969년), 톨린(1979년)

NASA가 재현한 밀러-유리 실험. 검은색 구정물 같은 것이 플라스크 내벽에 맺혀 흘러내리는 것을 볼 수 있다. 이런 유기분자 진액이 우주 전역에서 어렵지 않게 만들어지는 것 같다.

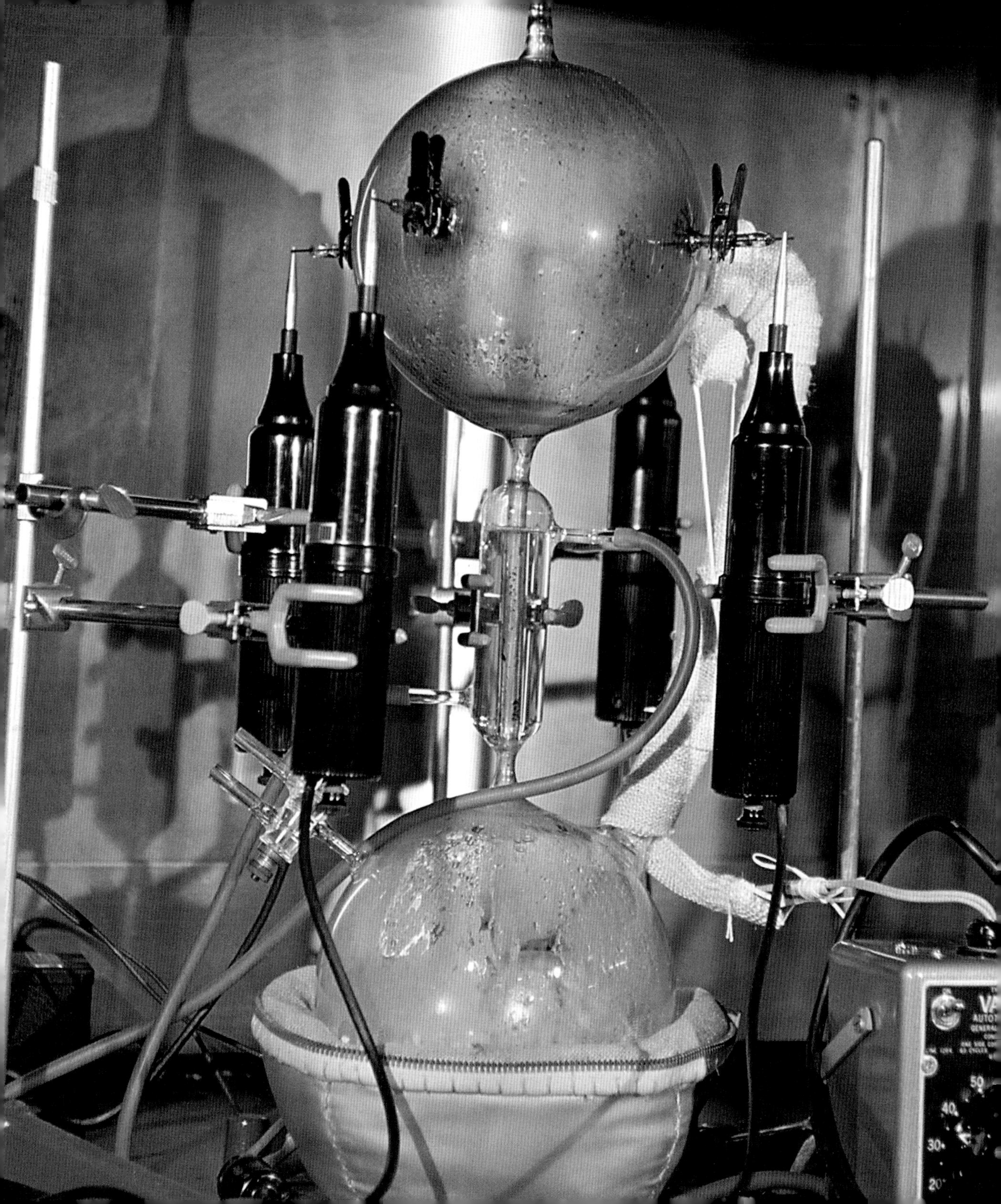

1952년

띠 정제법

윌리엄 가드너 판(William Gardner Pfann, 1917~1982년)

불순물은 물질의 녹는점을 낮춘다. 염을 섞어 얼음을 녹이는 게 그런 이유에서다. 염이 섞인 물은 순수한 물보다 더 낮은 온도에서 어는 것이다. 이 성질을 이용하면 녹는점이 어디냐에 따라 불순물 함량이 얼마인지 꽤 정확하게 추측할 수도 있다. 실제로, 현대적 연구설비를 갖추지 못한 옛날에는 물질 합성의 성패를 확인하는 최종 시험법이 녹는점을 측정하는 것이었다. 새로 합성된 시료를 소량의 표준시료와 섞어 녹는점이 달라지는지 보는 것이다. 이때 녹는점에 변화가 없어야만 두 시료가 같은 물질이라는 판정을 내릴 수 있었다.

녹는점 변화를 이용한 금속 정제법도 원리는 같다. 방법은 이렇다. 긴 금속 막대를 좁다란 가열장치에 천천히 통과시킨다. 그러면 금속 시료에 섞여 있던 불순물이 녹아 띠를 따라 계속 뒤로 밀려나게 된다. 이때 불순물이 쏠릴수록 그쪽의 녹는점은 계속 낮아지고 반대쪽 부분은 순도가 높아진다. 따라서 마지막에 불순물이 모인 막대 끝부분만 잘라내면 된다. 이것이 바로 띠 정제법이다. 1952년에 미국 재료과학자 윌리엄 가드너 판이 벨 연구소에서 개발한 이 기술은 게르마늄이나 규소 같은 반도체 원료를 정제하는 데 사용된다. 띠 정제 공정을 거친 금속은 순도가 처음보다 1,000배나 높아진다고 한다.

띠 정제법은 금속과 반도체처럼 고가의 시료를 고도로 정제할 수 있는 첨단 기술이다. 특히 고체상과 액체상의 성질이 확연하게 다른 물질과 궁합이 가장 잘 맞는다. 단, 어떤 경우든 불순물이 녹아 띠를 따라 적당한 속도로 이동할 수 있어야 하고 이동 속도는 거의 일정해야 한다. 이 조건만 충족한다면 띠 정제법만큼 간편하고 효과적인 정제 기술이 또 없다.

함께 읽어보기 정제(기원전 1200년경), 베릴륨(1828년), 중합수(1966년)

컴퓨터 칩 산업의 핵심은 초고순도 규소와 더불어 불순물의 종류와 함량이 정확하게 알려진 원료를 사용하는 것이다.

1952년

탈륨 중독

1952년, 호주에서 석연치 않은 살인 사건들이 잇따라 발생했다. 모두 가정불화, 외도 등 제각각의 동기를 가지고 있었지만 공통점이 하나 있었다. 탈륨이라는 화학물질이 사용되었다는 것이다. 탈륨염은 당시 아무 데서나 다 파는 쥐약의 주성분이었지만 사람에게도 치명적이다. 탈륨 이온과 칼륨 이온은 크기가 거의 똑같아서 칼륨을 운반하는 세포막의 단백질 채널이 탈륨도 그대로 통과시킨다. 하지만 탈륨은 생명의 필수요소인 칼륨과는 완전히 다른 효과를 낸다. 납이나 **수은**과 같은 다른 독성 중금속들과 마찬가지로, 탈륨도 황과 안정된 결합을 이룬다. 그러면 황이 들어 있는 생체분자들이 영구적으로 무력화된다. 문제는 각종 효소의 기능에 중요한 역할을 하는 시스테인이라는 **아미노산**도 분자 안에 황을 가지고 있다는 것이다.

탈륨을 꾸준히 복용하면 탈모와 신경 손상 등 여러 가지 증상이 나타난다. 이 증상들은 너무 일반적이라 보통 상황에서는 생각이 탈륨 중독까지 닿지 않는다. 살해 동기가 있는 경우가 아니라면 말이다. 황산탈륨이 '유산상속 가루'라는 별명을 얻은 것에는 다 이유가 있는 것이다. 탈륨 중독은 **프러시안 블루**라는 염료를 다량 복용하면 해독할 수 있다. 염료 성분이 탈륨에 결합해 소화관을 지나 체외로 배출시키기 때문이다.

탈륨을 이용한 범죄가 실제로 일어나기도 한다. 요즘에는 더 이상 슈퍼마켓에서 탈륨 쥐약을 팔지 않는데도 말이다. 탈륨은 사담 후세인 정권 시절 애용된 화학무기였으며 1971년에 영국에서 한 남자가 70명을 탈륨에 중독시킨 사건도 있었다. 최근의 유명한 사건 하나는 2013년에 미국 뉴저지에서 일어났는데, 한 화학자가 탈륨으로 남편을 살해했다는 혐의로 재판을 받았다. 그녀에게는 안됐지만, 탈륨은 이제 더 이상 숨길 수 있는 살인무기가 아니다. 불꽃 시험법의 21세기 버전인 원자 발광분광분석법이 치사량 수준의 탈륨을 간단하게 잡아내기 때문이다. 탈륨은 생명의 필수원소가 아니므로 체내에 탈륨이 존재한다는 것은 누군가 그 사람을 해치려 했다는 확실한 증거가 된다. 등에 꽂힌 투명한 칼을 이제는 볼 수 있는 것이다.

함께 읽어보기 수은(기원전 210년경), 독물학(1538년), 프러시안 블루(1706년경), 아미노산(1806년), 패리스 그린(1814년), 불꽃 분광분석(1859년), 테트라에틸납(1921년), 납 오염(1965년)

탈륨으로 사위를 독살했다는 혐의로 기소된 베로니카 몬티(Veronica Monty, 우측)가 시드니 법정에 들어서는 모습. 그녀는 무죄 판결을 받았지만 나중에 독약을 먹고 자살했다. 독약의 내용물은 다름 아닌 탈륨이었다.

1953년

DNA의 구조

프랜시스 해리 컴프턴 크릭(Francis Harry Compton Crick, 1916~2004년), **모리스 휴 프레더릭 윌킨스**(Maurice Hugh Frederick Wilkins, 1916~2004년), **로절린드 프랭클린**(Rosalind Franklin, 1920~1958년), **제임스 듀이 왓슨**(James Dewey Watson, 1928년~)

과학과는 담을 쌓고 사는 사람이라도 두 분자생물학자 제임스 왓슨과 프랜시스 크릭의 이름은 한 번쯤 들어봤을 것이다. 요즘 세상에 DNA를 모르는 사람은 없으니까 말이다. 두 사람이 1953년에 DNA의 이중나선 구조를 발견했다는 일화는 지금도 종종 회자된다. DNA 구조의 발견은 20세기를 통틀어 가장 중요한 과학적 돌파구가 되었고 학계에 수많은 다음 연구 주제를 던져주었다. 유전은 어떤 원리로 일어날까, 개개인의 생화학적 정체성은 무엇으로 결정될까, 생물종을 구분하는 기준은 무엇이며 인간은 다른 생물종들과 어떻게 다를까, 모든 지구 생명체들을 관통하는 근본적 유사성이 있을까, 진화는 어떤 순서로 어떻게 진행되었을까 …

DNA 이중나선 구조는 또 다른 더 근원적인 변화 하나를 은밀하게 이끌었다. 분자생물학이 하나의 과학 분야로 자리를 잡으면서 생물학자들이 마치 화학자처럼 사고하기 시작한 것이다. 이제 그들에게 DNA, 즉 데옥시리보핵산(deoxyribonucleic acid)은 화학적 성질을 지닌 실존하는 분자였다. DNA는 수소결합으로 뭉쳐 있고 강렬한 태양 빛을 받으면 **광화학** 반응을 일으킨다(과도한 일광욕이 피부암의 위험인자로 꼽히는 게 다 그래서다). 화학과 생물학이 결합한 이 새로운 과학 분야는 DNA의 고유한 성질과 DNA만을 위해 빠른 속도와 높은 정확성을 갖추도록 진화한 효소들을 이용해 완전히 새로운 반응들과 기술들을 탄생시켰다. 가장 처음 나온 작품은 바로 **중합효소 연쇄반응**(polymerase chain reaction), 줄여서 PCR이었다. 이 기술이 있기에 우리는 유전자 검사를 하고, 환자의 생체조직이 장기이식수술을 받기에 적합한지 확인하고, 암을 치료할 수 있다.

솔직히, DNA 분자는 그 자체로도 경이의 대상이다. DNA 분자 안에서는 염기들이 짝을 이뤄 이중나선을 만들고, 복제가 필요하면 두 가닥을 잠시 해체했다가 멀쩡하게 복귀하고, 휴면에 들어갈 때는 몸을 최대한 돌돌 말아 세포의 공간 부담을 최소로 줄여준다. 이렇게 유능하고 우아한 화학물질이 이 세상에 또 어디 있겠는가.

함께 읽어보기 광화학(1834년), 수소결합(1920년), 엽산 길항제(1947년), 전기영동(1955년), DNA 복제(1958년), 중합효소 연쇄반응(1983년)

배배 꼬인 DNA의 분자 모형. 최정예 요원인 단백질들이 DNA에 달라붙어 복제를 돕고 오류가 발견될 때마다 바로바로 수리한다.

1953년

인조 다이아몬드

찰스 앨저넌 파슨스(Charles Algernon Parsons, 1854~1931년), **하워드 트레이시 홀**(Howard Tracy Hall, 1919~2008년)

왜 다들 그렇게 다이아몬드에 난리일까? 모이사나이트 같은 다른 탄소 동소체보다 조금 더 반짝거려서 예쁘다는 것은 인정하지만, 그저 지구에 매우 흔한 원소인 탄소 덩어리일 뿐인데 말이다. 그런데 그럴 만한 이유가 있다. 다이아몬드는 몹시 단단해 압력에 강하면서도 열전도율이 높다. 그래서 전자기기나 나노기술 연구에 유용하게 쓰인다.

관계자들 사이에서는 인조 다이아몬드보다는 실험실에서 제조한 다이아몬드라는 표현을 더 즐겨 쓴다. '인조'라는 단어가 싸구려 가짜라는 어감을 주는 까닭이다. 하지만 합성품이든 고대 화산지대에서 캐낸 천연품이든 공통된 탄소 격자구조를 가진 것은 똑같다. 즉, 이런 자연환경과 똑같은 고압고온(HPHT, high pressure and high temperature) 조건을 조성해주면 다이아몬드를 복제할 수 있다는 것인데, 이게 쉽지는 않다. 다이아몬드 합성 경로 연구는 1800년대 후반에 본격적으로 시작되었다. 하지만 아무리 가혹한 반응 조건을 만들어도 원하는 물질은 나오지 않았다. 1928년에는 영국 공학자 찰스 앨저넌 파슨스가 수십 년의 연구 끝에 지금까지의 방법들이 모두 무용지물이라는 결론을 내렸을 정도다. 그런데 1953년에 스웨덴에서 ASEA가 그리고 미국에서 제너럴 일렉트릭의 하워드 트레이시 홀 연구팀이 수천 도까지 끓어 오르는 도가니에 엄청난 압력을 줌으로써 HPHT 다이아몬드를 만드는 데 성공한다. 그렇게 탄생한 다이아몬드는 크기가 작고 입자가 거칠면서 순도가 낮았지만 최소한 공업용 연마재로는 쓸 수 있는 품질을 갖추고 있었다. 이것을 시작으로 여러 차례의 기술 개량을 거쳐 1970년대 초부터는 보석으로도 쓸 만한 수준의 인조 다이아몬드가 생산되었다.

한편, HPHT 말고 화학증착법(CVD, chemical vapor deposition)이라는 방법도 있다. 1952년에 미국 화학자 윌리엄 G. 에버솔(William G. Eversole)이 개발한 이 기술은 한마디로 초고온의 탄소 증기를 천천히 퇴적시켜 다이아몬드를 키우는 것인데, 보석 등급의 **결정**을 크게 만들 수 있다는 장점이 있다. 그런데 보석 크기를 키우기만 하는 것 말고 CVD 법으로 어떤 물체의 표면에 다이아몬드 피막을 입히는 게 가능하다면 기술의 활용 범위가 훨씬 더 넓어질 것이다. 실용적 목적으로든 장식만을 위해서든 말이다. 실제로 이 가능성을 탐색하는 연구가 현재 진행되고 있다.

함께 읽어보기 결정(기원전 50만 년경), 계면화학(1917년), 입체배좌 분석(1950년), 풀러렌(1985년), 탄소 나노튜브(1991년), 그래핀(2004년)

재료과학자들에게는 아마도 천연 다이아몬드보다 이 인조 다이아몬드가 더 눈에 들어올 것이다.

1955년

전기영동

아르네 빌헬름 카우린 티셀리우스(Arne Wilhelm Kaurin Tiselius, 1902~1971년), **올리버 스미시스**(Oliver Smithies, 1925~2017년)

19세기 초 전기화학 발전의 결실인 전기영동(泳動)은 20세기 중반까지 생화학과 분자생물학 분야에서 가장 유용한 분석기술로서 제 몫을 톡톡히 했다. 모든 생체분자는 전하를 띤 작용기를 가지고 있다. 산성이나 염기성을 띠는 **아미노산**들과 DNA와 RNA의 인산염기처럼 말이다. 이런 작용기는 용액 안에서 분자 전체를 반대 전하의 전극 쪽으로 끌고 간다. 이 성질의 분석화학적 가치를 처음 알아본 사람은 스웨덴의 생화학자 아르네 빌헬름 카우린 티셀리우스였다. 1937년에 그는 완충액 안에서 단백실이 분자의 크기와 전하에 따라 다른 속도와 방향으로 이동한다는 사실을 증명했다. 그런데 작업이 까다로운 데다가 차이가 별로 없는 분자들은 잘 분리되지 않았다. 이 단점을 개선하기 위해서는 시약을 표준화하고 반응 속도를 늦춰야 했다. 그렇게 해서 완충액 시약은 점점 찐득해졌고, 결국은 젤리 같은 꾸덕꾸덕한 상태에 이르렀다.

그러던 1955년에 유전학자 올리버 스미시스는 전분으로 쑨 겔이 이 용도에 아주 적합한 물질임을 발견하고 학계에 보고했다. 전분이 곧 아크릴아마이드 폴리머와 같은 다른 물질로 대체되긴 했지만, 이 물질분석법은 순식간에 전 세계에 보급되었다. 오늘날에는 포장만 벗기면 바로 쓸 수 있도록 미리 만들어진 겔과 영동판을 따로 판다. 두 재료를 전기영동 기계에 올리고 시료를 점주한 뒤에 전압을 걸어주면 시료에 들어 있는 성분들이 여러 줄 띠를 남기며 겔을 따라 올라간다. 마치 **크로마토그래피**처럼 말이다. 이 1단계 작업이 끝나면 염료로 밴드에 색을 입혀 눈에 잘 보이게 만든다. 이 용도로 흔히 쓰이는 쿠마시 염료 특유의 파란색이 드러나면, 시료에 단백질이 존재했음을 알 수 있다.

DNA 분자와 RNA 분자는 모두 음전하를 띠므로 겔을 따라 이동하면서 크기 별로 각자 적절한 지점에 자리를 잡는다. 이때 크기를 이미 알고 있는 분자들을 섞은 표준 시료를 함께 겔에 찍어서 전개시킨 뒤 표준 시료의 사다리 모양새와 비교하면 미지 시료의 조성을 간단하게 알아낼 수 있다. 현대의 분자생물학 연구는 기본적으로 단백질과 핵산을 조작하는 것에서 출발한다. 따라서 전기영동법이 나오지 않았다면 이 분야가 이만큼 발전하지 못했을지도 모를 일이다.

함께 읽어보기 아미노산(1806년), 크로마토그래피(1901년), 분자병(1949년), DNA의 구조(1953년)

국제벼농사연구소(International Rice Research Institute)**의 연구원 에드나 아데일스**(Edna Ardales)**가 2007년에 DNA 시료의 전기영동 겔에 자외선을 쬐어 살펴보고 있다. 겔 전기영동을 이용한 서열 분석 기법은 오늘날 더 빠른 신기술로 대체되었지만, 다른 용도로는 전기영동이 여전히 활발히 사용된다.**

1956년

가장 뜨거운 불꽃

아리스티드 V. 그로세(Aristid V. Grosse, 1905~1985년)

불꽃이라고 다 같은 불꽃은 아니다. 연소 과정에서 어떤 결합이 깨지고 만들어지는지, 산화제(보통은 **산소**)가 얼마나 존재하는지, 연료와 얼마나 잘 섞였는지 등 여러 가지 인자에 따라 불꽃의 온도가 달라지기 때문이다. 예를 들어, 프로판과 산소가 만들어내는 불꽃의 온도는 2,000℃쯤 되고 **아세틸렌** 불꽃의 온도는 3,300℃까지 올라간다. 하지만 두 탄화수소 모두 올라갈 수 있는 온도에 한계가 있다. 그 이유는 이렇다. 분자 안의 **수소**는 산화되어 수증기로 변하면서 주변의 열을 흡수한다. 그러다 약 2,000℃에 이르면 물 분자가 스스로 분해되면서 더 많은 열을 흡수한다. 따라서 불꽃이 이보다 높은 온도에 도달하기 위해서는 분자구조에 수소가 들어 있지 않은 물질과 산화제 역할을 하는 산소로만 발화물질이 구성되어 있어야 한다. 아니면 산소 대신 더 강력한 산화제를 쓰거나.

현재 이 조건에 맞는 세상에서 가장 뜨거운 불꽃은 딱 두 가지가 존재한다. 첫 번째는 수소와 불소가 만들어내는 불꽃이다. 두 원소가 만나면 부식성이 있는 고온의 유독가스인 불화수소를 마구 뿜어내면서 격한 반응을 일으킨다. 이 불꽃의 온도는 4,000℃를 가뿐하게 넘는다. 남아나는 온도계가 없어서 온도를 측정하는 것이 쉽지는 않지만 말이다. 두 번째 가장 뜨거운 불꽃의 주인공은 디시아노아세틸렌(dicyanoacetylene)이라는 다소 생소한 물질이다. A. D. 커센바움과 아리스티드 V. 그로세가 항공우주학 맥락에서 초고온 불꽃의 영향을 연구하던 중에 이 화력의 원천을 발견하고 1956년에 논문으로 발표했다. 디시아노아세틸렌은 안정성이 좋지 않아서 폭발의 위험이 있다. 하지만 분자구조에 수소가 하나도 들어 있지 않는 데다가 연소 후에는 매우 안정한 일산화탄소와 질소 기체로 변한다. 디시아노아세틸렌이 산소를 만나 생기는 불꽃의 온도는 무려 4,987℃에 달한다. 이 정도면 태양 표면 근처(5,500℃)와 맞먹는 열기다. 이쯤에서 문득 궁금해진다. 디시아노아세틸렌을 불소와 반응시키면 어떻게 될까? 연구 사례는 아직까지 한 건도 보고된 바 없다. 그래도 누군가 그런 실험을 한다는 소문이 들리면 일단 그 장소에서 멀리 떨어져 있는 게 좋겠다.

함께 읽어보기 수소(1766년), 산소(1774년), 기브스 자유에너지(1876년), 불소 분리(1886년), 아세틸렌(1892년), 테르밋(1893년)

아세틸렌 기체를 사용하는 절단용 토치. 불꽃 뿌리의 흰색이 온도가 가장 높은 부분이다. 수소와 불소 혹은 산소와 디시아노아세틸렌이 만드는 불꽃을 실제로 목격한 사람은 몇 되지 않지만, 분명 꽤 볼 만할 것이다.

1957년

루시페린

윌리엄 데이비드 매켈로이(William David McElroy, 1917~1999년), **버나드 루이스 스트렐러**(Bernard Louis Strehler, 1925~2001년), **에밀 H. 화이트**(Emil H. White, 1926~1999년)

과학자라면 세상만물에 의문을 가져야 한다. 가령, 개똥벌레를 봤을 때는 이런 질문들이 떠올라야 마땅할 것이다. 녀석들은 어떻게 일정하게 빛을 깜빡거릴까? 개똥벌레 종류마다 내는 빛깔이 조금씩 다른 이유는 뭘까? 녀석 안의 정확히 어떤 화학물질이 발광하는 걸까? 그 발광물질이 개똥벌레 몸 밖으로 나와도 계속 빛을 낼까?

생화학자 윌리엄 데이비드 매켈로이와(당시 대학원생이던) 버나드 루이스 스트렐러가 1940년대와 1950년대에 바로 이 질문들의 답을 진지하게 찾아다녔다. 시답잖이 보이는 이 연구에는 사실 엄청난 노력이 들어갔다. 당시 기술로 천연물 화학을 연구하려면 시료가 최소한 몇 밀리그램은 필요했는데, 개똥벌레 한 마리에서 추출할 수 있는 양은 얼마 되지 않았다. 그래서 당시 존스홉킨스 대학의 교수였던 매켈로이는 개똥벌레를 잡아 오는 사람에게 마리당 1페니씩 사례한다는 신문광고를 냈다. 학위 과정에 있거나 박사 후 연구 중인 고급인력들을 들판으로 내보내는 것보다는 곤충을 잡아 오는 볼티모어 지역 아이들에게 용돈을 쥐여주는 것이 연구비를 더 효율적으로 사용하는 방법이라는 판단에서였다. 그렇게 해서 마침내 1만 5000마리의 개똥벌레가 그의 손에 들어왔다.

티끌만 한 곤충의 배를 갈라 내용물을 꺼내는 것은 쉽지 않은 작업이었지만, 이 방법으로 매켈로이는 루시페린 9밀리그램을 추출할 수 있었고 이 물질을 분석해 1957년에 논문을 완성했다. 1961년에 화학자 에밀 H. 화이트가 규명한 바에 의하면 루시페린은 질소와 황이 들어 있는 작은 방향족 고리 화합물이다. 루시페린은 자외선을 받으면 **형광**을 발한다. 하지만 개똥벌레가 몸속에서 자외선을 발사할 수는 없으므로 한밤에 녀석들이 날아다니며 연두색을 내는 것이 이 메커니즘 때문은 아니다. 대신 루시페린은 산화되면 특징적인 후광을 나타낸다. 고에너지 화학물질이 빛의 형태로 에너지를 발산하는 현상인 화학발광의 전형적인 사례다. 개똥벌레는 이 산화반응을 일으키는 효소를 가지고 있다. 이 루시페라제 효소가 비밀의 열쇠였던 것이다.

후속 연구에 의하면, 모든 개똥벌레종이 똑같은 루시페린을 가지고 있지만 효소의 종류가 달라 색깔 차이가 나는 것이라고 한다. 실제로, 루시페린을 산화제와 어떻게 섞느냐에 따라 빛깔을 원하는 대로 조정할 수 있다. 이 원리로 제조된 각종 야광제품들은 오늘날 각종 파티와 축제의 흥을 돋운다. 루시페린은 발광하는 꼬리표 역할을 하므로 생화학 분석에서도 활용 가치가 있다.

함께 읽어보기 천연물(서기 60년경), 형광(1852년), 녹색형광단백질(1962년)

독일 뉘른베르크의 숲에서 선연한 연두색 형광을 발하는 개똥벌레들. 노출 시간을 길게 잡아 촬영한 사진이다.

1958년

DNA 복제

매튜 메셀슨(Matthew Meselson, 1930년~), **프랭클린 슈탈**(Franklin Stahl, 1929년~)

DNA의 구조를 확인한 과학자들의 관심은 자연스럽게 다음 주제로 옮겨갔다. 바로, DNA가 유전정보를 어떻게 전달하는가다. 세포가 분열하는 과정에서 DNA 이중가닥 한 쌍 전체를 똑같이 새로 만들어 딸세포에게 물려주는 것은 분명했다. 하지만 정확히 어떻게? 미래 유전학의 향방이 이 짧은 질문 하나에 달려 있었다. 여기저기서 다양한 아이디어가 쏟아졌다. 제임스 왓슨과 프랜시스 크릭은 이중나선이 어떤 식으로든 풀려서 떨어지고 각 사슬을 주형 삼아 새로운 반쪽이 만들어진다는 가설을 내놓았다. 옛날 가닥 하나와 새 가닥 하나가 만나 새로 짝을 이룬다는 데서 이것은 반(半)보존적 복제라 불린다. 이와 달리 보존적 복제 가설은 새로운 DNA 분자의 가닥이 둘 다 새로 만들어진다고 설명한다. 특별한 효소가 원본의 염기서열을 판독해 읽어나가며 완전히 새로운 가닥 세트를 합성해낸다는 것이다. 또, 분산 복제 가설이라는 것도 있다. 이 가설은 이중나선이 조각조각 잘라졌다가 기존 DNA 조각과 새 DNA 조각이 모자이크처럼 섞여 다시 이어진다고 추측한다.

셋 중 어느 가설이 옳은지 알아내기 위해 미국의 두 유전학자 매튜 메셀슨과 프랭클린 슈탈은 완벽에 가까운 실험 하나를 설계했다. 누구도 결과를 부정할 수 없도록 동위원소라는 확실한 꼬리표를 달아서 말이다. 일단 두 사람은 무거운 동위원소인 질소-15만을 먹이로 공급하면서 박테리아 여러 세대를 배양했다. 박테리아 DNA가 하나도 빠짐 없이 질소 동위원소로 표지되도록 하기 위해서였다. 표지된 DNA는 배지를 원심분리했을 때 시험관에서 띠가 평범한 박테리아 DNA와 다른 위치에 나타나므로 구분할 수 있었다. 그런 다음에는 박테리아 먹이를 다시 질소-14로 바꾸었다. 그리고 세포분열이 딱 한 차례 일어났을 때 시료를 바로 원심분리했다. 그 결과, 마지막 세대 박테리아 DNA의 띠가 질소-15로만 된 DNA와 질소-14로만 된 DNA 사이에 위치해 있었다. 이를 근거로 보존적 복제 가설이 가장 먼저 탈락되었다. 이 가설이 옳다면 중간 무게의 DNA가 존재할 수 없기 때문이다. 후보를 좁힌 메셀슨과 슈탈은 세포분열을 한 번 더 시켰다. 그러자 이번에는 조금 전처럼 중간 무게 DNA 지점에서 하나, 질소-14로만 된 DNA 지점에서 하나 이렇게 두 줄의 띠가 그려졌다. 만약 분산 복제가 일어났다면 새로운 중간 무게 띠가 하나 더 생겼어야 했다. 그런데 그렇지 않았다. 따라서 최종 승자는 마지막 하나, 바로 반보존적 복제 가설이었다. 한 방에 세 가설의 진위를 모두 판정하다니, 정말 예술적인 실험 아닌가.

함께 읽어보기 동위원소(1913년), 생어 서열분석법(1951년), DNA의 구조(1953년), 중합효소 연쇄반응(1983년)

오늘날 정설로 인정되는 DNA 복제의 묘사도. 메셀슨과 슈탈의 천재적인 실험 덕분에 메커니즘이 밝혀졌다.

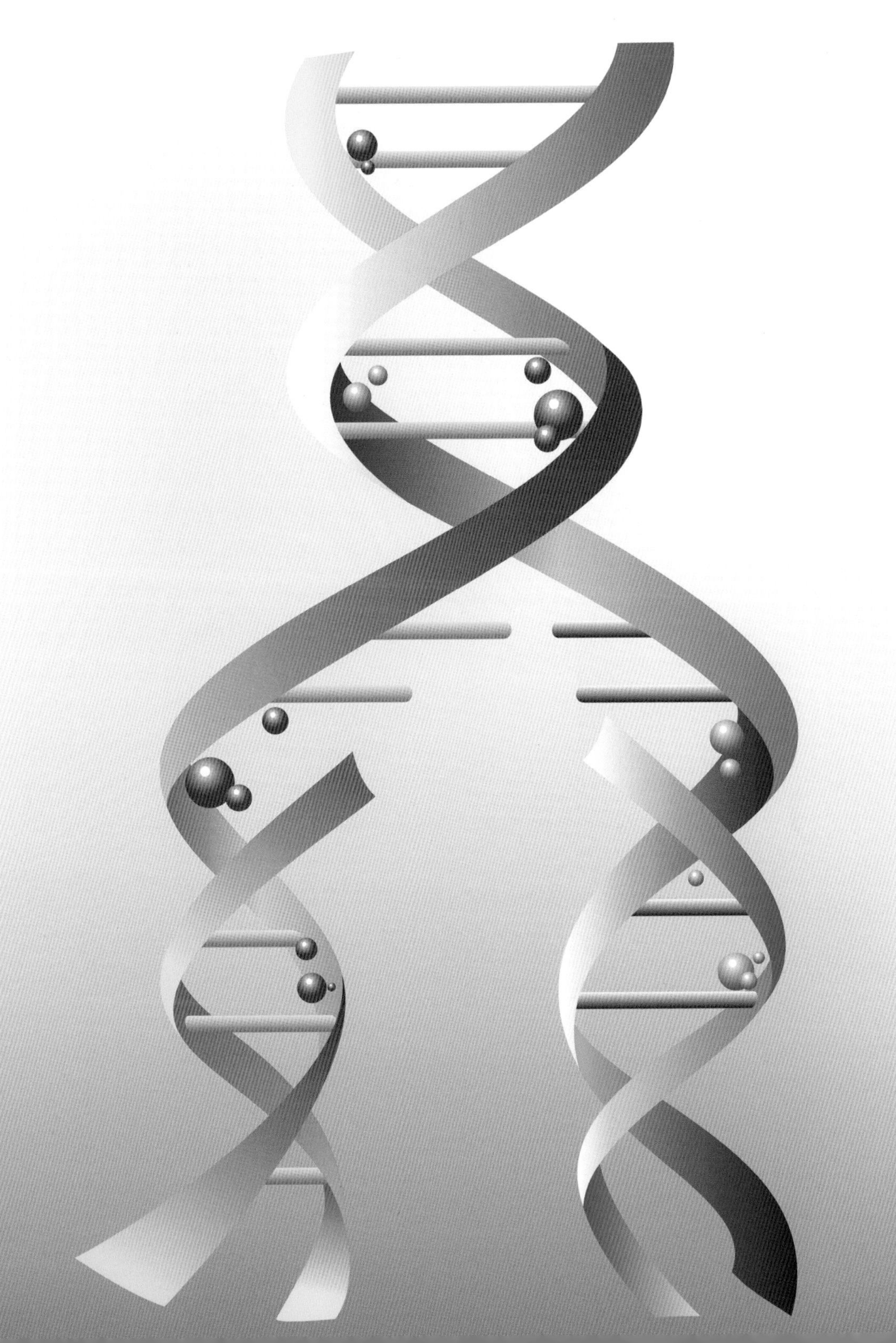

1960년

탈리도마이드

프랜시스 올덤 켈지(Frances Oldham Kelsey, 1914~2015년)

탈리도마이드는 1950년대에 독일에서 발견된 이래로 한때 임산부 입덧을 잠재우는 목적으로 널리 처방된 물질이다. 미국에서는 1960년에 리처드슨-머렐이라는 한 제약회사가 같은 용도로 이 약의 허가를 FDA에 신청했다. 하지만 FDA는 안전성과 독성 자료가 부족하다며 보완을 요구했다. 이 추가 조사 기간 동안 탈리도마이드가 통증과 근육쇠약을 일으킨다는 부작용 사례가 보고되었다. 이에 당시 **설파닐아마이드 엘릭서** 사건도 담당하고 있었던 FDA 연구원 프랜시스 올덤 켈지가 탈리도마이드의 안전성에 의문을 제기했고, 결국 FDA는 연구자료 불충분을 이유로 들어 허가신청을 최종 기각했다. 그리고 바로 그 해에, 이 약과 연관된 것으로 보이는 기형아 출생 사례가 최초로 보고된다. 알고 보니 약의 영향으로 기형을 가지고 태어난 신생아가 전 세계에서 만여 명이나 되었고 그중에 살아남은 아이는 절반밖에 되지 않았다. 이 사건은 어느 나라건 신약승인 제도 자체를 더욱 강화하는 계기가 되었고 켈지에게는 더 큰 비극을 막은 공로로 대통령 표창을 선사했다.

돌이켜보면, 약물이 태반을 통과하는지를 따져봐야 한다는 사실을 아무도 몰랐다는 게 모든 화근이었다. 다른 의혹들도 제기되었지만 모두 사실이 아니었다. 기형을 유발하는 어떤 약물의 성질은 동물종마다 다르게 발현되므로 동물 연구로는 이 비극을 예견할 수도 없다는 점도 사태를 복잡하게 만들었다. 예를 들어, 탈리도마이드는 설치류의 태자에게는 아무런 해도 끼치지 않고 토끼에게는 전혀 다른 성격의 문제를 일으킨다. 탈리도마이드는 **키랄성** 분자이면서 두 가지 거울상 이성질체 형태로 존재하지만, 체내에서 두 형태가 빠르게 왔다 갔다 하기 때문에 어느 것이 더 위험한지 콕 집어 말하지는 못한다.

후속 연구에 의하면 탈리도마이드는 발달 중인 조직에서 혈관 생성을 막는 등 체내에서 여러 가지 변화를 일으킨다고 한다. 하지만 마냥 나쁘기만 한 것은 아니다. 실제로, 한센병 합병증의 치료 효과가 인정되어 1998년에 FDA는 엄격한 통제라는 전제 조건을 달아 이 용도로 탈리도마이드를 승인했고 2006년에는 다발성 골수종 치료 처방의 구성으로서도 허가가 떨어졌다.

함께 읽어보기 독물학(1538년), 키랄성(1848년), 라디토르(1918년), 설파닐아마이드 엘릭서(1937년), 바리 공습(1943년), 시스플라틴(1965년), 라파마이신(1972년), 탁솔(1989년)

FDA 관료 프랜시스 켈지는 1960년대 초에 탈리도마이드의 허가신청을 저지시키는 데 결정적 역할을 해 전국적인 유명인사가 되었다.

Drug Detective

● Her skepticism and insistence on having "all the facts" before certifying the safety of a sleep-inducing drug averted an appalling American tragedy — the birth of many malformed infants.

○ ○ ○ ○ ○ ○

She resisted persistent petitions of commercial interests who presented data supporting claims the inexpensive drug was harmless. The facts finally vindicated Dr. Kelsey, as evidence piled up to show the drug — thalidomide — when taken by pregnant women, could cause deformed births.

Her action won her the President's Award for Distinguished Federal Civilian Service.

The Federal Civil Service

Four Score Years of Service to America

1960년

이성질체 분리를 위한 키랄 크로마토그래피

리로이 H. 클럼(LeRoy H. Klemm, 1919~2003년), **윌리엄 퍼클**(William Pirkle, 1934년~), **에른스트 클레스퍼**(Ernst Klesper, 1927년~), **바딤 다반코프**(Vadim Davankov, 1937년~), **요시오 오카모토**(岡本 吉央, 1941년~)

순수한 키랄성 물질을 얻고 싶을 땐 어떻게 해야 할까. 우선은 단순한 탄수화물이나 아미노산처럼 키랄성 원자로 합성을 시작하는 것이 좋은 출발점이 될 수 있다. 키랄 중심에서 시작하는 전략은 근처의 또 다른 탄소에 두 번째 키랄성을 부여해 **비대칭을 유도**하기에 편하다는 장점도 있다. 만약 출발물질이 키랄성이 없는 물질이라면 키랄성 시약을 써서 새로운 성질을 입히는 것도 하나의 방법이다. 실제로 현재 이 전략을 활용하는 **효소공학**을 통해 아주 단순한 분자들이 고도로 정교한 효소로 재탄생하고 있다. 아니면, 우향 이성질체와 좌향 이성질체가 섞여 있을 뿐 거의 완성품인 혼합물에서 한 형태만 물리적으로 골라내 분리하는 게 가장 편할지도 모른다.

이성질체를 분리하는 가장 일반적인 방법은 키랄성 산이나 키랄성 염기를 써서 염으로 만든 뒤에 결정화하는 것이다. 물질 분리 하면 또 **크로마토그래피** 아니겠는가. 1960년에 화학자 리로이 H. 클럼이 당시에도 이미 흔히 사용되던 컬럼 충진제인 이산화규소에 키랄성 입자를 덧입히는 기법을 고안했다. 하지만 이 아이디어가 바로 실용화된 것은 아니고 **역상 크로마토그래피**가 부상하면서 이 기술만을 위한 고체상이 필요해지자 개발이 본격화되었다. 오늘날 키랄 HPLC의 창시자로 대접받는 인물은 미국 화학자 윌리엄 퍼클이다. 그가 1979년에 컬럼 충진제를 아미노산으로 코팅한 것이 큰 인정을 받았기 때문이다. 그 뒤로 일본에서는 요시오 오카모토가 탄수화물로 코팅하는 데 성공했고 러시아의 바딤 다반코프는 아미노산과 금속 복합체도 코팅제로 나쁘지 않음을 증명했다. 더불어, **초임계유체**가 될 때까지 압축한 **이산화탄소**가 키랄성을 입힌 컬럼에 특히 유용한 용매라는 사실을 독일 화학자 에른스트 클레스퍼가 알아낸 것도 이 분석기술 발전의 큰 동력이 되었다.

대부분의 생체분자는 물론이고 수많은 약물과 천연물이 키랄성을 띠고 있다. 따라서 이런 분자들로 하는 모든 연구는 키랄성 이성질체를 분석하고 정제하는 것에서 시작된다. 그런데 가느다란 컬럼에 액체 몇 가지만 부으면 알아서 걸러 내주니 이 얼마나 고마운 기술인가.

함께 읽어보기 이산화탄소(1754년), 초임계유체(1822년), 키랄성(1848년), 정사면체 탄소 원자(1874년), 비대칭 유도(1894년), 크로마토그래피(1901년), HPLC(1967년), 역상 크로마토그래피(1971년), 시킴산 품귀 현상(2005년), 효소공학(2010년)

현미경으로 확대한 셀룰로스 섬유. 나무, 종이, 목화에 풍부한 셀룰로스는 긴 탄수화물 사슬 여럿이 얽힌 분자다. 이 셀룰로스의 구조를 고쳐서 키랄 크로마토그래피 컬럼의 내부를 코팅하는 데 사용한다.

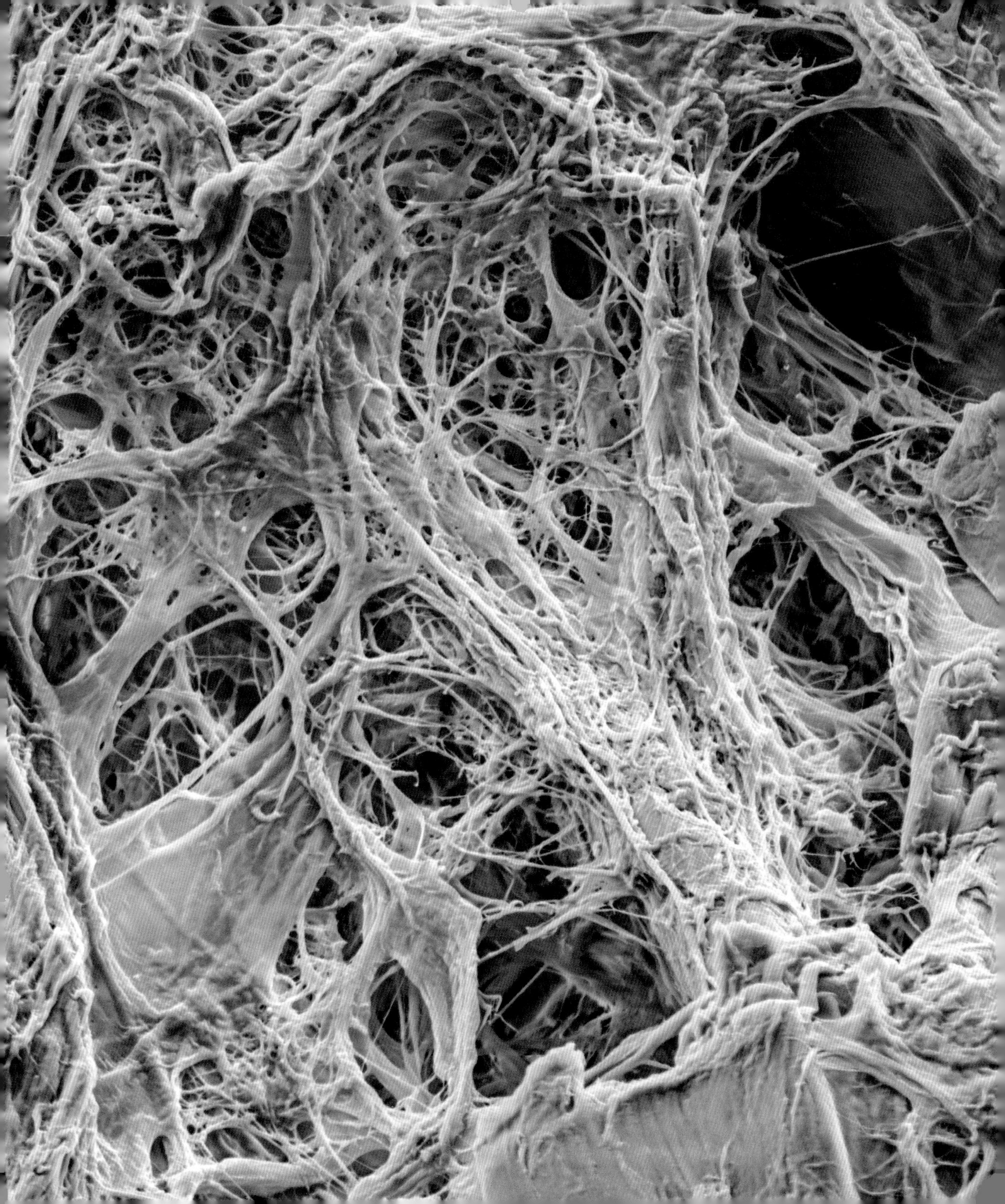

1961년

핵자기공명

존 돔브로프스키 로버츠(John Dombrowski Roberts, 1918~2016년), **마틴 에버렛 패커드**(Martin Everett Packard, 1921년~), **렉스 에드워드 리처즈**(Rex Edward Richards, 1922년~), **제임스 T. 아널드**(James T. Arnold, 1923년~), **제임스 N. 슐러리**(James N. Shoolery, 1925년~)

핵자기공명(NMR: nuclear magnetic resonance)은 명실상부한 핵심 화학분석 기법 중 하나다. 옛날에는 해를 넘겨야 미지 시료의 내용물만 간신히 알아낼 수 있었던 것을 현대에는 NMR 장비로 10분 만에 훨씬 더 많은 정보를 얻는다. 배경에 깔린 물리학 이론은 복잡하지만 기본적으로 NMR 스펙트럼이 분자에 존재하는 수소 원자들을 전부 보여주는 설계도라고 이해하면 된다. 이 기술은 분자의 구조를 규명할 때 특히 유용하다. 모든 유기분자는 여러 지점에서 수소 원자를 달고 있기 때문이다. 수소들은 초소형 산맥 같은 뾰족한 능선 더미를 그려낸다. 능선의 모양과 피크들 간의 거리는 근처에 다른 수소가 얼마나 많이 있는지, 두 원자 사이의 각도가 얼마인지 등에 따라 달라진다. 하지만 NMR로 수소 분석만 가능한 것은 아니다. NMR은 불소와 탄소-13을 비롯한 여러 가지 원소도 취급한다. 나아가 더 정교한 NMR 장비로는 모든 수소 양이온과 탄소의 관계를 한 번에 알아낼 수 있다. 그러면 복잡한 유기분자의 구조가 훨씬 더 빨리 풀린다.

1930년대에 처음 등장했을 때 NMR은 물리학계에서 혁명과도 같았다. 하지만 훗날 NMR이 화학 분야에서도 맹활약할 거라고 기대하는 사람은 당시 아무도 없었다. 1950년대에 NMR 연구를 선도하게 되는 영국 화학자 렉스 에드워드 리처즈에게 라이너스 폴링이 그런 사람들 말을 무시하라고 귀띔한 적은 있지만 말이다. 게다가, 까탈스럽게 굴기 일쑤인 덩치 큰 전자석 때문에 쓸 만한 NMR을 만질 수 있게 되기까지는 또 상당한 시간을 기다려야 했다. 그러다 미국 화학자 마틴 에버렛 패커드가 유기분자의 NMR 스펙트럼을 최초로 기록해 공개했고 제임스 T. 아널드는 1956년부터 NMR용 전자석을 거듭 개량해갔다. 고무적인 분위기 속에서 1961년에는 화학자 제임스 N. 슐러리가 최초의 제품화된 NMR 장비 바리안 A60(Varian A60)을 개발한다. 화학자 존 돔브로프스키 로버츠는 이 기기가 물질의 구조 분석에 얼마나 유용한지 세상에 검증해 보였다. 이제 NMR이 없는 화학은 상상할 수 없다.

함께 읽어보기 천연물(서기 60년경), 헬륨(1868년), 액체 질소(1883년), 비고전적 이온 논쟁(1949년), 알파헬릭스와 베타시트(1951년), 단백질 결정학(1965년), 풀러렌(1985년)

한 과학자가 현대식 NMR 장비에 시료를 로딩하고 있다. 시료가 담긴 얇은 유리 시험관을 플라스틱 회전기에 꽂으면 압축공기가 시험관을 전자석 중앙으로 밀어내린다. 그러면 시료가 빠르게 회전하면서 가늘고 정밀한 신호를 발산한다.

1962년

녹색형광단백질

시모무라 오사무(下村 脩, 1928년~), **마틴 챌피**(Martin Chalfie, 1947년~), **더글러스 프래셔**(Douglas Prasher, 1951년~), **로저 용젠 첸**(Roger Yonchien Tsien, 1952년~)

1962년, 일본의 화학자이자 해양생물학자인 시모무라 오사무가 해파리에서 특별한 단백질을 추출했다는 소식을 학계에 알려왔다. 이 단백질은 해파리로 하여금 마치 외계에서 온 것 같은 영롱한 청록색을 발하게 만들었다. 그는 비슷한 성질의 단백질들을 연달아 찾아내 녹색형광단백질(GFP: green fluorescent protein)이라는 이름을 붙이고 이 단백질들이 **형광**을 내는 메커니즘을 밝혀냈다. 이 연구는 시모무라에게 노벨상을 선사했고 의학과 생물학 발전의 또 다른 동력이 되었다. 오늘날에도 이 물질을 이용한 연구가 곳곳에서 꾸준히 진행되고 있다.

GFP는 어떤 DNA 조각에든 이어붙여 살아 있는 세포에서 표지자로 사용할 수 있다는 장점이 있다. 따라서 세포의 원래 DNA에 새 DNA 조각이 잘 자리 잡았는지 확인하고자 할 때 새 조각에 GFP를 붙여두면 바로 결과를 알 수 있다. 그런 세포는 빛이 날 테니 말이다. 이 기술을 1992년에 처음 시도한 사람은 분자생물학자 더글러스 프래셔였다. 하지만 연구비가 모자라 실험을 마칠 수 없었던 그는 남은 GFP 시료를 다른 연구자들에게 나눠준다. 그중에 생화학자 마틴 챌피도 있었다. 이 시료를 가지고 챌피는 군더더기는 다 떼어내고 딱 GFP만 자연형 단백질과 거의 똑같게 합성한 것을 박테리아의 DNA에 심어주면 기능은 그대로이고 형광만 추가로 발하게 할 수 있다는 사실을 발견했다. 얼마 뒤 **엑스레이 결정학**을 통해, 이 단백질이 '베타시트 여러 장이 드럼통처럼 둘러 있는 구조'라는 것이 밝혀지자, 이를 단서로 과학자들은 형광을 더 밝고 오래 지속시킬 방법을 찾기 시작했다. 여러 가지 동물종을 이용한 다양한 시도 끝에, 생물학자 로저 첸이 각자 특정한 색깔을 내는 여러 발광 단백질이 동시에 발현될 수 있도록 함으로써 형광의 스펙트럼을 넓히는 데 성공했다.

시모무라, 첸, 챌피 세 사람은 2008년에 GFP 연구로 노벨상을 받았다. 그리고 얼마 뒤, 프래셔가 학계를 떠나 생계를 위해 셔틀버스를 몰았던 것이 연구비 부족 때문이었다는 사연이 알려지자 첸은 캘리포니아 대학교 샌디에이고 캠퍼스에 있는 자신의 연구실로 그를 다시 불러들였다.

함께 읽어보기 아미노산(1806년), 형광(1852년), 엑스레이 결정학(1912년), 알파헬릭스와 베타시트(1951년), 루시페린(1957년)

형광 단백질을 가지고 있는 해파리종 중 하나인 애쿼리아 빅토리아(Aequorea victoria). 때로는 이런 단순한 생물이 노벨상의 소재가 되고 생물학계 전체의 연구 열풍을 이끈다.

1962년

비활성 기체 화합물

라이너스 칼 폴링(Linus Carl Pauling, 1901~1994년), **닐 바틀릿**(Neil Bartlett, 1932~2008년)

비활성 기체의 최외각 전자껍질은 만석이어서 화학반응을 통해 덜어내거나 더 채울 필요가 없다. 그래서 비활성 기체는 다른 원소와 화합물을 형성하지 않으며 억지로 그렇게 만들 수도 없다. 그런데 꼭 그렇지만은 않다고 생각한 사람이 있었다. 바로 저명한 생화학자 라이너스 폴링이다. 그는 1933년에 비활성 기체인 제논 원자는 상당히 무거워서 최외각 전자들의 결합력이 그렇게 단단하지 않으므로 반응을 일으킬지도 모른다는 의견을 제시했다. 그러면서 그는 제논과 가장 잘 반응할 만한 짝꿍으로 불소를 꼽았다. 불소는 세상의 거의 모든 물질과 결합을 이룰 정도로 반응성이 최고라는 점에서다.

그러나 폴링의 이런 주장은 터무니없는 것처럼 보였기 때문에 1960년대 초까지는 아무도 이것을 실증하거나 반박할 시도조차 하지 않았다. 그러다 브리티시컬럼비아 대학교에서 연구하던 영국 화학자 닐 바틀릿이 반응성이 범상치 않은 신물질 육불화백금(PF_6)으로 특별한 빨간색 염 하나를 만들어낸다. 놀랍게도 이 염에 들어 있는 산소는 양전하를 띠고 있었다. 산소 양이온이라니, 빨간색 기체인 PF_6가 산소보다도 강력한 산화제로 작용한 것이 틀림없었다. 바틀릿은 PF_6가 제논도 산화시킬 수 있을 거라고 생각했다. 그래서 그는 필요한 실험 기구들을 설치하고 두 기체를 섞었다. 두 기체는 바로 반응했고 바닥에 주황색 가루가 쌓이기 시작했다. 당시 그는 몹시 흥분해서 사람들에게 기쁜 소식을 알리려고 온 건물을 뛰어다녔다고 한다.

그가 해낸 일을 전해 들은 동료들은 반신반의했다. 하지만 바틀릿은 실험 결과를 재빨리 발표했고 곧 세계 곳곳의 연구자들이 같은 실험을 직접 재현해 확인할 수 있었다. 사실, 제논뿐만 아니라 크립톤도 다양한 불화물과 산소불화물을 형성할 수 있다. 과학자들이 용기가 없어서 이런 비활성 기체 화합물들을 좀 더 일찍 만들어내지 못한 것이 아쉬울 뿐이다.

함께 읽어보기 불소 분리(1886년), 네온(1898년), 화학결합의 성질(1939년)

순수한 사불화제논의 결정. 사불화제논은 안정하지만 물이나 수증기와 반응하기 때문에, 비활성 기체나 습도가 매우 낮은 환경에서만 보관해야 한다.

1962년

이소아밀아세테이트와 에스테르

이소아밀아세테이트는 에스테르라는 화학물질 대분류 안에 속하는 물질이다. 에스테르는 카르복실산과 알코올이 축합반응을 일으켜 만들어지는데, 이소아밀아세테이트의 경우 두 반응물질은 아세트산(일명 초산)과 오각환 구조를 가진 이소아밀 알코올이 된다. 아세트산과 이소아밀 알코올이 만나 물 분자 하나를 떨어뜨리며 이소아밀아세테이트로 변하는 것이다. 참고로, 여기서 **딘-스타크 장치**로 물을 그때그때 제거해주면 수율을 최대로 높일 수 있다.

아세테이트 에스테르는 생물학에서 엄청나게 중요한 물질이다. 가령, 아세틸-CoA는 에너지 대사의 핵심요소인 ATP 합성을 비롯해 수천 가지 생체반응의 필수 중간체다. 또, 폴리머와 플라스틱(폴리에스테르라는 용어가 여기서 만들어졌다), 각종 의약품, 화학 용매, 우주의 성간공간에도 아세테이트 에스테르가 들어 있다. 한마디로, 아세테이트 에스테르는 모든 곳에 존재한다. 그뿐만 아니다. 에스테르 중 더 작고 더 잘 휘발하는 것들은 냄새로도 자신의 존재를 알린다. 그것도 아주 향기로운 냄새로 말이다. 냄새가 있는 화학물질의 대부분은 고약한 악취를 내뿜지만, 에스테르에서는 과일 향과 꽃 향이 난다. 식물이 곤충을 유도할 때 에스테르를 분비하는 것이 아마도 그래서일 것이다. 에스테르는 향수나 향미료로도 사용된다. 예를 들어, 파인애플 향을 낼 때는 에틸뷰티레이트를, 오렌지 향을 낼 때는 옥틸아세테이트를, 럼주 느낌을 줄 때는 에틸프로피오네이트를 첨가한다. 이소아밀아세테이트의 경우는 세상에서 가장 달콤한 바나나를 연상케 하는 향이 난다.

1962년에 캐나다의 두 과학자 롤프 보흐(Rolf Boch)와 덩컨 시어러(Duncan Shearer)는 이소아밀아세테이트가 꿀벌의 페로몬이라는 사실을 발견했다. 페로몬이란 생물이 냄새로 보내는 메시지 같은 것인데, 특히 곤충이 페로몬을 잘 활용한다. 개미와 나방, 딱정벌레, 나비는 페로몬으로 짝짓기 상대를 유혹하고 지나온 길을 표시하고 경고를 퍼뜨린다. 일찍이 1814년에 기정사실화된 대로 갓 쏘아진 벌침의 냄새는 다른 벌들의 공격을 촉구하는데 이 냄새의 주성분이 바로 이소아밀아세테이트다. 따라서 실수로 몸에 이소아밀아세테이트를 흘리고 바로 밖으로 나갈 때는 근처에 벌집이 있는지 반드시 확인하길 바란다. 안 그러면 그저 온몸이 달콤한 바나나 향기로 진동하는 데서 끝나지 않을 테니.

함께 읽어보기 비누(기원전 2800년경), 정제(기원전 1200년경), 작용기(1832년), 푸제르 로얄(1881년), 디아조메탄(1894년), 마이야르 반응(1912년), 딘-스타크 장치(1920년), 세포 호흡(1937년)

벌은 이소아밀아세테이트에 극도로 민감하다. 일행이 적에게 공격을 당했다는 신호로 받아들이기 때문이다.

1963년

치글러-나타 촉매작용

카를 발데머 치글러(Karl Waldemar Ziegler, 1898~1973년), **줄리오 나타**(Giulio Natta, 1903~1979년)

화학자가 아닌 사람에게 치글러와 나타는 생소한 이름일 것이다. 하지만 두 사람이 만든 치글러-나타 촉매는 다양한 생필품을 비롯해 전반에서 약방의 감초 역할을 하면서 조용히 현대문명의 발전에 힘을 실어주고 있다.

이 촉매 이름 절반의 주인공인 독일 화학자 카를 발데머 치글러는 알루미늄이 들어 있는 루이스산 촉매로 **폴리에틸렌**을 만드는 방법을 연구하고 있었다. 그런데 어느 날 우연히, 에틸렌 분자 두 개가 축합한 부텐(부탄) 가스가 완벽에 가까운 수율로 만들어진다. 이에 치글러는 원인 조사에 들어갔고 모든 가능성을 샅샅이 검토해 유력한 용의자를 딱 하나로 좁혔다. 비밀은 바로 오염된 니켈과 알루미늄이 매우 효율적인 촉매작용을 한 것이었다. 그래서 연구팀은 다른 금속은 어떤지 체계적으로 조사하기 시작했다. 그 결과, 이런 금속 촉매들을 첨가하면 압력을 높여주지 않아도 에틸렌이 초고순도의 폴리머로 변한다는 사실을 알아냈다. 그 전에는 모든 폴리에틸렌 합성이 고압 조건에서만 이루어질 수 있었기 때문에 이런 우회로의 발견은 누구도 예상치 못한 횡재였다.

치글러가 특허를 몬테카티니라는 화학약품 기업에 넘기자, 바로 이곳에서 이탈리아 화학자 줄리오 나타가 치글러의 연구를 이어나갔다. 그는 에틸렌 대신 프로필렌을 반응시켰고 결과는 전보다 더 놀라웠다. 메틸기를 잘라내 버리면서 만들어지는 에틸렌 폴리머와 달리 프로필렌 폴리머는 메틸기를 그대로 매단 채 완벽하게 일정한 패턴으로 배열한 것이다. 배치가 얼마나 규칙적인지 결정화할 수 있을 정도였다. 보통은 화학반응 후에 온갖 종류의 생성물질이 뒤섞여 만들어지기 마련이다. 따라서 이 금속 촉매는 매우 특별한 녀석임이 분명했다.

그 이후, 전 세계에서 여러 가지 종류의 치글러-나타 촉매가 속속 개발되었다. 이 촉매류는 타이어나 골프공처럼 일상생활에서 흔히 볼 수 있는 플라스틱과 고무 제품들뿐만 아니라 수술도구나 음파 탐지기와 같은 특수장비들을 만드는 데에도 널리 활용된다. 치글러와 나타가 노벨상을 받은 것은 1963년의 일이지만 두 사람의 연구는 아직도 진화 중인 듯하다. 어쩌면 폴리머화할 수 있는 물질의 종류, 분자의 구조를 개조하는 방법, 적용할 수 있는 촉매 조건의 수에 한계가 없는 게 아닐까. 그게 아니라면 그 한계에 아직 이르지 않은 게 틀림없다.

함께 읽어보기 폴리머와 중합반응(1839년), 베이클라이트(1907년), 산과 염기(1923년), 폴리에틸렌(1933년), 나일론(1935년), 테플론(1938년), 시아노아크릴레이트(1942년), 케블라(1964년), 고어텍스(1969년), 올레핀 복분해(2005년)

이 플라스틱 봉지는 치글러-나타 촉매 덕분에 상용화된 폴리에틸렌으로 만들어졌다.

1963년

메리필드 합성

로버트 브루스 메리필드(Robert Bruce Merrifield, 1921~2006년)

세포는 수천 가지 단백질을 쉬지 않고 만들어낸다. 하지만 사람의 손은 그렇게 빠르지 않다. 그래서 실험실에서 **아미노산**을 하나하나 이어붙이는 것은 지루하지만 방심할 틈이 없는 힘든 작업이라고 유기화학자들은 말한다. 그렇다고 해서 아미노산들을 한데 던져두고 저희끼리 짝을 짓게 하면 대참사가 벌어진다. 심하면 플라스크에 눌어붙은 찌꺼기를 끌로 긁어 떼어내야 할지도 모른다. 따라서 원하는 단백질을 합성하기 위해서는 아미노산을 한 번에 하나씩 연결하는 수밖에 달리 방도가 없다.

그런데 미국 생화학자 로버트 브루스 메리필드가 유기화학자들의 수고를 크게 덜어줄 탁월한 아이디어 하나를 생각해냈다. 한 단계씩 차근차근 설명하면, 우선 단백질 사슬의 선두에 올 아미노산에 붙였다 떼었다 할 수 있는 보호기를 매달아 아민기를 가린다. 그런 다음 드러난 반대쪽 유리산을 플라스틱 수지와 같은 고체 지지대에 고정한다. 그러고는 보호기를 벗겨낸다. 그러면 다시 드러난 아민기가 다음 아미노산과 반응할 수 있다. 이제, 두 번째 아미노산 역시 아민기는 가리고 유리산은 드러나게 한 뒤 반응에 투입한다. 여기까지 하면 디펩타이드가 만들어진다. 이렇게 보호기를 벗기고 다음 아미노산을 추가하는 식으로 펩타이드를 연장시켜 나간다. 반응 내내 펩타이드 사슬이 플라스틱 수지에 단단하게 붙어있기 때문에 한 주기가 완료될 때마다 남는 시약은 안심하고 따라버리면 된다. 마지막에는 지금까지와 완전히 다른 조건을 조성해 반응을 종결시킨다. 단백질 사슬이 지지대에서 떨어져 나오도록 하기 위해서다.

아미노산이 하나씩 늘어나는 주기마다 수율을 높게 유지할 수 있다면, 마지막에 상당히 괜찮은 결과물을 얻을 수 있다. 메리필드와 동료들은 수율을 점검해가면서 합성할 단백질 길이를 점점 늘였고 6년 뒤에는 리보뉴클레아제 A라는 효소 전체를 온전하게 만들어내는 데 성공했다. 엄밀히 말해 효소도 화학물질이다. 따라서 효소를 화학반응으로 합성하는 것은 불가능한 일이 아니다.

고체상 지지대를 이용하는 펩타이드 합성 기술은 1963년에 세상에 공개되자마자 큰 반향을 일으켰다. 나중에는 단백질의 아미노산 순서에 따라 단계마다 알맞은 시약이 알아서 투입되도록 공정이 자동화되었다. 그렇게 해서 맞춤식 단백질 합성의 시대가 막을 올렸다.

함께 읽어보기 아미노산(1806년), 폴리머와 중합반응(1839년)

메리필드 펩타이드 합성에서 지지대로 사용되는 레진을 200배 배율의 현미경으로 확대한 사진. 한쪽 끝이 레진에 고정된 채로 펩타이드 사슬이 점점 길어진다. 이 기술로 제작 가능한 단백질의 길이는 아미노산 100개에서 수천 개 사이이다.

1963년

쌍극자 고리화 첨가 반응

롤프 하위스겐(Rolf Huisgen, 1920년~)

앞서 살펴본 **딜스-아들러 반응**은 고리화 첨가 반응의 대표적인 예다. 하지만 딜스-아들러 반응처럼 육각환이 아니라 오각환을 만드는 반응도 여러 가지가 있다. 이런 반응을 일으키려면 기본적으로 두 가지 반응물질이 필요한데, 그중 하나는 반드시 알켄이어야 한다. 알켄이란 수소로 포화되지 않아 이중결합을 갖고 있는 탄화수소를 말한다. 한편 알켄과 짝을 이룰 물질로는 웬만한 원자 세 개짜리 분자면 뭐든지 괜찮다. 이런 고리화 첨가 반응들은 논문 여러 편에 나눠 소개되었는데, 독일 화학자 롤프 하위스겐이 1963년에 한 번에 정리해 체계화했다.

이 반응들의 가장 큰 공통점은 원자 세 개짜리 짝꿍이 모두 쌍극자, 즉 한쪽 끝은 음성을 띠고 반대쪽 끝은 양성을 띠는 분자라는 점이다. 이런 쌍극자들 중에는 상대적으로 안정된 것도 있지만 대부분은 잠깐만 그 상태로 있고 곧바로 다른 분자와 반응해버린다. 하위스겐은 사실은 이 고리화 첨가 반응의 모든 단계가 딜스-아들러 반응처럼 동시적으로 일어난다고 제안했다. 다시 말해, 단계를 밟아 중간체나 **프리라디칼**이 생기지 않는다는 것이다. 이것은 반응의 성질이 생성물질의 방향성을 결정한다는 하위스겐의 논리에 따른 판단이다.

가령, 반응 중간에 초극성 중간체가 만들어진다고 가정해보자. 그렇다면 반응은 용매의 극성 변화에 크게 좌우된다. 즉, 용매에 따라 중간체 상태가 매우 안정되거나 매우 불안정해질 것이다. 반면에 고리화 첨가 반응과 같은 동시적 반응은 용매의 성질에 전혀 민감하지 않다. 이렇게 동시에 만들어지는 새 결합 두 개는 알켄 치환기의 배열을 종전 그대로 보존시킨다. 반응이 몹시 빨라서 치환기가 회전하거나 움직일 틈이 없을 테니까 말이다. 또, 만약 반응 중간에 프리라디칼이 관여한다면, **프리라디칼**과 신속하게 반응하는 물질을 반응계에 넘치게 투입했을 때 반응이 중도에 멈추게 된다.

쌍극자 고리화 첨가 반응을 이용하면 탄소가 아닌 원소가 포함된 다양한 오각환을 만들 수 있다. 따라서 이 기술은 제약, 농화학 등 여러 분야에서 활용 가치가 높다. 하지만 가장 유명한 용도를 딱 하나 꼽으라면 아마도 배리 샤플리스(Barry Sharpless)가 개발한 **클릭화학**일 것이다.

함께 읽어보기 오존(1840년), 프리라디칼(1900년), 딜스-아들러 반응(1928년), 전이상태 이론(1935년), 반응 메커니즘(1937년), 동적 동위원소 효과(1947년), 우드워드-호프만 법칙(1965년), 트리아졸 클릭화학(2001년)

아스피도스페르마(Aspidosperma) 속(屬)의 나무. 남미에 흔하며 다양한 알칼로이드가 들어 있다. 이렇게 복잡한 알칼로이드는 흔히 고리 여러 개가 이어진 구조를 갖기 때문에 실험실에서 이런 분자들을 합성할 때는 쌍극자 고리화 첨가 반응이 반드시 필요하다.

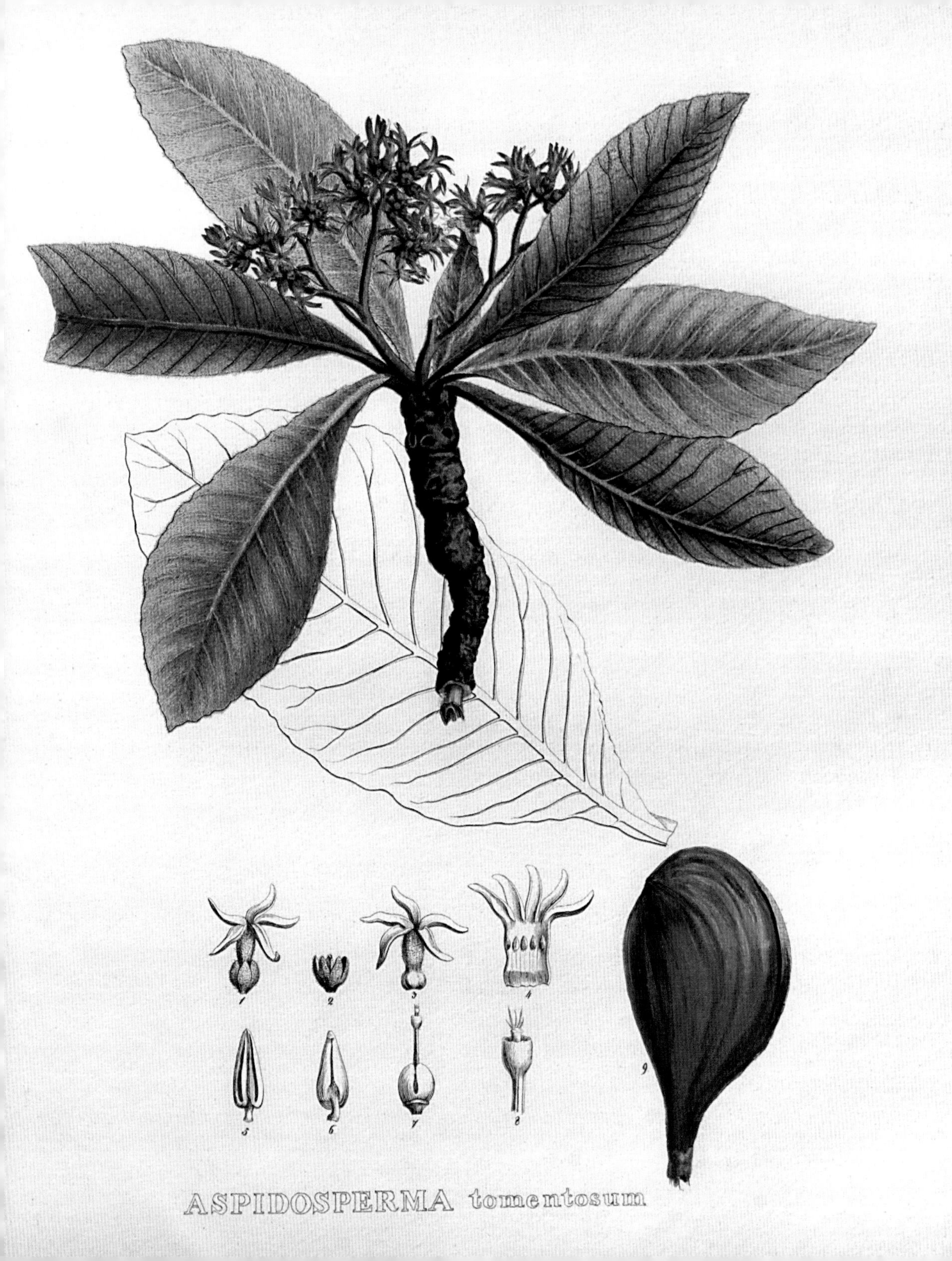
1
2
3
4
5
6
7
8
9
ASPIDOSPERMA tomentosum

1964년

케블라®

스테파니 루이즈 크월렉(Stephanie Louise Kwolek, 1923~2014년)

케블라는 방탄조끼 소재로 유명한 고성능 폴리머다. 이 초강력 폴리머는 실처럼 지을 수 있고 장력이 강철의 몇 배나 된다. 케블라의 이런 특별한 성질은 범상치 않은 분자의 동태에서 비롯되는데 개발 경위도 그에 못지않게 파란만장했다.

미국 화학자 스테파니 루이즈 크월렉은 1964년에 듀폰사에서 타이어용 고강도 경량 폴리머를 개발하는 연구에 몰두하고 있었다. 크월렉이 공략한 것은 용액 상태에서 다발이 질서 정연하게 배열해 **액정**처럼 행동하는 특별한 물질이었다. 이 물질을 상업화하려는 시도는 당시 폴리머 화학계에서 전무한 일이었다. 케블라 단량체 분자는 방향족 고리들이 줄을 딱딱 맞춰 배열한 구조로 되어 있어서 강성(剛性)이 매우 크다. 듀폰의 목표는 이 폴리머의 액정 다발들이 섬유 분자처럼 일렬로 늘어지게 해 실처럼 길게 뽑아낼 수 있도록 만드는 것이었다.

하지만 몇 가지 문제가 있었다. 우선, 중합반응을 초극성 용매에서 진행해야 한다는 것이었다. 그렇지 않으면 용매에 녹지 않는 물질들이 침전해버릴 게 분명했다. 적절한 용매로 몇 안 되는 후보가 거론되었고 그중에서 끓는점이 높고 찐득한 HMPA가 그럭저럭 쓸 만할 것으로 여겨졌다. HMPA는 공업용 용매 중 **쌍극자 모멘트**가 가장 큰 액체 중 하나다. 하지만 HMPA가 입자들이 섬유화될 만큼 충분히 격렬한 반응을 일으키지 못할 거라며 적지 않은 동료들이 반대했다. 그럼에도 크월렉은 HMPA를 밀어붙였고, 결과는 성공적이어서 어떤 가혹한 조건에서도 절대로 끊어지지 않는 케블라 섬유가 탄생했다.

케블라의 잠재력을 단번에 알아본 듀폰은 곧바로 대량생산에 들어갔다. 그러나 곧 용매의 독성 문제가 다시금 제기되었고 결국 HMPA는 발암물질로 분류되었다. 이에 듀폰은 용매를 독성이 훨씬 덜한 NMP로 바꾸었다. 그런데 NMP를 이용해 비슷한 폴리머(트와론®)를 합성하는 기술을 개발한 네덜란드 화학회사 아크조가 이 소식을 듣고 듀폰에 소송을 건다. 국제적 규모의 이 법적 공방은 11년이나 질질 끌다가 두 회사 모두 1980년대 후반에 출원했던 특허가 만료되고서야 마무리될 수 있었다. 케블라에 가장 큰 유명세를 안겨준 것은 방탄복이지만 사실 케블라는 자전거 타이어부터 스마트폰까지 다양한 제품의 소재로 사용된다.

함께 읽어보기 폴리머와 중합반응(1839년), 액정(1888년), 베이클라이트(1907년), 쌍극자 모멘트(1912년), 폴리에틸렌(1933년), 나일론(1935년), 테플론(1938년), 시아노아크릴레이트(1942년), 치글러-나타 촉매작용(1963년), 고어텍스(1969년)

M-4 소총으로 사격 훈련을 하는 미군 보병. 사진의 헬멧은 케블라 여러 장을 겹겹이 쌓아 만든 것이다. 전 세계 군경이 사용하는 각종 물품이 케블라 섬유로 제조된다.

1965년

단백질 결정학

존 데즈먼드 버널(John Desmond Bernal, 1901~1971년), **도러시 크로풋 호지킨, 데이비드 칠턴 필립스**(David Chilton Phillips, 1924~1999년)

라이소자임이라는 효소가 있다. **페니실린**으로 유명한 알렉산더 플레밍이 1923년에 느슨하게 만든다는 뜻의 그리스어 '라이시스(lysis)'에서 따 이런 이름을 붙였다. 라이소자임은 영국 생물물리학자 데이비드 칠턴 필립스가 **엑스레이 결정학**으로 구조를 알아내면서 다시 회자되기 시작했지만, 그 전에도 달걀흰자와 눈물에 항균 효과가 있는 게 이 효소 때문이라는 사실을 모르는 사람은 거의 없었다. 라이소자임은 사람 몸 안에서도 같은 역할을 한다. 타고난 면역계의 구성원으로서 라이소자임은 박테리아 세포벽의 성분인 펩티도글리칸이라는 물질을 공격한다. 또, 침에 들어 있는 라이소자임은 전분을 분해한다. 팝콘이 혀에 닿자마자 눈 녹듯 녹아버리는 게 바로 이 때문이다.

단백질 내부를 엑스레이 결정학으로 뜯어보는 것은 큰 결심을 요하는 작업이다. 단백질은 덩치가 크고 보통 분자들보다 훨씬 복잡하기 때문이다. 영국의 두 엑스레이 결정학자 존 데즈먼드 버널과 도러시 크로풋 호지킨이 1934년에 단백질도 회절이 가능하다는 사실을 증명했지만, 그런 단백질의 구조가 최초로 규명된 것은 1959년 필립스에 의해서였다. 미오글로빈 분석에 성공한 그는 효소를 다음 타깃으로 삼았다. 효소가 화학반응을 급전개시키는 능력의 원천이 삼차원 구조에 숨어 있을 거라는 추측에서였다.

그중에서도 라이소자임은 구하기 쉽고 잘 결정화되므로 연구 소재로 딱 안성맞춤이었다. 결정화는 오늘날에도 호불호가 갈리는 부분이긴 하지만 말이다. 컴퓨터의 도움을 받아 복잡한 회절 패턴을 해석하고 모든 시나리오를 검토한 끝에 필립스는 마침내 라이소자임의 구조를 밝혀냈다. 특히, 효소 안의 더 의뭉스러운 활성부위 구조를 정확하게 알아낸 것이 최대의 수확이었다. 이렇게 단백질을 결정화하는 기술은 오늘날 생화학 연구와 신약 개발의 기본 전략으로 자리를 잡았다. 대부분의 약물 분자는 특정 단백질 부위에 결합함으로써 약효를 발휘하기 때문이다. 물론, 약점도 있다. 결정 구조는 살아 움직이는 단백질의 한순간만 포착한 것이어서 진짜 중요한 순간에 단백질의 실제 모습은 보여주지 못할 수도 있다. 그럴 땐 **NMR**이 동원된다. 늘 성공하는 것은 아니지만 NMR을 이용하면 용액에 녹아 있는 단백질의 구조를 추측할 수 있다.

함께 읽어보기 아미노산(1806년), 엑스레이 결정학(1912년), 탄산탈수효소(1932년), NMR(1961년), 효소 입체화학(1975년)

편광현미경으로 관찰한 라이소자임 결정. 마치 누군가 깎아낸 블록처럼 생긴 결정은 엑스레이 결정학 연구의 완벽한 소재지만, 이렇게 깔끔한 생김새를 갖는 단백질은 라이소자임을 비롯한 극소수뿐이다.

1965년

시스플라틴

미켈레 피로네(Michele Peyrone, 1813~1883년), **알프레트 베르너, 바넷 로젠버그**(Barnett Rosenberg, 1924~2009년)

시스플라틴은 특이한 경위로 의도하지 않게 발견된 약물이다. 사연은 이렇다. 미국 화학자 바넷 로젠버그는 분열하는 세포 안에서 염색체가 자기장에 갇힌 금속가루처럼 배열하는 것을 보고 깜짝 놀랐다. 이에 세포분열 과정에서 실제로 전자기장이 형성되는지 궁금해진 그는 동료 연구자 몇 명과 함께 양 끝에 전극을 단 상자 안에서 박테리아 세포를 배양했다.

실험 결과는 놀라웠다. 원래 박테리아는 조그맣게 똘똘 뭉쳐 있는 게 보통이다. 그런데 이 상자 안에서는 박테리아가 끈처럼 길게 풀리더니 분열하지는 않고 덩치만 계속 커졌다. 이것은 전에 한 번도 보지 못한 광경이었다. 조사해보니, 이 기이한 변화는 전류와 아무 상관도 없었다. 범인은 전극 자체였다. 전극의 소재는 물리화학적으로 안정하다고 여겨지는 백금이었는데, 백금 입자가 용액에 퍼져나가면서 세포에 뭔가 엄청난 영향을 미친 것이었다. 연구팀은 다른 비슷한 금속들도 박테리아 세포에 똑같은 영향을 준다는 사실을 알아냈다. 그중에서도 효과가 가장 큰 것은 한쪽에는 암모니아 두 분자가 결합하고 다른 한쪽에는 염소 두 개가 붙은 백금 화합물, 즉 시스플라틴이었다. 이 배열을 전문용어로 시스(cis) 배열이라고 한다. 여기서 만약 암모니아 하나와 염소 하나가 서로 자리를 바꿔 같은 종류 분자끼리 마주 보는 형태가 되면 트랜스(trans) 배열로 변한다. 그러면 놀랍게도 이 백금 화합물의 세포분열 억제 효과가 감쪽같이 사라진다.

이런 종류의 화합물은 사실 1840년대부터 알려져 있었다. 이 해에 이탈리아 화학자가 미켈레 피로네가 피로네 염소(사실, 이것이 시스플라틴이었다)를 최초로 합성한 것이다. 또, 1893년에는 스위스 화학자 알프레트 베르너가 금속의 배위화학 이론을 정립하면서 이런 화합물의 구조를 개략적으로라도 이해할 수 있게 되었다. 그러나 백금 화합물이 병을 치료할 거라고 상상한 사람은 아무도 없었다. 당시에는 무기화학계에서나 연구 가치가 있는 물질이었기 때문이다. 나중에 밝혀진 바에 의하면 시스플라틴은 평평한 사각형 구조 덕분에 DNA 이중나선에 미끄러져 들어갈 수 있어서 DNA 복제를 방해함으로써 약효를 발휘한다고 한다. 세포분열을 중지시키는 물질의 영향을 가장 크게 받는 것은 바로 무시무시한 속도로 성장하는 암세포다. 자연스럽게 시스플라틴은 항암화학요법제로 개발되었고 오늘날에도 널리 사용된다.

함께 읽어보기 독물학(1538년), 배위화합물(1893년), 바리 공습(1943년), 엽산 길항제(1947년), DNA 복제(1958년), 탈리도마이드(1960년), 라파마이신(1972년), 탁솔(1989년)

순수한 시스플라틴의 결정. 이렇게 기이한 구조를 가진 약물은 세상에 또 없을 것이다.

1965년

납 오염

클레어 캐머런 패터슨(Clair Cameron Patterson, 1922~1995년)

클레어 캐머런 패터슨은 방사성동위원소 연대법을 연구에 알차게 활용한 지질화학자였다. 탄소-14 붕괴 분석과 원리는 같되 시간을 지질연대 단위로 추정하는 것이다. 우라늄은 붕괴되면 납 동위원소로 변한다. 그런데 납은 반감기가 엄청나게 길기 때문에 납 동위원소들의 비를 알면 십억 년 단위로 연대표를 그릴 수 있다. 1956년에 그는 이 기술을 이용해 지구의 나이를 추정하기도 했다. 그가 알아낸 바로 우리 지구는 약 45억 살이며, 다른 전문가들이 다른 방법으로 측정한 결과도 여기서 크게 벗어나지 않는다.

여러 가지 시료에서 납의 함량을 측정하는 것을 일과처럼 해오던 패터슨은 어느 날 환경에 유입되는 납의 양이 상당하다는 사실을 깨달았다. 공기, 물, 먹을거리 등 납이 흘러 들어가지 않는 곳이 없었다. 그린란드의 빙하 중심에서 해마다 시료를 채취해 분석한 결과, 휘발유에 첨가하는 **테트라에틸납**을 필두로 각종 산업공정에서 버려지는 납이 환경을 오염시키는 것으로 드러났다. 게다가 패터슨이 내놓은 수치는 해마다 방출량이 늘고 있음을 암시했다. 물론 산업계는 절대로 인정하지 않았지만 말이다. 그는 그동안의 연구 자료를 토대로 책 한 권을 써서 1965년에 발표한다. ≪자연계가 만드는 납과 자연계를 망가뜨리는 납(Contaminated and Natural Lead Environments of Man)≫이라는 제목의 이 책에는 기업체를 뒷배로 가진 과학자들로부터 날 선 공격이 쏟아졌다.

하지만 승리의 여신이 최후에 손을 들어준 것은 패터슨과 그의 연구 자료다. 미국 환경보호청은 1973년에 납이 섞인 휘발유의 단계적 퇴출을 명령했고, 1986년에는 미국 내에서 판매되는 모든 자동차 연료에서 납이 완전히 사라지게 되었다(단, 일부 항공기 연료에는 납이 여전히 사용되며 아직 절감 과정에 있는 나라도 많다). 변화의 바람은 다른 분야로도 확산되어서 수도관, 페인트, 식품저장용기에 바르는 광택제 등 다양한 소비재들에도 비슷한 규제 조치가 시행되었다. 그러자 미국인의 혈중 납 농도 평균치가 뚝 떨어졌고 그 이후에도 감소 추세가 쭉 이어졌다. 혈중 수치가 어느 정도 미만이면 안전한지는 아직 확정된 바가 없다. 이것은 그만큼 인간들이 너무 늦지 않게 정신을 차렸다는 반증이기도 하므로 패터슨에게 감사해야 할 일이다.

함께 읽어보기 독물학(1538년), 동위원소(1913년), 테트라에틸납(1921년), 도노라 스모그 사건(1948년), 탈륨 중독(1952년)

원소 분석을 위해 그린란드에서 채취한 빙하를 녹이는 모습. 이런 연구를 통해 20세기에 납 첨가 휘발유가 환경을 오염시켜왔음이 밝혀졌다. 흥미로운 점은, 빙하 분석에 근거하면 로마제국 시절에도 납 오염이 상당했다는 것이다.

1965년

메탄 수화물

험프리 데이비, 유리 F. 마코곤(Yuri F. Makogon, 1930년~)

어떤 면에서 메탄 수화물은 자연의 신비를 새삼 일깨워주는 물질이다. 가장 단순한 형태의 탄화수소인 메탄(CH_4)은 보통은 기체 상태로 존재한다. 수용성은 그다지 좋지 않아서 실온에서 물 1킬로그램에 메탄 20밀리그램 정도만 녹을 수 있다. 이것은 중량비로 5만분의 1에 해당한다. 그런데 온도를 낮추고 압력을 높이면 얘기가 달라진다. 이런 환경에서는 물 분자가 얼면서 메탄 분자를 단단히 감싸 가둔 클라스레이트(clathrate)가 만들어진다. 클라스레이트는 격자 안에 넣어 고정했다는 뜻의 라틴어 클라스라투스(clathratus)에서 유래한 용어다. 언뜻 드라이아이스와 비슷해 보이는 메탄 수화물에서 메탄의 비중은 무게로 약 13퍼센트뿐이지만 불을 붙이기에는 이 정도로도 충분하다. 그러면 얼음 덩어리에서 파랗고 노란 불꽃이 피어오르는 신기한 장면이 연출된다.

이 이상한 물질은 1810년에 영국 화학자 험프리 데이비에 의해 최초로 발견되었다. 1940년대에는 천연가스 유전에서 파이프를 막아 작업자들을 괴롭히는 것이 바로 이 물질이라는 사실이 밝혀지기도 했다. 하지만 한 세기가 넘는 세월 동안 사람들은 메탄 수화물이 자연이 만들어내는 천연물질일 리가 없다고 철석같이 믿었다. 그러던 1965년, 시베리아의 한 천연가스 개발 현장 지하에 메탄 수화물이 매장되어 있는 것을 우크라이나 공학자 유리 F. 마코곤이 발견했다. 매장량은 대륙붕의 근해저에도 상당했다. 그 양을 정확하게 추정하기는 힘들지만 짐작건대 보통 지하자원 얘기를 할 때 언급하는 단위의 몇 배는 될 것이다. 당연한 수순으로 메탄 수화물은 새로운 대체에너지원으로 급부상했다. 세계 최초로 본격적인 발굴 프로젝트에 착수한 나라는 일본이다.

시료의 **동위원소**를 분석한 연구에 의하면, 매장량의 대부분은 오랜 세월 동안 박테리아가 만든 메탄이 쌓인 것이라고 한다. 그런데 어떤 매장지는 조금 다른 동위원소 신호를 보여준다. 따라서 그런 곳의 메탄은 지구 더 깊은 곳에서 생화학적 반응의 도움 없이 생겨난 것으로 보인다.

함께 읽어보기 이상기체 법칙(1834년), 동위원소(1913년), 동위원소 분포(2006년)

불타는 메탄 수화물 덩어리. 북극과 대양저에 매장량이 많다.

1965년

우드워드-호프만 법칙

로버트 번스 우드워드, 후쿠이 겐이치(福井 謙一, 1918~1998년), **로알드 호프만**(Roald Hoffman, 1937년~)

분자 안의 원자 공간배치를 공부하다 보면 어떤 반응은 마치 누군가 짜 놓은 계획을 그대로 따르는 것처럼 일어난다는 것을 깨닫게 된다. 일반적으로는 고리가 깨지거나 새로 생기는 반응에서 그런 경향성이 더 높다. 이런 반응들의 과정은 **딜스-아들러 반응**과 비슷하게 프리라디칼이나 새로운 이온의 참견 없이 그저 기존 결합들이 재배열하는 것으로 그려진다. 그중에 같은 반응인데 열이나 빛에 의해 더 활발해지는 흥미로운 경우도 있다. 이때 열반응과 광화학반응은 각각 매우 높은 입체선택성을 보이며 특정한 입체화학 쪽으로 반응 결과를 유도한다.

이런 개성은 어디서 비롯되는 걸까. 두 미국 화학자 로버트 번스 우드워드와 로알드 호프만은 1965년에 비밀은 분자 오비탈에 있다고 제시했다. 그러면서 다음과 같은 기본 법칙을 세웠다. 이동 가능한 전자의 수가 4의 배수이면 반응이 한 방향으로 일어난다. 만약 전자의 수를 4로 나누었을 때 2가 남는다면 반응이 또 다른 방향으로 일어난다(대부분의 경우는 결합 하나에 전자 한 쌍씩 이동하면서 일어나기 때문에 거의 모든 반응이 이 법칙에 부합한다. 따라서 이 법칙은 어떤 면에서 방향족 분자의 전자 수 규칙과도 흡사하다고도 볼 수 있다). 이 법칙에 따르면 어떤 반응이 우세하게 일어날지 예측하는 것도 가능하다. 가령, 열반응은 딜스-아들러 반응처럼 진행돼 육각환을 주로 만드는 것과 이와 달리 빛은 사각환 쪽으로 반응을 유도하는 것 모두 법칙의 큰 틀에서 벗어나지 않는다. 우드워드-호프만 법칙은 이밖에도 적용 범위가 넓어서 수많은 실험 결과가 모두 이 규칙으로 설명된다. 또, 아직 결론이 나지 않은 반응들은 이 법칙으로 반응산물을 예측할 수 있다.

이 연구로 호프만은 1981년에 다른 분자 오비탈을 이용해 비슷한 원리를 찾아낸 화학자 후쿠이 겐이치와 함께 노벨 화학상 수상자가 되었다. 만약 우드워드가 조금 더 오래 살았다면 그도 영광의 자리에, 그 개인적으로는 두 번째로, 함께 했을 것이다. 이 연구는 유기화학계에 지대한 영향을 미쳤고, 언제는 안 그랬냐는 듯 실험을 시작하기 전에 분자 오비탈 이론부터 점검하는 게 합성화학계의 관례가 되었다.

함께 읽어보기 광화학(1834년), 딜스-아들러 반응(1928년), 쌍극자 고리화 첨가 반응(1963년), B_{12} 합성(1973년)

2006년에 미국화학협회로부터 받은 금메달을 목에 걸고 있는 로알드 호프만. 우드워드의 사진은 B_{12} 합성을 참고한다.

1966년

중합수

세르지우 페레이라 다시우바 포르투(Sérgio Pereira da Silva Porto, 1926~1979년)

지성 집단인 과학자들조차도 얼마나 멍청해질 수 있는지를 보여주는 흥미로운 사례가 하나 있다. 바로 중합수(Polywater) 얘기다. 1960년대에 소련연방에서는 미세한 석영 시험관에 물을 가둬두는 연구가 한창이었다. 이 물은 여러모로 특별했다. 녹는점이 엄청 낮은데 끓는점은 또 엄청 높고 보통 물보다 훨씬 무겁고 찐득했다. 이 중합수는 처음에는 별다른 관심을 받지 못하다가 몇 년 뒤 한 학회에서 언급되면서 소식이 물리화학계 전반에 빠르게 퍼져나갔다.

그런데 그다음에 벌어진 일들이 좀 재미있다. 어느 곳에서는 같은 연구 결과가 그대로 재현된 반면 또 어디서는 그러지 못했다. 혹자는 이것이 새로운 종류의 물이라고 생각했고 또 누군가는 이 의견에 격하게 반대했다. 주요 언론들은 연일 이 얘기를 기삿거리로 다뤘고 중합수 때문에 미래가 완전히 새 세상으로 변모할 거라며 온갖 추측이 난무했다. 그러나 과학자들이 가장 먼저 알고 싶었던 것은 석영 시험관 안에 들어 있던 액체가 정말 순수한 물이었나 하는 것이었다. 액체의 성질이 보통 물과 다른 것이 불순물 탓일 수도 있기 때문이다. 하지만 초창기 논문들 대부분은 이 오염 가능성을 이미 철저히 고려했다며 못을 박았다.

그런데 실은 그렇지가 않았다. 미국 생물물리학자 데니스 L. 루소(Denis L. Rousseau)와 브라질 물리학자 세르지우 포르투가 분석해봤더니 물에 사람의 땀이 극미량 들어 있었다. 최초의 중합수 시료는 순수한 물이 아니었던 것이다. 이에 애초에 조사한 시료가 틀렸다는 반격이 곧장 들어왔다. 그러나 순수한 중합수를 찾아내거나 만들어낸 사람은 마지막까지 한 명도 없었다. 그러자 중합수의 존재를 의심하는 시각이 점차 우세해졌다. 중합수를 여전히 믿으면서 새로운 대세에 합류하기를 거부한 사람도 있었지만 말이다. 중합수를 둘러싼 긴긴 공방 과정에서 엄청난 시간과 인력이 낭비되었다. 그래도 마침내는 과학 스스로 과오를 정정했다는 게 다행이 아닐 수 없다.

함께 읽어보기 수소결합(1920년), 띠 정제법(1952년), 재결정화와 다형체(1998년)

중합수의 전설은 사진 속의 장대한 성당으로 유명한 러시아 코스트로마에서 시작되었다.

1967년

HPLC

조지프 잭 커클랜드(Joseph Jack Kirkland, 1925년~), **요제프 후버**(Josef Huber, 1925~2000년), **처버 호르바트**(Csaba Horváth, 1930~2004년), **존 캘빈 기딩스**(John Calvin Giddings, 1930~1996년)

HPLC는 고성능 액체 **크로마토그래피**(high-performance liquid chromatography)의 앞글자만 딴 줄임말이다. HPLC는 1901년에 미하일 츠베트가 분필가루로 시작했던 컬럼 크로마토그래피 발전의 완성형이라고도 볼 수 있다. 1960년대 초에 미국 화학자 존 캘빈 기딩스, 독일 화학자 요제프 후버, 헝가리계 미국인 화학공학자 처버 호르바트는 모두 같은 큰 주제 하나를 이론과 실제 모두의 측면에서 크게 발전시켰다. 그 주제란 바로 이동상 유속을 일정하게 고정한 상태에서 소립자 물질을 크로마토그래피로 분리하는 것이다. 미국 화학자 조지프 잭 커클랜드는 1960년대 후반에 새로운 고체상 여럿을 개발함으로써 여기에 힘을 보탰다. 그런데 입자가 훨씬 고운 이 컬럼 충진제는 표면적이 넓어서 분리능이 뛰어났지만 이동상이 느려지게 만든다는 단점이 있었다. 이 문제는 펌프질을 해서 용액을 컬럼으로 밀어 넣어주는 것으로 해결된다. 하지만 그러자면 충진제가 컬럼에 더 단단하게 붙어 있게 해야 했다.

이 모든 조건을 만족하는 것이 바로 오늘날의 HPLC다. 최초 모델은 호르바트가 1967년에 만들었다. 구성을 하나하나 뜯어보면, 컬럼은 단단한 금속으로 되어 있고 그 안은 입자의 모양과 크기, 공극 직경이 일정한 초미세 분말로 충진되어 있다. 여기에 자동 펌프로 압력을 가해 시료를 컬럼에 밀어 넣는다. 펌프 연결부는 고압을 견뎌야 하므로 **티타늄**과 같은 고강도 금속으로 제작된다. 대부분의 경우는 소수성(疏水性) 물질을 고정상으로 사용하고 용매 수용액을 이동상으로 쓴다는 데서 거꾸로 된 역상이라고 표현하는데, 다양한 시료를 더 정교하게 분리하기에는 이 조건이 더 효율적이다. 초기에는 HPLC 장비가 성분 분석이라는 목적에 맞게 소형 위주로 제작되었지만, 더 큰 컬럼과 고성능 펌프를 사용하면 HPLC에서 바로 물질 정제도 가능하다.

HPLC는 화학과 생물학 연구에서 없어서는 안 되는 도구다. 컬럼과 가동 조건만 해도 그 종류가 셀 수 없을 정도로 많다. HPLC가 특히 오른팔 역할을 하는 분야는 유기합성, 신약개발, 식품공학, 환경공학 등이다. 고압이 걸린 컬럼을 통과해본 적이 없는 어떤 물질이 있다면, 분명 저 밖 어디서 누군가가 해결책을 찾고 있다고 여겨도 좋을 정도다.

함께 읽어보기 티타늄(1791년), 크로마토그래피(1901년), 기체 크로마토그래피(1952년), 이성질체 분리를 위한 키랄 크로마토그래피(1960년), 역상 크로마토그래피(1971년), 전자분무 LC/MS(1984년), 아세토니트릴(2009년)

현대식 HPLC 장치의 펌프는 높은 압력과 각종 화학용매를 견딜 수 있는 티타늄이나 여러 합금으로 제작된다.

A1
A2
B2
OUTLET
A
Channel A
Channel B

1968년

벨루소프-자보틴스키 반응

보리스 벨루소프(Boris Belousov, 1893~1970년), **앨런 매시슨 튜링**(Alan Mathison Turing, 1912~1954년), **아나톨 자보틴스키**(Anatol Zhabotinsky, 1938~2008년)

대부분의 화학반응은 따라잡기 어렵지 않은 과정을 따라 일어난다. 반응물질이 서서히 소진될 때 생성물질이 천천히 쌓여가고, 온도 등의 조건을 바꿔주면 반응이 빨라지거나 느려진다는 것. 이 정도가 다다. 그런데 벨루소프-자보틴스키 반응, 일명 BZ 반응은 조금 특별하다. BZ 반응은 마치 조금씩 앞으로 나가는 진자처럼 진동한다. 화학적 평형보다는 조금 더 나갔다가 다시 되돌아오기를 반복하면서 최종적으로는 생성물질이 다 만들어지는 쪽으로 마무리되는 것이다. 그래서 플라스크에 시약들을 넣고 교반하면서 BZ 반응을 돌리면 용액의 색깔이 주기적으로 왔다 갔다 하는 모습을 볼 수 있다. 만약 교반기를 쓰지 않고 얇은 접시에 부어 그냥 방치해둘 경우는 여러 줄 색깔띠가 물결치면서 마치 광석의 단면이나 박테리아 군집 혹은 동물의 보호색을 연상케 하는 무늬를 그린다.

이런 성질을 보이는 용액을 1950년에 처음 발견한 것은 구 소련의 화학자 보리스 벨루소프였다. 하지만 그는 연구 결과를 발표하는 데 주저했다. 본인도 믿기 어렵고 사람들에게 설명하기는 더더욱 어려웠기 때문이다. 그러다 당시 대학원생이던 화학자 아나톨 자보틴스키가 1961년에 똑같은 발견을 했고, 그가 1968년 학회에서 짧은 초록을 공개하면서 전 세계의 학계가 이 연구에 대해 알게 되었다. 알려진 바로, BZ 반응의 원리는 이렇다. 브롬이 여러 **산화상태**를 오락가락하지만 전체적으로는 국지적 농도에 따라 반응이 어느 한 방향으로 서서히 진행된다. 반응계가 열역학 법칙을 벗어나지는 않으므로 브롬 말고 다른 반응물질은 늘 조금씩 소진된다. 말하자면, 길이 더 험할 뿐 BZ 반응도 내리막인 것은 매한가지인 것이다. 더 자세히 들어가면 전체 메커니즘이 최소 열여덟 개의 단계로 나뉘며 적어도 스물하나 이상의 중간체가 만들어져 반응에 관여한다. 따라서 반응의 전체 과정도를 그리는 것은 만만하게 볼 일이 아니다.

재미있는 사실은 생명체도 비슷한 성질을 보인다는 것이다. 제2차 세계대전 당시 나치의 암호를 해독하는 데 크게 공헌해 유명해진 수학자이자 컴퓨터공학자 앨런 튜링은 1952년에 생체반응의 패턴에 관한 이론 하나를 세웠다. 이 이론에 따라 그는 생명체 반응도 BZ 반응과 비슷한 진동성을 띨 거라고 예측했는데 훗날 그의 예언이 적중했다.

함께 읽어보기 산화상태(1860년), 기브스 자유에너지(1876년), 르 샤틀리에의 법칙(1885년)

접시에서 일어나는 전형적인 BZ 반응의 모식도. 다단계 반응이 복잡하게 이어지는 동안 밝은 노란색 선들이 천천히 퍼져나간다.

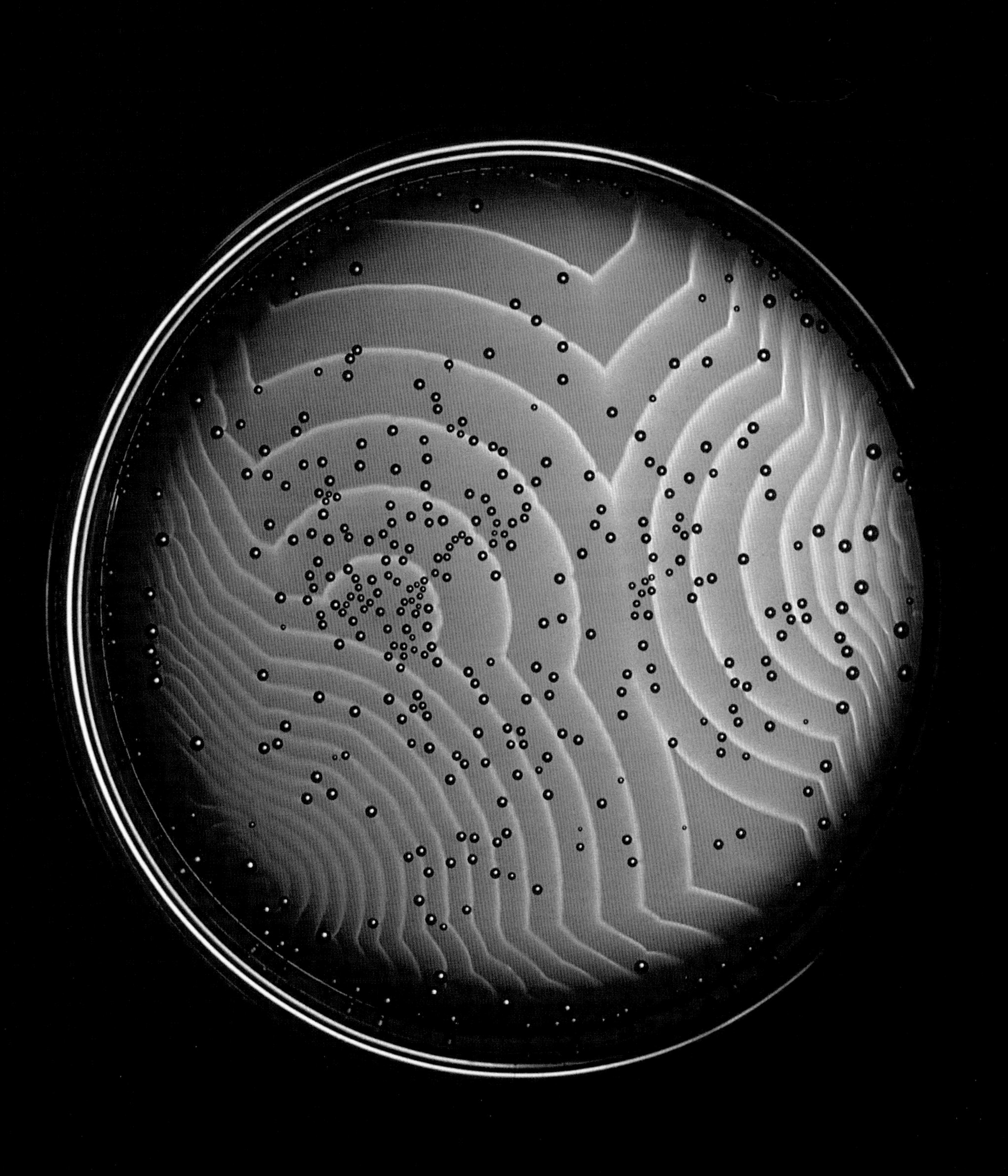

1969년

머치슨 운석

유기화학의 관점에서 지구 생명체들은 다 비슷비슷하다. 기본적으로 **아미노산**, DNA 염기, 탄수화물로 되어 있다는 점에서다. 그렇다면 우주는 어떨까? 이 질문의 답은 1969년에 호주 머치슨에 떨어진 운석 조각이 말해준다. 바로, 우주에도 이런 분자들이 가득하다는 것이다.

지구에 충돌하면서 12.8제곱킬로미터 면적에 달하는 구덩이를 파버린 머치슨 운석은 대표적인 탄소질 콘드라이트다. 겉모습은 꼭 단단하게 굳은 아스팔트 덩어리 같은데, 태양계가 갓 탄생했을 때 흩어진 물질들이 뭉쳐져 이런 외계 돌덩이가 만들어진 것으로 보인다. 그래서 지구에 추락한 지 얼마 안 되는 운석에서는 남아 있는 휘발성 성분 때문에 기름 혹은 유황 냄새가 난다. 이 냄새는 수십억 년의 세월 동안 장시간 열에 노출된 적이 한 번도 없다는 명백한 증거다. 열은 이런 물질들을 날려 보내거나 화학반응을 유도해 다른 물질로 변화시켰을 테니 말이다.

그렇다면 운석 안에 들어 있는 이 아미노산과 흡사한 물질은 뭘까? 혹시 외계생명의 징후 아닐까? 미안하지만 대답은 "아니오"다. 생명체는 우향 이성질체와 좌향 이성질체 중 하나만 써먹을 수 있는데 이 운석에는 두 종류의 키랄성 분자 모두 존재하기 때문이다. 그러나 탄소질 콘드라이트의 성분분석 결과가 생명 발원의 비밀을 알려주는 힌트일 수는 있다. **밀러-유리 실험**에서 만들어진 혼합물이 이것과 비슷한 걸 보면 말이다. 우주에는 다양한 원소들과 단순 유기분자들이 떠다닌다. 그러다 어딘가에서 딱 적당하게 섞여 있는 물질들이 딱 적당한 열을 받으면 생명의 분자가 만들어질 수도 있지 않겠는가.

어쩌면 아스팔트로 위장한 이 보물덩어리에 훨씬 더 많은 정보가 숨겨져 있을지도 모른다. 최근에 머치슨 운석을 액체 크로마토그래피/질량 분광분석(LC/MS, liquid chromatography/mass spectrometry) 기술로 분석한 결과, 각각 양은 극히 적지만 수만 가지 유기분자가 우주 공간에 존재할 가능성이 제기되었다. 이것은 바깥세상에 관심이 많은 인류에게 희망적 전조가 아닐 수 없다. 더 열심히 찾는 자에게 더 많은 게 보이는 법이다.

함께 읽어보기 아미노산(1806년), 키랄성(1848년), 밀러-유리 실험(1952년), 톨린(1979년), 전자분무 LC/MS(1984년)

미국 워싱턴 DC 스미소니언 박물관에 전시된 머치슨 운석 조각. 보기에는 평범한 시커먼 암석에 불과하지만 이것은 아마도 세계에서 가장 많은 연구실을 전전한 돌덩이일 것이다.

Murchison meteorite
4600 million years old
Murchison, Australia

This is a fragment of a meteorite that landed in Murchison, Australia, in 1969. The Murchison meteorite and others like it, called **carbonaceous chondrites**, have been dated radiometrically and are thought to be remnants of the birth of the solar system.

1969년

고어텍스®

로버트 W. 고어(Robert W. Gore, 1937년~)

어디로 튈지 모르는 예측 불가능성은 폴리머 화학의 묘미 중 하나일 것이다. 실제로, 이 분야에서 적지 않은 위대한 발전이 사고로 혹은 우연히 일어났다. 어떤 결과가 벌어질지 모르고 막연한 호기심에서 미지의 물질들을 조합했는데 뿅 나타나는 것이다. **고무, 베이클라이트, 시아노아크릴레이트** 역시 그런 식으로 발견되었다. 과학지식 수준이 높아짐에 따라 폴리머 화학도 점차 탄탄한 논리에 기반을 두는 쪽으로 이동하고 있긴 하지만 드러나지 않은 구덩이는 어디에나 있는 법이다.

그리고 때로는 그런 구덩이가 사실은 금광임이 밝혀지기도 한다. 미국 화학자 로버트 W. 고어는 대를 이어 폴리머 연구를 진행하다가 행운의 주인공이 되었다. 로버트 고어는 훗날 고어텍스의 핵심 원료가 된 PTFE, 즉 폴리테트라플루오로에틸렌이라는 폴리머로 전기 케이블을 코팅하는 기술을 확보하고 있었는데, 듀폰에서 근무하던 부친이 독립해 사업체를 차리자 부자는 PTFE 개발에 본격적으로 시동을 걸었다. 1969년에 그는 PTFE를 막대처럼 제작하고 천천히 열을 가해 늘려보았다. 하지만 잘 늘어나지 않았다. 여러 차례 실패를 거듭한 후 안 되겠다 싶었던 그는 떨리는 마음을 안고 가열한 막대를 확 잡아당겼다. 그런데 이게 웬일인가. 처음 길이의 거의 여덟 배로 늘어나는 게 아닌가. 지름에는 변화가 거의 없이 말이다. 이것은 그동안의 어떤 물질들과도 다른 완전히 새로운 신소재였다. 자세히 들여다보니 내부 공간의 70퍼센트는 공기로 채워져 있고 미세한 섬유들이 다공성 그물막을 형성하고 있었다.

늘어난 PTFE는 쓰임새가 무궁무진했다. 곧 섬유(즉, 고어텍스), 전선과 케이블의 절연물질, 이식장치나 봉합사와 같은 의료용구 등 신소재를 이용한 다양한 상품이 등장했다. 그런데 승승장구하던 고어 부자에게 한 경쟁사가 특허권을 문제 삼아 시비를 건다. 존 W. 크로퍼(John W. Cropper)라는 뉴질랜드의 발명가가 이미 3년 전에 비슷한 물질을 개발했다는 것이다. 하지만 그들은 특허를 출원하지는 않고 크로퍼의 기술을 사업기밀로 꽁꽁 감춘 채 사용하고 있었다. 반면 고어는 특허권을 따기 위해 기술을 공개한 상태였고 크로퍼가 무슨 일을 했는지 모르는 상태에서 이룬 성과였으므로 이 점을 인정해 법원은 고어의 손을 들어주었다. 모든 과학자는 성과를 비밀로 간직하거나 특허로 공개하는 양자택일의 기로에 놓인다. 하지만 비밀은 아무리 잘 숨겨도 언젠가는 드러나게 되어 있다.

함께 읽어보기 폴리머와 중합반응(1839년), 고무(1839년), 베이클라이트(1907년), 폴리에틸렌(1933년), 나일론(1935년), 테플론(1938년), 시아노아크릴레이트(1942년), 치글러-나타 촉매작용(1963년), 케블라(1964년)

고어텍스 섬유 위에서 물이 방울방울 맺혀 그대로 굴러내린다. 표면의 불소 처리가 물을 밀어내는 것인데, 고어텍스는 이 방수 효과 외에도 여러 가지 면에서 장점이 많다.

1970년

이산화탄소 흡수장치

로버트 에드윈 스마일리(Robert Edwin Smylie, 1929년~), **제리 우드필**(Jerry Woodfill, 1945년~), **진 크랜츠**(Gene Krantz, 1933년~), **제임스 아서 러벌 주니어**(James Arthur Lovell Jr., 1928년~), **존 레너드 스위거트 주니어**(John Leonard Swigert Jr., 1931~1982년), **프레드 월리스 해이즈 주니어**(Fred Wallace Haise Jr., 1933년~)

보통 사람들에게는 용액과 용액을 섞는 화학반응이 가장 친숙할 것이다. 하지만 반응이 늘 그렇게 일어나는 것은 아니다. 기체끼리도 반응을 잘 일으키고 기체가 액체에 녹아들었다가 빠져나오기도 한다. 탄산수를 유리컵에 부으면 기포가 올라오는 게 그 증거다. 그뿐만 아니다. 기체는 고체와도 반응한다. 이때는 고체가 곱게 갈린 가루 상태일수록 좋다. 반응할 표면적이 넓어지기 때문이다. 사실 표면적은 모든 유형의 화학반응을 결정적으로 좌우하는 요소다. 따라서 반응이 예상보다 격렬할 경우는 입자가 더 굵은 고체를 사용하면 반응의 고삐를 당길 수 있다.

기체와 고체 사이의 반응은 대기의 **이산화탄소** 농도를 걱정하는 과학자들 덕분에 활발히 연구될 수 있었다. 과잉 CO_2를 고체에 흡수시킬 방법을 찾는 것이 그들의 관심사이기 때문이다. 보통은 알칼리 금속이나 알칼리토 금속의 수산화물 염이 그런 용도로 사용된다. CO_2가 이 염과 반응하면 카보네이트 고체로 변한다. 대규모로 처리 가능한 해결책은 아직 나오지 않았지만, 소용량 장치들은 여러 가지 상황에서 효과적인 것으로 증명되었다. 그래서 잠수함이나 우주선처럼 사람이 밀폐된 좁은 공간에서 살아남아야 하는 모든 곳에 이 이산화탄소 흡수장치가 장착된다.

1970년에 아폴로 13호가 산소탱크 폭발로 중도 귀환해야 했다. 이때 세 명의 탑승자 제임스 러벌, 존 스위거트, 프레드 해이즈의 생존을 위협한 요소는 한두 가지가 아니었는데, CO_2 축적도 그중 하나였다. 귀환길에 구명정으로 사용되었던 달 착륙선의 CO_2 흡수 용량이 세 사람 모두 내내 버티게 할 만큼 충분하지 않았던 것이다. 이때 수장인 로버트 스마일리를 도널드 D. 아라비안(Donald D. Arabian), 제리 우드필, 진 크랜츠 등이 보좌하는 지상의 엔지니어팀이 천재적인 아이디어 하나를 내놓는다. 바로, 모양이 달 착륙선과는 맞지 않아 사령선에서만 쓰던 수산화리튬 재질 용기를 가져와 박스테이프, 판지, 비닐봉지로 즉석에서 CO_2 흡수장치를 만드는 것이었다. 지상팀의 지시에 따라 우주비행사들이 임시방편으로 제작한 이 장치는 실내의 CO_2 농도를 계속 낮춰주었고 세 사람은 안전하게 지구로 돌아올 수 있었다.

함께 읽어보기 이산화탄소(1754년), 솔베이법(1864년), 온실효과(1896년)

프레드 해이즈가 찍은 존 스위거트의 사진. 사령선에서 떼어와 박스테이프로 이어 붙인 CO_2 흡수장치를 들고 있다.

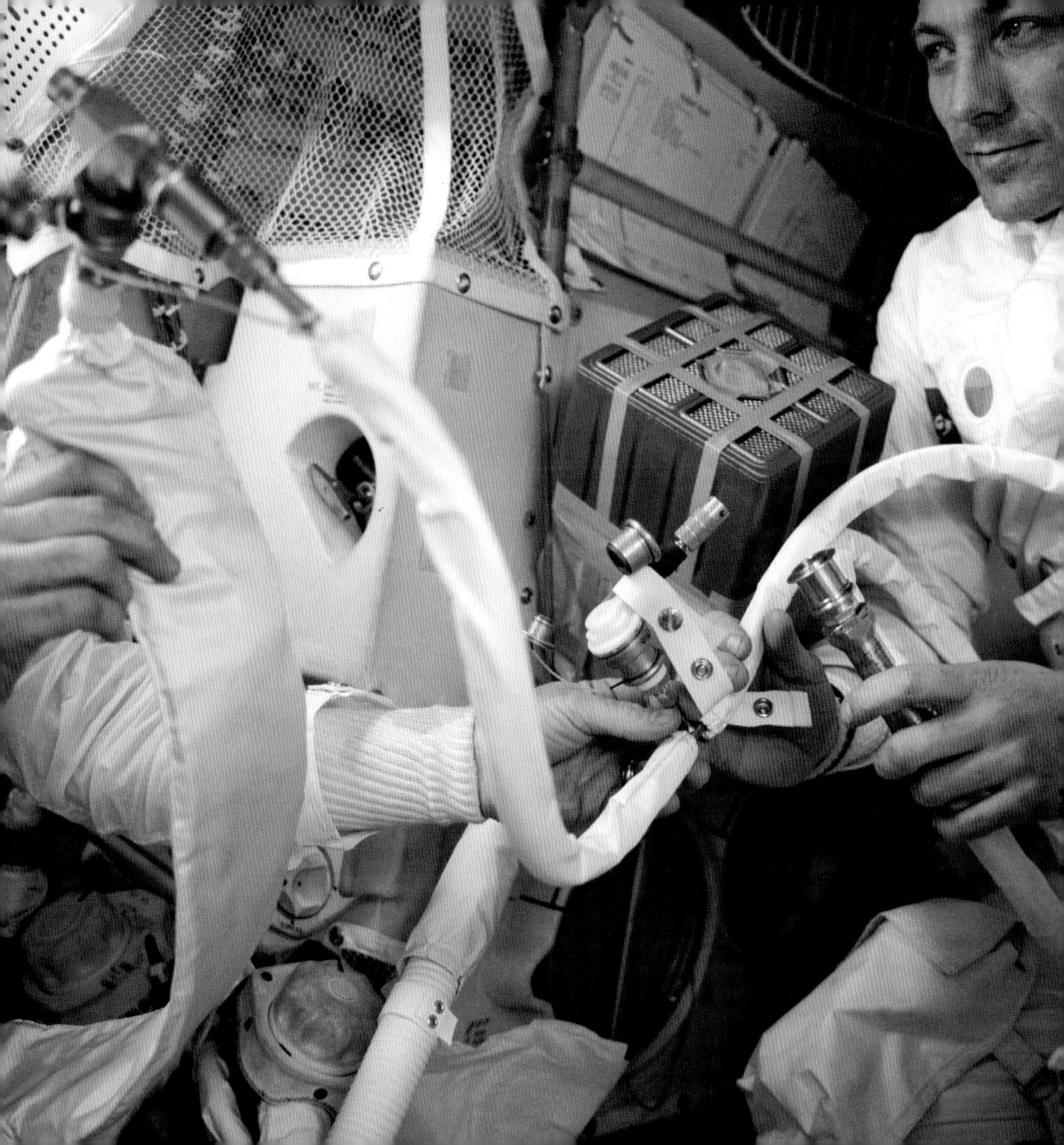

1970년

컴퓨터 화학

마이클 제임스 스튜어트 듀어(Michael James Steuart Dewar, 1918~1997년), **존 앤서니 포플**(John Anthony Pople, 1925~2004년)

컴퓨터가 발명된 이래로 많은 화학자가 컴퓨터 모형의 도움을 받아 문제의 답을 찾고 있다. 화학 반응 과정을 예측할 수 있다면 시간과 돈이 절약되는 데다가 분리하기 어려운 물질들을 가상세계에서 하나씩 조사할 수도 있기 때문이다. 그러나 수소 원자보다 큰 원자 혹은 분자계의 양자역학을 정확하게 예측하는 것은 불가능하다. 따라서 가장 근사한 시나리오를 고르고 그때의 오차값을 함께 제시해야 한다.

1970년은 화학자들에게 역사적인 해였다. 컴퓨터 화학만을 위한 최초의 기성품 소프트웨어 가우시안 70(Gaussian 70)이 출시된 것이다. 오늘날에는 무료나 유료인 비슷한 종류의 소프트웨어가 많이 나와 있지만 가우시안은 무려 40여 년의 업데이트 역사를 자랑하며 지금도 건재하다. 1998년에는 이 소프트웨어를 개발한 공로를 인정받아 영국 이론화학자 존 앤서니 포플이 노벨상을 받기도 했다. 또 다른 이론화학자 마이클 듀어 역시 1970년대와 1980년대에 양자역학 연구를 토대로 독자적인 컴퓨터 소프트웨어를 여럿 만들어냈다.

맞춤형 연산 모형을 활용해 연구하는 것에는 장점이 많지만 단점도 있다. 훈련을 잘 받은 화학자라면 누구나 인지하고 있겠지만, 모든 모형에는 본질적으로 가정과 한계가 존재한다. 또한, 어떤 문제에 가장 잘 들어맞는 컴퓨터 모형을 찾는 것이 미숙한 사람에게는 쉬운 일이 아니다. 그나마 가우시안과 같은 초창기 프로그램들이 연습 대상이 되어주었기에 많은 화학자가 미숙함을 버리고 전문가가 되었지만 말이다.

이 1970년을 기해 컴퓨터 하드웨어와 소프트웨어가 무섭게 발달하면서 컴퓨터 화학 분야도 덩달아 고속성장했다. 하지만 화학자의 역량과 비례해 그들이 풀고자 하는 문제의 수도 함께 늘어났다. **수소결합**, 분자 간 인력, 용매의 효과, 열역학 등 화학물질의 동태와 관련된 모든 변수를 계산에 넣고 컴퓨터 모형으로 구축하는 작업이 현대 화학자들에게 일상이 되었고, 그에 따라 현실의 실험 기법도 함께 발전해나갔다.

함께 읽어보기 기브스 자유에너지(1876년), 수소결합(1920년), 시그마 결합과 파이 결합(1931년), 화학결합의 성질(1939년), 효소공학(2010년)

1960년경에 미국 뉴욕주 버펄로시에 있는 코넬 항공연구소에서 한 작업자가 마크 I 컴퓨터에 복잡하게 연결된 광센서 전선들을 손보고 있다. 신경망을 모방한 이 컴퓨터는 프랭크 로젠블랫(Frank Rosenblatt)의 작품으로, 이후 급속도로 발전한 컴퓨터 과학의 모태가 되었다.

1970년

글리포세이트

존. E. 프란츠(John E. Franz, 1921년~)

상품명 라운드업(Roundup)으로 더 잘 알려진 글리포세이트는 아마도 세계에서 가장 유명한 제초제일 것이다. 글리포세이트는 1950년대에 처음 만들어졌지만 1970년에 유기화학자 존. E. 프란츠에 의해 제초제, 즉 농약으로 재탄생했다. 이 소분자 물질은 5-에놀피루빌시키메이트-3-포스페이트 신타제(5-enolpyruvylshikimate-3-phosphate synthase)라는 끝까지 읽기도 어려운 이름의 효소를 강력하게 억제한다. 그런데 이 효소는 살아 있는 세포 안에서 **아미노산** 세 개의 중요한 합성 단계를 촉매한다. 그래서 이 효소가 기능하지 못하면 세포가 생존의 위험에 처한다. 위협은 성장이 왕성한 식물에서 극대화되는데, 자연스럽게 번식 양과 속도 면에서 타의 추종을 불허하는 잡초가 이 효소 억제제의 최우선 타깃이 된다. 그런 가운데 글리포세이트에 무뎌지게 유전자 조작된 종자들이 나오면서부터는 작황을 해치지 않고도 더욱 마음 놓고 제초제를 쓸 수 있게 되었다.

그런데 글리포세이트가 일부 생물에만 독이 되는 것은 어째서일까? 글리포세이트에 의해 합성이 끊기는 아미노산은 원래 미생물과 식물만 만드는 종류들이다. 사람을 비롯한 동물은 그 아미노산들을 만들 필요가 없다. 음식에서 얻을 수 있으니까 말이다. 동물에게는 애초에 이 효소가 없기 때문에 이 효소에 작용하는 글리포세이트가 식물에게만 독약으로 작용한다. 그러나 완전히 안심하기에는 아직 이르다. 우선 선택성을 고려해봐야 한다. 어떤 표적을 효과적으로 억제하는 물질은 생김새나 성질이 매우 흡사한 다른 물질도 억제할 수 있다. 다행히도 고등동물 몸 안에는 글리포세이트의 표적 효소와 비슷한 물질이 하나도 없다. 반면 박테리아의 경우는 글리포세이트의 공격을 받을 만한 유사 물질들이 여럿 존재한다. 이에 관한 연구도 상당히 진행되어 있다. 그중에 주목할 만한 몇몇 연구에서는 계면활성제와 세정제 성분들이 인체에 문제를 일으킬 수도 있다는 우려가 제기되었다.

표적이 되는 효소들은 종종 공격을 이겨낼 수 있는 형태로 변이한다. 지금까지 바이러스, 박테리아, 곤충, 식물, 암세포 등이 모두 이 방법을 통해 반복되는 살해 위협을 솜씨 좋게 피해가곤 했다.

함께 읽어보기 독물학(1538년), 아미노산(1806년)

잡초에 글리포세이트 성분 제초제를 살포하는 모습. 글리포세이트는 잡초만 죽이는 게 아니고 접촉하는 모든 식물을 죽인다. 잡초든 화초든 모든 식물은 똑같은 아미노산 생합성 메커니즘을 따르기 때문이다.

1971년

역상 크로마토그래피

아처 존 포터 마틴(Archer John Porter Martin, 1910~2002년), **조지프 잭 커클랜드**(Joseph Jack Kirkland, 1925년~), **처버 호르바트**(Csaba Horváth, 1930~2004년), **시드니 페스트카**(Sidney Pestka, 1936년~)

미하일 츠베트가 포문을 연 후 **크로마토그래피**는 현재 화학과 생물학 전반에서 널리 활용되고 있다. 단순한 일회용 키트부터 엄청난 몸값을 자랑하는 최첨단 시스템까지 형태도 다양하다. 1970년대까지는 극성 고체를 고정상으로 하고 비극성 용매에 시료를 녹여 고정상 컬럼에 흘려보내는 기법이 주류를 이뤘다. 그러면 극성이 더 큰 시료 성분은 충진제에 단단하게 달라붙어 컬럼 안에 더 오래 머물고 극성이 덜한 성분은 이동상을 타고 곧장 흘러나왔다.

그런데 1950년에 영국의 두 화학자 G. A. 하워드(G. A. Howard)와 아처 존 포터 마틴이 반대로도 원하는 성분을 분리할 수 있다고 발표했다. 극성이 다른 두 용매를 이용해 원하는 성분이 극성이 더 큰 액체에 실려 나오게 하는 것이다. 이 아이디어는 1970년대에 이르러 고체상 컬럼 크로마토그래피에 확대 적용되었다. 이산화규소 충진제의 표면을 비극성 입자로 코팅하고 이 컬럼에(가령 물과 같은) 극성 용매를 통과시키면 성분이 이동상을 타고 극성 순서대로 나오게 할 수 있었다. 이 원리에 따르면 극성이 가장 큰 성분이 가장 빨리 컬럼에서 빠져나오고 비극성에 가까울수록 뒤처지게 된다.

이것이 역상 크로마토그래피다. 이 기술에는 몇 가지 장점이 있다. 첫째는 적절한 용매를 써서 컬럼을 깨끗하게 세척할 수 있다는 것이다. 반면에 전통적인 이산화규소 컬럼은 입구 부분에 온갖 극성 물질들이 달라붙어 금방 못 쓰게 되기 일쑤였다. 또, 역상 크로마토그래피는 분해능이 뛰어나다. 특히, 미국 화학자 조지프 잭 커클랜드가 공유결합을 통해 이산화규소에 비극성 입자를 덧입힌 컬럼을 개발한 1971년부터 성능 격차가 크게 벌어지기 시작했다. 한편, 화학자 처버 호르바트와 생화학자 시드니 페스트카는 단백질을 정제하기 위해 최초로 역상 컬럼을 HPLC에 연결했는데, 이 응용 기술은 오늘날 세계 표준으로 자리 잡았다.

함께 읽어보기 분별 깔때기(1854년), 크로마토그래피(1901년), 이성질체 분리를 위한 키랄 크로마토그래피(1960년), HPLC(1967년), 전자분무 LC/MS(1984년), 아세토니트릴(2009년)

연구실에 앉아 있는 아처 마틴. 마틴은 분배 크로마토그래피를 발명한 공로로 1952년에 리처드 싱과 공동으로 노벨상을 받았다. 잠잠하다가 한 번씩 크게 터지는 신이론 정립과 달리, 신기술 개발은 끝없는 실험과 개량을 통해 발전해나가는 점진적 과정이다.

1972년

라파마이신

수렌 세갈(Suren Sehgal, 1932~2003년)

천연물은 유기화학에서 큰 비중을 차지한다. 분자가 복잡하고 종류도 많으면서 다양한 생화학적 활성을 나타내기 때문이다. 1972년은 유기화학계에서 기념비적인 해로 꼽힌다. 이 해에 출처도 그렇고 인류 건강에 기여한 측면에서도 특별한 유기물질 하나가 발견되었다.

이 물질은 남동태평양에 위치한 이스터섬의 현지어 라파 누이(Rapa Nui)에서 따 라파마이신이라는 이름으로 불린다. 인도계 캐나다인 약사인 수렌 세갈이 1964년 탐험 때 채취한 토양 표본에서 1972년에 이 물질을 발견했고 그때부터 분자구조와 항균 효과 위주로 체계적 연구가 시작되었다. 그런데 동물에게 투여했더니 항균제로 쓰기에는 부작용이 너무 심했다. 라파마이신이 면역계를 강력하게 억제한 결과였다. 그래서 이 점을 역이용해 자가면역질환 치료제와 장기이식수술 후 거부반응 예방 약물로서 개발 방향을 선회하게 되었다. 훗날 추가로 밝혀지기로는 라파마이신은 항암 효과도 뛰어났다. 실제로 오늘날 여러 라파마이신 유사체들이 항암 화학요법제로 사용된다. 처음에는 부작용인 듯했는데 사람에게 엄청나게 이롭다니 어떻게 그럴 수 있을까. 미지 천연물의 이런 성질을 이해하기 위해 학계에서는 새로운 차원의 사고와 연구 기법이 총동원되었다. 그리고 마침내 라파마이신의 포유류 표적(mammalian target of rapamycin), 일명 mTOR이라는 표적 분자가 발견되었다. 라파마이신은 이 단백질과 FKBP라는 또 다른 단백질에 동시에 결합해 mTOR의 기능을 방해한다.

핵심은 mTOR이 체내에서 여러 가지 기능을 수행한다는 데 있다. 존재가 발견된 이래로 활발히 진행된 여러 연구에 의하면, mTOR은 세포의 성장, 증식, 이동, 생존을 비롯해 다양한 핵심 신호전달 경로들에 관여한다고 한다. 가령, 2009년에 결과가 공개된 한 연구에서는 사료에 섞어 투약한 라파마이신이 mTOR을 억제한 덕에 실험용 쥐의 수명이 크게 연장되었다. 또 다른 연구에서는 라파마이신이 실험용 쥐의 노화를 늦추지는 못했지만 암 때문에 죽을 확률을 뚝 떨어뜨렸다. 이런 고무적인 동물 연구 자료들 덕분에 후속 연구가 가속화되었고 라파마이신이 알츠하이머병, 근육 퇴행위축, 루프스, HIV, 신장 질환 등 다양한 인간 질병의 치료제 후보로 주목받게 되었다.

함께 읽어보기 천연물(서기 60년경), 바리 공습(1943년), 엽산 길항제(1947년), 탈리도마이드(1960년), 시스플라틴(1965년)

이스터섬은 이 신비한 석상으로 유명하지만 세상에서 가장 흥미로운 천연물 분자 중 하나가 발견된 곳이기도 하다.

1973년

B_{12} 합성

로버트 번스 우드워드(Robert Burns Woodward, 1917~1979년), **알베르트 에센모저**(Albert Eschenmoser, 1925년~), **도러시 크로풋 호지킨**(Dorothy Crowfoot Hodgkin, 1910~1994년)

비타민은 종류에 따라 각양각색의 화학구조로 되어 있다. 구조가 그다지 비슷하지 않은 것은 생화학적 쓰임새가 완전히 다르기 때문이다. 공통점이 있다면, 모두 건강에 중요한 물질이지만 인체 스스로는 합성하지 못한다는 것뿐이다.

그중에서 B_{12}는 시안화물 중독과 악성 빈혈을 치료하는 데 사용되는 비타민이다. 비타민 B_{12}는 매일 한 알씩 먹는 종합비타민의 성분이기도 하다. B_{12}의 구조는 다른 어느 비타민과도 다른데, 특이하게 거대한 고리 한가운데에 금속인 코발트 원자가 자리하고 있다. 헤모글로빈 안에 철이 들어 있는 것과 흡사하다. B_{12} 분자는 키랄 중심이 아홉 곳이나 되기 때문에 합성해내기가 여간 까다로운 게 아니다. 이 분자에는 일명 꼬리 부분이 존재하는데, 아마이드 결합을 통해 꼬리가 본체에 대롱대롱 매달려 있다. 1956년에 이 사실을 밝혀낸 사람은 **페니실린** 연구와 단백질 결정학의 공로자로도 알려진 도러시 크로풋 호지킨이었다. 호지킨은 다른 고난이도 분자구조를 **엑스레이 결정학**으로 규명하면서 이 꼬리의 정체를 함께 알아냈다.

이어서 미국 화학자 로버트 번스 우드워드와 스위스 화학자 알베르트 에셴모저는 팀을 이뤄 10년이 걸린 유기합성의 최고난도 과제에 도전했다. 바로 비타민 B_{12}를 합성하는 것이다. 비타민 B_{12}는 질소가 들어 있는 고리 네 개가 서로 연결되어 중심의 코발트 원자 하나를 에워싼 구조로 되어 있는데, 네 고리 모두가 키랄성을 띤다. 우드워드와 에센모저는 먼저 이성질체 분리를 통해 고리 A와 고리 B를 만들고 키랄성 출발물질을 반응시켜 고리 C와 고리 D를 합성했다. 그런 다음에 A와 D를 잇고 여기에 복잡한 일련의 반응을 통해 B-C 결합체까지 연결했다. 다음은 코발트 원자를 넣을 차례였다. 코발트가 들어가면 분자의 양 끝이 벌어지지 않아 고리들의 웅크린 모양새가 완성 되었다.

무려 일흔두 단계를 거쳐야 하는 이 공정 안에는 굵직굵직한 현대 화학반응 대부분이 들어가 있다. **버치 환원반응**, **그리냐르 반응**, **디아조메탄**, 오존 분해, 그리고 **우드워드-호프만 법칙**과도 무관하지 않은 **딜스-아들러 반응** 등 몇 가지만 들어도 벌써 고개가 끄덕여질 정도다. 1973년에 보고된 이 연구가 화학사에 또렷한 한 획을 그은 것은 당연하다.

함께 읽어보기 오존(1840년), 키랄성(1848년), 비대칭 유도(1894년), 디아조메탄(1894년), 그리냐르 반응(1900년), 엑스레이 결정학(1912년), 딜스-아들러 반응(1928년), 버치 환원반응(1944년), 우드워드-호프만 법칙(1965년)

우드워드가 1973년에 비타민 B_{12} 모형을 들고 있다. 가운데의 밝은 색 부분이 코발트 원자를 표시한 것이다.

CFC와 오존층

프랭크 셔우드 롤런드(Frank Sherwood Rowland, 1927~2012년), **마리오 호세 몰리나**(Mario José Molina, 1943년~)

오존층에 구멍이 났다는 것은 모두가 아는 사실이다. 이쪽에 관심이 있는 사람이라면 아마 **프레온 가스**로 대표되는 CFC가 주범으로 지목돼 무더기로 금지되었던 일도 기억하고 있을 것이다. 오존층 파괴 문제는 1974년에 미국과 멕시코의 두 화학자 프랭크 롤런드와 마리오 몰리나가 CFC가 오존층에 미치는 영향을 연구한 결과를 발표하면서 알려지기 시작해, 곧 전 세계가 주목하는 이슈가 되었다.

평범한 산소 분자는 원자 두 개로 이루어져 있지만, 산소 원자 세 개가 결합하면 반응성이 매우 높은 동소체가 만들어진다. 이것이 **오존**이다. 오존은 태양의 강렬한 자외선이 대기 상층을 강타하면서 생겨난다. 다시 분해되는 오존 분자도 있지만, 생성과 파괴의 순환이 안정적으로 일어나는 까닭에 이변이 없는 한 비교적 높은 오존 농도가 일정하게 유지된다. 오존은 자외선을 흡수하는 방패막이 역할을 해준다. 만약 오존층이 없다면 사람을 비롯한 지상의 생물들은 자외선에 고스란히 노출되어 온전하지 못할 것이다.

오존은 **프리라디칼**에 의해서도 분해된다. 하지만 자연적으로는 대기 상층에 존재하는 염소 프리라디칼의 양이 매우 적다. 그런데 CFC가 단파장 자외선에 노출되어 분해되면 대기 중 염소 프리라디칼의 농도가 급격하게 높아진다. 프리라디칼은 반응 주기를 순환하면서 계속 재생되어 오존 파괴를 지속시킨다. 사실은 이게 더 큰 문제다. CFC가 기하급수적인 파급력을 발휘한다는 것을 뜻하기 때문이다. 염소 라디칼 하나가 오존 분자 수만 개를 없애버린다고 하니 무시무시하지 않은가.

오존층 파괴 문제를 해결하기 어려운 이유는 CFC가 다른 염소 라디칼들과 달리 물에 잘 녹지 않아서 대기 하층부로 내려오지 않는다는 데 있다. 연구에 의하면 오존층 파괴는 성층권에서 두드러진다. 현재는 주요 선진국들이 할로겐 탄소 화합물들을 제한하고 퇴출하는 법령을 일찌감치 통과시킨 상태다. 대기 분석에 의하면 슬쩍 반칙하는 나라도 있는 듯하지만, 그래도 전체적으로는 1990년대부터 CFC 수치가 조금씩 하향곡선을 그리고 있고 오존층도 제기능을 되찾는 것으로 보인다. 마땅히, 롤런드와 몰리나는 1995년에 노벨 화학상을 받았다.

함께 읽어보기 광화학(1834년), 오존(1840년), 프리라디칼(1900년), 프레온 가스(1930년)

2014년 9월에 인공위성이 촬영한 남극의 대기. CFC 규제 덕분에 오존층의 구멍이 점점 작아지고 있다.

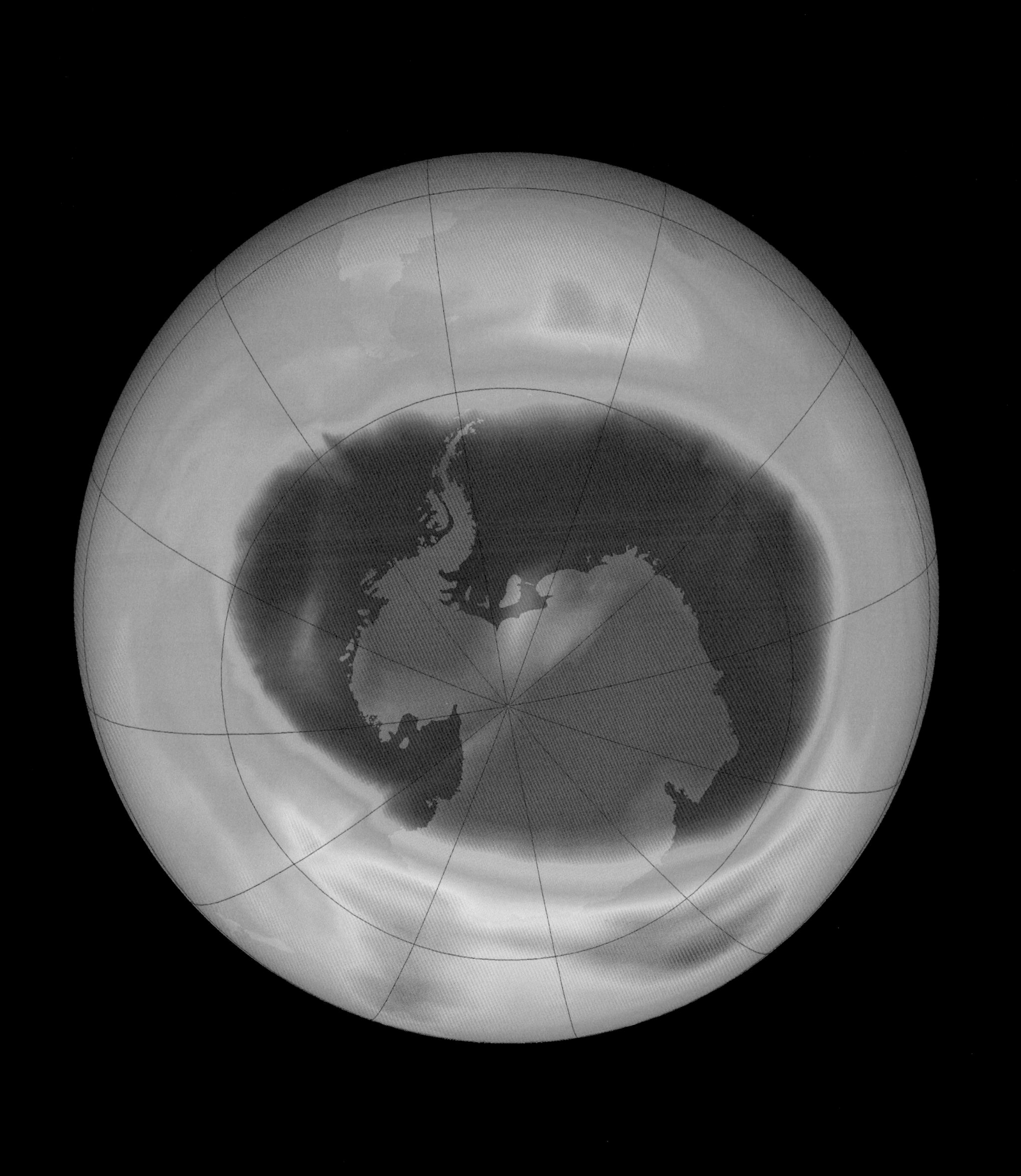

1975년

효소 입체화학

프랭크 H. 웨스트하이머(Frank H. Westheimer, 1912~2007년), **존 콘포스**(John Cornforth, 1917~2013년), **헤르만 에거러**(Hermann Eggerer, 1927~2006년), **두일리오 아리고니**(Duilio Arigoni, 1928년~)

효소의 놀라운 점은 **키랄성**을 귀신같이 감지하고 추구한다는 것이다. 효소는 특정 키랄성을 갖는 기질만 꼭 집어 반응을 개시한다. 또 비키랄성 분자에서 효소 반응이 시작되었더라도 마지막에는 반드시 키랄성이 있는 생성물질이, 그것도 딱 한 종류만 만들어지곤 한다. 비밀은 효소 단백질을 이루는 **아미노산**들에 있다. 이 아미노산들 중 글리신을 제외한 모두가 키랄 중심을 가지고 있기에 효소마다 독특한 활성 부위와 결합 공간이 생기는 것이다.

영국 화학자 존 콘포스는 유기화학의 가장 강력한 무기인 **동위원소** 표지 기술을 이용해 효소 반응이 얼마나 선택적인지를 증명해 보였다. 동위원소란 종류가 같지만 원자량은 다른 아형이 여럿 있는 원소를 말한다. 분자구조에서 어떤 수소 원자를 중수소나 삼중수소로 치환하면 반응 종결 후 이 동위원소를 추적하거나 **동적 동위원소 효과**에 의한 반응속도 차이를 감지해 반응의 메커니즘을 유추할 수 있다. 콘포스는 독일 생화학자 헤르만 에거러를 비롯한 여러 동료 과학자들과 함께 다양한 효소 기질들에 동위원소를 붙이고 이것을 추적해 생합성 경로를 알아냈다. 그중에서도 유명한 연구는 세포가 메발론산을 재료 삼아 **콜레스테롤**을 생합성하는 반응의 입체화학적 특성을 규명한 것이다. 메발론산은 수소가 여섯 개 들어 있는 분자인데, 연구팀은 갖은 고생 끝에 여섯 개 모두에 다양한 조합으로 동위원소를 표지하는 데 성공했다. 그리고 콘포스는 이 연구로 1975년에 노벨 화학상을 받았다.

미국 화학자 프랭크 H. 웨스트하이머, 스위스 화학자 두일리오 아리고니 등도 콘포스의 기법을 활용해 비슷한 연구를 진행했는데, 효소들은 저마다 특별한 메커니즘을 갖고 있어서 연구가 지루해질 틈이 없을 정도였다. 효소 입체화학 연구는 한 일보다는 앞으로 할 일이 더 많은 분야다. 최근에는 효소가 특정 성질을 갖도록 조작하는 시도도 이루어지고 있다.

함께 읽어보기 아미노산(1806년), 콜레스테롤(1815년), 키랄성(1848년), 정사면체 탄소 원자(1874년), 비대칭 유도(1894년), 동위원소(1913년), 방사성추적자(1923년), 중수소(1931년), 탄산탈수효소(1932년), 동적 동위원소 효과(1947년), 단백질 결정학(1965년), 동위원소 분포(2006년), 효소공학(2010년)

한창 발효 중인 딸기 와인. 이 안에서 효모의 효소가 탄수화물을 이산화탄소와 알코올로 분해한다.

1976년

PET 영상검사

루이스 소콜로프(Louis Sokoloff, 1921~2015년), **앨프리드 P. 울프**(Alfred P. Wolf, 1923~1998년), **아바스 알라비**(Abass Alavi, 1938년~), **조안나 시그프리드 파울러**(Joanna Sigfred Fowler, 1942년~)

양전자 방출 단층촬영, 일명 PET(positron emission tomography)는 한마디로 핵의학을 이용하는 영상검사 기법 중 하나다. 양전자는 전자에 대응하는 반물질로, 정상 물질과 만나면 즉각적으로 반응해 엄청난 에너지를 방출한다. 이 에너지 폭발을 감지해 지도로 그리면 표본의 삼차원 영상을 구축하는 것이 가능하다. 이때 표본이 살아 있는 사람이라면 방사성 표지된 약물이 남긴 양전자의 흔적을 추적해 이 사람 몸 안에서 무슨 일이 벌어지고 있는지 알아낼 수 있다.

PET를 위한 방사성 표지 약물을 만드는 것은 시간 제한을 둔 체스 게임과 같다. PET에는 탄소-11과 불소-18이라는 두 가지 동위원소가 가장 널리 사용되는데, 반감기가 각각 20분과 110분 정도로 무척 짧다. 그래서 분자에 동위원소를 붙이자마자 검사실로 달려가 시약을 환자에게 먹이고 바로 촬영을 시작해야 한다. 이런 속도전을 감당하려면 검사 시약을 직전에 만들 수 있도록 소형 입자가속기가 근처에 있는 게 좋다.

유기분자에 불소를 붙이는 것은 높은 정확도를 요하는 작업이다. 불소가 어떻게 붙느냐에 따라 분자의 성질이 현격히 달라지기 때문이다. 하지만 이 작업 자체가 PET 검사가 이미 시작되었음을 의미하므로 초시계가 째깍대는 상황에서 맡은 임무를 시간 안에 완수할 수 있는 적절한 운반체 분자를 동위원소와 짝지우는 것도 못지않게 중요하다. 신경과학자 루이스 소콜로프와 마틴 레이비치(Martin Reivich)는 1970년대 초에 방사성 동위원소를 붙인 포도당이 뇌 활동을 신속 정확하게 추적한다는 사실을 증명해 보였다. 또, 화학자 앨프리드 P. 울프는 그중에서도 불소-18을 붙인 것의 성능이 더 뛰어나다는 것을 알아냈다. 1976년에는 울프와 조애나 시그프리드 파울러가 합성한 이 물질을 신경과학자 아바스 알라비가 세계 최초로 사람에게 투여하고 PET 영상을 기록하는 데 성공했다. 뇌는 포도당만을 연료로 사용한다. 따라서 뇌 영상에서 밝게 빛나는 부분을 혈류량이 가장 많은, 즉 가장 열심히 일하는 곳이라고 볼 수 있다. 불소를 붙인 약물 분자도 똑같은 원리로 추적 가능하므로, PET를 활용하면 살아 숨 쉬는 생체 내에서 생체분자와 신약 후보를 분자 수준에서 탐구할 수 있다.

함께 읽어보기 불소 분리(1886년), 동위원소(1913년)

환자에게 불소-18을 표지한 포도당을 주사하고 PET로 촬영한 뇌 영상. 빨간색 부분은 신호가 가장 강한 곳이고 파란색 부분은 신호가 가장 약한 곳으로, 뇌 활동의 차이를 보여준다.

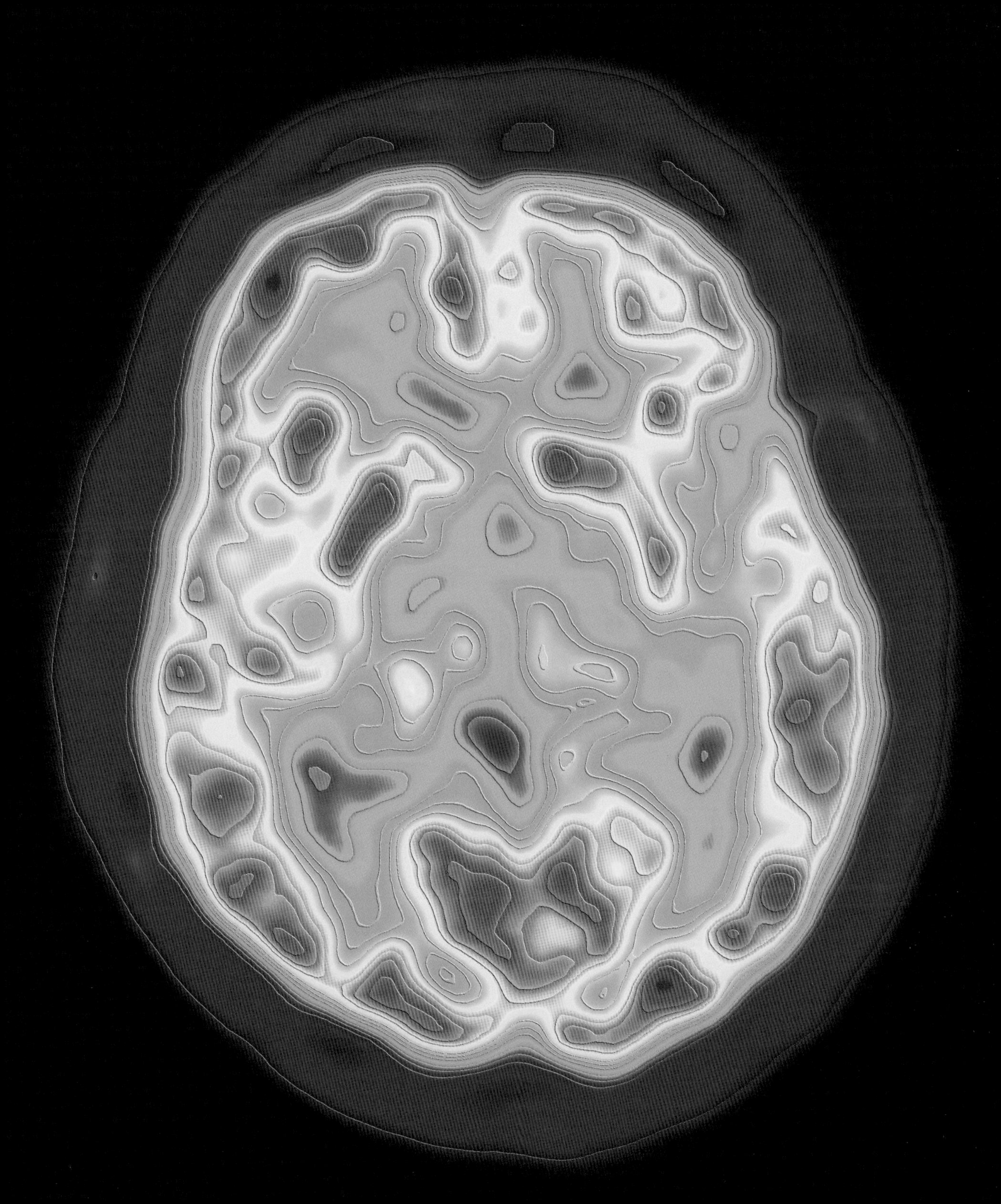

1977년

노자키 커플링

노자키 히토시(野崎 一, 1922년~), **키시 요시토**(岸 義人, 1937년~), **히야마 타메지로**(檜山 爲次郎, 1946년~)

노자키 커플링 반응은 현대 유기금속화학의 두 가지 주요 특징을 잘 보여준다. 하나는 금속 촉매의 효과가 매우 뛰어나다는 것이고 다른 하나는 금속이 촉매해 일어나는 커플링 반응을 길들이는 것이 쉽지 않다는 것이다.

화학자 히야마 타메지로와 노자키 히토시가 1977년에 처음 보고한 노자키 커플링 반응은 마그네슘 대신 크롬을 이용한 원조 **그리냐르 반응**의 응용 버전 같은 것이었다. 전통적인 마그네슘 시약과 달리 크롬 시약은 알데히드하고만 선택적으로 반응하는 경향이 강했다. 게다가 다른 작용기에도 적용될 수 있어서 활용 범위가 넓었다. 문제는, 커플링이 늘 성공하는 것은 아니라는 점이었다. 반응 재료를 포함해 모든 조건이 똑같은데도 말이다.

이것은 심각한 문제였다. 크롬 시약이 아주 복잡한 합성 난제의 해결책으로 기대를 한 몸에 받는 상황이었기 때문이다. 키시 요시토는 이 시기에 **팔리톡신**이라는 독소를 연구하고 있었는데 마침 그에게도 탄소와 탄소를 결합시키는 이 커플링 반응이 필요했다. 하지만 들쑥날쑥한 재현성 문제에 부딪힌 건 그도 마찬가지였다. 몇 달을 들여 겨우 만들어낸 중간체를 한순간에 날려버릴 수는 없었다.

그래서 키시 팀과 노자키 팀은 힘을 합쳤고 결국 문제의 원인을 알아낸다. 염화크롬 배치에 따라 반응 결과가 달라지기에 배치들의 차이를 살펴봤더니 극소량의 니켈이 어디에는 들어있고 어디에는 없었던 것이다. 아이러니하게도 불순물인 니켈의 함량이 가장 적어 제일 비싼 고순도 염화크롬 배치의 실적이 가장 안 좋았다. 그래서 이 배치에 염화니켈을 0.02퍼센트 정도 따로 넣어주었더니 그때야 반응산물이 원하는 만큼 만들어졌다. 노자키-히야마-키시(NHK, Nozaki-Hiyama-Kishi) 반응이라 불리는 이 커플링 반응은 오늘날에는 확실히 자리를 잡아 새로운 분자결합을 만들어야 하는 각종 분야에서 유용한 도구로 사용되고 있다.

함께 읽어보기 그리냐르 반응(1900년), 팔리톡신(1994년), 금속 촉매 커플링(2010년)

구슬 모양의 순수한 니켈. 노자키 커플링이 되다 안 되다 하던 것이 바로 이 금속 때문이었다.

1979년

톨린

비슌 카레(Bishun Khare, 1933~2013년), **칼 세이건**(Carl Sagan, 1934~1996년)

망원경으로 목성과 토성을 관측하면 행성의 대기가 노란색, 주황색, 빨간색, 갈색으로 알록달록하게 물들어 있는 모습을 볼 수 있다. 토성의 가장 큰 위성 타이탄을 보면 황토색 지표 위에 색색의 구름이 자욱하게 떠 있다. 또, 얼음 덩어리나 마찬가지인 다른 위성들도 표면이 누르멀건한 무언가로 얼룩덜룩하다. 이것은 사실 유기화학자들에게 익숙한 색조다. 단순 유기화합물은 대부분 아무 색도 띠지 않지만 유기화학 반응 산물들은 그 반대여서, 불순물들과 부반응들이 혼합물에 색을 입히곤 하기 때문이다. 색깔은 상아색부터 적갈색까지 꽤 다양하지만 황색 계열에서 벗어나지는 않는다. 특히 적갈색 물질은 **크로마토그래피** 컬럼 입구에 덕지덕지 달라붙곤 해서 악명이 높다. 이 잔류물의 성분을 하나하나 분리하는 것은 쉽지 않다. 짐작하기로는 반응 과정에서 만들어지는 덩치 큰 폴리머 분자들이 뒤섞인 것으로 보인다.

그런데 규모만 다를 뿐 같은 상황이 우리 태양계 외곽에서도 벌어지고 있다. 우주에는 **질소**, 물, 암모니아, 시안화물, **아세틸렌** 등 반응 출발물질 역할을 하는 다양한 소분자들이 둥둥 떠다닌다. 이 물질들은 태양이 내뿜는 강렬한 자외선을 받아 뜨겁게 덥혀져 거대한 기류를 형성한다. 가끔은 여기에 번개가 치기도 한다. 수십 억 년 동안 그랬듯 말이다. 그 결과로 저 밖 우주 공간에서는 유기화학 반응들이 고삐 풀린 망아지처럼 중구난방으로 늘 일어나고 있고 찐득찐득하고 알록달록한 무언가가 계속 만들어진다. 1979년에 천문학자 칼 세이건과 화학자이자 물리학자 비슌 카레는 타이탄의 대기를 흉내 내 여러 가지 기체를 혼합하는 실험을 하는 중에 이 혼합물질을 합성해내고 톨린이라는 이름을 붙였다. 진흙탕이라는 뜻의 그리스어 '톨로스(tholós)'에서 따온 말이다. 현재는 기원과 생성 경로에 따라 타이탄의 톨린, 트리톤의 톨린, 얼음 톨린 등 여러 범주로 더 세분되어 있는데, 명왕성의 빨간색을 보면 종류가 더 있는 것으로 보인다.

최근에는 태어난 지 얼마 안 되는 어린 별들의 원반에서도 비슷한 물질이 발견되었다. 어쩌면 대부분의 행성계에 이런 물질이 존재하는 건지도 모른다. 아무튼, 화학적 관점에서는 우주는 가을 느낌의 색을 유독 좋아하는 게 틀림없다.

함께 읽어보기 광화학(1834년), 크로마토그래피(1901년), 밀러-유리 실험(1952년), 머치슨 운석(1969년)

타이탄에서 톨린이 만들어지는 과정의 개요. 태양에서 나온 자외선이 타이탄의 대기 상층부에서 복잡한 화학반응을 일으키고 반응 결과물들이 타이탄의 표면에 층층이 쌓인다.

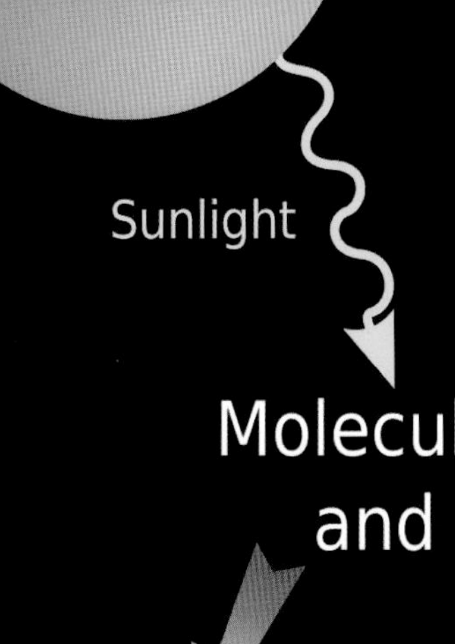

Energetic Particles

Molecular Nitrogen and Methane

Dissociation

C_2H_2 C_2H_4

C_2H_6 HCN

Ionisation

$C_2H_5^+$ $HCNH^+$

CH_5^+ $C_4N_5^+$

Benzene (C_6H_6)

Other Complex Organics (100~350 Da)

Tholins

Titan

1980년

이리듐 충돌 가설

루이스 월터 앨버레즈(Luis Walter Alvarez, 1911~1988년), **프랭크 아사로**(Frank Asaro, 1927~2014년), **헬렌 본 미셀**(Helen Vaughn Michel, 1932년~), **월터 앨버레즈**(Walter Alvarez, 1940년~)

이리듐은 지구의 지표에 흔한 원소가 아니다. 대부분이 지구핵에서 용융된 철에 녹아 있기 때문이다. 반면에 소행성에는 이리듐을 포함한 희귀 금속들이 훨씬 많다. 그래서 소행성을 지구 가까이 끌어당겨 금속들을 캐내자는 재미있는 발상도 나온다. 그런데 지구 표면에 이리듐이 갑자기 많아지는 층이 하나 있다. 바로 백악기 지층이다. 이를 두고 현재 가장 유력한 가설은 소행성이 방금 말한 우주 광부 꿈나무들이 적절하다고 보는 거리보다 훨씬 가깝게 지구에 접근했고 이 때문에 당시의 지구 생태계가 큰 변화를 겪었다는 것이다.

이리듐 농도로 지층의 연대를 추정한다는 것은 특별할 것 없는 매우 논리적인 접근이었다. 그런데 이 백악기 지층의 이리듐 양이 믿을 수 없을 정도로 많았다. 미국의 두 화학자 프랭크 아사로와 헬렌 본 미셀은 유물이나 지질 표본의 기원 추적을 일상적으로 하는 방사성동위원소 전문가였지만 그들에게조차도 이건 뭔가 달랐다. 그러던 1980년에 부자지간인 물리학자 루이스 앨버레즈와 지질학자 월터 앨버레즈가 과감한 가설 하나를 내놓는다. 화석 기록과 시기가 정확히 일치한다는 점을 들어 이 지층이 거대한 소행성 충돌의 흔적이며 이 사건이 공룡 대멸종을 초래했다는 것이다.

가설이 나왔을 때 처음에는 학계의 반발이 심했다. 지질학자들은 어떤 거대한 사건이 한 방에 모든 걸 뒤엎는다는 설명을 좋아하지 않는다. 그런 시각을 용인하면 온갖 잡설이 난무할 게 불 보듯 뻔하기 때문이다. 하지만 시간이 지날수록 이 가설을 지지하는 증거만 계속 쌓여갔다. 그중에서도 특히 크롬 **동위원소** 비율이 결정적이었다. 지층의 이리듐 양을 분석한 결과에 의하면, 크기가 맨해튼만 한 소행성이 짐작건대 멕시코 남부의 칙술루브 크레이터에 충돌하면서 하루아침에 지구의 기후를 완전히 뒤바꾼 것으로 추측된다. 이때 공룡이 사라진 것은 놀랄 일이 아니다. 진짜 기적은 그럼에도 나머지 생물들은 살아남았다는 것이다.

함께 읽어보기 동위원소(1913년)

유카탄반도의 레이더 영상. 연대와 크기로 보건대 백악기 말 대멸종 사건 때 만들어진 것으로 추측되는 거대한 충돌 크레이터의 흔적이 있다.

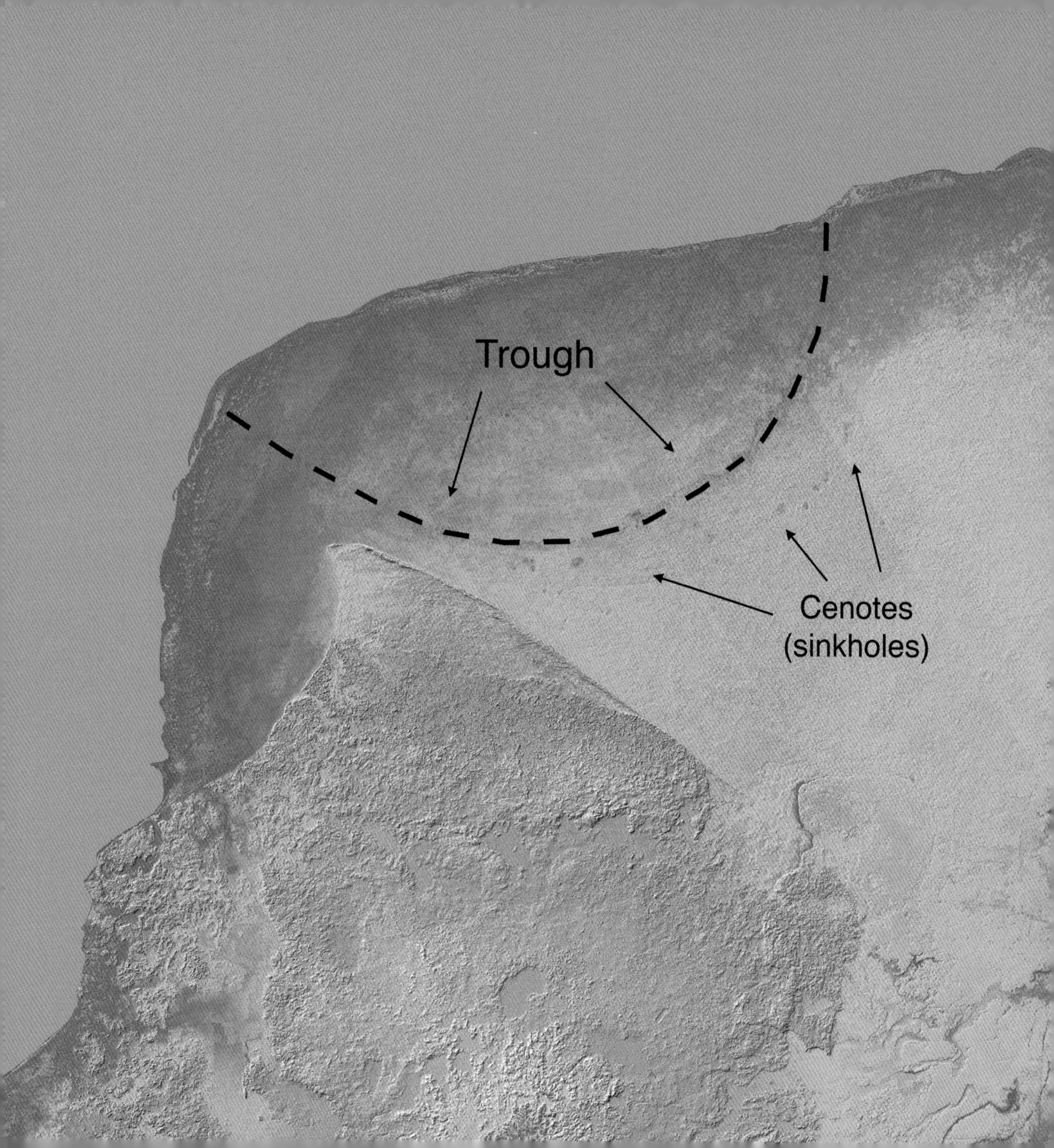
Trough
Cenotes
(sinkholes)

1982년

비천연물

레오 파케트(Leo Paquette, 1934년~), **필립 E. 이턴**(Philip E. Eaton, 1936년~)

유기화학의 주류는 뭐니 뭐니 해도 **퀴닌**, 인디고 블루, **페니실린**, 비타민 B_{12}와 같은 **천연물**을 합성하는 것이다. 그렇다면 유기화학계에서 비천연물이란 뭘까? 좀 이상하게 들리지만 상상 속에만 존재하다가 실험실에서 탄생하는 물질들이 종종 있는데, 이것을 비천연물로 분류한다. 비천연물은 분자의 화학구조와 안정성 그리고 유기합성 기술의 지평을 넓힌다는 데서 의미 있는 연구 소재다.

실제로 만들어진 비천연물 중 가장 유명한 것은 도데카헤드란(dodecahedrane)이다. 수학에서는 모양이 완전히 똑같은 다각형들로만 이루어진 다면체를 플라톤 입체라고 하는데, 도데카헤드란이 여기에 속한다. 도데카헤드란의 경우는 각 면이 오각형인 십이면체다. 또, 크기가 더 작은 큐반(cubane)이라는 것도 있다. 1964년에 미국 화학자 필립 E. 이턴이 합성한 이 플라톤 입체에는 비정상적으로 억눌린 탄소-탄소 결합이 존재한다(**정사면체 탄소 원자** 참고). 이턴과 또 다른 화학합성의 대가 로버트 번스 우드워드를 비롯해 여러 화학자가 도데카헤드란 합성에 도전했지만 모두 번번이 실패했다.

그러다 1982년에 미국 화학자 레오 파케트가 도데카헤드란을 체현해냈다. 이 합성에서 가장 어려운 부분은 오각형 열두 개를 하나로 짜깁는 것이었는데, 파케트는 스물아홉 단계 공정을 통해 이것을 해냈다. 요약하면, 탄소의 절반은 사이클로펜타디엔 분자들(**페로센** 합성의 재료인 오각환)에서 따 오고 딜스-아들러 반응으로 네 개를 더 넣는다. 여기서 물컵 모양 중간체 분자의 테두리 부분에 까다로운 몇 가지 조작을 하고 **광화학** 반응으로 결합 몇 개를 추가하면 도데카헤드란이 완성된다.

그 밖에 다른 플라톤 입체는 어떤 게 있을까. 우선 가장 작은 테트라헤드란은 몇몇 치환형은 알려져 있지만 이 자체로는 아직 합성에 성공한 사례가 없다. 어쩌면 안정되지 않아서일 수도 있다. 팔면체인 옥타헤드란과 이십면체인 이콕사헤드란 역시 아직은 세상에 존재하지 않는 물질이다. 옥타헤드란은 수소 원자를 하나도 갖지 않으며 새로운 종류의 탄소 동소체일 것으로 예측되는데, 결합을 강풍에 뒤집힌 우산처럼 반대로 굽혀야 한다는 만만찮은 난제가 버티고 있다. 이콕사헤드란도 난이도 면에서는 대동소이하다. 이 가상의 물질에는 탄소 오중결합이 필요한데 이것은 탄소의 최대 결합 수가 네 개라는 현재의 상식으로는 풀 수 없는 수수께끼다.

함께 읽어보기 천연물(서기 60년경), 퀴닌(1631년), 광화학(1834년), 정사면체 탄소 원자(1874년), 인디고 블루 합성(1878년), 딜스-아들러 반응(1928년), 화학결합의 성질(1939년), 페니실린(1945년), 페로센(1951년), B_{12} 합성(1973년), 풀러렌(1985년)

공과 막대로 단순하게 표현한 테트라니트로큐반. 가운데에 육면체 구조가 있다. 자연계에서 발견된 큐반 유도체는 아직 하나도 없지만 가능성은 무한하다.

1982년

MPTP

MPTP는 작지만 강한 괴물 같다. 단순한 구조를 보면 어떤 화학반응의 중간체로 여길 만도 하지만, 사실 MPTP는 헤로인과 비슷한 효과를 내는 불법 마약 MPPP의 불순물이다. 생기면 안 될 MPTP가 만들어지는 것은 위생 관념이 한참 부족한 음지의 아편 제조자들 탓으로 돌릴 수 있다. 1982년, 약물중독자 몇 명이 샌프란시스코의 한 병원 응급실에 실려 왔다. 그들은 모두 아마도 영구적 장애로 남을 심각한 운동 실조 증세를 보였다. 의료진은 어떤 진단을 내리느냐를 두고 고민에 빠졌다. 증상은 딱 진행성 파킨슨병인데 그러기에는 환자가 너무 젊었던 것이다. 파킨슨병은 원래 장년층 이상에게 흔한 병인 데다가 이렇게 심해지려면 몇 년의 과도기를 거치는 게 보통이었다. 결국 경찰, 의료진, 화학분석실이 손잡은 합동조사팀이 꾸려졌고 환자들이 하나같이 오염된 수제 MPPP 배치(batch)에 노출된 사실이 확인되었다.

1976년에는 한 대학원생이 직접 만든 똑같은 종류의 마약을 스스로에게 주입한 뒤 급성 파킨슨병 증세를 보이면서 또 한 번 경고등이 켜졌다. 그런데 실험용 쥐에게는 MPTP가 아무런 독성도 유발하지 않았다. 그래서 사건은 다시 미궁에 빠지고 말았다. 그러다 몇 년 뒤, 신경학자 J. 윌리엄 랭스턴(J. William Langston)이 이끄는 연구팀이 실마리 하나를 찾아낸다. 바로, MPTP가 혈액-뇌 관문을 쉽게 통과해 도파민을 운반하는 단백질을 차단한다는 것이다. 이 도파민 수송체가 가장 많은 곳은 뇌 흑질인데, 파킨슨병에 걸리면 손상되는 뇌 부위도 바로 이곳이다. 흑질 뇌세포 안에서 MPTP는 다른 물질로 변한다. 중요한 생화학 경로를 억제해 젊은이들을 몹쓸 병에 걸리게 했던 실체는 바로 이 대사체였다(나중에 밝혀진 바로는, 실험용 쥐는 뇌에서 이 이차적 독성 물질이 훨씬 적게 만들어져 심각한 피해를 입지 않은 것이라고 한다).

마냥 반길 일은 아니지만 이 사건은 파킨슨병 연구의 새로운 장을 열었다. 파킨슨병의 근원이 MPTP는 아닐 것이다. MPTP는 자연적으로 존재하는 물질이 아니니까 말이다. 하지만 비슷한 물질들이 MPTP의 타깃과 똑같은 생화학 경로를 공격하는지, 이 공격에 특별히 더 취약한 사람이 있는지 등은 조사할 가치가 충분하다.

함께 읽어보기 독물학(1538년), 현대의 신약개발 전략(1988년)

파킨슨병 환자의 뇌 흑질 조직을 현미경으로 확대한 사진. 붉은색으로 보이는 것이 알파-시누클레인(alpha-synuclein)이라는 단백질이 비정상적으로 뭉친 루이소체(Lewy body)인데, 파킨슨병의 대표적 징후로 여겨진다.

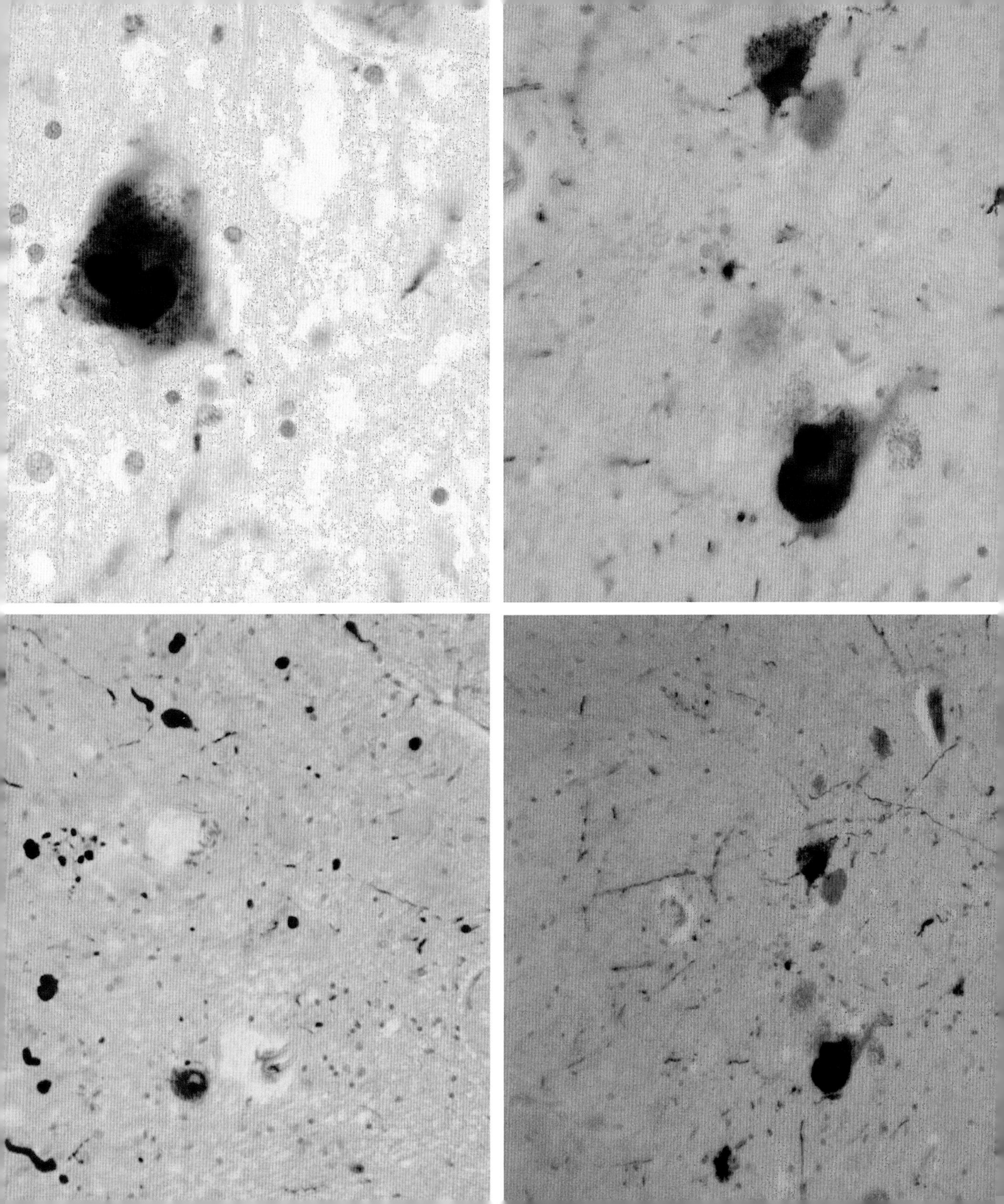

1983년

중합효소 연쇄반응

하르 고빈드 코라나(Har Gobind Khorana, 1922~2011년), **셸 클레페**(Kjell Kleppe, 1934~1988년), **캐리 뱅크스 멀리스**(Kary Banks Mullis, 1944년~)

어떤 과학 발전은 전부터 있었던 예언을 착실하게 따라 간단명료한 형태로 실현된다. 작은 DNA 조각을 빠른 속도로 대량 복제하는 기술인 중합효소 연쇄반응(PCR)도 그런 경우다. 이 기술의 백미는 단연 DNA 중합효소다. 1960년대 후반에 이 효소를 이용해 DNA 조각의 복제본을 처음으로 만들어낸 것은 미국 화학자 하르 코라나와 노르웨이 생화학자 셸 클레페다. 이 실험으로 두 사람은 살아 있는 세포 밖에서도 DNA 복제가 가능함을 증명해 보였다. 여기에 더해 미국 생화학자 캐리 멀리스는 반응 온도를 규칙적으로 높였다가 낮추면 DNA 증폭 주기를 무한 반복할 수 있을 거라고 생각했다. 이 아이디어는 1983년에 멀리스에게 노벨 화학상을 선사했다.

DNA가 열을 받으면 수소결합이 깨지면서 이중나선이 풀린다. 그러면 중합효소가 팔을 벌린 DNA 조각의 품에 쏙 들어간다. 이때 온도를 다시 낮추면 중합효소가 원본 DNA의 서열과 맞는 뉴클레오티드 짝을 하나씩 이어가며 새 DNA 사슬을 짜기 시작한다. 바로 이 시점에 프라이머가 필요하다. 프라이머는 복제하고자 하는 DNA 서열의 시작 부분과 끝 부분에 대응하는 더 짧은 염기 조각을 미리 만들어 놓은 것이다. 쉽게 말해, 프라이머는 DNA 복제가 연구자가 원하는 바로 그 지점에서 시작해 원하는 지점에서 딱 끝나게 한다. 한 주기가 끝나고 새로 만들어진 DNA 조각은 또 다른 복제본의 원본이 된다. 그런 식으로 DNA 조각은 기하급수적으로 늘어난다.

멀리스는 어렵게 영입한 동료 랜들 사이키(Randall Saiki)와 헨리 에를리히(Henry Erlich) 덕분에 연구를 한 차원 더 끌어올릴 수 있었다. 멀리스가 처음에 사용한 DNA 중합효소는 한 번 가열하면 못 쓰게 되어버려서 주기마다 새 효소를 투입해야 했다. 그런데 동료들이 온천에 사는 한 미생물이 만드는 Taq 라는 효소를 발견했다. 멀리스는 이 효소의 성질을 덧입혀 고온에서도 매우 안정된 DNA 중합효소를 만들 수 있었다. 당연히 Taq 중합효소를 이용한 PCR은 큰 성공을 거두었고 곧 거액이 오가는 특허 전쟁이 시작되었다. 오늘날 PCR은 인류학, 고고학, 유전학, 과학수사, 의학, 생명공학, 분자생물학 등 DNA를 다루는 모든 분야에서 대체 불가능한 기술로 입지를 굳혔다. PCR과 고속 DNA 서열 분석이 세상을 재편했다고 표현해도 좋을 만큼 말이다.

함께 읽어보기 수소결합(1920년), DNA의 구조(1953년), DNA 복제(1958년)

옐로스톤 국립공원에 있는 모닝글로리 연못. Taq 효소를 가지고 있는 박테리아가 여기에 산다. 극한의 환경은 더 강한 생명체를 잉태하고, 그런 생물은 특별한 효소들을 만든다.

1984년

전자분무 LC/MS

존 베넷 펜(John Bennett Fenn, 1917~2010년)

LC/MS, 즉 **액체 크로마토그래피/질량 분광분석**은 물질분석계의 팔방미인이다. 구성은 크게 **HPLC**(고성능 액체 크로마토그래피)와 질량 분광분석기 이렇게 둘로 되어 있는데, 효과적인 분석장비 두 개가 만나 강력한 시너지를 이룬다. LC/MS는 1984년에 상용화되었다. HPLC가 처음 나온 지 무려 20년 만이다. 그런데 여기에는 다 그럴 만한 이유가 있었다.

원래 두 기술은 본질적으로 조화를 이룰 수 없는 짝이다. HPLC는 컬럼에 시료를 밀어 넣으려면 용매가 필요하지만 MS는 진공 조건을 요구하기 때문이다. 그래서 고압의 액체가 우주 공간에 방출되는 것처럼 만드는 중간작업이 추가로 필요했다. 몇몇 시도가 실패로 돌아간 뒤, 전자분무법이 마침내 심사를 통과했다. 작동 방식은 이렇다. HPLC 컬럼에서 액체 시료 일부를 취해 미세한 연무 형태로 MS의 진공관 안에 분사한다. 그러면 연무 입자들이 자연스럽게 증발하면서 점점 더 작아진다. 이때 고전압을 걸어주면 전하를 띠게 된 입자가 얇은 모세관으로 빨려 들어간다. 전하를 띤 입자들은 증발하면서 서로를 밀어내고 더 작은 입자로 쪼개지면서 결국 진공을 활보하는 헐벗은 이온(과 분자 파편)이 된다.

한마디로 전자분무는 거대한 분자를 MS 안으로 날려 보내는 기술이다. 동시대에 개발된 **MALDI**처럼 말이다. 전자분무 기술은 HPLC 컬럼을 통과하는 어떤 물질이든 정확한 분자량을 알아내는 것을 가능하게 만들었다. 소분자를 주로 다루는 화학자들은 이제 더 적은 양의 시료를 더 높은 정확도로 분석할 수 있었고, 단백질과 거대 분자가 주종목인 화학자들에게는 완전히 새로운 무기가 생긴 셈이었다. LC/MS 분야를 개척한 (그리고 훗날 모교인 예일 대학교와의 특허 분쟁으로 마음고생을 한) 화학자 존 베넷 펜은 이 기술을 1984년에 세상에 처음 공개했고 한참 뒤인 2002년에 노벨상을 공동 수상했다. LC/MS는 화제의 신기술로 떠들썩하게 등장한 지 얼마 안 되어 곧 모든 화학 연구실이 필수로 구비해야 할 장비로 자리를 잡았다.

함께 읽어보기 천연물(서기 60년경), 크로마토그래피(1901년), 질량 분광분석(1913년), 기체 크로마토그래피(1952년), HPLC(1967년), 머치슨 운석(1969년), 역상 크로마토그래피(1971년), MALDI(1985년), 아세토니트릴(2009년)

질량 분광분석기의 전자분무 장치. 유리막 뒤쪽에 지구 저궤도의 환경보다 더 강한 진공이 걸려 있다.

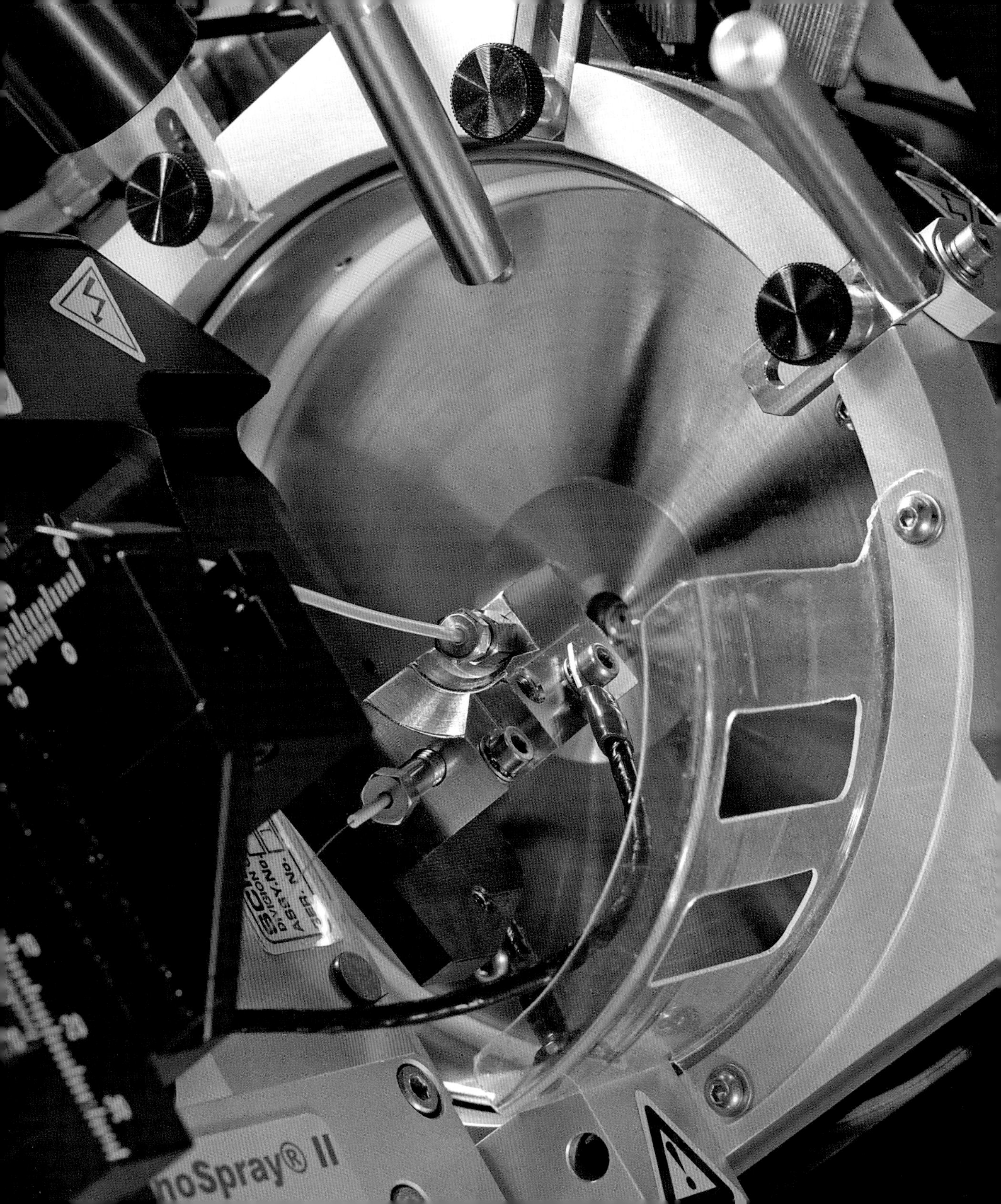
noSpray® II

1984년

아지도티미딘과 항레트로바이러스제

제롬 호르위츠(Jerome Horwitz, 1919~2012년), **새뮤얼 브로더**(Samuel Broder, 1945년~), **미츠야 히로아키**(満屋 裕明, 1950년~), **로버트 야초운**(Robert Yarchoan, 1950년~)

1980년대 초, HIV와 에이즈가 사회 문제로 급부상했다. 이에 제약업계와 의료계는 기존 약효물질 중에 에이즈 치료제로 쓸 만한 것이 있는지 서둘러 알아보기 시작했다. 그런 가운데 미국 국립암연구소(NCI)의 한 연구팀이 1984년에 어떤 후보물질이 T 세포를 HIV의 공격으로부터 얼마나 잘 보호하는지 가늠하는 분석법을 개발했다. T 세포는 체내에서 면역 반응이 일어날 때 활성화되는 세포다. 암 전문의 새뮤얼 브로더, 바이러스학자 미츠야 히로아키, 의학박사 로버트 야초운 등이 참여한 이 연구팀은 이미 한 번 시험대에 올랐던 항바이러스제들을 이 분석법을 활용해 전면 재검토했다. 그중에서 항바이러스제 전문 제약회사인 버로스 웰컴과 협약해 평가 중이던 물질 하나가 세포 분석에서 높은 가망성을 보였다. 바로 아지도티미딘이다.

아지도티미딘(azidothymidine)의 탄생은 1964년으로 거슬러 올라간다. 당시 미국 화학자 제롬 호르위츠는 DNA와 RNA의 핵산과 비슷한 물질을 만들고자 했다. 효소가 진짜라고 착각할 만한 유사체를 이용하면 세포 복제를 차단할 수 있을 거라는 기대에서였다. **DNA 복제** 방해는 다방면에서 통하는 만능 전술이기 때문에 이런 유사체는 항바이러스제, 항박테리아제, 항암 화학요법제 등으로 효용가치가 높았다. 그러나 1960년대의 아지도티미딘은 회사의 전폭적 지원을 받기에는 자격 미달이었다. 하지만 버로스 웰컴은 만일을 대비해 이 후보물질을 포기하지 않고 가지고 있었던 것이다.

아지도티미딘이 다크호스로 급부상하자 회사는 바로 임상시험을 개시했고 에이즈 환자의 수명을 연장하는 효과가 입증되었다. 이에 FDA는 1987년에 바로 이 약을 에이즈 치료제로 허가한다. 아지도티미딘은 제조 과정이 까다로운 약물이다. 분자구조에 의약품치고 드문 아자이드기가 존재하고 합성 과정에서 조건에 따라 유해하거나 폭발성 있는 부산물이 만들어질 수 있기 때문이다. 아지도티미딘을 신호탄으로, HIV의 비밀이 한 꺼풀씩 벗겨지면서 서로 다른 작용 메커니즘을 갖는 여러 가지 항레트로바이러스제가 속속 개발되었고 환자들의 치료 접근성도 크게 개선되었다. 이제 에이즈는 걸리면 죽는 저주가 아니라 관리만 잘 하면 보통 사람들처럼 살아갈 수 있는 하나의 질병이다.

함께 읽어보기 살바르산(1909년), 설파닐아마이드(1932년), 스트렙토마이신(1943년), 페니실린(1945년), DNA 복제(1958년), 현대의 신약개발 전략(1988년), 재결정화와 다형체(1998년), 트리아졸 클릭화학(2001년)

편광성을 띠는 아지도티미딘의 결정. 연구개발이 상대적으로 소홀한 탓도 있지만 아지도티미딘은 드물게 아자이드기를 갖는 의약품 중 하나다.

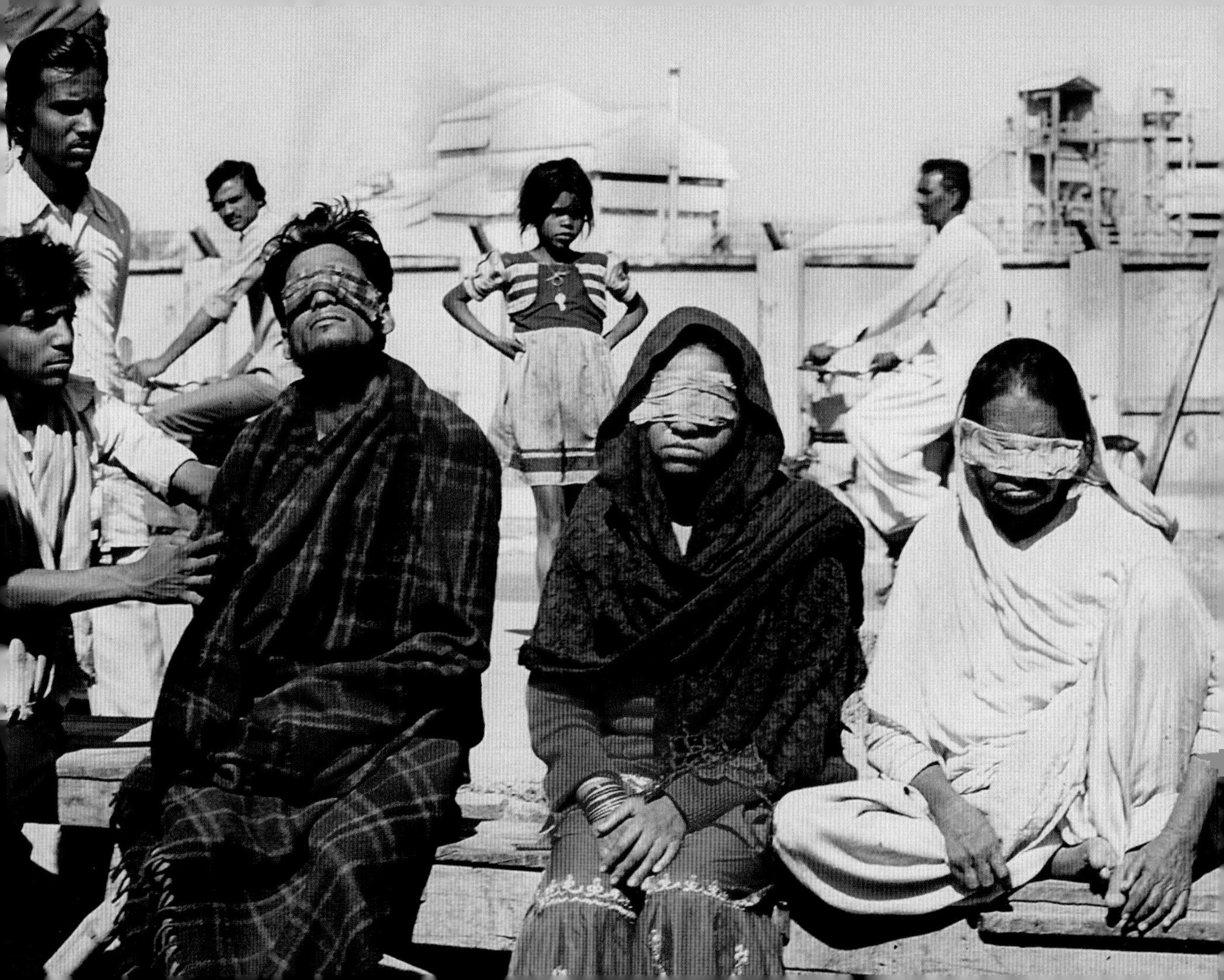

1985년

풀러렌

리처드 벅민스터 풀러(Richard Buckminster Fuller, 1895~1983년), **리처드 스몰리**(Richard Smalley, 1943~2005년), **헤럴드 월터 크로토**(Harold Walter Kroto, 1939년~), **로버트 플로이드 컬 주니어**(Robert Floyd Curl Jr., 1933년~)

영국 화학자 헤럴드 크로토는 아주 긴 탄소 사슬 구조를 가진 분자가 우주 공간에 존재할 거라고 생각했다. 이 물질을 연구 주제로 정한 그는 미국 화학자 리처드 스몰리를 찾아가 그가 만든 특별한 장비를 쓰게 해달라고 부탁했다. 이 장비를 이용하면 레이저로 원자들을 부수어 시료를 기화시킬 수 있었다. 이 기체가 식으면서 원자들이 다시 응집된 덩어리를 **질량 분광분석**법으로 분석하고자 한 것이다. 크로토와 스몰리, 미국 화학자 로버트 컬 주니어 그리고 대학원생 몇 명은 팀을 이뤄 1985년부터 이 기술로 고체 탄소를 연구하기 시작했다. 그런데 무게가 정확히 탄소 60개에 해당하는 특정 분자 하나가 반복해서 만들지는 게 아닌가. 조건에 따라 어떨 때는 거의 이 물질만 생성되기도 하고 또 어떨 때는 탄소 70개짜리 물질이 섞여 나오기도 했다. 이 정체불명의 두 분자가 특출하게 안정한 걸 봐서는 구조에 남거나 모자라는 결합이 없는 것 같았다.

그래서 분자 전체가 웅크린 것 같은 구조가 아닐까 하는 추측이 나왔다. 하지만 벤젠 같은 육각환만으로는 아무리 이리저리 잇대어봐도 탄소 60개짜리 분자가 나오지 않았다. 그래서 스몰리는 종이로 대부분 육각환에 오각환 몇 개를 섞은 모형을 만들어봤다. 그랬더니 축구공과 똑같이 생긴 완벽한 입체구조가 짠 완성 되었다. 이런 구조라면 높은 안정성도 완벽하게 설명될 터였다. 그렇게 해서 전혀 기대하지 않았던 새로운 탄소 분자가 또 하나 발견되었다. 이 분자는 완벽하게 대칭적이어서 NMR 스펙트럼에서 피크가 딱 하나밖에 나오지 않는다. 즉, 분자 안의 탄소가 모두 같은 종류라는 뜻이다. 전체 생김새가 반구형 돔의 일종인 지오데식 돔(geodesic dome)과 닮았다는 점에서 그 발명가 리처드 벅민스터 풀러의 이름을 따 벅민스터풀러렌이라는 이름이 이 분자에 붙여졌다. 오늘날에는 버키볼이라는 애칭으로 더 유명하다. 한편, 이런 식으로 공 형태의 입체구조를 가진 탄소 분자들을 총칭해서는 풀러렌이라 한다. 벅민스터풀러렌의 실체를 확인한 스몰리는 곧 탄소 70개짜리 분자가 달걀 모양임을 추가로 알아냈다. 풀러렌의 독특한 성질은 큰 연구 가치를 가지고 있기 때문에 풀러렌의 목록은 계속 길어지고 있다. 스몰리, 크로토, 컬은 1996년에 노벨상을 받았다.

함께 읽어보기 질량 분광분석(1913년), 인조 다이아몬드(1953년), NMR(1961년), 비천연물(1982년), 탄소 나노튜브(1991년), 그래핀(2004년)

현재 탄소 60개짜리 버키볼은 존재가 당연시되고 여러 가지 조건에서 만들어질 수 있지만 얼마 전까지만 해도 이런 구조의 분자는 실존하지 않는 물질이었다.

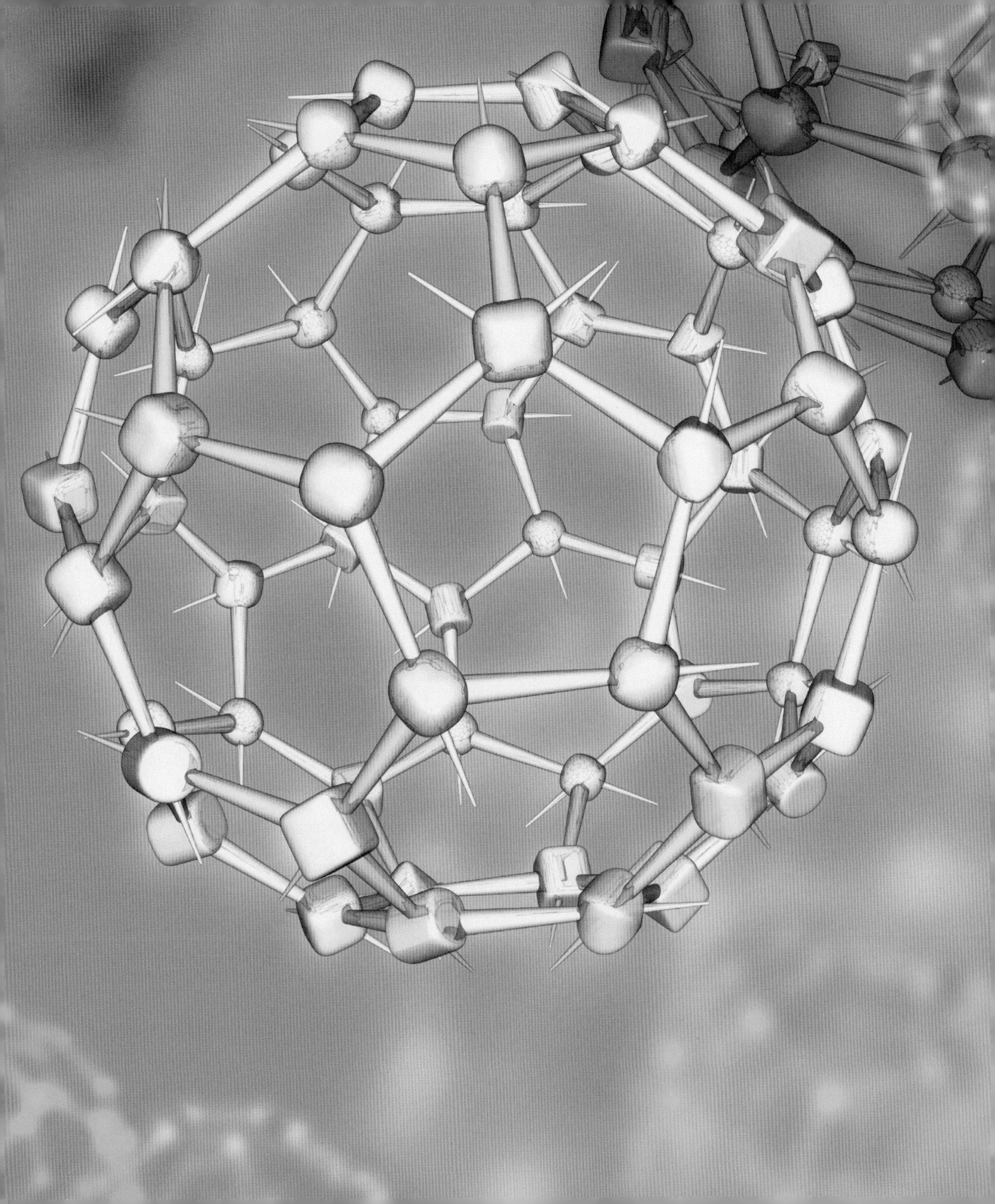

1985년

MALDI

프란츠 힐렌캄프(Franz Hillenkamp, 1936~2014년), **미하엘 카라스**(Michael Karas, 1952년~), **다나카 코이치**(田中 耕一, 1959년~)

MALDI라 줄여 말하는 기질보조레이저탈착이온화(matrix-assisted laser desorption and ionization)법은 위압적인 이름을 갖고 있지만 원리가 그리 어렵지는 않다. 한마디로 MALDI는 이온에 레이저를 쏴 질량 분광분석기의 진공관으로 날려 보내는 기술이다. 기술을 개발하고 1985년에 이렇게 명명한 주인공은 독일의 두 화학자 프란츠 힐렌캄프와 미하엘 카라스다. 레이저는 작은 표적에 많은 에너지를 전달하기에 매우 효과적인 수단이다. 따라서 두 사람의 계획은 충분히 논리적이었다. 문제는 화학구조가 다른 물질은 서로 다른 파장을 선호한다는 것이었다. 그래서 처음에는 시료의 내용물에 따라 레이저의 파장을 조정하는 수밖에 없어 보였다. 표적 물질이 레이저의 에너지를 잘 흡수하도록 말이다. 하지만 이것은 시간 소모적이고 번거로운 작업이었다.

그러던 어느 날, 힐렌캄프와 카라스는 트립토판이라는 **아미노산**이 중간에서 에너지 수위를 맞춰주는 중개인 역할을 한다는 사실을 발견한다. 레이저를 맞은 트립토판이 여분의 에너지를 근처 분자들에게 전달하는 것이다. 이는 얇은 시료 박판에 트립토판을 섞으면 작은 단백질을 포함한 모든 종류의 이온에 질량 분광분석기를 쓸 수 있게 된다는 것을 뜻했다. 다음 번 도약은 1987년에 일본에서 이루어졌다. 공학자 다나카 코이치가 이끄는 연구팀이 아주 작은 코발트 입자와 찐득한 액체 기질(글리세롤)을 사용해 거대 중량의 분자를 질량 분광분석기의 진공관에 들여보내는 데 성공한 것이다. 레이저와 궁합이 더 잘 맞는 고체 물질이 속속 발견되었기 때문에 나중에는 액체보다 고체 기질이 더 널리 애용되었다. 1990년대 초에 들어서면 MALDI와 연계한 질량 분광분석 장비들이 마침내 상품화되었다. 이에 생화학과 분자생물학을 비롯해 각종 분야의 과학자들이 **질량 분광분석**의 맛에 눈을 뜨게 되었다. 각종 생체물질과 거대분자의 연구에서 분석 기술은 더 이상 걸림돌이 아니었다.

MALDI는 비행시간(TOF, time-of-flight) 측정 질량 분광분석기를 연결해 거대분자를 분석할 때 특히 유용하다. 이온이 날아가 진공관의 반대편 끝에 도달할 때까지 걸리는 시간을 재는 것인데, 무거운 이온일수록 더 늦게 도착한다. 의식하고 귀를 기울이면 화학자들의 입에서 MALDI-TOF('말디도프'라고 읽는다)라는 단어를 심심찮게 들을 수 있다.

함께 읽어보기 아미노산(1806년), 질량 분광분석(1913년)

MALDI 기술 묘사도. 신경세포의 표면에서 자라나고 있는 단백질 결정에 레이저 빔을 쏘면 충격으로 부서진 단백질 조각들이 질량 분광분석기로 빨려 들어간다.

1988년

현대의 신약개발 전략

조지 허버트 히칭스(George Herbert Hitchings, 1905~1998년), **거트루드 벨 엘리언**(Gertrude Belle Elion, 1918~1999년), **제임스 화이트 블랙**(James Whyte Black, 1924~2010년)

1988년, 노벨 생리학상과 의학상 수상자로 의약화학 역사상 가장 위대한 이름 셋이 지명되었다. 수상 이유는 의약품 개발의 중요한 원칙을 세웠다는 것이었다. 세 주인공 중 미국의 거트루드 벨 엘리언과 조지 허버트 히칭스는 퓨린 유도체를 개발하는 연구를 공동진행했다. 퓨린은 DNA와 기타 중요한 생체분자들의 구조에 들어 있는 염기다. 따라서 퓨린 구조와의 유사성에 초점을 맞추는 것은 신약개발에서 유리한 고지를 선점할 수 있는 영리한 전략이다. 실제로 다양한 말라리아 치료제, 장기이식수술 관리제, 세균감염 치료제, 항암제 등이 모두 이 퓨린 유도체 연구를 통해 세상에 나왔다. 그 밖에도 같은 원칙에서 출발한 프로젝트가 수없이 많다. 그런 면에서 **아지도티미딘과 항레트로바이러스제**의 개발에도 엘리언과 히칭스가 기여한 부분이 있다고 말할 수 있다. 마지막 주인공은 스코틀랜드의 제임스 화이트 블랙이다. 그는 전 세계에서 가장 많이 팔리는 의약품에 속하는 프로프라놀롤과 시메티딘을 개발했는데, 전자는 심장질환 치료제이고 후자는 궤양 치료제이다.

의약화학은 한마디로 원하는 활성을 지닌 약효물질을 찾는 학문이다. 약하더라도 활성이 있다면, 분자구조를 조금 고쳐 효능이 더 세고 선택성이 더 높고 내약성이 더 좋은 진짜 약으로 만들 수 있다. 의약화학자는 신약 후보 물질의 분석 결과를 보고 빠르게 판단을 내려야 한다. 그래서 의약화학계에서는 반응 수율이 딱 두 가지로 나뉜다. 바로 "충분"과 "불충분"이다.

엘리언, 히칭스, 블랙은 신약개발 역사의 이른바 고전기 위인들이다. 이때는 약물 분자를 특정 표적에 맞춰 조정하는 전략이 대세였다. 이미 알려진 생물학적 표적과 상호작용하도록 처음부터 약물을 설계하는 것이다. 복제한 순수 단백질을 이용하는 기술은 아직 나오지 않은 시절이었으므로 후보 물질을 살아 있는 세포나 설치류 질병 모델에 직접 투여해 효능을 시험했다. 그런데 사실은 엘리언, 히칭스, 블랙이 그랬듯 눈에 보이는 현상에 집중하는 연구 방식도 꽤 효율적이다. 그런 일이 일어나게 된 과정을 자세히 모르더라도 연구자가 예상하는 효과가 생체에서 나타나는지를 보는 것이다. 이것을 표현형 스크리닝이라 부른다. 최근에는 20세기 임상의학의 발전을 견인한 세 선각자가 구사하던 이 기술이 현대의 옷으로 갈아입고 다시 비상하려고 하고 있다.

함께 읽어보기 살바르산(1909년), 설파닐아마이드(1932년), 스트렙토마이신(1943년), 페니실린(1945년), 엽산 길항제(1947년), 코르티손(1950년), 피임정(1951년), MPTP(1982년), 아지도티미딘과 항레트로바이러스제(1984년), 탁솔(1989년)

1998년의 조지 히칭스와 거트루드 엘리언

H_2N
O
HO

1988년

펩콘® 폭발사고

1986년에 우주왕복선 챌린저호가 발사 직후 공중폭발하자 NASA는 사고 조사를 위해 향후 2년간 예정되어 있던 우주왕복 계획을 전면 중지시켰다. 그 여파로 보조추진장치에 들어가는 로켓 추진제의 재고가 기약 없이 쌓여갔다. 사정은 화학약품회사 펩콘도 마찬가지여서, 네바다 사막에 위치한 창고에 로켓 추진제 성분인 과염소산암모늄 수백만 킬로그램을 쌓아두고 썩힐 수밖에 없었다.

과염소산을 다루는 공장은 가능한 한 멀리 동떨어져 있는 게 좋다. 과염소산은 염소 원자들이 최고 산화상태에 있는 탓에 언제든 산화반응을 일으킬 수 있는 물질이기 때문이다. 그래서 작업자가 아주 작은 실수만 저질러도 순식간에 불이 붙거나 폭발해 버린다. 이런 과격한 성질은 근본적으로 과염소산 음이온이 많은 양의 산소를 보유할 수 있다는 점에서 비롯된다. 그래서 일단 불꽃이 피어나면 외부공기 유입 없이도 스스로 계속 타는 것이다. 과염소산이 오래전부터 불꽃놀이나 로켓 연료 물질로 사용되는 것 역시 이 성질 때문이다.

그 일은 1988년 5월 4일에 일어났다. 아마도 시작은 평범한 용접 작업이었을 것이다. 현장 작업자들은 불씨를 끄려고 모든 수단을 총동원했지만 실패하고 말았다. 결국 과염소산 드럼통으로 꽉 찬 창고로 불길이 번졌다. 소방관들은 소방차를 현장에서 1킬로미터 이상 떨어진 곳에 주차했지만 작은 산을 이룬 드럼통들이 폭발하는 순간 차량 유리가 모두 박살났다. 이 폭발로 옆 건물과 주차되어 있던 차들 역시 잿더미가 되었고 근처의 다른 건물들도 심각하게 파괴되었다. 폭발의 충격이 얼마나 컸던지 사막을 가로질러 저 멀리서도 리히터 규모 3.5가량의 진동이 지진계로 측정되었을 정도였다. 다행히 공장 직원들은 모두 대피한 후여서 사망자는 두 명뿐이었지만 16킬로미터 떨어진 곳의 시민들도 창문이 날아가는 등 충격파의 영향으로 크고 작은 부상을 당했다. 모든 걸 완벽하게 통제하고 있다고 과신한 인간들이 고삐 풀린 화학물질에게 제대로 한 방 먹은 셈이다.

함께 읽어보기 화약(850년경), 니트로글리세린(1847년), 산화상태(1860년)

1986년, 챌린저호 폭발 사고 때문에 미국 유인우주선 프로젝트가 동결되었다. 그 정체 기간에 남아돈 로켓 연료가 또 다른 사고를 일으킬 줄 누가 알았을까.

1989년

탁솔®

먼로 엘리엇 월(Monroe Eliot Wall, 1916~2002년), **만수크 C. 와니**(Mansukh C. Wani, 1925년~), **피에르 포티에**(Pierre Potier, 1934~2006년), **로버트 A. 홀턴**(Robert A. Holton, 1944년~)

1960년대 초 미국 NCI는 항암제로서의 개발 가능성을 타진하기 위해 다양한 식물 추출물을 조사하는 프로그램에 착수했다. 그 과정에서 1964년에 태평양 주목나무의 추출물이 암세포에는 독이라는 사실이 밝혀진다. 그리하여 리서치 트라이앵글 연구소(RTI, Research Triangle Institute)가 활성 성분을 찾는 임무를 맡았고 연구팀의 화학자 먼로 엘리엇 월과 만수크 C. 와니가 1966년에 탁솔(taxol)이라는 천연물을 분리해냈다. 연구팀은 1971년에 분자구조를 추가로 보고했다.

마침내 1979년에는 작용 메커니즘까지 완전히 밝혀졌다. 그런데 그게 종전의 다른 어떤 약물과도 달랐다. 세포가 분열하는 데 없어서는 안 되는 미세소관이라는 소기관이 있는데, 여기에 탁솔이 결합하는 것이다. 탁솔이 동물 실험과 독성 실험을 모두 통과하자 1984년에 NCI가 주도하는 임상시험이 시작되었다. 탁솔이 신약으로 성공적으로 안착하게 되면 지구상의 모든 주목나무가 남아나지 않을 거라는 우려의 목소리가 커진 게 이즈음부터다. 그때까지 탁솔 연구를 위해 벗겨낸 주목나무 껍질만도 이미 수천 킬로그램에 달했다.

NCI는 1989년에 브리스톨-마이어스 스퀴브, 일명 BMS라는 한 제약회사에 개발 권한을 넘겨준다. BMS는 이 신약의 상품명을 탁솔로 짓고 오히려 일반명을 파클리탁셀로 바꾸었다. 탁솔은 1992년에 난소암 치료제로 처음 승인되었지만, 수요를 어떻게 조달할 것인가라는 문제가 아직 남아 있었다. 이때 프랑스 화학자 피에르 포티에가 같은 종 나무의 바늘처럼 생긴 잎에서 합성 중간체를 추출하면서 돌파구가 마련되었다. 잎은 계속 재생되므로 껍질보다는 훨씬 안정적인 공급원이 될 수 있었다. 한편에서는 미국 화학자 로버트 A. 홀턴이 이끄는 연구팀 역시 같은 문제를 궁리하다 1994년에 합성 방법을 찾아냈다. 그 덕분에 1995년부터는 더 이상 애꿎은 나무들을 괴롭힐 필요가 없어졌다.

더 나중에는 탁솔이 주목나무 자체가 아니라 나무에 기생하는 곰팡이가 만드는 물질임이 밝혀진다. 덕분에 오늘날 탁솔은 어떤 화학합성 처리도 없이 큰 발효조에서 두 가지 미생물을 키우는 방식으로 제조된다.

함께 읽어보기 천연물(서기 60년경), 독물학(1538년), 바리 공습(1943년), 엽산 길항제(1947년), 탈리도마이드(1960년), 시스플라틴(1965년), 현대의 신약개발 전략(1988년)

다행히도, 주목나무 껍질 없이도 탁솔을 만들 수 있게 되었다. 합성유기화학을 통해 천연물을 신약으로 개발하다 보면 그 과정에서 갖가지 장해물에 부딪히곤 한다.

1991년

탄소 나노튜브

이지마 스미오(飯島 澄男, 1939년~), **도널드 S. 베튠**(Donald S. Bethune, 1948년~)

1991년 11월, 물리학자 이지마 스미오가 논문 한 편을 발표했다. 순수하게 탄소 원자로만 된 아주 작은 튜브를 만드는 방법에 관한 논문이었다. 가까이 들여다보면 이 튜브는 **그래핀**이 여러 겹으로 층층이 쌓이되 끝과 끝이 맞물려서 원기둥 같은 생김새를 하고 있다. 이것을 학계에서는 다중벽 나노튜브(multiwalled nanotube), 즉 MWNT라 부른다. 여기에 전자현미경을 들이대면 오묘한 광경이 눈 앞에 펼쳐진다. 곧 전 세계 학계에서 탄소 나노튜브 열풍이 불었다. 탄소 나노튜브는 추적물질, 미니 전극, 전선, 촉매 등 활용 범위가 무궁무진했고 컴퓨터 마이크로프로세서의 실리콘도 탄소 나노튜브로 대체되었다.

그런데 사실 탄소 나노튜브는 전에도 학계에 보고된 적이 있는 물질이다. 당시에는 중요성을 아무도 못 알아봤을 뿐이다. 1952년에 소련의 한 연구팀이 전자현미경으로 이런 구조를 관찰했고 1970년대와 1980년대에는 일본, 미국, 러시아 등지에서 MWNT 보고가 여러 번 있었다. 그런데 유독 이번에만 연구에 불이 붙은 것은 단일벽 나노튜브(SWNT, single-walled nanotube)가 매우 특이한 물리적 성질을 띨 거라는 예측이 나왔기 때문이었다. 게다가 때맞춰 이지마와 미국 물리학자 도널드 S. 베튠이 SWNT 합성 방법을 각자 공개했다. 사실 탄소 나노튜브는 **풀러렌**과 마찬가지로 전자현미경을 들이댄다고 바로 보이는 물질이 아니다. 아크방전의 순간에 탄소 막대가 산개했을 때를 비롯해 몇몇 조건에서만 튜브 구조가 형성되어 모습을 드러낸다.

현재는 나노튜브의 성질에 관한 예언들이 그대로 맞아떨어지면서 이런 구조를 의도하는 대로 합성하는 연구가 활발히 진행되고 있다. 구경과 꼬임 정도 등을 이리저리 조정하면 다양한 종류의 탄소 나노튜브를 만들 수 있고 그만큼 쓰임새도 많아진다. 실제로 오늘날 배터리, 자동차와 선박의 부품, 스포츠용품, 정수필터 등에 탄소 나노튜브가 사용되고 있다. 그 밖에 속을 왁스로 채운 탄소 나노튜브로 인공근육을 제작하거나, 친유성 탄소 나노튜브로 유출된 기름을 흡수하는 스펀지를 만드는 방안도 논의되고 있다. 아직 실험 단계지만 이 스펀지는 자기 무게의 100배가 넘는 양의 기름을 흡수한다고 한다.

함께 읽어보기 인조 다이아몬드(1953년), 풀러렌(1985년), 그래핀(2004년)

탄소 나노튜브의 실례. 이밖에도 종류가 많다. 흔히들 철조망 두루마리를 연상하는데, 나쁜 비유는 아니다.

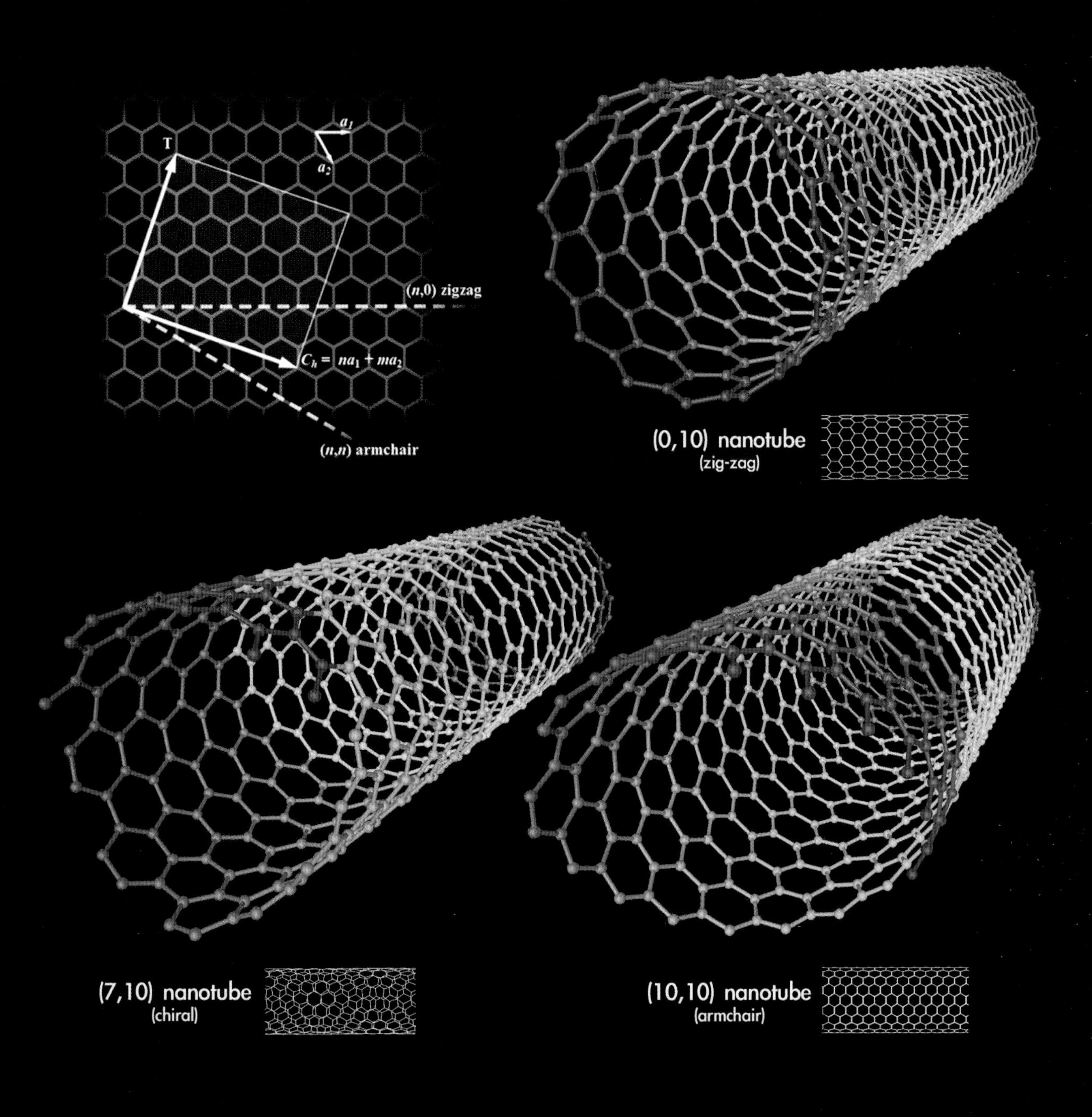

T
a_1
a_2
$(n,0)$ zigzag
$C_h = na_1 + ma_2$
(n,n) armchair
(0,10) nanotube
(zig-zag)
(7,10) nanotube
(chiral)
(10,10) nanotube
(armchair)

1994년

팔리톡신

폴 J. 슈이어(Paul J. Scheuer, 1915~2003년), **리처드 E. 무어**(Richard E. Moore, 1933~2007년), **키시 요시토, 우에무라 다이스케**(上村 大輔, 1945년~)

어떤 **천연물**은 상상을 초월할 정도로 복잡하다. 1971년에 하와이 대학교의 폴 J. 슈이어와 리처드 E. 무어 연구팀이 발견한 팔리톡신이 그런 경우다. 하와이 원주민들 사이에서는 어떤 해초(정확히는 연산호)가 신의 저주를 받아 독성을 갖게 되었다는 얘기가 전해 내려온다. 그 독성 성분이 바로 팔리톡신이다. 팔리톡신의 구조는 화학자 우에무라 다이스케가 밝혀냈는데, 후에 직접 합성해본 화학자들은 아마 그동안 흘려들었던 전설이 사실일지도 모른다는 생각을 했을 것이다.

과장이 아니라 팔리톡신은 어마어마하게 유독하다. 10억 분의 1그램만 가지고도 실험용 쥐를 죽일 수 있고 사람들을 아프게 하거나 심지어 죽게 만들 수 있다. 사람이 이 독소에 노출되는 가장 흔한 경로는 열대지방에서 오염된 생선을 먹는 것이지만, 드물게 자기 집에서 최첨단 어항에 바닷물고기를 키우다가 미생물이나 물에 들어 있는 팔리톡신 때문에 목숨을 잃는 사고도 일어난다.

팔리톡신 분자가 얼마나 복잡하냐면, 키랄 중심이 무려 일흔한 개나 된다. 이것은 2^{71}가지의 이성질체가 존재할 수 있음을 뜻한다. 이게 어느 정도로 큰 숫자인지 아마 감이 안 올 텐데, 전 세계에 있는 모든 모래사장의 모래알을 하나씩 센다고 상상해보자. 그런데 지구 말고도 그렇게 모래사장이 널린 행성이 모래사장의 모래알 수만큼 존재한다면? 이때 우주 전체의 모래알 수가 바로 팔리톡신의 이성질체 수와 엇비슷하다고 보면 된다. 하지만 그중에 하나만 합성하는 것도 만만치 않은 일이다. 그래서 혹자는 이것을 '합성화학계의 에베레스트산'이라고 불렀다. 그럼에도 인간은 결국 해냈지만 말이다.

하버드 대학교의 화학자 키시 요시토팀이 1994년에 발표한 논문에 따르면, 여섯 가지 출발물질로 140여 단계를 거쳐 팔리톡신을 만들 수 있었다고 한다. 이런 일까지 성공해내는 걸 보니 시간과 노력을 (그리고 연구비까지) 충분히 들인다면 현대 유기화학이 못 만들 물질은 없는 것 같다.

함께 읽어보기 천연물(서기 60년경), 독물학(1538년), 키랄성(1848년), 노자키 커플링(1977년)

모래말미잘과는 몸 안에 팔리톡신을 담고 있다. 이런 열대어종을 집에서 키우는 사람은 조심해야 한다.

1997년

배위구조체

후지타 마코토(藤田 誠, 1957년~), **오마르 야기**(Omar Yaghi, 1965년~)

금속 **배위화합물**은 그 화학적 성질 때문에 연구실에서는 촉매로, 산업 현장에서는 염료로, 의료계에서는 백금 성분 항암제와 가돌리늄 성분 MRI 조영제로 다방면에서 맹활약한다. 새로운 종류의 금속 착화합물을 연구하던 요르단계 미국인 화학자 오마르 야기는 1997년에 그 결과를 논문으로 발표했다. 여기에 뻣뻣하고 대칭적인 구조를 갖는 유기분자가 있다. 그리고 이 분자의 양 끝에는 금속이 쉽게 결합하는 작용기가 뻗어 나와 있다. 이 분자를 금속 이온이 그득한 용액에 담그면 작용기가 금속과 반응해 유기분자들이 금속 원자를 중심으로 반복되는 삼차원 격자 형태로 스스로 도열하면서 고체 결정이 점점 자라난다. 이런 배위결합을 형성할 수 있는 작용기는 다양하며, 어떤 형태의 골격이든 쌓아 올릴 수 있다.

그뿐만 아니다. 19세기 후반 알프레트 베르너가 최초로 증명했듯, 배위결합을 이루는 금속의 종류와 결합의 기하학적 구조 역시 매우 다양하다. 따라서 모든 경우의 수를 조합하면 당황스러울 정도로 많은 구조가 생길 수밖에 없다. 지금 이 순간에도 금속유기구조체 혹은 배위중합체라는 이름표를 달고 신물질에 관한 연구 보고가 쉬지 않고 쏟아져나오고 있다.

불리는 명칭이 여럿인 것은 **결정**의 구조만큼이나 성질도 특이하기 때문이다. 딱딱한 유기분자 단위는 양쪽을 잇는 기다란 다리 역할을 하므로 고체분자 전체를 크게 보면 큼직한 통로 혹은 구멍이 만들어진다. 그런 결정은 속이 텅 빈 껍데기나 다름없다. 대신, 질서 정연하게 줄 서 있는 이 빈 공간들에는 온갖 종류의 다른 분자를 채워 넣을 수 있다. 현재 학계에서는 이 배위구조체로 수소를 저장하거나 **이산화탄소**를 격리하거나 새로운 배터리 기술의 기질로 쓰는 등 다양한 활용 방안을 고심하고 있다. 화학자 후지타 마코토가 발표한 2013년 논문에 의하면 다른 소분자를 **엑스레이 결정학**을 적용할 수 있을 정도로 질서 있게 배위구조체에 흡수시킬 수 있다고 한다. 이 기술이 실용화된다면 결정화가 불가능하다고 생각했던 것들을 간편하게 결정으로 변환할 수 있게 될 것이다.

함께 읽어보기 결정(기원전 50만 년경), 이산화탄소(1754년), 배위화합물(1893년), 엑스레이 결정학(1912년), 수소 보관(2025년)

배위구조체 MIL-53의 구조. 양 끝에 카르복실산기가 달린 벤젠 고리가 기본 골격을 형성한다. 여기서 까만색 구슬은 탄소를, 빨간색 구슬은 산소를 의미한다. 이 기본 골격이 금속 원자, 즉 파란색 다면체들을 이어주고 그 결과로 생긴 거대한 빈 공간에는 노란색 공으로 표현된 물질이 들어간다.

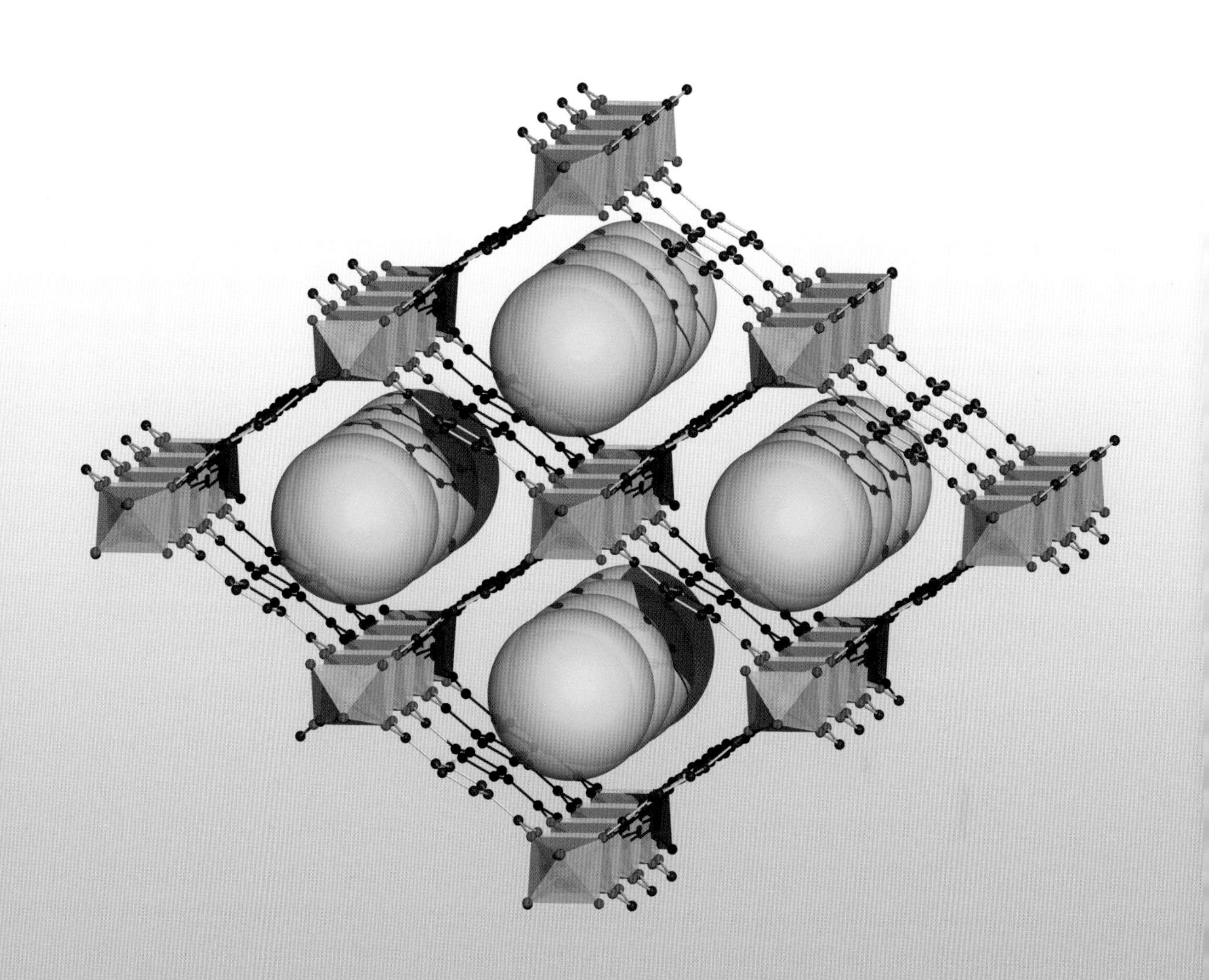

1998년

재결정화와 다형체

유진 선(Eugene Sun, 1960년~)

화학에서 결정화는 화합물 정제에 흔히 사용되는 기본 중의 기본 기술이다. 물질을 용매에 넣고 가열하면 녹지만 반대로 냉각시키면 결정이 만들어진다. 이것을 제대로 활용하면 불순물은 용매에 남기고 깨끗한 결정만 분리할 수 있다. 실제로, **크로마토그래피**가 지금처럼 흔해지기 전에는 고체는 재결정화하고 액체는 증류시키는 것이 물질 정제의 영순위 기술이었다.

하지만 문제가 하나 있다. 같은 물질이라도 조건에 따라 다르게 결정화될 수 있다는 점에서다. 다양한 결정 형태, 즉 다형체는 순수하게 보면 흥미로운 연구 대상이지만 성질이 저마다 달라서 현실에서는 수많은 목숨과 수억 달러의 돈이 다형체의 종류에 따라 왔다 갔다 한다. 실제로도 그런 일이 있었다. 미국 FDA가 1996년에 에이즈 치료제로 승인한 리토나비어라는 항레트로바이러스제가 있다. 그런데 1998년에 원래 주성분인 I형 다형체보다 에너지 상태가 낮은(즉, **수소결합**이 더 잘 되어 있는) 새로운 다형체가 발견된다. 이 II형 결정은 더 안정하기 때문에 어지간해서는 녹지 않는다. 치료약으로서는 꽝인 것이다. 그동안 제품을 제대로 만들었는지 확신할 수 없게 된 개발사 애보트는 시중에 깔린 물량을 전부 회수해야 했다. 그리고 불길한 예감은 현실이 되어 샘플 캡슐이 연이어 용출 시험을 통과하지 못했다. 의학박사 유진 선이 기자회견을 통해 여러 차례 지적했던 대로였다.

I형 리토나비어를 현탁액으로 액상화할 수는 있었지만 역겨운 맛이 났기 때문에 그대로 마시는 것은 절대로 불가능했다. 애보트의 연구진은 뼈아픈 시행착오를 거쳐 결국 이 현탁액을 진하게 농축해 말랑말랑한 캡슐에 넣는 방법밖에 없다는 결론에 도달했다. 여기에는 냉장 보관해야 한다는 조건이 붙었다. 여담이지만, 훗날 화학자 산자이 첌부르카르(Sanjay Chemburkar)가 이끄는 연구팀은 엄격하게 통제한 조건에서 II형 다형체 찌꺼기로부터 I형 다형체를 재분리하는 방법을 알아내기도 했다. 다형체 때문에 골머리를 앓은 제약회사는 한둘이 아니다. 하지만 애보트만큼 크게 데인 곳은 또 없을 것이다.

함께 읽어보기 결정(기원전 50만 년경), 크로마토그래피(1901년), 수소결합(1920년), 중합수(1966년), 아지도티미딘과 항레트로바이러스제(1984년)

용액 안에서 결정화하기 시작하는 아세트산나트륨. 이런 단순한 화합물에서도 농도와 온도를 어떻게 설정하고 어떤 용매를 쓰느냐에 따라 여러 가지 다형체가 만들어진다.

2001년

트리아졸 클릭화학

칼 배리 샤플리스(Karl Barry Sharpless, 1941년~), **캐럴린 루스 베르토치**(Carolyn Ruth Bertozzi, 1966년~), **발레리 포킨**(Valery Fokin, 1971년~)

다른 그 무엇과도 교차반응하지 않는 작용기를 가진 두 반응물질이 다른 시약이나 촉매의 도움 없이 저희끼리 바로 결합해버리는 반응이 있다. 2001년, 미국 화학자 칼 배리 샤플리스는 그동안 적절한 용어가 없어서 명료하게 설명하기가 곤란했던 이 반응에 딱 맞는 이름을 붙여준다. 바로 클릭 반응이다. 앞서 키랄 중심 하나로 또 다른 키랄 중심을 만드는 비대칭 합성 연구로 노벨상 수상자 명단에 한 차례 이름을 올렸던 그의 설명대로라면 클릭 반응의 정의를 완벽하게 충족하는 반응은 아직 하나도 발견되지 않았다. 그나마 가장 비슷한 것은 **아세틸렌** 유도체와 아자이드라는 질소 화합물이 만나 트리아졸을 형성하는 하위스겐 고리화 첨가 반응이다. 트리아졸은 질소가 세 개 들어 있는 오각형 구조의 물질이다.

이 반응을 유도하는 데 필요한 조작은 두 반응물질을 가열하는 것뿐이다. 하지만 성공한 화학자는 많지 않다. 아자이드가 걸핏하면 폭발하는 탓이다. 그래서 샤플리스는 러시아 화학자 발레리 포킨과 함께 극소량의 구리를 촉매로 사용해 두 물질이 실온에서도 반응할 수 있도록 하는 방법을 개발했다. 이 일명 근사(近似) 클릭(가까운 클릭) 반응에 학계의 이목이 집중된 것은 당연하다. 유기화학과 의약화학은 이 신기술을 재빨리 수용해 트리아졸 클릭화학이라는 다소 생소한 연구의 선봉에 섰고 곧 재료과학, 나노공학, 생물학을 비롯한 다양한 과학 분야가 이런 움직임에 동참했다. 클릭 반응은 생체분자에 형광 꼬리표를 붙이는 데 유용한데, 화학자 캐럴린 베르토치 등은 구리 촉매의 도움 없이도 살아 있는 세포 안에서 이 반응이 일어나게 하는 여러 응용기법을 고안해냈다. 출발물질인 아자이드와 아세틸렌의 궁합이 특히 잘 맞을 경우 몇몇 트리아졸은 효소의 활성부위 안에서 스스로 합체한다고 한다.

현재 트리아졸 클릭 반응은 DNA, 복잡한 무기분자, 유기 반도체를 비롯해 두 분자를 묶어야 하는 모든 분야로 활약 무대를 꾸준히 넓혀가고 있다. 비슷한 유형의 반응도 속속 발견되었지만, 샤플리스의 연구는 분자 수준의 초강력 접착제가 얼마나 유용한지를 보여준 최초의 사례라 할 수 있다.

함께 읽어보기 형광(1852년), 쌍극자 고리화 첨가 반응(1963년), 아지도티미딘과 항레트로바이러스제(1984년)

내부 구조물이 형광 염료로 표지된 종양세포. 클릭화학은 통제 단위를 각개 분자 수준으로 끌어내려 화학 실험의 선택성을 기존 한계 이상으로 높였다.

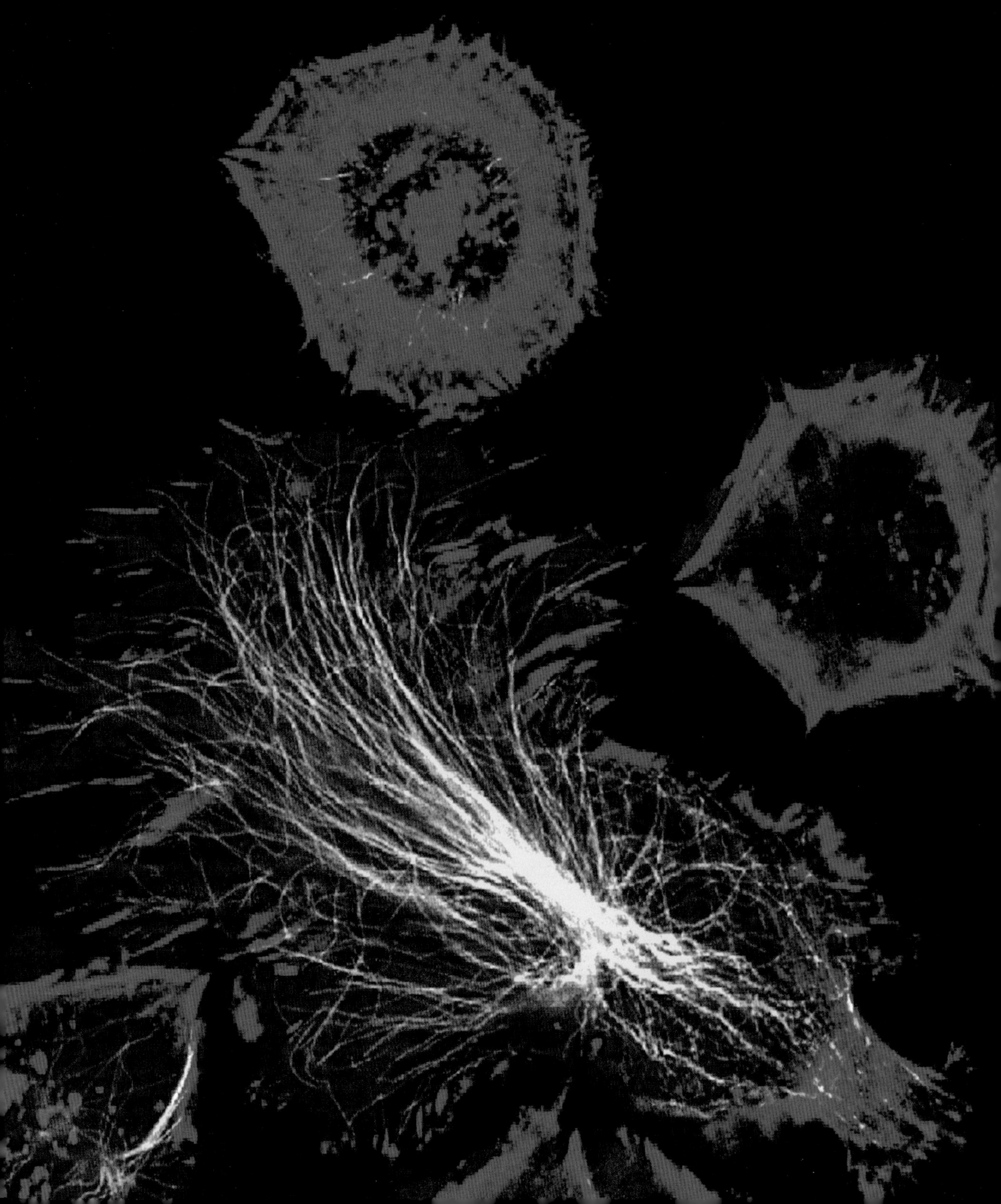

2004년

그래핀

안드레 콘스탄틴 가임(Andre Konstantin Geim, 1958년~), **콘스탄틴 노보셀로프**(Konstantin Novoselov, 1974년~)

사람들은 흔히 탄소는 연구가 많이 된 원소니까 적어도 순수한 탄소 동소체에 관해서는 밝혀질 사실은 거의 다 밝혀졌다고 생각할 것이다. 하지만 그렇지 않다. **풀러렌**과 **탄소 나노튜브**가 탄소 나노기술이라는 새 세상의 문을 연 것처럼 말이다. 현재는 그래핀이라는 또 다른 새 탄소 세상이 열리길 모두가 고대하고 있다. 흑연은 벤젠 분자들이 벌집처럼 배열한 평면이 차곡차곡 쌓인 구조로 되어 있는데, 이 구조의 한 층을 그래핀이라 한다. 그래핀의 두께는 탄소 원자 하나의 지름에 불과할 정도로 얇다.

그래핀은 실체가 발견되기 전에 이미 유명해진 드문 사례다. 이렇게 유명세를 타게 된 것은 흑연을 보다 얇게 만들려는 학문적 욕구와 돌돌 말린 탄소 나노튜브를 쫙 편 것이 바로 그래핀 낱장이라는 깨달음 때문이었다. 하지만 원자 한 개 두께의 평평한 구조를 가진 물질이 실존할 거라고 기대한 사람은 아무도 없었다. 설사 그런 구조가 만들어지더라도 자연적으로 돌돌 말려 나노튜브가 되어버릴 터였다.

그러던 2004년, 영국의 두 물리학자 안드레 콘스탄틴 가임과 콘스탄틴 노보셀로프가 그래핀 낱장을 어이없을 정도로 간단한 방법으로 만들어 선보인다. 두 사람이 사용한 도구는 바로 접착테이프와 흑연 가루였다. 이 방법에는 여러 가지 응용 버전이 있지만, 아주 적은 양의 흑연 가루를 테이프로 문지른 다음 테이프를 반으로 접었다 떼기를 여러 번 반복하는 것이 가장 간단하다. 문제는 진짜 그래핀이 만들어졌는지 확인하는 게 어렵다는 것인데, 두께가 너무 얇아서 테이프에 아무것도 묻지 않은 것처럼 보이기 때문이다.

그래핀은 튼튼하고 투명한 데다가 전기가 통하기 때문에 광학, 전기전자, 기계공학 분야에서 특히 눈독을 들이는 신소재다. 그만큼 연구 열기도 뜨겁다. 그래핀을 다른 기질에 덮어씌우는 기술 또한 주목받는 주제 중 하나인데, 적절하게 흠집을 내거나 다른 원자를 끼워 넣어 재단한 그래핀으로 특별한 반도체나 태양전지를 개발하는 연구가 활발히 진행되고 있다. 그래핀 기술은 비슷한 구조의 다른 물질에도 적용 가능하다. 예를 들어, **흑인**(黑燐)에서는 포스포린 박판이 만들어지고 실리콘과 게르마늄도 이런 낱장 구조 분리에 성공한 사례가 있다. 앞으로도 같은 유의 신소재가 계속 나올 것으로 기대된다.

함께 읽어보기 인(1669년), 벤젠과 방향족 화합물(1865년), 인조 다이아몬드(1953년), 풀러렌(1985년), 탄소 나노튜브(1991년)

그래핀 분자 모형. 중량이 같을 때 강철보다 200배 이상 튼튼하다. 그래핀은 두께가 원자 하나의 지름에 불과해 존재할 수 있는 가장 얇은 탄소 분자이며 평범한 덩어리 고체와 전혀 다른 성질을 가진다.

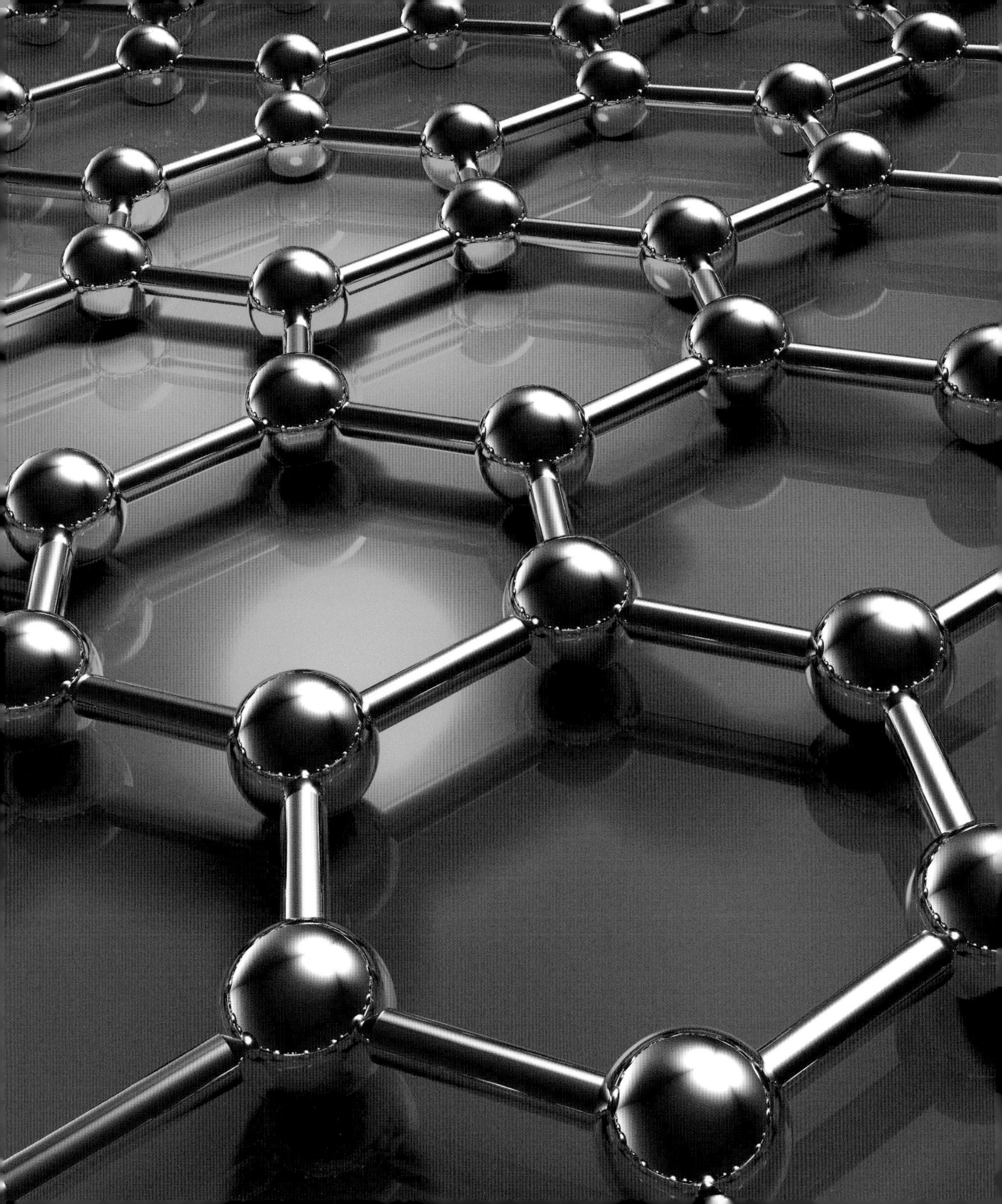

2005년

시킴산 품귀 현상

존 C. 롤로프(John C. Rohloff, 1960년~)

유기화학자라면 누구나 거의 모든 복잡한 분자를 만들어낼 수 있다는 자부심을 어느 정도든 갖고 있을 것이다. 이런 자부심이 경제성, 재현성, 대량생산성까지 갖추고 발현되는 곳이 바로 제약업계다. 최소한의 소비로 최상의 결과를 도출하는 것이다. 가령, 어떤 원료물질이 화학합성을 더 유리한 지점에서 출발하게 한다면 그 물질을 쓰는 식이다.

대표적인 예가 항암제 **탁솔**과 독감치료제 타미플루다. 타미플루의 약효성분인 오셀타미비어는 뉴라미니다제(neuraminidase)라는 효소를 억제함으로써 숙주 세포에서 바이러스 입자가 나와 퍼지지 못하게 만든다. 육각형 분자구조에는 키랄 탄소 세 개가 나란히 위치한다. 그런데 합성을 통해 분자에 원하는 **키랄성**을 입히는 것은 간단하지 않다. 보통은 이미 키랄성이 있는 출발물질로 합성을 시작하거나 키랄성 보조시약을 사용한다. 아니면 아깝지만 절반의 손실을 감수하고 우향 이성질체와 좌향 이성질체 중 딱 하나만 골라낼 수도 있다.

오셀타미비어는 특별한 키랄 탄소 배열을 가진 시킴산이라는 **천연물** 성분을 원료로 사용하는 첫 번째 경우다. 이 대규모 오셀타미비어 합성 공정은 1998년에 제약회사 길리드 사이언스에서 미국 화학자 존 C. 롤로프가 이끄는 연구팀이 정립시킨 뒤 또 다른 제약회사 호프만 라 로슈가 추가로 개량했다. 시킴산은 많은 식물종에 소량씩 들어 있지만 향신료인 팔각에 특히 많다. 2005년에는 조류독감이 유행해 타미플루 수요가 급증하자 덩달아 팔각도 더 많이 필요해졌다. 전 세계에서 구할 수 있는 물량이란 물량은 죄다 이 독감치료제 합성에 쏟아부었음에도 원료 품귀 때문에 제품이 부족해질 정도였다.

이 난리를 겪고 나서 저명한 합성화학 전문가들은 새로운 시킴산 공급처를 찾거나 완전히 다른 합성 경로를 개발하자는 의견을 내놓았다. 항균제 내성이라는 변수가 존재하긴 하지만, 앞으로 또 같은 일이 벌어져 타미플루가 다량 필요해질 때는 약국마다 선반이 텅텅 비는 사태가 재현되지 않길 바라는 마음이다.

함께 읽어보기 천연물(서기 60년경), 키랄성(1848년), 비대칭 유도(1894년), 이성질체 분리를 위한 키랄 크로마토그래피(1960년), 탁솔(1989년)

중국요리 홍소육(红烧肉)에 향신료로 들어가는 팔각. 시킴산 원료로서 공급이 늘 안정적이지는 않다.

2005년

올레핀 복분해

이브 쇼뱅(Yves Chauvin, 1930년~2015년), **로버트 하워드 그럽스**(Robert Howard Grubbs, 1942년~), **리처드 로이스 슈록**(Richard Royce Schrock, 1945년~)

다른 말로 이중 분해라고도 하는 복분해(複分解)는 두 화합물이 작용기를 서로 교환해 새로운 화합물 두 개로 변하는 반응을 말한다. 이런 반응을 하는 화합물 중 가장 유명한 것은 바로 올레핀이다. 알켄의 일종인 올레핀의 경우, 고리가 열리고 새 결합이 생긴 다음 다시 새로운 고리가 닫히는 과정을 거쳐 탄소와 탄소 이중결합이 재배열한다. 간단한 예를 들어보자. 여기 탄소 세 개짜리 알켄인 프로필렌이 있다고 치자. 프로필렌 두 분자가 반응하면 탄소 두 개짜리 알켄과 네 개짜리 알켄이 1대 1로 만들어진다. 탄소 수와 이중결합 수는 반응 전에 비해 변화가 없지만 결과물은 완전히 새로운 화합물이다. 이것이 복분해다. 이 반응은 탄소와 탄소 결합을 만드는 독특한 방법이기에 유기화학자라면 매료될 수밖에 없다.

복분해는 독일과 이탈리아의 두 화학자 카를 치글러와 줄리오 나타가 각자 연구개발한 **치글러-나타 촉매작용**에 바탕을 두고 있다. 쉘, 필립스, 굿이어, 듀폰 등 유수의 기업들이 올레핀을 이용한 새로운 화학반응들을 발견했다. 그런데 모두 패턴이 엇비슷했다. 이에 1970년대 초 프랑스 화학자 이브 쇼뱅은 이 반응들 모두 촉매로부터 금속이 포함된 사각형 구조의 중간체가 만들어지는 것 같다는 의견을 내놨다. 반면에 미국 화학자 로버트 하워드 그럽스는 금속이 포함된 중간체가 사각형이 아니라 오각형이라고 주장했다. 하지만 **동위원소** 표지 실험 결과, 쇼뱅의 예측이 맞았음이 증명된다. 이어서 미국 화학자 리처드 로이스 슈록은 텅스텐과 몰리브데늄을 이용해 금속 촉매 여럿을 개발했고 그럽스는 루테늄 촉매가 더 다루기 쉽다는 사실을 알아냈다. 이런 금속 촉매들은 유기화학계에 복분해 반응을 널리 알리는 일등공신이 되었다. 최근에는 서로 다른 활성을 지닌 여러 가지 분자를 합성할 목적으로 생체분자 연구에도 복분해 원리가 활용되고 있다.

순수한 호기심의 대상이었던 올레핀 복분해는 오늘날 최고 난이도의 전(全)합성 반응에 포함될 정도로 학계와 산업계 전반에서 확고한 입지를 굳혔다. 수백만 톤의 에틸렌이 이 반응을 거쳐 플라스틱과 세정제의 원료물질인 긴 사슬형 분자로 변신한다. 쇼뱅, 그럽스, 슈록은 2005년에 노벨상을 받았다.

함께 읽어보기 동위원소(1913년), 치글러-나타 촉매작용(1963년)

1세대 그럽스 촉매의 결정 구조. 가운데 파란색이 루테늄이고 팔을 벌린 것처럼 양옆에 달린 초록색이 염소다. 여기에 거대한 치환기를 줄줄이 달고 있는 주황색 인 둘이 배위결합해 있다.

2006년

관류 화학

스티븐 빅터 리(Steven Victor Ley, 1945년~)

대부분의 화학자에게는 아마도 단계마다 끊어서 가는 화학반응이 익숙할 것이다. 플라스크 하나에서 한 반응을 시작하고 끝나면 결과물을 꺼내 정제하거나 다음 반응 단계에 투입하는 식이다. 이때 합성량을 늘리고자 할 경우는 더 큰 플라스크를 사용하거나 같은 작업을 여러 번 반복하거나 두 가지를 병행하는 전략을 쓴다.

그런데 이것 말고 또 다른 방식이 있다. 연구실에는 최근에야 도입되었지만 산업 현장에서는 오래전부터 통용되던 것이다. 입구와 출구가 있는 연속관류장치가 있고 여기에 펌프로 원료물질을 계속 투입하는 것이 기본적인 작동 원리다. 조건을 잘 맞추면 빠른 시간 안에 완벽에 가까운 수율로 반응을 완결시킬 수 있다. 원하는 물질을 더 많이 합성하고 싶다면 원료가 들어 있는 플라스크와 반응산물을 받는 플라스크를 더 큰 것으로 바꿔 끼우기만 하면 된다.

잠깐 얘기만 들어도 이걸 진작 알았으면 좋았을 걸 하는 생각이 든다. 하지만 관류 화학은 꽤 오랫동안 **니트로글리세린**처럼 특정 품목을 다루는 대형 화학공장에서만 구사하던 기술이었다. 관류 화학이 몸집을 줄이고 학계로 진출한 것은 다루기 쉽고 활용 범위도 넓은 소형 실험기구들이 나오면서부터다. 이 소형 장치의 원료투입부는 그저 코일처럼 돌돌 말린 금속관 하나면 충분하고 준비 작업이라고는 금속관을 적당한 온도로 데우는 게 다다. 여기에 **광화학** 반응을 위한 조명 장치나 촉매를 넣은 컬럼을 추가로 연결할 수도 있다. 장치의 어느 지점에서든 액체나 기체 형태의 시약을 투입할 수 있다는 것도 또 하나의 매력이다. 더불어 마지막 단계에서 반응산물을 정제할 때는 고체 시료도 사용할 수 있다.

연구실용 관류 화학 장치의 실효성이 최초로 입증된 것은 2006년의 일이다. 영국 화학자 스티븐 빅터 리가 이 장치만으로 **천연물** 합성 전과정을 최초로 완성해 보인 것이다. 이 기법은 **디아조메탄**처럼 반응성이 유독 높거나 위험한 중간체가 만들어지는 반응에도 적합하다. 성질상 어차피 많은 양의 원료가 필요하지 않기 때문이다. 이렇듯 관류 화학의 이점은 누가 봐도 명백하다. 온도를 높이면 반응을 빨리 끝낼 수 있고 더 안전한 과정을 통해 더 깨끗한 반응산물이 만들어지며 반응 조건을 조정하는 것도 간편하다.

함께 읽어보기 광화학(1834년), 니트로글리세린(1847년), 열분해(1891년), 디아조메탄(1894년), 수소첨가반응(1897년), 하버-보슈법(1909년)

소형 관류 화학 장치. 투명한 필름 너머로 보이는 구불구불한 통로 안에 작은 구슬들이 채워져 있다. 구슬에는 촉매 역할을 하는 효소가 코팅되어 있어서 원료물질이 이 통로를 지나는 동안 생성물질로 변환된다.

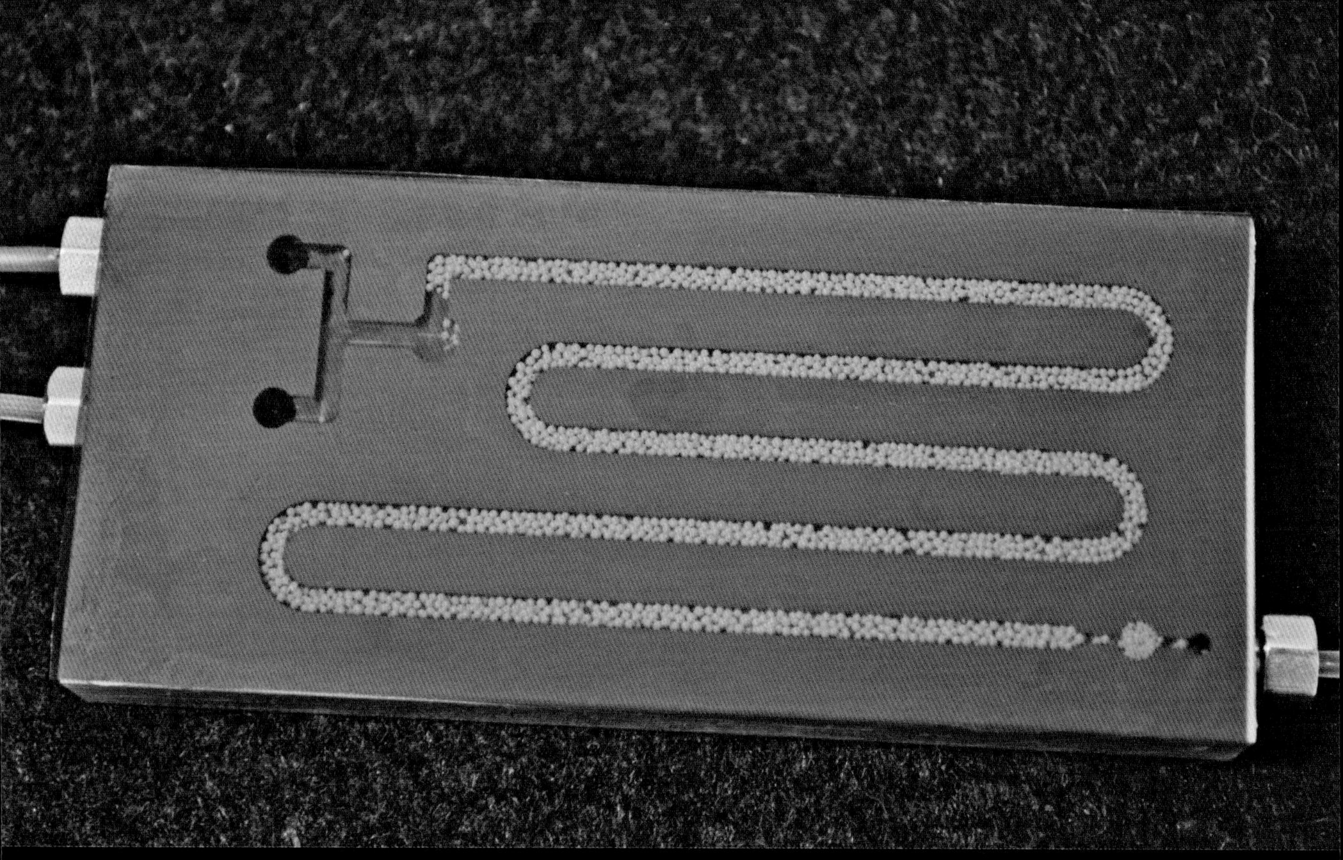

2006년

동위원소 분포

반응물질의 원자 하나를 **동위원소**로 치환했을 때 화학반응 속도가 달라지는 것, 즉 **동적 동위원소 효과**는 가끔 예기치 않은 상황에서 목격되고 때때로 누군가에게 불행을 안겨주기도 한다. 가령 탄소-12와 탄소-13 자체는 서로 크게 다르지 않다. 하지만 살아 있는 세포에서는 탄소 화합물이 계속 가공된다. 따라서 탄소 기반 생체분자에 들어 있는 두 가지 탄소 원자의 비, 다시 말해 동위원소 분포는 생물종마다 확연하게 다르다. 식물은 다른 식물의 잔해를 거름 삼아 자라나고 그 식물은 동물의 먹이가 된다. 10억 년이라는 긴 세월 동안 이런 순환이 반복되면서 지구에는 더 가벼운 탄소-12가 월등하게 많아졌다. 심지어 **질량 분광분석**을 이용하면 어떤 분자가 열대식물에서 만들어진 것인지 온대식물에서 추출된 것인지까지 구분할 수 있다고 한다.

분석화학의 이런 능력은 뉴스거리를 만들기도 한다. 2006년, 미국 사이클선수 플로이드 랜디스(Floyd Landis)가 경기력 향상을 위해 테스토스테론을 몰래 복용했다는 사실이 도핑 검사로 밝혀지면서 그는 투르 드 프랑스 우승자 자격을 박탈당했다. 랜디스는 약물의 힘을 빌린 것이 아니라 원래 테스토스테론이 많은 체질이라고 우겼지만 질량 분광분석 결과는 그의 주장과 달랐다.

테스토스테론 분자에는 탄소 원자가 열아홉 개 존재한다. 그중에 탄소-13은 1퍼센트를 넘을까 말까다. 따라서 동위원소 효과가 없다면 시료 안에 탄소-13이 두 개인 테스토스테론 분자(약 1만 분의 1), 탄소-13이 세 개인 분자(약 100만 분의 1) 등이 통계적으로 얼마나 존재할지를 알아낼 수 있다. 반면 천연물에 들어 있는 스테로이드 분자에는 탄소-12가 훨씬 많다. 탄소-12가 얼마나 우세한지는 생화학적 합성 경로에 따라 달라진다.

합성 테스토스테론은 참마나 콩 같은 열대식물의 스테롤로부터 만들어지고 당연히 인체 테스토스테론과 완전히 다른 특질을 가진다. 그런데 랜디스의 테스토스테론 프로파일은 사람의 것보다는 열대식물의 것에 가까웠다. 결국 랜디스는 2010년에 테스토스테론과 기타 금지 약물들을 사용했음을 시인한다. 2006년의 검사 결과가 오류라는 주장만은 굽히지 않았지만.

함께 읽어보기 콜레스테롤(1815년), 질량 분광분석(1913년), 동위원소(1913년), 세포 호흡(1937년), 스테로이드 화학(1942년), 동적 동위원소 효과(1947년), 광합성(1947년), 메탄 수화물(1965년), 효소 입체화학(1975년)

2009년에 캘리포니아에서 열린 시간 기록으로 순위를 매기는 타임 트라이얼 경기에서 질주하고 있는 플로이드 랜디스. 그처럼 금지약물을 복용한 것으로 드러나 경력에 오점을 남기는 선수가 적지 않다. 현대 분석화학의 힘이 이 정도다.

OUCH
sports medical center
smith&nephew
KUOTA
CYTOMAX
SRAM
RITCHEY
KUEEN-K
MAVIC
eSoles
H.M. AEROGRADE COMPOSITE TEC

2009년

아세토니트릴

바깥세상 사람들은 전혀 눈치채지 못했지만 제약회사 연구부, 대학 연구소, 범죄수사기관에게 2009년은 유독 힘든 해였다. **역상 크로마토그래피**의 기본 용매인 아세토니트릴 때문이다. 아세토니트릴은 탄소와 질소 사이의 삼중결합에 메틸기 하나가 달린 탄소 두 개짜리 화합물이다. 아세토니트릴의 인기는 여러 가지 면에서 이미 예견된 것이었다. 어떤 농도에서도 물과 잘 섞이고, 극성이 약한 다양한 유기분자를 녹이지만 그 자체는 반응성이 낮고 독성도 없으면서 쉽게 증발하니까 말이다. 하지만 아무리 좋은 물건도 수중에 없다면 아무 소용 없는 법. 2008년 하반기부터 2009년까지 몇 달 동안 전 세계적으로 아세토니트릴 공급량이 확 줄었다. 당연히 가격은 고공행진을 계속했고 약품상들은 선주문한 고객에게 약속을 지킬 수 없다는 연락을 돌려야 했다. 다행히 메탄올로 대체할 수 있는 경우도 있었지만 대부분은 그렇지 못했다.

이 사태를 만든 원인은 여러 가지였다. 일단 최대 생산국인 중국은 베이징에서 열릴 하계 올림픽 때문에 대기오염 개선 차원에서 공장문을 닫아버렸다. 설상가상으로 걸프만에 있는 미국 공장들은 허리케인 아이크에 초토화되었다. 하지만 근본적인 문제는 세계 경제가 전반적으로 하향세에 접어든 것이었다. 대부분의 아세토니트릴은 산업용 폴리머의 원료인 화학약품 아크릴로니트릴을 생산하는 과정에서 부산물로 만들어진다. 하지만 전체적인 수요 감소 탓에 아크릴로니트릴 공장 다수가 작업량을 줄이거나 휴업에 들어가야 했다. 자연히 아세토니트릴 창고도 비어갈 수밖에 없었다.

아세토니트릴을 대량 합성하는 다른 방법이 없는 것은 아니다. 하지만 아크릴로니트릴 공장 옆에서 기다렸다가 얻는 것이 훨씬 저렴하기 때문에 어느 누구도 그런 번거로움을 감수하지는 않았다. 사태가 장기화될 조짐을 보이자 대안을 고려한 회사들이 있긴 있었다. 하지만 시장이 조금씩 활기를 되찾고 가격 상승세도 누그러지면서 차선책에 관한 목소리는 조금씩 작아져 들리지 않게 되었다. 그 이후 금융위기 때문에 곳곳에서 HPLC 시스템이 또 한 번 멈추었을 때 다시 논의되긴 했지만 말이다.

함께 읽어보기 폴리머와 중합반응(1839년), 크로마토그래피(1901년), 회전증발기(1950년), HPLC(1967년), 역상 크로마토그래피(1971년), 전자분무 LC/MS(1984년)

2013년 2월, 베이징 천안문 광장을 무겁게 짓누르고 있는 스모그. 2008년 하계 올림픽을 대비해 이런 공해 문제를 해결하기 위한 중국 정부의 조치들이 갑작스러운 아세토니트릴 공급 부족 사태를 재촉했다.

효소공학

제이컵 M. 제이니(Jacob M. Janey, 1976년~)

유기화학자치고 효소를 사랑하지 않는 사람은 드물 것이다. 효소는 반응을 온건한 조건에서도 더 빨리, 더 깔끔하게 일어나게 해주기 때문이다. 이런 효소의 제어권을 갖는 것은 유기화학계의 숙원 중 하나였다. 이 바람이 조금씩 현실화된 것은 2010년부터다.

제약회사 머크는 당뇨병치료제 시타글립탄 합성의 핵심 중간체를 더 쉽게 만들 새로운 방법을 찾고 있었다. 시타글립탄 분자에는 키랄 아민이 존재하는데, 그동안은 비대칭 합성으로 버텨왔지만 대규모로 돌리기에는 까다로운 반응인 데다가 미량의 **수소첨가반응** 금속촉매가 남아 반응산물이 오염되기 일쑤였다. 해결책을 찾기 위해 머크는 코덱시스라는 효소공학 전문 기업과 손을 잡았다. 목표는 트랜스아미나제라는 효소 계열을 이용해 키랄 아민을 만드는 것이었다. 하지만 천연 트랜스아미나제 중에서 시험한 적지 않은 후보 효소 모두 머크의 기준에 미달했다. 분자의 덩치가 너무 큰 데다가 적절한 결합 부위가 없었던 것이다. 그래서 코덱시스의 크리스 새빌(Chris Savile)과 머크의 제이컵 M. 제이니는 컴퓨터 가상 세계에서 결합 부위의 크기와 모양을 이리저리 달리해가며 모델링해 가장 적합한 효소 구조를 재단하기 시작했다.

이 전략을 구사할 때는 임의성을 어느 정도 허용하는 것이 중요하다. 왜냐하면 거대한 단백질의 구조가 미묘하게만 달라져도 인간의 예측을 뛰어넘는 효과 차이가 벌어질 수 있기 때문이다. 그래서 하나씩 변화를 줄 때마다 효소의 활성과 선택성을 측정하고 그 결과를 다시 설계에 반영했다. 이런 식으로 연구팀이 검토한 후보 효소는 약 3만 6000가지였고 중간 심사에서 탈락한 모델링 시나리오도 셀 수 없었다. 이렇듯 치열한 경쟁을 거쳐 결승에 오른 것은 **아미노산** 스물일곱 개짜리 단백질이었는데, 머크는 이 효소를 이용해 높은 선택성을 가지는 시타글립탄 중간체를 대량 생산할 수 있었다.

효소공학은 기대를 한 몸에 받는 새로운 연구 전략이다. 하지만 현재 걸음마 단계여서 아직은 비싸고 시간이 많이 든다. 그러나 더 빠르고 더 저렴하면서 더 믿을 만한 신기술이 차차 나오면 화학 연구의 근간을 갈아엎게 될 것이다.

함께 읽어보기 아미노산(1806년), 키랄성(1848년), 비대칭 유도(1894년), 치마제 발효(1897년), 수소첨가반응(1897년), 탄산탈수효소(1932년), 광합성(1947년), 컴퓨터 화학(1970년), 효소 입체화학(1975년)

항바이러스제와 항암제로서 효소공학을 통해 개발 중인 퓨린 뉴클레오시드 포스포릴라제 효소의 삼차원 리본 구조

2010년

금속 촉매 커플링

스즈키 아키라(鈴木 章, 1930년~), **리처드 프레드 헥**(Richard Fred Heck, 1931년~), **네기시 에이이치**(根岸 英一, 1935년~)

2010년 노벨 화학상의 간택을 받은 주제는 지난 수십 년 동안 착실하게 명성을 쌓아온 한 반응이었다. 때는 1960년대 후반으로 거슬러 올라간다. 미국 화학자 리처드 프레드 헥은 알켄과 팔라듐 화합물이 만나 탄소와 탄소가 새로 이어지는 반응을 발견했다. 이 반응은 새로운 유기화합물 합성의 핵심적인 중간 단계였다. 헥은 곧 팔라듐을 촉매처럼 소량만 사용해 반응을 구동하는 방법을 찾았는데, 금속이 고가의 원료라는 점에서 의미가 큰 발견이었다. 그는 훗날 알켄 이외의 화합물 계열로도 팔라듐 중간체를 만들어냄으로써 반응의 메커니즘이 그가 그동안 짐작했던 그대로임을 증명해냈다.

사실은 그 전에도 구리, 니켈, 코발트, 철, 마그네슘 등 다른 금속을 이용한 금속 촉매 커플링 반응이 논문을 통해 여러 차례 발표된 바 있었다. 하지만 화학자 네기시 에이이치의 연구팀은 1970년대와 1980년대에 팔라듐을 촉매로 사용해 매우 온화한 조건에서 아연 시약으로 새로운 탄소-탄소 결합을 만들어내는 데 성공한다. 그뿐만 아니라 팔라듐의 마법은 반응성이 가장 약하다고 알려진 원소들에도 통했다. 가령, 1979년에 화학자 스즈키 아키라는 팔라듐 촉매 커플링 과정에서 보론산과 탄소가 연결된다는 것을 확인해 학계에 보고했고 1980년대에 점점 더 많은 전문가의 관심을 끌어냈다. 이 결합 형성 반응의 수율이 다른 무엇에 비할 바 없이 높았다.

팔라듐의 인기는 어마어마했다. 곧 새로 개발된 보론산 시약들이 추가된 화학약품집이 개정에 개정을 반복했고 이 시약들과 반응 짝을 이루는 물질의 목록도 점점 길어졌다. 그럼에도 다양한 팔라듐 촉매를 이용한 반응으로 응용 가능한 화합물을 찾기 위한 연구는 열기를 더해갔다. 그 중에서 스즈키 반응을 비롯한 여러 팔라듐 촉매 반응은 현대 유기화학에서 대항마가 없는 독보적 입지를 굳혔다. 이 반응을 이용하면 방향족 고리와 다양한 분자구조들을 한때 불가능하다고 여겨졌던 경로로 이을 수 있다. 이제 제약업계는 오히려 비슷비슷한 팔라듐 반응산물이 지나치게 많다고 걱정하고 있다. 의약품으로 가망이 없는 화합물도 너무 쉽게 만들어지기 때문이다. 너무 편하고 유명해서 걱정되는 때가 오면 확실한 경지에 오른 것이다.

함께 읽어보기 그리냐르 반응(1900년), 노자키 커플링(1977년)

전자현미경으로 확대해 본 순수한 팔라듐 결정의 이미지. 팔라듐은 현재 가장 널리 사용되는 금속 촉매 중 하나다.

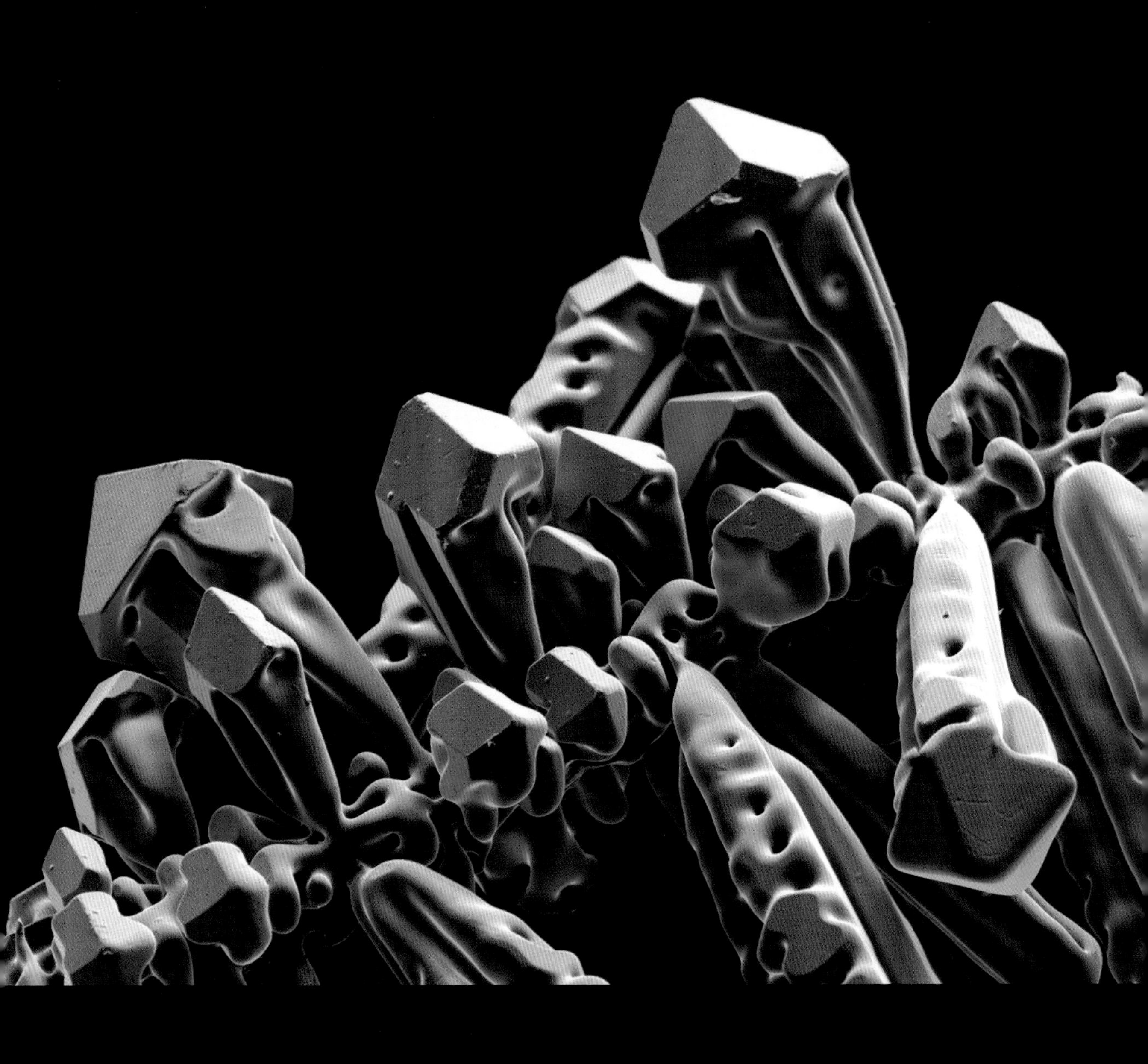

2013년

단일분자의 이미지

게르하르트 마이어(Gerhard Meyer, 1956년~), **마이클 크로미**(Michael Crommie, 1961년~), **레오 그로스**(Leo Gross, 1973년~), **필릭스 R. 피셔**(Felix R. Fischer, 1980년~)

원자간력현미경(AFM: atomic force microscope)은 1980년대에 발명되었다. 간단히 말해 탐침이라고도 부르는 아주 가는 바늘을 연마된 계면에 닿을락 말락 하게 가까이 내려 관찰하는 광학기술이다. 바늘 끝에는 원자 하나가 달려 있는데, 계면과의 거리가 워낙 가까워서 원자가 계면의 다른 분자들과 밀고 당기는 힘겨루기를 할 수 있을 정도다. 아주 작게 축소된 손가락 끝으로 계면을 쓰다듬는다고 상상하면 이해하기 쉬울 것이다. 바늘 끝의 가공 방식과 검출 대상을 달리하면 원자 수준의 척력과 인력 그리고 기타 여러 양자역학적 효과를 감지할 수 있다. 이 기술 개발자들은 당구대 위에서 당구공이 흐르듯 탐침의 원자를 매끈한 계면 위에 이리저리 굴려 자신들이 근무하는 회사의 이름인 IBM이라는 글씨를 써보임으로써 장치가 잘 작동함을 증명해 보이기도 했다.

원자간력현미경이 가장 큰 활약을 하는 분야는 **계면화학**이다. 이 분야의 개척자인 화학자 어빙 랭뮤어와 물리학자 캐서린 블로지트가 좀 더 오래 살았다면 틀림없이 이 현미경의 탄생을 누구보다도 반겼을 것이다. 기술은 점차 진보해서, 요즘은 다른 경로로는 생김새를 짐작할 수 없었던 분자들, 특히 다양한 유기화합물들의 이미지를 직접 관찰하는 것이 가능하다. 이때는 탐침 끝에 일산화탄소 분자 하나를 끼운다. IBM의 두 독일 물리학자 레오 그로스와 게르하르트 마이어가 고안한 기법이다. 일산화탄소 분자에 존재하는 산소 원자를 아래로 향하게 하면 탐침 끝이 전자밀도에 반응하게 된다. 산소의 전자가 관찰 대상 분자의 전자에 의해 밀려나기 때문이다.

2013년에는 미국 버클리에서 두 화학자 필릭스 R. 피셔와 마이클 크로미가 이끄는 연구팀이 원자간력현미경을 이용해 흥미로운 분자 사진을 찍는 데 성공했다. 탄소와 탄소 삼중결합을 가진 분자 하나가 일련의 단계를 거쳐 스스로 고리화하는 과정을 세계 최초로 영상화한 것이다. 영상의 해상도는 놀라울 정도여서 많은 유기화학자가 감탄을 금치 못하면서도 불안해했다. 칠판에 그림으로만 그리던 분자구조를 직접 목도한 경이로움에 압도당한 것이다. 앞으로 분자의 화학구조를 완전히 새로운 방법으로 규명하게 될 날이 머지않았다. **질량 분광분석**이나 **NMR**이 감당하지 못하던 복잡한 분자들도 더 이상은 미지의 물질이 아니다.

함께 읽어보기 아세틸렌(1892년), 계면화학(1917년), 시그마 결합과 파이 결합(1931년), 화학결합의 성질(1939년)

하나의 출발물질을 가열할 때 만들어지는 세 가지 고리 화합물 분자의 이미지. 다른 방법으로는 이렇게 복잡한 구조를 명쾌하게 구분하는 게 거의 불가능하지만, 원자간력현미경을 이용하면 탄소 골격을 있는 그대로 시각화할 수 있다.

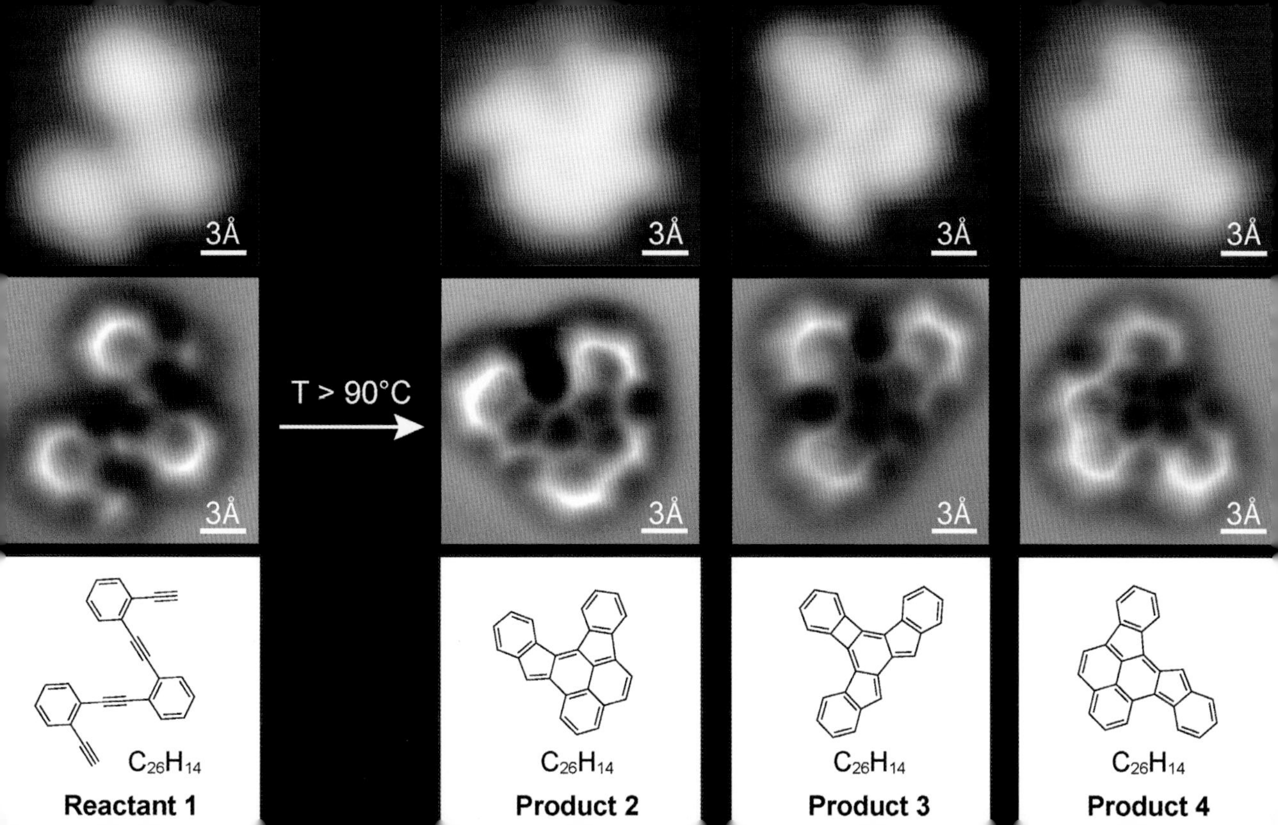
3Å
3Å
3Å
3Å
3Å
3Å
3Å
3Å
T > 90°C
$C_{26}H_{14}$
Reactant 1
$C_{26}H_{14}$
Product 2
$C_{26}H_{14}$
Product 3
$C_{26}H_{14}$
Product 4

2025년

수소 보관

수소 경제의 시대가 온다는 것은 1970년대부터 있었던 얘기다. 풀어야 할 기술적 숙제가 많아 아직은 막연한 희망일 뿐이지만 말이다. 수소를 태우면 수증기 말고는 다른 배기가스가 나오지 않는다. 그러니 기존 연료 물질들의 배기가스가 환경에 미치는 영향을 고려하면 누구라도 수소를 대체 연료로 선택할 것이다. 하지만 수소는 광산에서 채굴하는 게 아니다. 수소는 에너지 변환을 통해 얻어야 한다. **전해환원**으로 연소 반응을 거꾸로 일으키면 물에서 수소를 분리할 수 있다. 하지만 이 반응을 일으키려면 전기가 필요하다. 또, 생성된 수소를 다른 곳으로 옮기거나 뒀다가 필요할 때 쓸 수 있으려면 일단 어딘가에 저장해야 한다. 그런데 이게 보통 만만한 일이 아니다.

수소 분자는 워낙 조그마해서 금속 화합물의 딱딱한 분자구조 안에 쏙 들어간다. **수소첨가반응**에서 금속 촉매를 이용하는 게 이 성질 때문이다. 하지만 수소 자체를 연료로 쓰는 것은 완전히 다른 문제다. 분자량과 밀도가 낮다는 것은 수소를 고도로 압축시켜야 함을 뜻하고 그런 추가 처치는 가격 상승으로 이어지기 마련이다. 게다가 수소는 폭발물이므로 보관 시설과 운송 설비의 안전에 아무리 만전을 기해도 모자라다.

따라서 수소를 어떻게 보관할지를 두고 현재 각계의 전문가 집단이 다양한 시각에서 열심히 궁리하고 있다. 그런 아이디어 중 하나가 **배위구조체** 결정이며 수소를 묶어두는 다양한 금속 화합물들도 동시에 논의되고 있다. 이 목적에 적합한 시스템의 조건은 이렇다. 우선, 가역적이어서 필요할 때 수소 기체를 바로 내놓을 수 있어야 한다. 또, 에너지 공급과 방전 주기를 거의 무한 반복할 수 있어야 한다. 고밀도 상태의 수소 저장 능력도 필수다. 마지막으로(가능하면) 기체 상태 그대로도 수소를 안전하게 다룰 수 있어야 한다. 지금은 이 사항들이 무리한 요구처럼 들릴지 모른다. 하지만 화학, 물리학, 재료과학이 쉬지 않고 발전하고 있으므로 수소 연료는 언젠가 반드시 실현될 것이다.

함께 읽어보기 수소(1766년), 전해환원(1807년), 수소첨가반응(1897년), 배위구조체(1997년), 인공 광합성(2030년)

탄소와 아연으로 된 배위구조체. 수소 원자들(초록색)을 고체 수소보다도 더 농밀하게 압축시켜 보관할 수 있다.

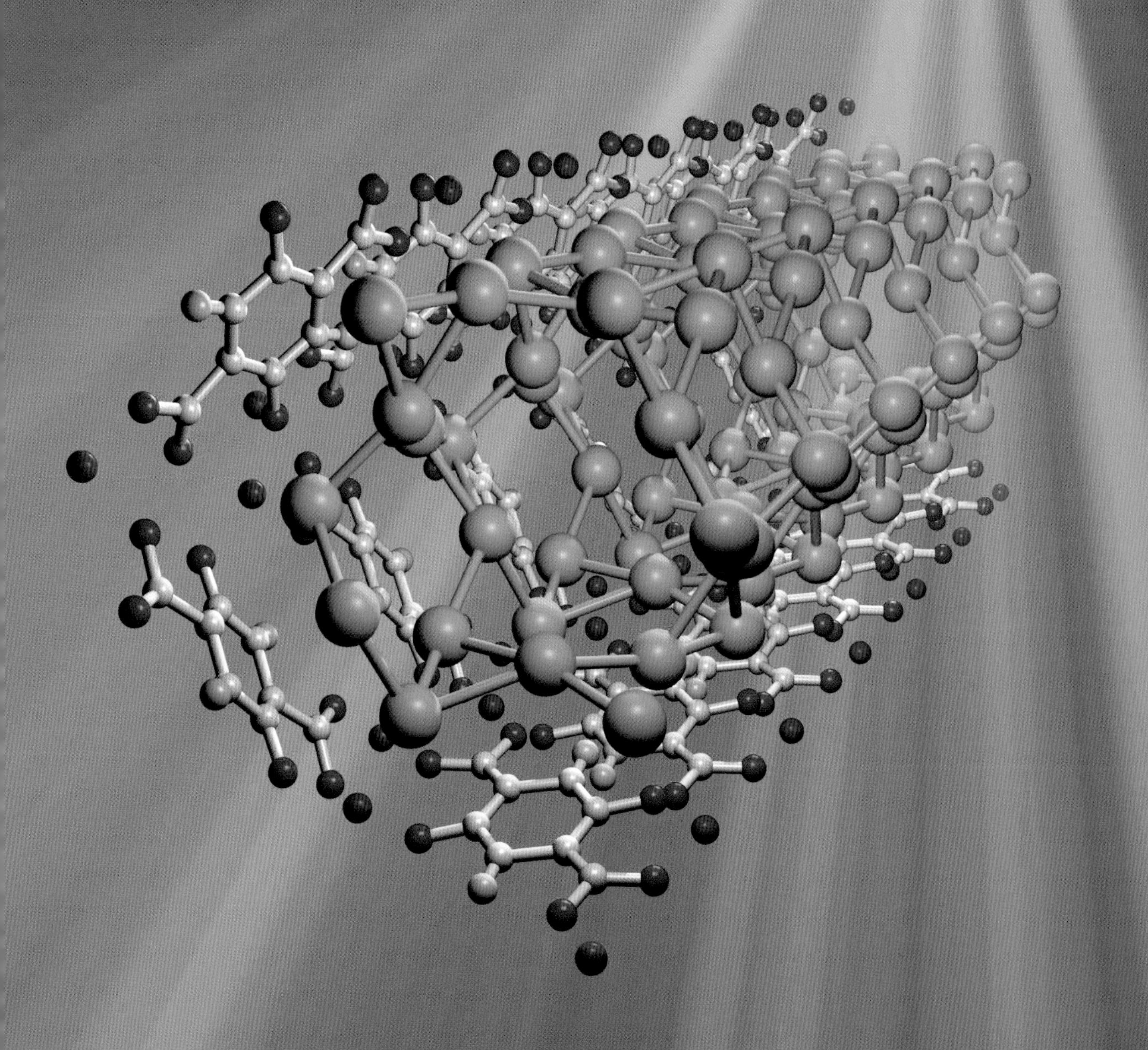

2030년

인공 광합성

후지시마 아키라(藤嶋 昭, 1942년~), **대니얼 조지 노세라**(Daniel George Nocera, 1957년~), **앤드류 B. 보카슬리**(Andrew B. Bocarsly, 1954년~)

광합성 반응은 크게 두 측면이 대등하게 상호보완하며 이루어진다. 둘 중 어느 하나만이라도 대규모 인공 광합성이 가능해진다면 세상이 바뀔 수 있다. 먼저, CO_2를 당으로 변환시키는 **이산화탄소** 고정 반응은 새로운 식량원, 재생 가능한 연료, 화학공장에서 필요로 하는 원료물질의 확보를 의미한다는 점에서 중요하다. 광합성의 기본 원리는 대기에서 이산화탄소를 추출해 작은 유기화합물로 바꾸는 것이다. 따라서 이 유기화합물을 다시 태우면 이산화탄소가 처음에 있던 공기 중으로 되돌아갈 것이다. 미국 화학자 앤드류 B. 보카슬리는 2008년에 이산화탄소를 메탄올로 변환시키는 데 성공한 뒤, CO_2를 재활용해 다방면에서 유용한 탄화수소를 만드는 기술을 본격적으로 개발하기 위해 리퀴드 라이트(Liquid Light)라는 회사를 차렸다. 토지 이용, 식량 공급, 기후와 관련해 제기되는 현안들만 봐도 이 기술은 더 나은 세상을 만드는 열쇠가 될 수 있었다.

자연계에서 일어나는 광합성 반응의 나머지 측면, 즉 물이 빛을 받아 수소와 산소로 쪼개지는 것 역시 활발한 연구의 대상이다. 이 반응은 전기를 이용해서도 일으킬 수 있지만, 우리는 전원선에 의존하지 않고 같은 결과를 내는 것을 목표로 삼아야 한다. 화학자 후지시마 아키라가 1967년에 **이산화티타늄**이 이 반응의 촉매 역할을 한다는 사실을 발견한 이래, 티타늄 촉매와 다른 반도체 소자들의 잠재력이 심층 평가되었다. 미국 공학자 윌리엄 에이어스(William Ayers)가 1983년에 실리콘 웨이퍼 전지로 실험에 성공하고, 미국 화학자 대니얼 노세라가 2011년에 더 효율적인 시스템을 발명한 것이 그런 예다. 기체를 친환경 대체 원료로 활용하기 위해서는 충분히 효율적인 물 분해 기술과 **수소 보관** 기술이 필수 불가결하다.

하지만 아직 어느 기술이 가장 낫다고 단언하기에는 이르다. 다만 금속 촉매를 이용하면 일이 훨씬 쉬워진다는 것만은 분명하다. 앞으로 할 일은 너무 희소하지는 않고 반감기가 길면서 반응성이 큰 금속으로도 구동되고 대규모 생산이 가능한 촉매 시스템을 찾는 것이다. 물론, 쉽지는 않을 것이다. 그러나 고생한 만큼 돌아오는 낙은 더욱 큰 법이다.

함께 읽어보기 이산화탄소(1754년), 티타늄(1791년), 전해환원(1807년), 클로르-알칼리법(1892년), 온실효과(1896년), 광합성(1947년), 수소 보관(2025년)

어마어마한 양의 이산화탄소가 식물에 의해 고정된다. 이것을 인공적 환경에서 재현하는 게 가능하다고는 아직 아무도 장담하지 못하지만 잠재된 의미가 크기에 전 세계에서 연구 열기가 뜨겁다.

참고문헌

책과 잡지 기사 외에도 여러 웹사이트와 출처를 나열하였다. 물론 이러한 내용은 사라지거나 주소가 변경될 수 있다. 위키피디아(Wikipedia)의 화학 기사는 매우 유용하고, 화학 전문가(한동안, 나를 포함하여)들의 관심을 끌기도 한다. 화학을 이해하는 데 도움이 되는 유용한 웹사이트로는 캘리포니아대학교 데이비스 캠퍼스 홈페이지(chemwiki.ucdavis.edu)와 화학유산재단(www.chemheritage.org), 유기화학 포털 사이트(www.organic-chemistry.org), 시어도오 그레이의 PeriodicTable.com, 미국화학회 홈페이지(www.acs.org) 등이 있다. 영국 노팅엄대학교의 주기율표 비디오(www.periodicvideos.com)도 매우 유용한 정보를 제공한다.

화학 일반

Aldersey-Williams, H. *Periodic Tales*. New York: Ecco, 2011.

Coffey, P. *Cathedrals of Science*. New York: Oxford Univ. Press, 2008.

Gray, T. *The Elements*. New York: Black Dog and Leventhal, 2009.

Greenberg, A. *Chemistry Decade by Decade*. New York: Facts on File, 2007.

———*A Chemical History Tour*. New York: Wiley, 2000.

Kean, S. *The Disappearing Spoon*. New York: Little, Brown, 2010.

Le Couteur, P., and J. Burreson. *Napoleon's Buttons*. New York: Jeremy P. Tarcher/Penguin, 2003.

Levere, T. H. *Transforming Matter*. Baltimore: Johns Hopkins Univ. Press, 2001.

기원전 50만 년경 결정

Naica Caves official website, *www.naica.mx.com/english/*.

Shea, N. "Cavern of Crystal Giants." *National Geographic*, November 2008, *ngm.nationalgeographic.com/2008/11/crystal-giants/shea-text*.

기원전 3300년경 청동

Ekserdjian, D., ed. *Bronze*. London: Royal Academy of Arts, 2012.

Radivojevíc et al. "Tainted Ores and the Rise of Tin Bronzes in Eurasia." *Antiquity* 87 (2013): 1030.

Sherby, O. D., and J. Wadsworth. "Ancient Blacksmiths, the Iron Age, Damascus Steels, and Modern Metallurgy." U.S. Department of Energy, September 11, 2011, *https://e-reports-ext.llnl.gov/pdf/238547.pdf*.

기원전 2800년경 비누

Hedge, R. W. *www.butser.org.uk/iafsoap_hcc.html*.

Verbeek, H. "Historical Review" in *Surfactants in Consumer Products*, 1–4. Berlin: Springer-Verlag, 1987.

기원전 1300년경 철 제련

Hosford, W. G. *Iron and Steel*. New York: Cambridge Univ. Press, 2012.

Sherby, O. D., and J. Wadsworth. "Ancient Blacksmiths, the Iron Age, Damascus Steels, and Modern Metallurgy." U.S. Department of Energy, September 11, 2011, *https://e-reports-ext.llnl.gov/pdf/238547.pdf*.

기원전 1200년경 정제

Rayner-Canham, M., and R. Rayner-Canham. *Women in Chemistry: From Alchemy to Acceptance*. Wash., D.C.: American Chemical Society, 1998.

기원전 550년경 금 정련

Heilbrunn Timeline of Ancient History, "Sardis," *www.metmuseum.org/toah/hd/srds/hd_srds.htm*.

Tassel, J., "The Search for Sardis." *Harvard Magazine*, March–April 1998, *harvardmagazine.com/1998/03/sardis.html*.

기원전 450년경 4대 원소

See 48b in Plato's *Timaeus* at the Perseus Digital Library, Tufts Univ., *www.perseus.tufts.edu/hopper/text?doc=Plat.+Tim.+48b&redirect=true*.

Stanford Encyclopedia of Philosophy, "Empedocles," *plato.stanford.edu/entries/empedocles/*.

기원전 400년경 원자론

Stanford Encyclopedia of Philosophy, "Democritus," *plato.stanford.edu/archives/fall2008/entries/democritus/*.

기원전 210년경 수은

Elmsley, J. *The Elements of Murder*. Oxford: Oxford Univ. Press, 2005.

Moskowitz, C. "The Secret Tomb of China's First Emperor." *livescience*, August 17, 2012, www.*livescience.com/22454-ancient-chinese-tomb-terracotta-warriors.html*.

Portal, J., *Terra Cotta Warriors*, Wash., D.C.: National Geographic, 2008.

서기 60년경 천연물

Firn, R. *Nature's Chemicals.* Oxford: Oxford Univ. Press, 2010.

Nicolaou, K. C., and T. Montagnon, *Molecules That Changed the World.* Weinheim, DE: Wiley-VCH, 2008.

126년 로만 콘크리트

Brandon, C. J., et. al. *Building for Eternity.* Oxford: Oxbow Books, 2014.

Pruitt, S. "The Secret of Ancient Roman Concrete." *History in the Headlines* (blog), June 21, 2013, *www.history.com/news/the-secrets-of-ancient-roman-concrete.*

200년경 자기

Finlay, R. *The Pilgrim Art.* Berkeley: Univ. of California Press, 2010.

672년경 그리스의 불

The classic work is J. R. Partington's *A History of Greek Fire and Gunpowder* (Cambridge: W. Heffer, 1960), which is available in various editions.

800년경 철학자의 돌

Principe, L. M. *The Secrets of Alchemy.* Chicago: Univ. of Chicago Press, 2013.

800년경 바이킹 강철

Hosford, W. G. *Iron and Steel.* New York: Cambridge Univ. Press, 2012.

PBS *Nova*, "Secrets of the Viking Sword," www.pbs.org/wgbh/nova/ancient/secrets-viking-sword.html

Sherby, O. D., and J. Wadsworth. "Ancient Blacksmiths, the Iron Age, Damascus Steels, and Modern Metallurgy." U.S. Department of Energy, September 11, 2011, *https://e-reports-ext.llnl.gov/pdf/238547.pdf.*

850년경 화약

Kelly, J. *Gunpowder: Alchemy, Bombards, and Pyrotechnics.* New York: Basic Books, 2004.

Partington, J. R. *A History of Greek Fire and Gunpowder.* Cambridge: W. Heffer, 1960.

900년경 연금술

Greenberg, A. *From Alchemy to Chemistry in Picture and Story.* Hoboken, NJ: Wiley-Interscience, 2007.

Principe, L. M. *The Secrets of Alchemy.* Chicago: Univ. of Chicago Press, 2013.

1280년경 왕수

See Princeton Univ.'s online lab-safety manual, *https://ehs.princeton.edu/laboratory-research/chemical-safety/chemical-specific-protocols/aqua-regia.* Don't mess with the stuff!

1280년경 분별증류

Books on distillation tend to be industrial chemical engineering handbooks or guides for homebrewed spirits. For a general overview, your best bet is, in fact, *Wikipedia: en.wikipedia.org/wiki/Distillation.*

1538년 독물학

A definitive textbook on the subject is *Casarett and Doull's Toxicology* (8th ed.) by Curtis Klaassen (New York: McGraw-Hill, 2013). A shorter and less technical work is *The Dose Makes the Poison* by Patricia Frank and M. Alice Ottoboni (Hoboken, NJ: Wiley, 2011).

1540년 디에틸에테르

The history of diethyl ether can be found mostly in various anesthesiology textbooks. Also see *Wikipedia: en.wikipedia.org/wiki/Diethyl_ether.*

1556년 데 레 메탈리카

Project Gutenberg has the entire text (with the woodcut illustrations) online for free at *www.gutenberg.org/files/38015/38015-h/38015-h.htm.* Interestingly, this English translation is by former U.S. president Herbert Hoover.

1605년 학문의 발전

Project Gutenberg, *www.gutenberg.org/ebooks/5500.* For several different translations of the *Novum Organum*, see *en.wikisource.org/wiki/Novum_Organum.* More on Francis Bacon himself can be found at the *Internet Encyclopedia of Philosophy, www.iep.utm.edu/bacon/.*

1607년 요크셔 명반

Balston, J. *The Whatmans and Wove Paper.* West Farleigh: 1998, *www.wovepaper.co.uk/alumessay2.html.*

National Trust. "Yorkshire Coast," *www.nationaltrust.org.uk/yorkshire-coast/history/view-page/item634280/.*

1631년 퀴닌

Firn, R. *Nature's Chemicals.* Oxford: Oxford Univ. Press, 2010.

Nicolaou, K. C., and T. Montagnon. *Molecules That Changed the World.* Weinheim, DE: Wiley-VCH, 2008.

Rocco, F. *Quinine.* New York: Harper Perennial, 2004.

1661년 회의적 화학자

Boyle, R. *The Sceptical Chymist.* Project Gutenberg, *www.gutenberg.org/ebooks/22914.*

Hunter, M. *Boyle.* New Haven: Yale Univ. Press, 2009.

1667년 플로지스톤

National Historic Chemical Landmarks program of the American Chemical Society. "Joseph Priestley and the Discovery of Oxygen," 2004, *www.acs.org/content/acs/en/education/whatischemistry/*

landmarks/josephpriestleyoxygen.html.
Donovan, A. *Antoine Lavoisier.* Cambridge, MA: Cambridge University Press, 1996.
Johnson, S. *The Invention of Air.* New York: Riverhead Books, 2008.

1669년 인

Emsley, J. *The 13th Element.* New York: Wiley, 2000.

1700년 황화수소

As noted on *Wikipedia*, Isaac Asimov called Scheele "Hard-luck Scheele" because he probably made several discoveries that he is not given full credit for.
Smith, R. P. "A Short History of Hydrogen Sulfide" *American Scientist*, 98 (January–February 2010): 6. *http://www.americanscientist.org/issues/num2/a-short-history-of-hydrogen-sulfide/4.*

1706년경 프러시안 블루

Kraft, A. "On the Discovery and History of Prussian Blue." *Bulletin for the History of Chemistry*, 33 (2008): 61. *www.scs.illinois.edu/~mainzv/HIST/bulletin_open_access/v33-2/v33-2%20p61-67.pdf.*
Senthilingam, M. "Prussian Blue." *Chemistry in Its Element* (podcast), *Chemistry World Magazine*, January 30, 2013, *www.rsc.org/chemistryworld/2013/04/prussian-blue-podcast.*

1746년 황산

Kiefer, D. "Sulfuric Acid: Pumping up the Volume." *Today's Chemist at Work*, *pubs.acs.org/subscribe/archive/tcaw/10/i09/html/09chemch.html.*

1752년 시안화수소

If you need convincing not to encounter this compound, then the Centers for Disease Control and Prevention (CDC) should be able to give you some: *www.cdc.gov/niosh/ershdb/EmergencyResponseCard_29750038.html.*

1754년 이산화탄소

West, J. B. "Joseph Black, Carbon Dioxide, Latent Heat, and the Beginnings of the Discovery of the Respiratory Gases." *American Journal of Physiology - Lung Cellular and Molecular Physiology* 306 (March 2014), L1057. *ajplung.physiology.org/content/early/2014/03/25/ajplung.00020.2014.*

1758년 카데의 발연액

Seyferth, D. "Cadet's Fuming Arsenical Liquid and the Cacodyl Compounds of Bunsen." *Organometallics* 20 (2001): 1488. *pubs.acs.org/doi/pdf/10.1021/om0101947.*

1766년 수소

There are plenty of videos on YouTube of people entertaining themselves with hydrogen fires— *de gustibus non est disputandum.*
Rigden, J. S. *Hydrogen.* Cambridge, MA: Harvard Univ. Press, 2002.

1774년 산소

Johnson, S. *The Invention of Air.* New York: Riverhead Books, 2008.
National Historic Chemical Landmarks program of the American Chemical Society. "Joseph Priestley and the Discovery of Oxygen," 2004, *www.acs.org/content/acs/en/education/whatischemistry/landmarks/josephpriestleyoxygen.html.*

1789년 질량 보존의 법칙

Donovan, A. *Antoine Lavoisier.* Cambridge, MA: Cambridge University Press, 1996.

1791년 티타늄

Housley, K. L. *Black Sand.* Hartford, CT: Metal Management Aerospace, 2007.
Titanium Industries, Inc. "History of Titanium," *titanium.com/technical-data/history-of-titanium/.*

1792년 이테르비

A detailed monograph is *Episodes from the History of the Rare Earth Elements* by C. H.
Evans (Boston: Kluwer Academic Pub., 1996). Also see *RareMetalsMatter.com* and "Separation of Rare Earth Elements by Charles James" at the American Chemical Society, *www.acs.org/content/acs/en/education/whatischemistry/landmarks/earthelements.html.*

1804년 모르핀

Booth, M. *Opium.* New York: St. Martin's Press, 1998.

1806년 아미노산

Tanford, C., and J. Reynolds. *Nature's Robots.* Oxford: Oxford Univ. Press, 2001.

1807년 전해환원

Davy's own presentation of these results, from the *Philosophical Transactions of the Royal Society*, can be found here: *www.chemteam.info/Chem-History/Davy-Na&K-1808.html.*
Knight, D. *Humphry Davy.* Cambridge: Cambridge Univ. Press, 1992.

1808년 돌턴의 원자론

Summaries of Dalton's theories can be found on *Wikipedia*, at General Chemistry Online (*antoine.frostburg.edu/chem/senese/101/atoms/dalton.shtml*), and at the Chemical Heritage Foundation (*www.chemheritage.org/discover/online-resources/chemistry-in-history/themes/the-path-to-the-periodic-table/dalton.aspx*).

1811년 아보가드로의 가설

Morselli, M., *Amedeo Avogadro.* Dordrecht, NL: Springer 1984.

1813년 화학기호법

Melhado, E. M., and T. Frängsmyr, eds. *Enlightenment Science in the Romantic Era*. Cambridge: Cambridge Univ. Press, 2002.

1814년 패리스 그린

Meharg, A. *Venomous Earth*. New York: Macmillan, 2005.

University of Aberdeen. "Arsenic and the World's Worst Mass Poisoning," January 12, 2005, *www.abdn.ac.uk/mediareleases/release.php?id=104*.

1815년 콜레스테롤

Wikipedia is a good place to start online for the chemical story of cholesterol.

National Historic Chemical Landmarks program, American Chemical Society. "Russell Marker and the Mexican Steroid Hormone Industry," 1999, *www.acs.org/content/acs/en/education/whatischemistry/landmarks/progesteronesynthesis.html*.

UC Davis ChemWiki. "Steroids," *chemwiki.ucdavis.edu/Biological_Chemistry/Lipids/Steroids*.

1819년 카페인

Weinberg, B. A., and B. K. Bealer. *The World of Caffeine*. New York: Routledge, 2001.

1822년 초임계유체

See the *Wikipedia* and UC Davis ChemWiki entries on the subject for an introduction. An excellent video demonstration of the phenomenon is at *www.youtube.com/watch?v=GEr3NxsPTOA*.

1828년 뵐러의 요소 합성

Wöhler's letter to Berzelius is found here: *classes.yale.edu/01-02/chem125a/125/history99/4RadicalsTypes/UreaLetter1828.html*.

1832년 작용기

Brock, W. B. *Justus von Liebig*. Cambridge: Cambridge Univ. Press, 1997.

Chemical Heritage Foundation. "Justus von Liebig and Friedrich Wöhler," *www.chemheritage.org/discover/online-resources/chemistry-in-history/themes/molecular-synthesis-structure-and-bonding/liebig-and-wohler.aspx*.

1834년 이상기체 법칙

Book-length studies are, of necessity, technical. *Wikipedia* and UC Davis ChemWiki are better for an accessible overview.

1834년 광화학

A summary of photochemistry's history can be found at *turroserver.chem.columbia.edu/PDF_db/History/intro.pdf*.

Natarajan et al. "The Photoarrangement of -Santonin Is a Single-Crystal-to-Single-Crystal Reaction," *Journal of the American Chemical Society* 129, 32 (2007): 9846. *http://pubs.acs.org/doi/abs/10.1021/ja073189o?journalCode=jacsat*.

Roth, H. D. "The Beginnings of Organic Photochemistry." *Angewandte Chemie International Edition (English)* 28, 9 (1989): 1193.

1839년 폴리머와 중합반응

Walton, D., and P. Lorimer. *Polymers*. Oxford: Oxford Univ. Press, 2000.

1839년 은판사진

Daguerreian Society. "About the Daguerreian Society," *daguerre.org/index.php*.

Wooters, D., and T. Mulligan, eds. *A History of Photography: The George Eastman House Collection*. London: Taschen, 2005.

1839년 고무

Goodyear Tire & Rubber Company. "The Charles Goodyear Story," *www.goodyear.com/corporate/history/history_story.html*.

Korman, R. *The Goodyear Story*. San Francisco: Encounter Books, 2002.

1840년 오존

A teaching resource about atmospheric ozone is found here: *www.ucar.edu/learn/1_5_1.htm*. Ignore the huge pile of "ozone therapy" books that are available.

1842년 인산비료

McDaniel, C. N. *Paradise for Sale*. Berkeley: Univ. of California Press, 2000.

1847년 니트로글리세린

An extraordinary series of anecdotes about nitroglycerine's use in the oil fields is here: *www.logwell.com/tales/menu/index.html*. If it makes you want to experience it yourself, there's clearly no hope for you.

1848년 키랄성

This is a deep, extremely important topic in chemistry, physics, and mathematics. There are many types of chirality that I have no space to mention. (Consider, for example, a curling screw-shaped molecule that can exist in right-hand and left-hand thread . . .) Surprisingly, someone has taken up the challenge of writing an introductory book on the topic: *Mirror-Image Asymmetry: An Introduction to the Origin and Consequences of Chirality* by James P. Riehl (Hoboken, NJ: Wiley 2010).

1852년 형광

Technical works are beyond counting, as befits a phenomenon that touches on so many areas. On the inorganic side, see the Fluorescent Mineral Society (*uvminerals.org/fms/minerals*) or *users.ece.gatech.edu/~hamblen/uvminerals/*. On the biochemical side, fluorescent tags and proteins are used intensively in cell biology and microscopy. See *micro.magnet.fsu.edu/primer/techniques/fluorescence/*

fluorescenceintro.html for a technical overview.

1854년 분별 깔때기

There are a variety of YouTube videos showing a sep funnel in action.

1856년 퍼킨 연보라색

Chemical Heritage Foundation. "William Henry Perkin," *www.chemheritage.org/discover/online-resources/chemistry-in-history/themes/molecular-synthesis-structure-and-bonding/perkin.aspx.*

Garfield, S. *Mauve*. New York: W. W. Norton, 2001.

1856년 은박 거울

A recipe for demonstrating this reaction can be found at the Royal Society of Chemistry: *www.rsc.org/Education/EiC/issues/2007Jan/ExhibitionChemistry.asp*. Just don't leave the solution around once you're finished!

1859년 불꽃 분광분석

Chemical Heritage Foundation. "Robert Bunsen and Gustav Kirchhoff," *www.chemheritage.org/discover/online-resources/chemistry-in-history/themes/the-path-to-the-periodic-table/bunsen-and-kirchhoff.aspx.*

1860년 칸니차로와 카를스루에 학회

Nye, M. J., ed. *The Cambridge History of Science* (Vol. 5). Cambridge: Cambridge Univ. Press, 2002.

1860년 산화상태

UC Davis ChemWiki illustrates the rules that have to be followed to make things consistent: *chemwiki.ucdavis.edu/Analytical_Chemistry/Electrochemistry/Redox_Chemistry/Oxidation_State.*

1861년 에를렌마이어 플라스크

Sella, A. "Classic Kit: Erlenmeyer Flask." *Chemistry World*, July 2008, *www.rsc.org/chemistryworld/issues/2008/july/erlenmeyerflask.asp.*

1861년 구조식

Wikipedia's introduction illustrates the basic kinds of chemical drawings, with some of the rules for producing them: *en.wikipedia.org/wiki/Structural_formula.*

1864년 솔베이법

Here's a teaching resource on the technology, with plenty of details: *www.hsc.csu.edu.au/chemistry/options/industrial/2765/Ch956.htm*. No new Solvay plants appear to have been built in years, but there are still dozens operating around the world.

1865년 벤젠과 방향족 화합물

Rocke, A. J. *Image and Reality*. Chicago: Univ. of Chicago Press, 2010.

1868년 헬륨

Probably the most detailed account of this discovery is at the American Chemical Society's website: *www.acs.org/content/acs/en/education/whatischemistry/landmarks/heliumnaturalgas.html.*

1874년 정사면체 탄소 원자

Chemical Heritage Foundation. "Jacobus Henricus van 't Hoff," *www.chemheritage.org/discover/online-resources/chemistry-in-history/themes/molecular-synthesis-structure-and-bonding/vant-hoff.aspx.*

Nobelprize.org. "Jacobus H. van 't Hoff - Biographical," *www.nobelprize.org/nobel_prizes/chemistry/laureates/1901/hoff-bio.html.*

1876년 기브스 자유에너지

A nontechnical treatment of this (and thermo-dynamics in general) is a tall order, because sooner or later, it's going to be Math or Nothing.

American Physical Society. "J. Willard Gibbs," *www.aps.org/programs/outreach/history/historicsites/gibbs.cfm.*

Set Laboratories, Inc. "Thermal Cracking," *www.setlaboratories.com/therm/tabid/107/Default.aspx.*

Wikipedia, "Josiah Willard Gibbs," *en.wikipedia.org/wiki/Josiah_Willard_Gibbs.*

1877년 맥스웰-볼츠만 분포

Lindley, D. *Boltzmann's Atom*. New York: The Free Press, 2001.

1877년 프리델-크래프츠 반응

No nontechnical book exists. I suggest *Wikipedia* (*en.wikipedia.org/wiki/Friedel-Crafts_reaction*) for a nice overview, but any organic-chemistry textbook will have a section on this reaction as well.

1878년 인디고 블루 합성

Glowacki et al. "Indigo and Tyrian Purple – From Ancient Natural Dyes to Modern Organic Semiconductors." *Israel Journal of Chemistry* 52, (2012): 1. *https://www.jku.at/JKU_Site/JKU/ipc/content/e166717/e166907/e174991/e175004/2012-08.pdf.*

1879년 속슬렛 추출기

Sella, A. "Classic Kit: Soxhlet extractor." *Chemistry World*, September 2007, *www.rsc.org/chemistryworld/Issues/2007/September/ClassicKitSoxhletExtractor.asp.*

1881년 푸제르 로얄

Turin, L. *The Secret of Scent*. New York: Ecco, 2006.

1883년 클라우스법

The best overview I've seen for people who are not chemical engineers is at *Wikipedia*: *en.wikipedia.org/wiki/Claus_process.*

1883년 액체 질소

A search through YouTube will yield examples of almost every strange liquid nitrogen demonstration that anyone can think up (as well as recipes for liquid nitrogen ice cream and other culinary creations).

1884년 피셔와 당

Kunz, H. "Emil Fischer—Unequalled Classicist, Master of Organic Chemistry Research, and Inspired Trailblazer of Biological Chemistry." *Angewandte International Edition (English)* 41, 23 (November 2002): 4439.

1885년 르 샤틀리에의 법칙

Clark, Jim. "Le Chatelier's Principle," UC Davis ChemWiki, *http://chemwiki.ucdavis.edu/Physical_Chemistry/Equilibria/A._Chemical_Equilibria/2._Le_Chatelier's_Principle.*

1886년 불소 분리

When doing any fluorine-related searches, beware of the masses of crank literature on water fluoridation.

Wikipedia, "History of Fluorine," *en.wikipedia.org/wiki/History_of_fluorine.*

1886년 알루미늄

National Historic Chemical Landmarks program of the American Chemical Society. "Production of Aluminum: The Hall-Héroult Process," 1997, *www.acs.org/content/acs/en/education/whatischemistry/landmarks/aluminumprocess.html.*

1887년 시안화물을 이용한 금 추출

International Cyanide Management Code. "Use in Mining," *www.cyanidecode.org/cyanide-facts/use-mining.*

1888년 액정

Collings, P. J. *Liquid Crystals*. Princeton, NJ: Princeton Univ. Press, 2002.

Gross, Benjamin. "How RCA Lost the LCD." *IEEE Spectrum*, November 1, 2012, *http://spectrum.ieee.org/consumer-electronics/audiovideo/how-rca-lost-the-lcd.*

1891년 열분해

Leffler, W. L. *Petroleum Refining in Nontechnical Language* (4th ed.). Tulsa, OK: PennWell, 2008.

Set Laboratories, Inc. "Thermal Cracking," *www.setlaboratories.com/therm/tabid/107/Default.aspx.*

1892년 클로르-알칼리법

The entire chapter on the history of the chlor-alkali process from the *Handbook of Chlor-Alkali Technology* (New York: Springer, 2005) can be downloaded at *rd.springer.com/chapter/10.1007%2F0-306-48624-5_2#page-1.*

1892년 아세틸렌

National Historic Chemical Landmarks program of the American Chemical Society. "Commercial Process for Producing Calcium Carbide and Acetylene, 1998, *www.acs.org/content/acs/en/education/whatischemistry/landmarks/calciumcarbideacetylene.html.*

1893년 테르밋

Wikipedia is a very good source on this topic. (The rest of the web is full of conspiracy-theory bizarreness about secret uses of thermite.) YouTube has a variety of pyrotechnic videos from home experimenters—watching them is a lot safer than trying it yourself.

1893년 붕규산 유리

Watch Theodore Gray point out that not all heat-resistant glass these days is borosilicate, which can have some unfortunate consequences: *www.popsci.com/science/article/2011-03/gray-matter-cant-take-heat.*

SCHOTT Company. "SCHOTT Milestones," *www.us.schott.com/english/company/corporate_history/milestones.html.*

1893년 배위화합물

Kaufmann, G. "A Stereochemical Achievement of the First Order." *Bulletin for the History of Chemistry* 20 (1997): 50. *www.scs.illinois.edu/~mainzv/HIST/bulletin_open_access/num20/num20%20p50-59.pdf.*

1894년 몰 농도

June 2 (6/02) is celebrated as Mole Day every year, which you may find endearingly nerdy or alarmingly nerdy, depending on your disposition.

1894년 디아조메탄

Here's a technical fact sheet from Sigma-Aldrich, one of the world's largest laboratory chemical suppliers, detailing the preparation of diazomethane and precautions that need to be taken: *www.sigmaaldrich.com/content/dam/sigma-aldrich/docs/Aldrich/Bulletin/al_techbull_al180.pdf.*

Mastronardi et al., "Continuous Flow Generation and Reactions of Anhydrous Diazomethane Using a Teflon AF-2400 Tube-in-Tube Reactor." *Organic Letters* 15, 21 (2013): 5590. *pubs.acs.org/doi/abs/10.1021/ol4027914.*

1895년 액체 공기

Johns, W. E. "Notes on Liquefying Air," *www.gizmology.net/liquid_air.htm.*

1896년 온실효과

The issue is, of course, soaked through with politics. Carbon dioxide, beyond doubt, is a greenhouse gas, and humans have, beyond doubt, added a great deal of it to the atmosphere. At that point, the arguing starts.

1897년 아스피린

Jeffreys, D. Aspirin. New York: Bloomsbury, 2004.

1897년 치마제 발효

Cornish-Bowden, A., ed. New Beer in an Old Bottle. Valencia, ES: Univ. of Valencia, 1998.

1898년 네온

Fisher, D. E. Much Ado about (Practically) Nothing. New York: Oxford Univ. Press, 2010.

1900년 그리냐르 반응

Kagan, H. B. "Victor Grignard and Paul Sabatier." Angewandte International Edition (English) 51, 30 (2012): 7376. onlinelibrary.wiley.com/doi/10.1002/anie.201201849/abstract.

Nobelprize.org. "Victor Grignard - Biographical," www.nobelprize.org/nobel_prizes/chemistry/laureates/1912/grignard-bio.html.

1900년 프리라디칼

American Chemical Society, www.acs.org/content/acs/en/education/whatischemistry/landmarks/freeradicals.html.

1900년 실리콘

Dow Corning, www.dowcorning.com/content/discover/discoverchem/?wt.svl=FS_readmore_home_CORN.

European Silicones Centre, www.silicones-science.eu/.

1901년 크로마토그래피

Wixom, R. L., and C. W. Gehrke, eds. *Chromatography: A Science of Discovery*. Hoboken, NJ: Wiley, 2010.

Wikipedia, "Chromatography," *en.wikipedia.org/wiki/Chromatography*.

1902년 폴로늄과 라듐

Curie, E. *Madame Curie: A Biography*. New York: Da Capo Press, 2001.

Goldsmith, B. *Obsessive Genius*. New York: W. W. Norton, 2005.

1905년 적외선 분광분석

Rupawalla et. al. "Infrared Spectroscopy," UC Davis ChemWiki, *chemwiki.ucdavis.edu/Physical_Chemistry/Spectroscopy/Vibrational_Spectroscopy/Infrared_Spectroscopy*.

Wikipedia. "Infrared Spectroscopy," *en.wikipedia.org/wiki/Infrared_spectroscopy*.

1907년 베이클라이트®

Meikle, J. *American Plastic*. New Brunswick, NJ: Rutgers Univ. Press, 1995.

National Historic Chemical Landmarks program of the American Chemical Society. "Moses Gomberg and the Discovery of Organic Free Radicals," 2000, *www.acs.org/content/acs/en/education/whatischemistry/landmarks/bakelite.html*.

Sumitomo Bakelite Co. "Amsterdam Bakelite Collection," *www.amsterdambakelitecollection.com*.

1907년 거미 명주

Brunetta, L., and C. L. Craig. *Spider Silk*. New Haven, CT: Yale Univ. Press, 2010.

1909년 pH와 지시약

A large table of indicator color changes can be found here: *w3.shorecrest.org/~Erich_Schneider/tweb/Chemweb/datatables/indicators.jpg*.

1909년 하버-보슈법

Hager, T. *The Alchemy of Air*. New York: Broadway Books, 2008.

1909년 살바르산

Modern work with salvarsan and its chemistry (Waikato University) is found here: *researchcommons.waikato.ac.nz/bitstream/handle/10289/188/content.pdf?sequence=1*.

Hayden, D. *Pox*. New York: Basic Books, 2003.

1912년 엑스레이 결정학

Jenkin, J. *William and Lawrence Bragg, Father and Son*. New York: Oxford Univ. Press, 2008.

Kazantsev, R., and M. Towles. "X-Ray Crystallography," UC Davis ChemWiki, *chemwiki.ucdavis.edu/Analytical_Chemistry/Instrumental_Analysis/Diffraction/X-ray_Crystallography*.

University of Leeds. "William Thomas Astbury," *arts.leeds.ac.uk/museum-of-hstm/research/william-thomas-astbury/*.

1912년 마이야르 반응

McGee, H. *The Curious Cook*. San Francisco: North Point Books, 1990.

1912년 스테인리스강

Cobb, H. M. *The History of Stainless Steel*. Materials Park, OH: ASM Int., 2010.

1912년 보란과 진공배관기술

Wiberg, E. "Alfred Stock and the Renaissance of Inorganic Chemistry." *Pure and Applied Chemistry* 49 (1977): 691. *pac.iupac.org/publications/pac/pdf/1977/pdf/4906x0691.pdf*.

1912년 쌍극자 모멘트

Ball, P. "Letters Defend Nobel Laureate Against Nazi Charges." *Nature*, December 9, 2010, *www.nature.com/news/2010/101209/full/news.2010.656.html*.

1913년 질량 분광분석

Griffiths, J. "A Brief History of Mass Spectrometry." *Analytical Chemistry* 80 (2000): 5676. *pubs.acs.org/doi/pdf/10.1021/ac8013065.*

1913년 동위원소

The printed literature on this topic is scattered between histories of physics, geology, chemistry, and medicine (which tells you what an important topic it is).

1915년 화학전

If you can find a copy, the eminent scientist J.B.S. Haldane wrote a vigorous defense of the entire idea of chemical warfare, titled *Callinicus*, in 1925.

Harris, R., and J. Paxman. *A Higher Form of Killing*. New York: Hill and Wang, 1982.

1917년 계면화학

Coffey, P. *Cathedrals of Science*. New York: Oxford Univ. Press, 2008.

1918년 라디토르

The Oak Ridge Assoc. Universities site has a terrifying online museum of radioactive quack cures (*www.orau.org/ptp/collection/quackcures/quackcures.htm*). An article with evidence that Eben Byers's remains were hot enough to expose film when the EPA reworked his grave site, is "The Great Radium Scandal" by Roger Macklis (August 1993 issue of *Scientific American*).

1920년 딘-스타크 장치

Sella, A. "Classic Kit: Dean-Stark Apparatus." *Chemistry World*, June 2010, *www.rsc.org/chemistryworld/Issues/2010/June/DeanStarkApparatus.asp.*

1920년 수소결합

Wikipedia, "Hydrogen Bond," *en.wikipedia.org/wiki/Hydrogen_bond.*

1921년 테트라에틸납

Midgley, T. *From the Periodic Table to Production*. Corona, CA: Stargazer Publishing, 2001.

Warren, C. *Brush with Death*. Baltimore, MD: Johns Hopkins Univ. Press, 2000.

1928년 딜스-아들러 반응

Wikipedia and the Organic Chemistry Portal (*www.organic-chemistry.org/namedreactions/diels-alder-reaction.shtm*) are good places to start, but you'll rapidly find yourself looking at a lot of organic-chemistry reactions. The original Diels-Alder paper is here: *dx.doi.org/10.1002%2Fjlac.19284600106.*

1928년 레페 화학

ColorantsHistory.org. "Walter Reppe: Pioneer in Acetylene Chemistry," updated June 21, 2009, *www.colorantshistory.org/ReppeChemistry.html.*

Travis, A. "Unintended Technology Transfer: Acetylene Chemistry in the United States." *Bulletin for the History of Chemistry* 32, 1 (2007): 27. *www.scs.illinois.edu/~mainzv/HIST/bulletin_open_access/v32-1/v32-1%20p27-34.pdf.*

1930년 프레온 가스

Meiers, P. "Fluorocarbons - Charles Kettering, and 'Dental Caries,'" *www.fluoride-history.de/p-freon.htm.*

Midgley, T., *From the Periodic Table to Production*. Corona, CA: Stargazer Publishing, 2001.

1931년 중수소

Dahl, P. F. *Heavy Water and the Wartime Race for Nuclear Energy*. Bristol, UK: Institute of Physics, 1999.

Mathez, A., ed. *Earth*. New York: New Press, 2000. *www.amnh.org/education/resources/rfl/web/essaybooks/earth/p_urey.html.*

1932년 탄산탈수효소

Kornberg, A. *For the Love of Enzymes*. Cambridge, MA: Harvard Univ. Press, 1989.

1932년 비타민 C

There is a lot of crank literature on this subject, thanks to Pauling and others.

Brown, S. R. *Scurvy*. New York: Thomas Dunne Books, 2003.

Le Couteur, P., and J. Burreson. *Napoleon's Buttons*. New York: Jeremy P. Tarcher/Penguin, 2003.

National Historic Chemical Landmarks program of the American Chemical Society, "Albert Szent-Györgyi's Discovery of Vitamin C," 2002, *www.acs.org/content/acs/en/education/whatischemistry/landmarks/szentgyorgyi.html.*

1932년 설파닐아마이드

Hager, T. *The Demon Under the Microscope*. New York: Harmony Books, 2006.

1933년 폴리에틸렌

Walton, D., and P. Lorimer. *Polymers*. Oxford: Oxford Univ. Press, 2000.

1934년 슈퍼옥사이드

This is a tough subject to research on a nonspecialist level, because any mention of oxygen or ROS sets off a massive flux of crank medical books and websites. And this is still a very active area of research, so opinions are changing constantly.

1934년 배기 후드

The best introduction to this topic is on *Wikipedia* (*en.wikipedia.org/wiki/Fume_hood*).

1935년 나일론

National Historic Chemical Landmarks program of the American Chemical Society. "Wallace Carothers and the Development of Nylon," 2005, *www.acs.org/content/acs/en/education/whatischemistry/landmarks/carotherspolymers.html.*

Walton, D., and P. Lorimer. *Polymers*. Oxford: Oxford Univ. Press, 2000.

1936년 신경가스

Tucker, J. B. *War of Nerves*. New York: Pantheon Books, 2006.

1937년 세포 호흡

Martin, B. J. *Elixir*. Lancaster, PA: Barkerry Press, 2014.

1938년 접촉분해

Leffler, W. L. *Petroleum Refining in Nontechnical Language* (4th ed.). Tulsa, OK: PennWell, 2008.

National Historic Chemical Landmarks program of the American Chemical Society. "Houdry Process for Catalytic Cracking," 1996, *www.acs.org/content/acs/en/education/whatischemistry/landmarks/houdry.html.*

Set Laboratories, Inc. "Thermal Cracking," *www.setlaboratories.com/therm/tabid/107/Default.aspx.*

1939년 자연계의 마지막 원소

A number of videos on the web claim to illustrate the testing of a "Francium bomb," but there is no such thing.

1939년 화학결합의 성질

Oregon State Univ. "Linus Pauling: The Nature of the Chemical Bond: A Documentary History," *scarc.library.oregonstate.edu/coll/pauling/bond/.*

Pauling, L. *The Nature of the Chemical Bond*. Ithaca, NY: Cornell Univ. Press, 1960.

1939년 DDT

National Historic Chemical Landmarks program of the American Chemical Society. "Legacy of Rachel Carson's Silent Spring," 2012, *www.acs.org/content/acs/en/education/whatischemistry/landmarks/rachel-carson-silent-spring.html.*

1942년 스테로이드 화학

Wikipedia and UC Davis ChemWiki (*chemwiki.ucdavis.edu/Biological_Chemistry/Lipids/Steroids*) have quick introductions to steroid chemistry. An excellent book about Russell Marker and the early days of the field is waiting to be written.

National Historic Chemical Landmarks program of the American Chemical Society. "Russell Marker and the Mexican Steroid Hormone Industry," 1999, *www.acs.org/content/acs/en/education/whatischemistry/landmarks/progesteronesynthesis.html.*

1942년 시아노아크릴레이트

Walton, D., and P. Lorimer. *Polymers*. Oxford: Oxford Univ. Press, 2000.

1943년 LSD

Hofmann, A. *LSD My Problem Child*. Santa Cruz, CA: MAPS, 2009.

1943년 스트렙토마이신

Chemical Heritage Foundation. "Selman Abraham Waksman," *www.chemheritage.org/discover/online-resources/chemistry-in-history/themes/pharmaceuticals/preventing-and-treating-infectious-diseases/waksman.aspx.*

National Historic Chemical Landmarks program of the American Chemical Society. "Selman Waksman and Antibiotics," 2005, *www.acs.org/content/acs/en/education/whatischemistry/landmarks/selmanwaksman.html.*

1943년 바리 공습

Mukherjee, S. *The Emperor of All Maladies*. New York: Scribner, 2010.

1945년 페니실린

The penicillin story has been told many times, but (as mentioned in this entry), not always correctly. More background can be found at the Nobel Prize Foundation's website (*www.nobelprize.org/nobel_prizes/chemistry/laureates/1964/perspectives.html*).

1945년 글러브 박스

Mentions of the early Manhattan Project glove boxes can be found in an interview with Cyril Smith here: *www.manhattanprojectvoices.org/oral-histories/cyril-s-smiths-interview.*

1947년 엽산 길항제

Mukherjee, S. *The Emperor of All Maladies*. New York: Scribner, 2010.

Visentin, M., et al. "The Antifolates." *Visentin M, Zhao R, Goldman ID. The Antifolates. Hematology/Oncology Clinics of North America* 26, 3 (2012): 629. *www.ncbi.nlm.nih.gov/pmc/articles/PMC3777421/.*

1947년 동적 동위원소 효과

UC Davis ChemWiki. "Kinetic Isotope Effects," *chemwiki.ucdavis.edu/Physical_Chemistry/Quantum_Mechanics/Kinetic_Isotope_Effect.*

1947년 광합성

Baillie-Gerritsen, V. "The Plant Kingdom's Sloth." *Protein Spotlight* 38 (September 2003). *web.expasy.org/spotlight/back_issues/038/.*

1948년 도노라 스모그 사건

Murray, A. "Smog Deaths in 1948 Led to Clean Air Laws" *All Things Considered*, NPR, April 22, 2009, *www.npr.org/templates/story/story.php?storyId=103359330.*

Pennsylvania Historical & Museum Commission. "The Donora Smog Disaster October 30–31, 1948," *www.portal.state.pa.us/portal/server.pt/community/documents_from_1946_-_present/20426/donora_smog_disaster?qid=63050470&rank=1.*

Peterman, E. "A Cloud with a Silver Lining: The Killer Smog in Donora, 1948," Pennsylvania Center for the Book, Spring 2009, *pabook.libraries.psu.edu/palitmap/DonoraSmog.html.*

1949년 분자병

Gembicki, S. "Vladimir Haensel 1914–2002." *National Academy of Sciences Biographical Memoirs* 88 (2006). *www.nasonline.org/publications/biographical-memoirs/memoir-pdfs/haensel-vladimir.pdf.*

Leffler, W. L. *Petroleum Refining in Nontechnical Language* (4th ed.). Tulsa, OK: PennWell, 2008.

Set Laboratories, Inc. "Thermal Cracking," *www.setlaboratories.com/therm/tabid/107/Default.aspx.*

1949년 비고전적 이온 논쟁

Peplow, M. "The Nonclassical Cation: A Classic Case of Conflict." *Chemistry World*, July 10, 2013. *www.rsc.org/chemistryworld/2013/07/norbornyl-nonclassical-cation-brown-winstein-olah.*

1950년 입체배좌 분석

Hermann Sachse tried several times to show that the rings could not be planar, but expressed himself in such an impenetrable fashion (to his fellow chemists) that he made little headway. See *https://webspace.yale.edu/chem125_oyc/125/history99/6Stereochemistry/Baeyer/Sachse.html.*

1950년 코르티손

National Historic Chemical Landmarks program of the American Chemical Society. "Russell Marker and the Mexican Steroid Hormone Industry," 1999, *www.acs.org/content/acs/en/education/whatischemistry/landmarks/progesteronesynthesis.html.*

Ophardt, C. "Steroids," UC Davis ChemWiki, *chemwiki.ucdavis.edu/Biological_Chemistry/Lipids/Steroids.*

1951년 생어 서열분석법

Streton, A. "The First Sequence: Fred Sanger and Insulin." *Genetics Society of America* 162, 2 (October 1, 2002): 527. *www.genetics.org/content/162/2/527.full.*

1951년 피임정

National Historic Chemical Landmarks program of the American Chemical Society, "Russell Marker and the Mexican Steroid Hormone Industry," 1999, *www.acs.org/content/acs/en/education/whatischemistry/landmarks/progesteronesynthesis.html.*

Ophardt, C. "Steroids," UC Davis ChemWiki, *chemwiki.ucdavis.edu/Biological_Chemistry/Lipids/Steroids.*

1951년 알파헬릭스와 베타시트

University of Leeds. "William Thomas Astbury," *arts.leeds.ac.uk/museum-of-hstm/research/william-thomas-astbury/.*

1951년 페로센

An episode of the podcast *Chemistry in Its Element* from the Royal Society of Chemistry is devoted to this: *www.rsc.org/chemistryworld/2013/05/ferrocene-podcast.*

1951년 초우라늄 원소

Chemical Heritage Foundation. "Glenn Theodore Seaborg," *www.chemheritage.org/discover/online-resources/chemistry-in-history/themes/atomic-and-nuclear-structure/seaborg.aspx.*

1952년 기체 크로마토그래피

The original Miller-Urey experiment's idea of a primitive atmosphere was probably wrong, but complex biochemicals can be formed under many other conditions. This takes us right into origin-of-life books, which are many and various (and often contain political or religious/antireligious agendas of their own).

1952년 띠 정제법

Many of the accounts of the development of zone refining are found in the history of computer hardware, due to its use in purifying silicon.

McKetta, J. J. *Encyclopedia of Chemical Processing and Design* (vol. 68). New York: Dekker, 1999.

1952년 탈륨 중독

Frank, P., and M. A. Ottoboni. *The Dose Makes the Poison.* Hoboken, NJ: Wiley, 2011.

Klaassen, C. D. *Casarett and Doull's Toxicology* (8th ed.). New York: McGraw-Hill, 2013.

1953년 DNA의 구조

Crick, F. *What Mad Pursuit.* New York: Basic Books, 1988.

Watson, J. D. *The Double Helix.* New York: Atheneum, 1968.

1955년 전기영동

Rutty, C. J. "Sifting Proteins." *Conntact* (December 1995): 10. *www.healthheritageresearch.com/CONNTACT9512-Smithies-StarchGel.pdf.*

Vesterberg, O. "History of Electrophoretic Methods." *Journal of Chromatography* 480 (1989): 3.

Westermeier, R. *Electrophoresis in Practice.* Weinheim, DE: Wiley-VCH, 2005.

1956년 가장 뜨거운 불꽃

The original account of the combustion of dicyanoacetylene (*Journal of the American Chemical Society* 78 [1956]: 2020) can be read at *pubs.acs.org/doi/abs/10.1021/ja01590a075*.

1957년 루시페린

Pieribone, V., D. F. Gruber. *Aglow in the Dark*. Cambridge, MA: Belknap Press, 2005.

1960년 탈리도마이드

This story is another that has been told many times, and not always accurately.

Chemical Heritage Foundation. "Frances Oldham Kelsey," *www.chemheritage.org/discover/online-resources/chemistry-in-history/themes/public-and-environmental-health/food-and-drug-safety/kelsey.aspx*.

1960년 이성질체 분리를 위한 키랄 크로마토그래피

Chromatography Online. "The Evolution of Chiral Chromatography, *www.chromatographyonline.com/lcgc/Column%3A+History+of+Chromatography/The-Evolution-of-Chiral-Chromatography/ArticleStandard/Article/detail/750627*.

1961년 핵자기공명

The history of NMR, especially the develop-ment of imaging for medical use, is tangled. When the Nobel Prize was awarded for MRI, one disgruntled inventor took out full-page ads in major newspapers to protest being left out! A good account of the early days is at *www.ray-freeman.org/nmr-history.html*.

1962년 녹색형광단백질

NobelPrize.org press release, October 8, 2008, *www.nobelprize.org/nobel_prizes/chemistry/laureates/2008/press.html*.

Pieribone, V., and D. F. Gruber. *Aglow in the Dark*. Cambridge, MA: Belknap Press, 2005.

Zimmer, M. *Glowing Genes*. Amherst, NY: Prometheus Books, 2005.

1962년 비활성 기체 화합물

National Historic Chemical Landmarks program of the American Chemical Society. "Neil Bartlett and the Reactive Noble Gases," 2006, *www.acs.org/content/acs/en/education/whatischemistry/landmarks/bartlettnoblegases.html*.

1962년 이소아밀아세테이트와 에스테르

For an entertaining look at the use of ester compounds in perfumery, see *The Secret of Scent* by Luca Turin (New York: Harper Perennial, 2007), which also includes a case for a new theory of how the protein receptors in the nose detect aromas.

1963년 치글러-나타 촉매작용

A fifty-year retrospective look at the Ziegler-Natta after the Nobel can be found at *onlinedigeditions.com/display_article.php?id=1340848*.

Walton, D., and P. Lorimer. *Polymers*. Oxford: Oxford Univ. Press, 2000.

1963년 메리필드 합성

Mitchell, A. R. "Bruce Merrifield and Solid-Phase Peptide Synthesis." *Peptide Science* 90, 3 (2008): 175.

1963년 쌍극자 고리화 첨가 반응

Organic Chemistry Portal. "Huisgen Cycloaddition: 1,3-Dipolar Cycloaddition," *www.organic-chemistry.org/namedreactions/huisgen-1,3-dipolar-cycloaddition.shtm*.

1964년 케블라®

Walton, D., and P. Lorimer. *Polymers*. Oxford: Oxford Univ. Press, 2000.

1965년 단백질 결정학

Midgley, T. *From the Periodic Table to Production*. Corona, CA: Stargazer Publishing, 2001.

Warren, C. *Brush with Death*. Baltimore, MD: Johns Hopkins Univ. Press, 2000.

1966년 중합수

Franks, F. *Polywater*. Cambridge, MA: MIT Press, 1981.

1967년 HPLC

Henry, R. "The Early Days of HPLC at DuPont," Chromatography Online, February 2, 2009, *www.chromatographyonline.com/lcgc/Column%3A+History+of+Chromatography/The-Early-Days-of-HPLC-at-DuPont*.

1969년 고어텍스®

Chemical Heritage Foundation. "Robert W. Gore," *www.chemheritage.org/discover/online-resources/chemistry-in-history/themes/petrochemistry-and-synthetic-polymers/synthetic-polymers/gore.aspx*.

Walton, D., and P. Lorimer. *Polymers*. Oxford: Oxford Univ. Press, 2000.

1970년 이산화탄소 흡수장치

There are many accounts of the *Apollo 13* mission, the canonical one being *Lost Moon* (later renamed *Apollo 13*) by James Lovell and Jeffrey Kluger (Boston: Houghton Mifflin, 1993).

1970년 컴퓨터 화학

The literature on this subject is overwhelmingly technical, even for me. Introductory texts say things like "the reader will need some understanding of introductory quantum mechanics, linear algebra, and vector, differential and integral calculus." A good overview is this one by David Young: *www.ccl.net/cca/documents/dyoung/topics-orig/compchem.html*.

1970년 글리포세이트

Many of the discussions of glyphosate are ax-grinding (and not by just one side of the debate, either). The EPA's fact sheet is at *www.epa.gov/safewater/pdfs/factsheets/soc/tech/glyphosa.pdf*, and Monsanto's own collection of history and background material is at *www.monsanto.com/products/pages/roundup-safety-background-materials.aspx*. There is, of course, a great deal of work in the primary literature. On the web and in the popular literature, the signal-to-noise ratio on this subject is very poor.

1971년 역상 크로마토그래피

Majors et. al. "New Horizons in Reversed-Phase Chromatography," Chromatography Online, June 1, 2010, *www.chromatographyonline.com/lcgc/Column%3A+Column+Watch/New-Horizons-in-Reversed-Phase-Chromatography/ArticleStandard/Article/detail/676044*.

Wikipedia. "Chromatography," *en.wikipedia.org/wiki/Chromatography*.

Wixom, R. L., and C. W. Gehrke, eds. *Chromatography*. Hoboken, NJ: Wiley, 2010.

1972년 라파마이신

Jenkin, J. *William and Lawrence Bragg, Father and Son*. New York: Oxford Univ. Press, 2008.

Sehgal, S. N. "Sirolimus: Its Discovery, Biological Properties, and Mechanism of Action." *Transplantation Proceedings* 35, 3, supplement (2003): S7. *dx.doi.org/10.1016/S0041-1345(03)00211-2*.

1973년 B_{12} 합성

Woodward himself can be heard lecturing on the subject at *www.chem.umn.edu/groups/hoye/links/*.

Chemical Heritage Foundation. "Robert Burns Woodward," *www.chemheritage.org/discover/online-resources/chemistry-in-history/themes/molecular-synthesis-structure-and-bonding/woodward.aspx*.

Garg, N. "Vitamin B_{12}: An Epic Adventure in Total Synthesis," The Stoltz Group, California Institute of Technology, January 29, 2002, *stoltz.caltech.edu/litmtg/2002/garg-lit-1_29_02.pdf*.

1974년 CFC와 오존층

EPA. "Environmental Indicators: Ozone Depletion," August 19, 2010, *www.epa.gov/Ozone/science/indicat/*.

1979년 톨린

Sagan, C., and B. N. Khare. "Tholins." *Nature* 277, (1979): 102. *www.nature.com/nature/journal/v277/n5692/abs/277102a0.html*.

Waite et al. "The Process of Tholin Formation in Titan's Upper Atmosphere." *Science* 316, 5826 (May 2007): 870. *www.sciencemag.org/content/316/5826/870*.

1980년 이리듐 충돌 가설

Chemical Heritage Foundation. "Helen Vaughn Michel," *www.chemheritage.org/discover/online-resources/chemistry-in-history/themes/atomic-and-nuclear-structure/michel.aspx*.

Lewis, J. S. *Rain of Iron and Ice*. Reading, MA: Addison-Wesley, 1997.

1982년 비천연물

Paquette's synthesis is annotated at *www.synarchive.com/syn/15*, and Paquette himself talked about the field in *Proceedings of the National Academy of Sciences*, available at *www.ncbi.nlm.nih.gov/pmc/articles/PMC346698/*.

1982년 MPTP

Langston, J. W., and J. Palfreman. *The Case of the Frozen Addicts*. Amsterdam: IOS Press, 2014.

Wolf, L. K. "The Pesticide Connection." *Chemical and Engineering News* 91, 47, (November 25, 2013): 11. *cen.acs.org/articles/91/i47/Pesticide-Connection.html*.

1983년 중합효소 연쇄반응

Mullis, K. B. *Dancing Naked in the Mind Field*. New York: Pantheon Books, 1998.

Rabinow, P. *Making PCR*. Chicago: Univ. of Chicago Press, 1996.

1984년 준결정

The book to read if you're already a materials scientist or crystallographer is *Quasicrystals: A Primer* by Christian Janot (New York: Oxford Univ. Press, 2012). If you're not, see *www.nobelprize.org/nobel_prizes/chemistry/laureates/2011/press.html*. An interview with Dan Shechtman about the difficulties of getting his proposals accepted is here: *www.theguardian.com/science/2013/jan/06/dan-shechtman-nobel-prize-chemistry-interview*.

1984년 보팔 사고

A review of the health impact of the disaster was published in *Environmental Health* and is available at *www.ncbi.nlm.nih.gov/pmc/articles/PMC1142333/*. The legal aspects are summarized here: *www.princeton.edu/~achaney/tmve/wiki100k/docs/Bhopal_disaster.html*.

1985년 풀러렌

Aldersey-Williams, H. *The Most Beautiful Molecule*. New York: Wiley, 1995.

National Historic Chemical Landmarks program of the American Chemical Society. "Discovery of Fullerenes," 2010, *www.acs.org/content/acs/en/education/whatischemistry/landmarks/fullerenes.html*.

1985년 MALDI

Syed, B. "MALDI-TOF," UC Davis ChemWiki, *chemwiki.ucdavis.edu/Analytical_Chemistry/Instrumental_Analysis/Mass_Spectrometry/MALDI-TOF.*

1988년 현대의 신약개발 전략

Ravina, E., and H. Kubinyi. *The Evolution of Drug Discovery*. Weinheim, DE: Wiley-VCH, 2011.

1988년 펩콘® 폭발사고

A case study of the incident, prepared for NASA, can be found at *nsc.nasa.gov/SFCS/SystemFailureCaseStudyFile/Download/290*. There are also many copies of the film taken of the explosion on YouTube.

1989년 탁솔®

Goodman, J., and V. Walsh. *The Story of Taxol*. Cambridge: Cambridge Univ. Press, 2001.

1991년 탄소 나노튜브

Iijima, S. "Synthesis of Carbon Nanotubes." *Nature* 354 (1991): 56. *www.nature.com/physics/looking-back/iijima/index.html.*

Monthioux, M., and V. L. Kuznetsov. *Carbon* 44 (2006): 1621. *nanotube.msu.edu/HSS/2006/1/2006-1.pdf.*

1994년 팔리톡신

An alarming first-person account of palytoxin poisoning can be found at *www.advancedaquarist.com/blog/personal-experiences-with-palytoxin-poisoning-almost-killed-myself-wife-and-dogs.* Yoshito Kishi discussed the synthesis in *Pure and Applied Chemistry* (*media.iupac.org/publications/pac/1989/pdf/6103x0313.pdf*) and in many journal articles.

1997년 배위구조체

This editorial at the Royal Society of Chemistry's *Chemistry World* blog is useful: *prospect.rsc.org/blogs/cw/2013/04/24/a-metal-organic-framework-for-progress/*. Also see "Taking the Crystals out of X-Ray Crystallography" by Ewen Callaway at *Nature*'s news site: *www.nature.com/news/taking-the-crystals-out-of-x-ray-crystallography-1.12699.*

1998년 재결정화와 다형체

For an account written at the time, see *www.natap.org/1998/norvirupdate.html.*

Bauer et al., "Ritonavir: An Extraordinary Example of Conformational Polymorphism." *Pharmaceutical Research* 18, 6 (June 2001): 859. *rd.springer.com/article/10.1023%2FA%3A1011052932607.*

Chemburkar et al., "Dealing with the Impact of Ritonavir Polymorphs on the Late Stages of Bulk Drug Process Development." *Organic Process Research & Development* 4 (June 21, 2000): 413. *pubs.acs.org/doi/abs/10.1021/op000023y.*

2005년 시킴산 품귀 현상

Werner et al. "Several Generations of Chemoenzymatic Synthesis of Oseltamivir (Tamiflu)." *Journal of Organic Chemistry* 76, 24 (2011): 10,050.

2009년 아세토니트릴

National Historic Chemical Landmarks program of the American Chemical Society. "Sohio Acrylonitrile Process," 2007, *www.acs.org/content/acs/en/education/whatischemistry/landmarks/acrylonitrile.html.*

2010년 효소공학

Bornscheuer et al. "Engineering the Third Wave of Biocatalysis." *Nature* 485 (May 10, 2012): 185. *www.nature.com/nature/journal/v485/n7397/full/nature11117.html.*

2010년 금속 촉매 커플링

NobelPrize.org. "The Nobel Prize in Chemistry 2010," 2014, *www.nobelprize.org/nobel_prizes/chemistry/laureates/2010/.*

2013년 단일분자의 이미지

IBM Zürich reported its pentacene images here: *www.zurich.ibm.com/st/atomic_manipulation/pentacene.html.*